时间里的世界

——时间计量的技术、科学及其他

魏 荣 著

上海科学技术出版社

内 容 提 要

本书以计时为线索,首先介绍与时间计量相关的知识,包括天文学、计量学、牛顿力学、相对论等是如何通过对时间的认识建立起来的;然后介绍诸如大航海、工业革命之类波澜壮阔的与时间计量相关的重大历史变革、趣闻轶事,也包括我国古代在天文观测与历法方面的成就;后半部分重点介绍时间计量的现状及其在现代科学、国计民生领域的应用,帮助读者了解时间计量研究的重要意义;最后对时间及其计量的未来进行了展望。

图书在版编目（ＣＩＰ）数据

时间里的世界 ： 时间计量的技术、科学及其他 ／ 魏荣著. -- 上海 ： 上海科学技术出版社， 2024.6
ISBN 978-7-5478-6551-4

Ⅰ．①时… Ⅱ．①魏… Ⅲ．①时间计量－普及读物
Ⅳ．①TB939-49

中国国家版本馆CIP数据核字(2024)第050169号

时间里的世界
——时间计量的技术、科学及其他
魏 荣 著

上海世纪出版(集团)有限公司
上 海 科 学 技 术 出 版 社 出版、发行
(上海市闵行区号景路 159 弄 A 座 9F - 10F)
邮政编码 201101   www.sstp.cn
上海普顺印刷包装有限公司印刷
开本 787×1092   1/16   印张 24.75
字数 415 千字
2024 年 6 月第 1 版   2024 年 6 月第 1 次印刷
ISBN 978 - 7 - 5478 - 6551 - 4/N · 271
定价：98.00 元

目　录

序　章

　　"时间"是一个非常简单、又非常复杂的话题。说它简单，是因为即使一个 3 岁小儿也可以侃侃而谈，因为孩童对时间也有切身的感受；说它复杂，是因为即使到今天，它仍然是最睿智的哲学家孜孜然以求之的问题，是最顶尖的科学家用最复杂的计算、最精密的仪器不懈探究的问题，因为对宇宙的终极理解就包含在"时间"的研究中。从最直观的感受到最深奥的探索，在如此大的跨度下，"时间"对我们产生方方面面的影响。

　　如果向他人询问"时间"，不同的人会给出不同的答案。大多数人会看钟表，告诉你现在的时刻；刚刚结束比赛的竞速运动员会告诉你他的成绩；侦探会告诉你案情是什么时候发生的；物理老师会告诉你某个过程经历的时长；而哲学家则会给出一些越说越复杂、越说越糊涂的解释……从这些问答可以看出，"时间"包含非常多的内涵，在不同的场景下有不同的理解。而在相当多的场合，"时间"指的是量化的时间，也就是某一个时间点的时刻，或者某一段时间的长度。这是我们接触最多、感受最直接的"时间"。

　　本书将主要围绕这种量化的"时间"进行介绍，包括如何对时间定量、为什么要测量时间、如何测量时间及测量时间有什么用途等。这个看似相对简单的问题背后，包含着人类科学、技术及历史发展的许多信息。

　　从最熟悉的钟表讲起。若想知道时间，我们就会去看钟表。图 1 是最常见的一种钟表，在液晶显示的电子时钟出现以前，这种表盘几乎是钟表的唯一形式。我们可以非常容易地读取表盘的信息：现在的时间是 6 点 30 分。读取这个"时间"的时候，我们默认了许多信息，比如说由短到长的 3 个指针分别是时针、分针、秒针,分别指示时、分、秒,时针可以直接读数,而分针和秒针的读数要乘5……这些约定俗成都是时间计量经过长时间的发展形成的。表盘划分为 12 格,时、分、秒之间 60 倍的关系,是古代天文观测留下的烙印。而两个时钟不一样的读数,则涉及时钟准不准的问题。谈论准不准,是因为存在一个客观的标准时间,在我国就是"北京时间",所有的时钟都要以它的时间为准,原因只有一个——它是法定的时间。一个国家为什么会产生法定时间,怎么产生法定时间,如何把法定时间传递给我们,这又是一件对我们有重要影响的事,它是科技发展和人文传承共同作用的结果。

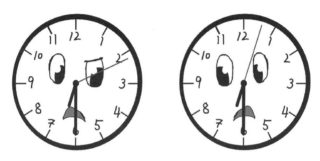

图 1   两台钟相差约 8 s,究竟哪台钟是准的,或者哪台钟更准,我们无法直接判断

我们继续关注图 1 的两台时钟,它们有约 8 s 的偏差,这个偏差是大还是小,需要放到具体的情形下讨论。这 8 s 的偏差是 1 小时产生的,还是几天产生的,如果是前者就说明这两台钟一致性比较差,如果是后者,就说明它们一致性比较好。但这个评价也不完全正确,因为我们还得考虑这两台钟是什么时期的。时钟的精度在不断提高,人类能够造出 1 小时差 8 s 的时钟是在 17 世纪惠更斯发明摆钟以后,在此之前没有一台钟超过这个精度,所以放到 17~18 世纪的近代,这是一台非常准的钟。而在现在,几天偏差 8 s 的时钟已差得让人不可接受。因此,时钟的精度还要放在历史的坐标中衡量。

当时钟出现偏差时,我们通常评价是它走得"快"或者"慢"了。我们用最简单的摆钟模型解释这个问题,如图 2 所示。时钟包括 3 个部分,振荡器、计数器、显示器。振荡器周期性运动,每个周期花费的时间 T 相同,图 2 中是单摆。计数器把振荡器运动的周期数 n 记录下来,图 2 中是锚定器和齿轮,它们采用擒纵式机械结构,保证单摆运动一个周期齿轮就转动一齿。显示器就是将振荡器运动周期数转化为标准时间信息显示出来。图 1 中的表盘就是显示器,图 2 中没有专门的显示器,可以将齿轮看作显示器,转动的齿数 n 显示时间为 nT。可以看出,如果 n 和 T 都是准的,时钟记录的这段时间就是准的。因为 n 是整数,一般没有误差,时钟的精度取决于振荡器的周期 T。一般而言,T 不是标准的时间单位,比如 $T=0.6\text{ s}$,需要通过一些齿轮的传递转化为标准的时、分、秒,该钟表在使用前还需要校准,把初始的时间调节到标准时间 T_0,使用时,我们读取到的时间为 T_0+nT。

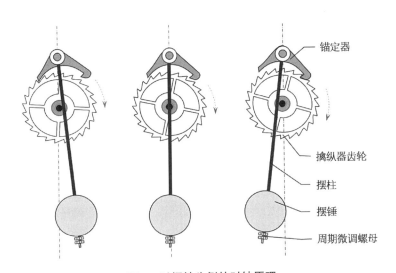

图 2　以摆钟为例的时钟原理

图 2 的简单模型包含了所有时钟的普适规律。我们按照某个理想的 T 制作钟表,钟表走得"快"或者"慢",意味着 T 小于或者大于这个值,我们需要修正这个偏差,比如调节图 2 中的螺母。因为计时的误差会累积,钟表显示的时间与标准时间的偏差会不断变大,所以过去每隔一段时间就需要校准一次钟表。

以上,我们以一个简单的表盘为例介绍了与测量时间相关的主要问题,我们还可以挖掘更多。它的背后是与时间计量有关的技术和科学,它的过去、发展、现状等。这些都是本书要介绍的内容。我们也将介绍图 1 所示的表盘以外的时间计量,它是远古时期的人类对天文的认识;它是古人通过巨石阵、金字塔或者其他建筑试图解读的天机;它是世界最本质的特征之一,它是开启科学大门的钥匙;它是人类实现测绘、远航、大容量通信等的必要工具……它也是我们最直观的感受。我们每年都会经历各种节庆,既有普天同庆的春节、中秋等传统节日,劳动节、国庆等法定节日,也有生日等个人节日,这一切都是历法的形式规定的,由此我们感受到时间的神圣性。我们每天需要上班、上学,常常在最香甜的睡眠中被闹钟吵醒,不得不起床,那一刻,我们感受到时间的强迫性。我们总是犯这样那样的错误,事后常常感慨无法买到后悔药使时间倒流,感慨由于时间的不可逆导致的珍贵性……

关于时间计量还有许多,接下来我们将慢慢展开。和很多叙事一样,我们的时间计量之旅也将从"很久很久以前"开始。但在此之前,还要对它们的背景作一点介绍。

1 纪时背后的天文学

　　人类文明的建立过程也是对自然法则的认识和掌握过程,最大的自然法则就是时间的周期性。日和夜在循环交替,而环境气候则按照春夏秋冬周期性变化。世间万物都遵循这种周期性法则,大多数动物和人类一样白天活动夜晚休息,少数昼伏夜出;植物多数则是春华秋实,让生命随自然的节拍起舞。人类早期文明必须要做的,就是认识和掌握这种规律性,因为无论人自身的作息,还是最早期的生产,无论是狩猎、放牧还是农耕,也都按照这种周期性运行。

　　这种周期性有许多现象,但并不是所有的现象都表现出严格的周期性,比如环境温度的变化,它在长时间表现出明显的周期性,但在短时间则可能起伏很大。人类发现,最能准确体现周期性的就是天体的运行,例如太阳总是早晨从东方升起,黄昏从西方落下。每个白天和晚上的时间虽然不完全相同,但日夜总的周期是不变的,并且日长和夜长的变化是可以预期的。进一步的观察还会发现,月亮的阴晴圆缺周期也是固定的,天空的星辰也按照固定的时间规律运行。于是各个古代文明都曾安排专人进行天象观测,根据天文观测总结自然的周期性法则,形成历法指导整个社会按照这些法则运行。

　　总结天文规律和建立历法的过程是人类建立和积累知识的一个过程。一方面,地球上所有的文明都在同一片蓝天下,他们看到的天象也大致相同,这就决定了天文历法有很多相同的地方。另一方面,由于这些知识各个文明是独立总结的,所以它们又有许多不同,比如西方和我国对星座划分就完全不一样。除此之外,由于各个文明的地理位置不同,决定了它们感受到的气候变化、观测的天象也不完全相同,比如古代中国和古代巴比伦都处于北纬40°附近,四季分明;接近热带的古埃及四季变化就不太明显;地处热带的中美洲文明,会出现一年之中太阳两次通过头顶的周期性现象⋯⋯这些差别决定了不同文明呈现不同的天文观,建立了多种多样的历法,并对各自的社会产生重要影响。

本章将介绍一些普遍的天文规律,它是各种文明建立天文历法知识的基础,后面几章将介绍不同文明根据这些天象总结出的各式各样的天文历法。

太阳、地球、月球

我们对时间的最直观认识来自"年"、"月"、"日"这 3 个时间单位,这也是人类对时间最开始的认识。这一切来源于日、地、月这 3 个天体的相对运动。如果俯视太阳系,就会发现这三者之间的运动恰似一台巨型的天然机械时钟。太阳是这台钟的中心;地球相对太阳的公转产生了四季变化的时间单位"年",自转产生了日夜交替的时间单位"日";月球的绕地旋转产生了月相的阴晴圆缺变化,这就是时间单位"月"的来源。我们还可以找出"指针":日地之间的连线就是"年针"、地月之间的连线就是"月针"、地心与我们所处位置的连线就是"日针"。这些指针旋转一圈,分别对应一年、一月、一日,如图 1-1 所示。它与人造时钟有许多类似之处,这是因为两者之间本身就是相关的,时钟表盘的雏形来自日晷,它被用来显示在运动的地球上观察到的太阳光角度的变化。

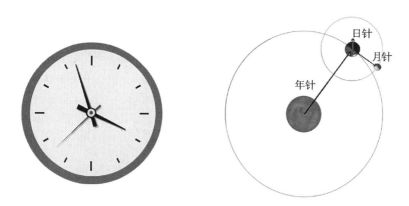

图 1-1   标准时钟表盘和"日-地-月"时钟表盘,后者的"年针"、"月针"、
"日针"箭头分别指向地心、月心、地球表面一点

这个巨型力学时钟与日常钟表也有一些显著的不同,主要表现在 4 个方面:首先,万有引力定律决定了"指针"越长走得越慢,这与人造时钟相反;其次,"月针"和"日针"的中心在地心,而地心绕太阳旋转,它就像一个小齿轮围绕大齿轮旋转,而不是像机械时钟那样所有的指针同心;第三,"年"、"月"、"日"之间均不是整数比例关系;第四,这 3 个指针其实处于不同的平面,"年针"在地球的公转面——黄道面、"月针"在月球的公转面——白道面、"日针"在地球的自转面——赤道面,这 3 个面都有一定的夹角,黄-赤夹角为 23.4°,黄-白夹角在 4°57′~5°19′之间变化,平均值约为 5°09′,如图 1-2 所示。

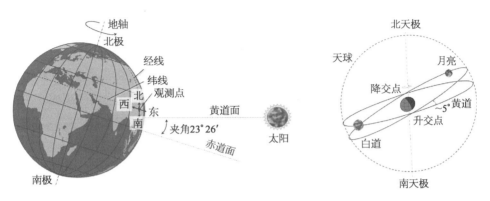

图 1-2   地理方位、黄道、赤道、白道的相对关系

这几个特征决定了地球当前的样子。地球自西向东的自转在时间上产生日夜交替的周期"日",这是万物必须适应的最基本周期律。它在空间上,则给出了方位,自转的方向是东西向,垂直自转的方向是南北向。这种地轴旋转形成的方向与地球的球形结构相结合,就可以用东西向的纬线和南北向的经线组成的网络确定地理坐标。各地的气候显著受纬度的影响,形成了 5 个温度带。日夜交替的变化虽然明显,但并不是任意现象都能够计量精确的"1 日","日"是由于地球相对太阳的自转产生的,对它的计量也应该采用天文观测的方法,所以古代不同的文明都不约而同地采用观察直立杆投影的办法测量 1 日的时间变化,在此基础上产生了日晷、圭表等仪器。

由地球公转和 23.4°的黄赤夹角共同作用形成"年",它是地球上另一个非常明显的周期性变化,地球上的大部分地区在一年之中冬冷夏热,形成了鲜明的四季特征。这种变化虽然非常明显,但它是长期的、有起伏的缓慢变化,地面上的环境变化并不能精确显示它的周期,只能用天文观测才能精确测量"年"。由于地轴的方向近似保持不变,因此地面观察正午时太阳的仰角会随地球的公转发生周期性变化,变化周期就是 1 年。并且仰角的大小与地球在黄道上的位置对应。根据地轴与黄道的关系,可以找到 4 个特殊位置,如图 1-3 所示,有两个是黄道与赤道面的交点,当地球运动到这两个位置时,太阳直射赤道,各地的日、夜长度相同,对应为春分、秋分点。另外两个位置分别对应太阳直射南、北回归线时,这两个位置是地球上能够被太阳直射的最南端和最北端,对应时刻为夏至与冬至,是北半球最短和最长的一天(南半球正好反过来)。

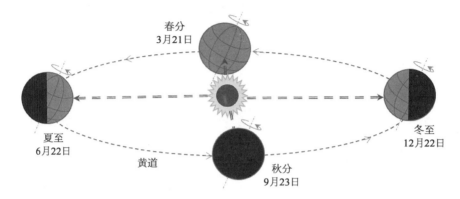

图 1-3　地球相对太阳的 4 个标志性位置,这个周期就是"回归年"

这 4 个点将黄道近似 4 等分,称为"四分点"。以"四分点"为参考点,定义了地球在黄道的位置,称为"黄经",是黄道经度的简称。春分点被设为 0°,按照地球运动方向增加,依次是夏至、秋分、冬至,分别对应黄经 90°,180°,270°。地球沿黄道公转 360°对应的时间为 1"年",更科学的称呼是"回归年"。"回归年"是古代文明建立历法的基础,但 1 年的起点不完全相同,有以冬至作为参考点的,例如我国;也有一些文明以春分作为参考点,例如两河文明,它后来影响了西方世界,黄经 0°设在春分点就是这种影响的延续。

"回归"用于描述地球上观察太阳的仰角变化,仰角周期性地变化回到原来的位置叫"回归",回归一次花费的时间就是"1 回归年"。黄道上的四分点都是根据仰角给出的。南北回归线也是根据这个概念定义的,指的是当太阳直射角"回归运动"在南北半球极限位置对应的纬线。

月球是离我们最近的天体,月球绕地球运动时,它相对太阳的位置也不断变化,朝向太阳的一面被太阳光照亮,背向太阳的一半则是暗的,从地球上观察,月球表面呈现部分照亮、部分黑暗的月相,这种月相随月球绕地运动呈周期性变化,如图 1-4 所示,由此形成了天然的纪日单位"月"。在我国古代,特定的月相有专门的名称,例如"朔"指的是新月出现的前一天,"望"指的是满月的日子,这种月相周期就称为"朔望月"。除了"朔"、"望",我国古代也用"晦"、"弦"描述月相。"晦"对应月末看不见的日子(农历二十九或三十);而"弦"对应正好看到一半月亮的日子,彼时,地球在月亮的投影是直线段,像圆上的"弦",因而得名。上半月的弦月称为"上弦月",下半月的弦月称为"下弦月",分别对应一个月的1/4,3/4时的日子。

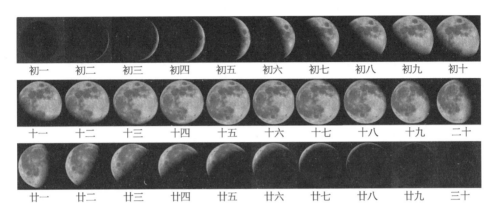

图 1‐4　根据月相的朔望周期给出的月相图。根据月相,可以很容易知道今天是这个月的第几天。本图是根据中国的农历给出的时间线

　　由于月亮的阴晴圆缺非常容易观察,我们可以很容易根据月相直接读出它对应"朔望月"的第几天,因此古代文明中普遍存在基于月相的阴历。不过"月首",也就是每个月的起始日设置并不相同,有些以满月为月首,有些以月亮刚刚出现的新月为月首,我国的农历则将"朔日"作为月首。

　　相比于年和日对地球显而易见的影响,月的影响要小得多。除了潮汐,日常生活中几乎没有与月球转动周期直接相关的现象。一些滨海的生物如海龟利用潮汐到海岸产卵,然后回到大海,完成生命的历程,这些现象直接受潮汐的影响,与月相变化间接相关。另外一些现象,如女性的生理周期接近"月"的周期性,但具体原因不是特别清楚。月球对地球的实际影响要比我们看到的大。天文学家告诉我们,月球的绕地旋转使地轴保持稳定,否则地轴会频繁改变,造成各地气候的巨变,它将显著影响生物的进化。另外,月球对地球的作用主要是万有引力,它对我们个体的影响虽然微乎其微,但由于它对所有物体都有作用,所以它的累积效应就会形成像潮汐这样的明显现象,它对地球生态或许也有类似的影响。

　　有两个天象与月亮密切相关,就是日食和月食,分别是月球挡住太阳、地球挡住照向月球的太阳光的现象，它们分别对应"日-月-地"、"日-地-月"近似处在一条直线上的情况。如图 1-5 所示。古人很早就认识到这个规律，我国古代有"日食在朔，月食在望"之说。当然，日食和月食并不常见，这是由于白道面和黄道面约 5°的夹角，只有当月球运动到图 1-2 所示的白道和黄道面的交点附近才会出现。因为地球体积更大，它更容易挡住月亮，所以月食更容易出现一些。由于日食、月食不经常发生，而发生时天空要变暗，因此在古代一般认为是不祥之兆。特别是日食，由于古代认为太阳和皇帝相关，所以预测日食是古代最重要的观象活动之一，有"效历之要，要在日食"之说。如果负责观象的官员没有提前预测日食，往往要受到严厉的惩罚，甚至掉脑袋。

月食   日食

图 1-5   日食和月食的原理

月球对地球还有一个比较缓慢、但长时间不可忽视的效应。月球对地球的引力像一个鞭子抽打地球这个陀螺，使地轴发生非常缓慢的进动，被称为"章动"，它的周期为 2.6 万年。"章动"有两个明显的效应：其一是地轴在天球上的指向不断变化，使得北极星发生变化，如图 1-6 所示。比如现在的北极星是勾陈一，但在公元前 2000 多年的时候则是右枢。在我国的天文观测中，"紫微星"是帝座，就是因为它是公元前 1000 年左右的北极星。"章动"是研究远古天文观测、建筑朝向甚至文化历史必须考虑的因素，否则某些现象无法解释。其二是使"回归年"比"恒星年"（地球绕黄道一圈的周期）短了约 20 分钟。这就造成"四分点"在黄道上的位置不断前移，称为"岁差"。最早的巴比伦历法中，春分点在金牛座，现在已经移动到双鱼座了，这就是由于"岁差"效应造成的。

历 法

上述日、地、月的运行规律深刻影响着地球上的万物，人类要走向文明，需要认识和利用这些周期性的自然规律。认识通过天文观测实现，利用则通过历法实现。认识是前提，而利用则是目的，古代建立历法的最初动机是为农耕社会服

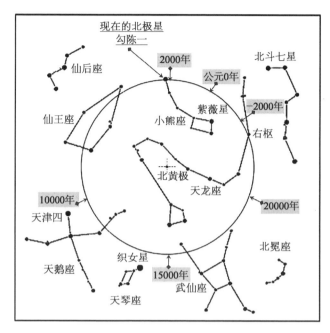

图 1-6　北极在天球上的变化,它的周期约为 2.6 万年,北极星将在公元 2100 年最接近北极点

务,用于指导农业社会的生产活动。例如,需要根据农作物的生长周期完成从播种到收割的全部过程才能收获粮食。但等到历法建立后,它就在整个社会建立了统一的时间,不仅约束所有社会成员,而且成为协调社会一切行为的标准。从人类社会建立之初就意义重大。

历法的前提是高精度的天文观测,最直观最重要的方法就是观测太阳,一般采用"立杆测影"的间接观测方法,根据日影的长短和位置确定时间。各个古文明都基于这种观察方法发明了圭表、日晷等带刻度的仪器来直接读取时间,他们还发明了其他一些仪器,用于测量和标记不同天体在天球上的运动轨迹,通过长期的观测,年、月、日的时间信息被精确测量记录,人类理性的第一缕曙光在天文观测中诞生。

历法是在天文观测的基础上,建立时间单位间的换算算法,形成人造的纪时体系,该体系要与天象吻合。历法首先要确定基本时间单位,那毫无疑问是"日"。因为在"年"、"月"、"日"这 3 个时间单位中,"日"最重要,对我们的影响最大,我们必须严格按照它的周期性安排作息,包括起床、吃饭、工作、睡觉等。"年"同样非常重要,人类只有按照春种秋收方式耕种才可以果腹,才能生存下去。

对于长时间的计量,"年"更方便,我们阅读历史,用到的主要计时单位都是"年"。"月"事实上只是一个辅助的时间单位,除了月相变化本身,人类几乎感受不到以"月"为周期的事件。但是"月"有两个优点:① 便于辨识。只要具备最粗浅的观相知识,就可以很容易从月相中判断今天是这个月的第几天,很容易被没有受过教育的古人掌握,非常实用。② 便于纪时。"年"与"日"之间引入中间单位"月"增加了计算的便利性,如果我们去掉"月",直接说今年是××年×××日,使用起来非常不方便。因此,将"月"作为时间单位也是必然选择。

　　历法需要以"日"为基本单位,通过算法建立换算关系,构造出人造的年、月。天文的年、月、日之间是不太规则的小数关系(1 年/1 月、1 年/1 日、1 月/1 日的值分别为 12.368, 365.242 2, 29.53)。而历法给出的人造年、月、日之间只能是整数。比如说,1 年近似为 365.25 日,我们不能将某 1 年的开始时间设为早晨 6 时或者中午 12 时,每一年都是从子夜 0 时开始的,它也是 1 日开始的时刻。为了让历法时间和天文时间精确对应,古人采取的做法是先构建整数关系,然后利用置闰的办法构造分数,得到近似的小数。"闰"就是"加一个"的意思。以"月"与"年"为例,历法设定的置闰需要满足:

$$M * 12 \text{ 月} + N \text{ 月} = M \text{ 年}$$

这里,M 是一个历法周期年的数目,N 是在 M 年内需要闰月的数目。$N/M \approx 0.368\,3$,如果我们简单粗暴地采用小数直接补偿,会比较复杂,比如说,如果想 1 000 年误差不超过 1 个月,那么就需要让 $M = 1\,000$,$N = 368$。因为它们有公约数 8,我们可以约分为 $M = 125$,$N = 47$。这样就需要编制一个 125 年周期的历法,在这 125 年中,通过一定的规则插入 47 个闰月。古人对这个问题的处理更巧妙一些,比如我国古代的农历采用 19 年 7 闰的办法($7/19 \approx 0.368\,42$)处理"年"与"月"的比例关系,我国称为"1 章"。其他古代文明则有其他的不同算法,例如 8 年 3 闰($3/8 \approx 0.375$),11 年 4 闰($4/11 \approx 0.364$),84 年 31 闰($31/84 \approx 0.369$)……可以看出,这些方案中 19 年 7 闰方法最接近真实值。当然,不是只有我国发现了这一点,古希腊雅典天文学家默冬也提出了这种历法(B.C. 432),因此西方称为"默冬周期"。目前普遍采用的公历则摒弃"月"所代表的月相周期,只保留了"月"的概念,将 1 年严格设定为 12 个月。

　　上面介绍了"月"与"年"的换算,历法还需要建立"月"和"年"与基本单位"日"的换算,它的算法就变得更加复杂。构造历法是世界给人类布置的一道难题,但同时又是一道必答题。人类要顺应和利用自然规律,就必须解决这个难题。事实上古人都做到了,并且在完成这项作业的过程中获得了大自然的馈赠,他们不但掌握了大量天文学知识,而且学会了计算、测绘等知识,推动了人类向文明社会的进步,也发展起来形态各异、多姿多彩的各种古代文明。

天球、星座

仰望天空,除了日月,满天繁星构成了更壮美的天象。进行天文观测的时候,日月之外的星空自然也是观测的重点。这些闪耀天空的天体中,绝大部分都是恒星。它们离我们非常遥远,最近的都有数光年,因此它们的运动可以忽略,可以认为它们的相对位置是固定不变的,这也是"恒星"这个词的由来。恒星在天空的分布没有什么规律,古人将相近的恒星组合起来并进行联想,就构成了星座。古巴比伦人对星座的划分影响了古希腊人,到了托勒密时代,他将天空划分成 48 个星座,一直沿袭至今。在 1928 年,国际天文联合会将整个天球划分为88 个星座,是在上述 48 个星座的基础上增加了只有南半球可以观测到的 40 个南天球星座。我国古代对天球的划分要更细密一些,将恒星划分为近 300 个星官,这些星官又根据在天球的位置被划分为"三垣二十八宿"。

这里讲的恒星"位置不变"是相对的。除了地球的"章动"导致的"岁差",所有的恒星都在运动,它们的相对位置也在不断变化。只是在人类文明发展的几千年有限时间内,大部分由于观察精度不够无法分辨罢了。如果放到更长的时间尺度下,恒星的相对位置将发生明显变化。图 1-7 给出的北斗 7 星在数十万年时间过程中的演化足以证明这一点。

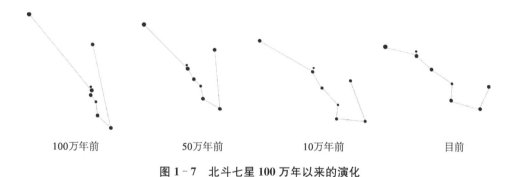

100万年前　　　　　50万年前　　　　　10万年前　　　　　目前

图 1-7　北斗七星 100 万年以来的演化

　　从地球上观察，满天的恒星作为一个整体旋转，即所谓"斗转星移"。星空旋转的周期并不是"1 日"（24 小时），而是 23 小时 56 分 4 秒，这个我们称为"恒星日"，它对应任意一颗恒星两次经过天空同一位置的时间间隔。与之对应，我们前面谈论的"1 日"应该称为"太阳日"，它对应太阳每天通过天空同一位置（中天）的时间，两者的差别如图 1-8 所示，这是由于地球公转造成的。恒星日比太阳日短 3 分 56 秒，就造成星空图像每天都会提前约 4 分钟，1 年累积下来，正好旋转了 1 圈。古人利用这个原理可以通过"观星"进行报日或者报时。恒星在天球上有确定的角度坐标，古人对其进行精确测量，将其绘制成星表，不仅应用于天文观测本身，而且应用于大地测绘，航海等领域。

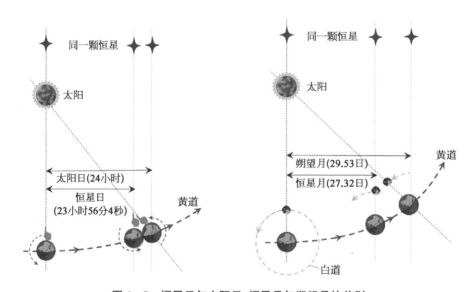

图 1-8　恒星日与太阳日，恒星月与朔望月的差别

　　"太阳日"是地球公转与自转共同作用的结果。地球在实际为椭圆的黄道运动时，速度不断变化，这就造成"太阳日"的时长也在不断变化。而地球的自转更加稳定，因此只和地球自转有关的"恒星日"精度更高。但是由于太阳对我们的影响实在太大了，所以实际使用的是"太阳日"。到了近代，随着对计时精度需求的提高，天文学家通过一种叫中星仪的仪器参考"恒星日"给出精确的时间。同理，"朔望月"（周期为 29.53 日）与月球相对恒星变化一周的时间（称为"恒星月"，27.32 日）也有明显的差别，如图 1-8 所示。

　　这些星座之间有固定的相对角度关系，以这些星座为参考，构成了天球坐标系,这是天文观测的基础,从古沿用至今。以这些恒星、星座为参照,可以精确测量日月五星在天球的相对运动。比如太阳在天球的轨迹是一个环面,就是黄道;同样,月球也在固定的轨道上运动,就是白道。除了太阳,5 颗行星也在黄道附近运动,这使得黄道、白道附近成为天球上尤其重要的一段环形区域,这个区域的星座和恒星观测也变得更加重要。古代巴比伦人将黄道划分为 12 等份。地球绕太阳公转时,从地球的视角看,就是太阳轮流经过 12 个区域,古巴比伦人认为这是太阳轮流在这 12 个宫殿留宿,因此称它们为"黄道十二宫"。"黄道十二宫"根据黄道上的 12 个星座命名,如图 1-9 所示。古巴比伦人最早应该用黄道十二宫纪月,因为太阳在黄道十二宫穿梭一周正好一年,这就在"年"和"月"之间建立了严格的 12 倍关系,比"朔望月"纪月要简单得多。古巴比伦人最初应该希望通过观测这 12 个星座直接纪月,但它存在两个问题:首先,黄道上实际有 13 个星座,古巴比伦人命名时舍弃了他们不太喜欢的"蛇夫座";其次,这 12 个星座在黄道上的跨度相差比较大,如果完全按照太阳渡越星座的时间纪月,将导致不同月份的时间相差太大,不利于纪时。因此古巴比伦人只是借用了这些黄道星座的名称,"黄道十二宫"是等时间间隔的(见表 1-1),这与太阳跨越这些星座的时间并不完全对应。

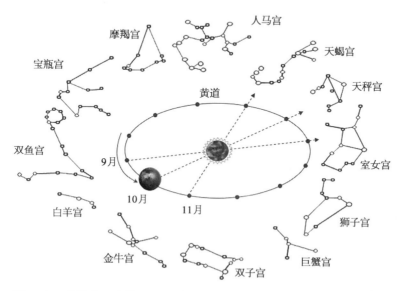

图 1-9　黄道十二宫的原理图,其中正中心是太阳,内圈是地球的旋转轨道,即黄道。外圈是黄道面上的 12 个星座。地球绕太阳旋转时,从地球上观察,是太阳轮流经过这 12 个星座

表 1-1 黄道十二宫对应的时间

名称	白羊	金牛	双子	巨蟹	狮子	室女
起止时间	3.21—4.20	4.21—5.21	5.22—6.21	6.22—7.22	7.23—8.23	8.24—9.23
名称	天秤	天蝎	人马	摩羯	宝瓶	双鱼
起止时间	9.24—10.23	10.24—11.22	11.23—12.21	12.22—1.20	1.21—2.18	2.19—3.20

　　黄道星座与黄道十二宫是有联系又有差异的两个天文学名词。黄道星座是太阳视运动路线（即黄道）经过的星座，一共 13 个。天文学家又把黄道附近南北 8°以内的区域称为"黄道带"。这条带上 360°平均分为 12 份，每一份称为一个"星宫"，名称来自黄道星座（舍弃了蛇夫座），如 0°～30°为白羊座，30°～60°为金牛座，依次类推，即为"黄道十二宫"，由于岁差的存在，两者对应关系也在变化。"黄道十二宫"对应的时间如表 1-1 所示，表中的起始时间为"白羊宫"起始的 3 月 21 日，它对应春分点，是西方古代历法一年的起始点。如果我们了解现在的天文观测，就会发现"黄道十二宫"时间与真实的天文观测有偏移，例如春分时太阳实际处于双鱼座而不是白羊座。这是因为"黄道十二宫"的周期是"回归年"，而太阳在黄道十二宫的运动周期是"恒星年"，两者每年有约 20 分钟的"岁差"，造成春分点在黄道上不断退后。表 1-1 对应距今 2 000 多年前的儒略历建立时的天象，即春分点时太阳处于白羊座。从那以后，春分点不断退行，使得现在春分点处于双鱼座，并且即将进入宝瓶座。而在古代两河流域的早期记载中，春分点位于金牛座。而"黄道十二宫"的时间由于与"回归年"锁定，所以它与历法时间保持一致。"黄道十二宫"在西方占星术中极其重要，据说资深的占星家用黄道十二宫进行命理推算时，也会将黄道星座的真实位置考虑进来。

　　由于太阳光比星光强得多，要直接观察太阳待在黄道的哪个宫里并不容易。古人通过凌晨太阳未升起，或者黄昏太阳刚刚落下时进行观测，由于凌晨和黄昏是日夜的交替时间，这段不到 20 分钟的时间非常确定，成为古代天文观测中非常重要的观星时刻。在西方文明中，星体在凌晨略早于太阳从东方升起时，称为"偕日升"；在黄昏略晚于太阳从西方落下时，称为"偕日降"。我国古代则用"旦"和"昏"特指这两段时间，并将这两个时刻的天象与每年的特定时间点联系起来。

　　我国古代的天文观测，同样非常重视黄道、赤道、白道区域星体的观测，将那

个区域的星座划分为"二十八宿",如图1-10所示。它们分为4组,称为"四象",每个象有7个宿,具体如下:

东方青龙七宿:角、亢、氐、房、心、尾、箕;

北方玄武七宿:斗、牛、女、虚、危、室、壁;

西方白虎七宿:奎、娄、胃、昴、毕、觜、参;

南方朱雀七宿:井、鬼、柳、星、张、翼、轸。

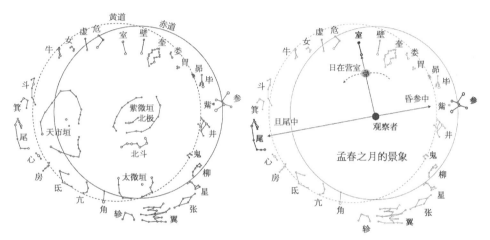

图1-10 我国古代对天球的划分,主要分为"三垣二十八星宿"(左图)及以"孟春之月"为例说明的观象纪月(右图,因为纸面中心为北极,所以整个天球逆时针转动)

"二十八宿"最早是通过观察月亮在天球中的位置变化得到的,这与我国更重视对月亮的观测有关。"二十八"与"恒星月"的周期(27.3日)接近。"宿"有停留住宿之意,因此"二十八宿"最初的意思应该就是月亮每天晚上在一个"星宿"中留宿。不过,由于"恒星月"的周期是小数(27.3),我们观察的月亮常常不是待在某个"星宿"中,而是"睡"在两个星宿间的半路上,恒星月实际使用也不方便。所以后来只是将"二十八宿"这种对星座的划分保留下来,不再强调月亮与"二十八宿"的关联性。

利用"二十八宿"星宿,我国古代也建立了一套类似"黄道十二宫"的纪月方法。古人将一年四季的每个季节又划分为孟、仲、季3个月,每个月都有对应的天象,例如《吕氏春秋》和《礼记》中都有记载"孟春之月,日在营室,昏参中,旦尾中",意思就是说春天的第一个月,太阳位于"室宿",黄昏的时候,"参宿"在中天,黎明的时候,"尾宿"在中天。这个时间对应立春(2月4日附近)之后的1个月,对照表 1-1,可以判断出室宿在宝瓶座附近。实际的室宿在宝瓶与双鱼之间。这也是由于岁差造成的,我国的这种月份划分出现时间早于儒略历的建立时间,因此星象有约 1 个月的延迟。这种月份划分后来发展成二十四节气,二十四节气不再与星象建立直接的关系,而是以冬至、夏至、春分、秋分为参考点,严格按照回归年设定。这使得二十四节气与"回归年"时间有了确定的关系(见第 3 章)。

我国还将北天球 3 个重要区域划分为"三垣",分别是"紫微垣"、"太微垣"和"天市垣",如图 1-10 所示。其中"紫微垣"在北极附近,处于一年四季都可以观察的恒显区,这是天球上另外一个非常重要的区域。从地球上观察天球的旋转,北极星是固定不动的,并且可以利用北极星确定方位。因此恒显区特别是北极星对于古代各个文明都具有重要意义。在我国的星座划分中,紫微星被认为是"帝座",是天球的中心。根据图 1-6 的天极变化图,它对应公元前 1000 年的天象,由此可以推断我国在天文观测时对星座的划分是在约 3 000 多年前形成的。我国还有更早以"右枢"作为北极星的记载,它对应 4 700 多年前的天象。据说古代的两种玉器"璇玑"和"玉琮"就是根据那个时期的天文观测仪器演化而来的。

根据《周礼》"以苍璧礼天,以黄琮礼地"、《尚书》记载"璇美玉也,玑为转运,径八尺,圆周二丈五尺强,玉者正天文之器",近代收藏家吴大澂认为璇玑和玉琮组合起来使用,构成了古代的大型天文仪器。李政道先生非常赞同这个猜想。他认为它的结构如图 1-11 所示,璇玑和玉琮通过一个中空的窥管连接,使用的时候,将窥管对准北极星,通过旋转璇玑,使璇玑边缘的 3 个豁口对准待观测的恒星。眼睛从玉琮底部中心的窥管位置观察,璇玑上 3 个互成 120°的豁口正好与紫微星在天球上相对紫薇星座的"少宰"、"上辅",北斗星座的"摇光"的张角一致,这 3 颗星既比较明亮,又相对紫微星互成 120°,由于天球是在不断转动的,璇玑观测这 3 颗恒星时旋转的角度就与时间对应,这样的天文仪器就兼具了天文观测与纪时的功能。

五星及其他

在满天繁星中,除了相对位置固定不变的恒星,还有一些位置不断变化的天

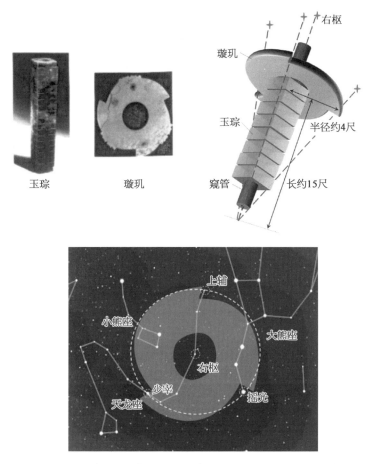

图 1-11　利用璇玑、玉琮观测天文的原理图,左上图为玉琮、璇玑实
物,右上图为测量原理,下图为测量对应的 4 颗恒星,窥管
瞄准北极,璇玑的 3 个豁口对应 3 个恒星

体。有 5 个非常引人注目,那就是太阳系的 5 大行星。"行星"这个词的英文
"planet"来自古希腊语的"planetes",原意是"游荡者"的意思。我国古代最初,
用"星"代表这 5 颗行星,用"辰"代表恒星,不过这种区分慢慢被弱化了,除非看
先秦的古文,后来讲星辰就不分家了。这 5 颗行星不但相对恒星位置不断变化,
而且每颗行星的变化特征也各不相同。这在各个古文明的天文观测中都具有非
常重要的意义。

恒星虽然相对位置不变,但还是在一起转动,只有北极星是完全固定不动
的,因此我国古代称北极星为"大辰"。

　　这5颗星按照距离太阳由近到远的顺序为水星、金星、火星、木星、土星,而地球在金星与火星之间,如图1-12所示,它们的基本参数如表1-2所示。水星和金星在地球轨道内部,因此也称为"地内行星"。地内行星只能出现在(相对日地连线的)一定张角范围内,水星和金星的最大张角分别约为28°和48°,图1-13给出了水星张角的示意图。水星28°的最大张角使得它与太阳的角距离不超过我国古代的一个时辰(2小时),因此水星被称为"辰星"。五大行星的英文名字都来自拉丁文,是古罗马诸神,而这些神又源于希腊。水星的英文名字Mercury来自墨丘利,它是古罗马诸神的信使,同时掌管畜牧、商业、交通、道路等。这个命名可能是因为水星离太阳最近,它在天空中移动最快。当水星接近太阳时,就会隐没在太阳的光辉中,无法连续观测,因此有些古文明误认为它是两颗行星,例如古埃及人把它看成太阳的两个侍卫,古印度也有类似的记载。

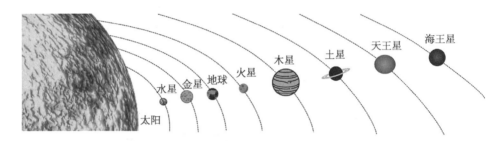

图1-12　太阳系的八大行星图。由内到外分别为"水-金-地-火-木-土-天-海"

表1-2　八大行星的基本参数

行　星	轨道半长轴/AU	公转周期	自转周期	赤道半径：地球	质量/地球	对黄道面倾斜	赤道和轨道面交角
水　星	0.387	87.97 天	58.65 天	0.38	0.055	7.0°	0.0
金　星	0.723	224.70 天	243.02 天	0.95	0.815	3.4°	177.3°
地　球	1.000	365.26 天	23.93 小时	1.00	1.00	—	23.4°
火　星	1.524	686.96 天	24.62 小时	0.53	0.107	1.8°	25.2°
木　星	5.203	11.86 年	9.92 小时	11.21	317.8	1.3°	3.1°
土　星	9.537	29.45 年	10.66 小时	9.45	95.16	2.5°	26.7°
天王星	19.191	84.017 年	17.24 小时	4.01	14.54	0.8°	97.9°
海王星	30.069	164.79 年	16.11 小时	3.88	17.15	1.8°	29.6°

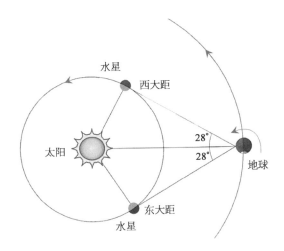

图 1-13   水星的最大张角示意图,水星处于最大张角的两
个位置分别称为东大距和西大距。处于西大距
时,在太阳升起前约 2 小时的黎明,水星从东方
地平线升起;处于东大距时,在黄昏太阳落下后
约 2 小时,水星从西方的地平线落下

由于水星离太阳最近,观测起来比较困难。提出日心说的哥白尼在讨论各行星的运动时,引用的是托勒密著作中的 3 次古代观测数据和 3 次当时的观测数据。对于金星、火星、木星、土星,哥白尼都以他自己的观测结果作为新的数据,而对于水星,他使用了同时代其他天文学家的观测数据,因此有人相信,就连哥白尼也一生没有观测过水星,因为他位于波兰的天文台纬度较高,不利于水星观测。

金星非常明亮,是天空最亮的一颗星,因此我国古代称为"太白",当它出现在黎明时,称为"启明",出现在黄昏时,称为"长庚";古希腊人称金星为阿佛洛狄特,是希腊神话中爱与美的女神,它的罗马名字是维纳斯,这就是它英文名字 Venus 的由来。古代非常重视金星轨道的研究,尤其是中美洲的古文明,它们建立了一套基于金星观察周期的历法(见第 2 章)。

无论东西方,火星的名称都来源于它的颜色。我国古代根据它的亮度常常变化的特征,称为"荧惑",有"荧荧火光,离离乱惑"之意。而古罗马人根据火星的暗红色,称为玛尔斯,英文 Mars 即源于此。玛尔斯是罗马神话中的战神,暗红色让人想到流血、战争、伤亡,这都与战神有关。

木星的直径有地球的 10 倍,是太阳系最大的行星,在夜空中很容易看到。

木星的公转周期约为 12 年(11.86 年),这与十二地支或者十二生肖一致,因此我国古代称为"岁星",我国古代也用它在天球的位置纪年(见第 3 章)。木星的英文名字 Jupiter 对应古罗马的众神之神朱庇特,就是希腊神话中的宙斯,这是从古巴比伦神话中演化而来的。

土星周期接近 28 年,与我国的二十八星宿相联系,可以认为是一年待在一个星宿中,逐年在这些星宿中轮转,因此称为"镇星"或"填星"。古希腊人认为土星在天空行动迟缓,是年老的象征,于是用宙斯的父亲"克洛诺斯"命名,古罗马沿袭了这个传统,但改用了"克洛诺斯"的罗马名字——萨杜恩,这就是土星的英文名字 Saturn 的由来,它还是罗马的农神。

我国战国时期发展的"五行说",将五大行星与"五行"相对应,主要根据五星的色彩与颜色与"五行"属性相对应("青木-黄土-赤火-白金-黑水",并没有真正的黑色行星,据说因为水星呈现灰色,所以给它"水"的属性),用金木水火土命名五星。

相比于五大行星自古就众所周知的事实,太阳系其他行星的发现就困难多了。天王星直到 1781 年才由英国天文学家威廉·赫歇尔发现。事实上天王星也可以用眼睛直接观察到,不过一方面它比较暗,另一方面它的周期太长了(84年),所以人类花费了数千年,直到近代才发现了天王星。它打破了数千年来人类只观察到 5 颗行星的认知,是人类认识宇宙的重要一步。海王星的发现则更加困难,它是研究天王星的轨道扰动时发现的。

五大行星作为地球的邻居,对我们实际的影响不大,但对我们宇宙观的建立、知识体系的形成却影响深远。人类自古就对它们充满好奇,通过研究它们也收获了丰富的知识。它们在古代不但用于纪时,也用于征兆吉凶。在人类文明的进程中,它们成为人类探索未知的工具,无论是我国的"五行说"、托勒密的"地心说"、哥白尼的"日心说",还是开普勒的行星运动定律,都以它们为研究对象。无论牛顿力学,还是相对论,都利用它们进行验证。今天,我们对这些邻居已经观测了足够长的时间,但离登门拜访这些邻居还有相当的距离,一个个登陆这些行星的雄心勃勃的计划正在开展,这或许是人类迈向宇宙的开始。

除了五大行星,在天球背景下还会呈现一些不常见的现象,像彗星、流星、超新星爆发等。这些现象大多数无法重复或检验,可以归为偶发现象。但也不完全如此,比如彗星,它们沿非常扁的椭圆轨道运动,周期非常长,像"哈雷彗星"的周期为 76 年,还有很多彗星在接近太阳的时候,会由于强大的太阳风作用而解体,后就无法复现。这些没有周期性,或者周期性未知的现象无法进行纪时,但在占星术上有特定的含义和解释,古人一般会将其和历史事件关联,因此探究这些现象对于了解历史事件的发生时间具有重要价值。因为天文现象在全世界范围都可以观察到,所以现代的天文学家常常通过对照东西方相关文献记载来检验古代天文观测记录的可信度。在这方面,我国古代的记载往往更连续、全面、详尽,所以西方人往往搜索我国的古籍以印证他们的记录。而我国记载的一些天象不一定能在西方的古籍中找到。

星　期

在现行的纪时体系中,有一个非常重要但是与天文观测关系不大的时间单位,就是"星期"。当今社会是按照星期循环安排作息的,因此它对我们的影响也非常大。根据某些现代时间生物学的研究,人体的某些器官存在 7 天为周期的规律性,例如血压和心跳的微小变化,完成某些器官移植手术后,它们排斥概率在植入后每周某个时间达到峰值。这似乎认为我们选择 7 天作为"工作-休息"的周期是一种必然,或者说暗合天意。但实际情况可能并非如此,起码"星期"是很晚才引入我国的,在那些没有"星期"的时代,我们的古人并未感觉任何不适。而世界其他地方也采用不同的周期,例如印加人每周工作 8 天,国王在这 8 天每天都会换一个妻子。村民和田间工人在地里待了 8 天,第 9 天就要到市场上去。更短的周期有安哥拉的班图人采用的 3 到 4 天的市场周;而古代中美洲则采用更长的 20 天作为"一周"。

现行的"星期"要追溯到古巴比伦。以 7 天为周期是考虑月亮周期接近 28 天,将 28 分为 4 份,每份正好 7 天,7 又与天球上的日、月、五星这 7 个运动天体相对应,于是他们分别以这 7 个天体命名一周的 7 天,这个命名方式沿用到现在。周日到周六分别对应:太阳日、月亮日、火星日、水星日、木星日、金星日、土星日。这种星期的排列顺序来源于占星术。这 7 个天体在天球上的移动速度不同,由慢到快的顺序是:土星、木星、火星、太阳、金星、水星和月亮。按照巴比伦的纪时方法,每天被分为 24 小时,每个小时对应 1 个天体,如表 1-3 所示。根据这样的原则,第一天第一小时对应的天体是太阳,所以第一天就是太阳日,用 7 个天体进行 24 小时循环,依次是月亮日、火星日……

表 1-3　星期的名称是如何确立的

土星	木星	火星	太阳	金星	水星	月亮
			第1小时	第2小时	第3小时	第4小时
……	……	……	……	……	……	第2天 第1小时
……	……	第3天 第1小时	……	……	第4天 第1小时	……
……	第5天 第1小时	……	……	第6天 第1小时	……	……
第7天 第1小时	……	……	……	……	……	……

　　从表 1-3 可以看出，一周应该始于土星日，而不是太阳日。早期的星期确实是从周六开始的，古埃及也采用这种纪时方式，犹太人逃离埃及时，为了表达被压迫的仇恨，将周六设为最后一天，这后来成为犹太教的安息日。《圣经》上说上帝从"太阳日"开始，用 7 天创造了世界，因此 7 天的"星期"在基督教中就有了特殊的含义。《圣经》上说耶稣是在周日复活，所以基督教把礼拜放到了周日。罗马皇帝君士坦丁大帝将基督教设为国教后，也确立了这种 7 天的星期制度，并要求罗马国民在周日必须去做礼拜。从此星期成为西方的标准作息周期。

　　我国古代也将这 7 个天体归为一类，称为"七曜"或"七政"。《易·系辞》曰"天垂象，见吉凶，圣人象之。此日月五星，有吉凶之象，因其变动为占，七者各自异政，故为七政。得失由政，故称政也。"但我国的纪日并没有采用这种方式，而是按照月份的天数或者干支计数。佛教从印度传入我国后，以"七曜"为周期的纪日方法也从印度传过来，但没有推广。我国引入公历后，星期也被引入进来。我国直接以数字命名周日以外的时间，将"周一"作为一周之始。这种命名方式消除了星期的天文和宗教背景，不过在日历表上也常常按照西方的惯例将周日放到最前面，这对日常生活没有影响，也不会产生顺序上的迷惑。

科学与非科学

　　古人天文观测、拟定历法的最初动机应该是指导农耕，但农耕本身对历法的精度要求不太高。古人对天文观测和历法时间所追求的精度远远超出了农耕的需求,这是因为天文观测除了纪时,通常还具有占卜吉凶的目的。天文学(astronomy)与占星术(astrology)同源,两者在古代往往密不可分。我们现在知道,探索天体运行的自然法则是客观和科学的,而占卜命运的吉凶是非客观的、是神秘主义。但古人没有这样的认识,他们确信天象既与自然世界的周期性关联,又与个人、国家命运相关。天文观测由此也结出了两个果实:一个是人类对天文现象周期性的不断认识,由此在后来发展起来科学;另一个是建立了神秘主义与神学。后者往往更吸引人,丹皮尔在《科学史》中说:"占星术、巫术和宗教可以吸引所有的人,但是,哲学和科学却只能吸引少数的人。"人类在对天和神的崇拜中构建起庞大的精神家园,古代神话、宗教皆源于此。它不光是了解历史不可或缺的钥匙,即使在现代社会也有很大的市场。比如有相当多的人相信出生日期对应的黄道十二宫和个人命运相关联。

我国古代认为天象和国家的命运相关,所以天文观测等都是皇家的行为,并建立了一套祭祀天地的严格的礼法制度。《周礼》《吕氏春秋》等对祭祀的时令、场地仪式等都有明确的记述,在北京、西安等古都留有大量的相关遗迹。例如北京的天坛、地坛、日坛、月坛分别是"冬至祭天、夏至祭地、春分祭日、秋分祭月"的场所。其中以"冬至祭天"最为隆重,由皇帝亲自主持,天坛建造得最为宏大,也最为著名,如图1-14所示。

我们不会去宣扬或者反驳神秘主义,但必须考虑它对古代天文历法甚至整个古代社会的影响。这种影响持续到现在,比如我们现在使用公历带有基督教神学的痕迹;行星的命名源自古希腊神话,而我国流传下来的一整套礼仪习俗都与对天的崇拜有关。科学技术的发展带给我们更客观的世界观,当我们认清天象背后的自然规律后,很难理解古人试图用天象解读自己命运的心态。但当我们探究古代的文明和历法的时候,有时需要站在古人的角度去思考问题,这样才能理解他们为什么花那么大力气进行连续的天文观测并协调历法。

在历史记载中,许多重要历史事件都与神秘主义的事件相联系。如公元前44年3月15日,罗马的独裁者恺撒被刺死在罗马共和国元老院的庞培雕像下。同年7月,一颗白昼都可以看到的硕大彗星出现在古罗马的天空,并且连续出现了7日,这颗可能是人类有史以来看到的最明亮的彗星,后来它就被命名为"恺撒之星"(见图1-15)。这个现象不仅被当时的古罗马人神化,认为这是恺撒死后成神,在天空显灵。而且成为后世津津乐道的故事,在莎士比亚的戏剧《恺撒

图 1-14   天坛祈年殿,明清时期皇帝冬至祭天之所,体现了我国对天的崇拜和"天圆地方"的
宇宙观

图 1-15   古罗马印有恺撒头像的钱币,其背面就是象征其死后升天幻化而成的"恺撒之星"

大帝》中,恺撒的妻子说:"乞丐死了的时候,天上不会有彗星出现;君王们的凋殒
才会上感天象。"这个天象后来被恺撒的继承者屋大维所利用,他在将恺撒神化
的同时也宣扬了他自己统治的合法性。至于这颗彗星的真实性,它被《汉书》所
证实"元帝初元……五年四月,彗星出西北,赤黄色,长八尺所,后数日长丈余,东

北指,在参分"。因此,这颗彗星是确定无疑的。至于这颗彗星后来为什么没有再出现过,现代给出的解释是它是一颗非周期彗星,并且可能已经瓦解。它还有一个神奇之处,《汉书》与罗马的观测时间相差了约 2 个月,考虑两方面的历法不可能出现这么大的误差,后世有人用彗星的轨道等给出了解释。

西方更著名的一个天象是《圣经》上说的"伯利恒之星",它讲述的是耶稣诞生之前,有一颗非常明亮的星照亮了他的诞生地——伯利恒,来自东方的 3 个智者在这颗星的引导下,找到并拜见了襁褓中的耶稣,并且献上了礼物。这成为耶稣诞生的传奇。后世对这颗"伯利恒之星"也进行了研究,提出了诸如彗星、超新星等的解释,不过还没有定论。与"恺撒之星"类似,在这些研究中,来自中国古代的天文观测记录成为重要的参考依据。

2 远古时代的时间观与历法

本章主要介绍有代表性的古代文明在天文学方面的成就及与历法的关系。本章不涉及我国的天文与历法，我国的情况将在下一章单独介绍。

天文观测和历法纪时是古代社会生活中的一件大事，是古代文明能够诞生的必要条件。天文观测除了产生历法，还具有揣摩上天的意愿和心思、预测将来的功能，国王或者大臣统治的合理性也常常借助天象证明。天文观测也具有实用功能，自古就被人类用来确定方向和位置。历法的首要作用是指导农耕，但它的功能不止于此，历法为一个社会提供了统一的时间，整个社会根据这个时间协调运作，它对上至国王下至普通国民的言行都有约束作用。与时间有关的仪式感也源于历法，一个国家会按照历法安排普天同庆的节日，一个家庭会根据历法庆祝成员个体的生日。这些都使得天文历法包含了很多文化的内涵。天文历法也因此成为各个古文明社会的标志性成就。

在介绍古代历法之前，我们需要澄清"纪"和"计"的区别。"纪"有标记之意，"纪时"就是对时间按照顺序进行标记。比如我国的国庆是"1949 年 10 月 1 日"，就是"1949 年 10 月 1 日"标记那一天。"开启新纪元"，就是重新开始标记时间的意思。"纪"本身也用于表示时间的长度，"一纪"为 12 年，也有 1 520 年之说（见第 3 章）。因此我国也用"纪"表示较长的时间，像地质学的时代就是以"纪"命名的，例如"寒武纪"、"白垩纪"等。而"计"有测量之意，"计时"通常指测量时间，一般是测量一段时间的间隔。历法就是对时间进行标记，所以历法是纪时，包括纪年、纪月、纪日、纪时等。

巨石阵

人类文明经历了漫长的发展过程,通过史书或遗迹可以溯源的历史有 7 000多年。在人类早期文明的遗迹或者记载中,包含着大量天文信息。一些远古遗迹,我们已经无法知道它的确切用途,但往往会发现它在方位或者形状上与某些天象关联,而这种天象又往往与特定的时间关联。例如爱尔兰的纽格兰治有一个公元前 3 000 多年的古墓,每年冬至的清晨,太阳从地平线升起时发出的第一缕阳光就会穿透长长的墓道射入墓室。这样的结构应该是古人希望与天上的神建立某种联系而进行的专门设计,它使得这个看似普通的古墓也包含了天文与计时的功能。这种在方位和结构上与天象建立联系的现象普遍存在于各种古迹中,其中一些尤其明显,它们与多个天象相联系,具有复杂的天文观象功能,其中最著名的可能就是英国索尔兹伯里平原上的巨石阵。

巨石阵是一个由数十块 40 吨重的巨石形成的环形建筑,在巨石搭建的环形结构内部,有 5 个由"两竖一横"3 块石头组成的牌坊,在巨石环周围,则有 56 个圆坑,如图 2-1 所示。研究表明,这些由 200 多公里山上运来的巨石搭建的建

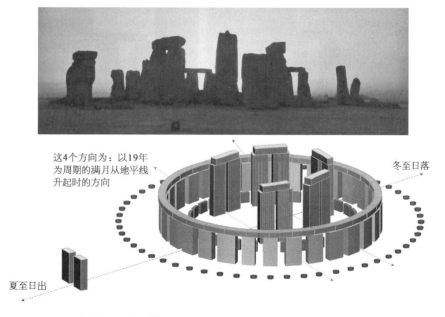

这4个方向为:以19年
为周期的满月从地平线
升起时的方向

冬至日落

夏至日出

图 2-1 现在的巨石阵照片(上)和它的还原图(下),它具有复杂的天文观测功能

筑起码有如下的天文功能：夏至日出时和冬至日落时，阳光会沿巨石阵中心轴穿过巨石阵，而夏至日落时和冬至日出时，阳光会从巨石阵中心的另外两个界碑穿过；当满月沿中心轴升起时，将很快出现月食；而巨石阵最外圈的 56 个圆坑则与预测日食关联。根据这些特点，我们可以推断巨石阵应该是古人的一个天文观测台，它可能是一个历法的计时器、一个宗教祭祀场所或者一个庆典中心。索尔兹伯里平原还有相当数量的类似建筑，大部分是竖立的木桩，少数是石头，而在不列颠群岛和法国北部也散落了 300 多个类似的巨石阵。我们不知道巨石阵的建造者是谁，也没有在附近发现文字记载，但这些建筑的结构显示了它们具有历法的功能，这是一种文明达到一定水平的标志。

考古学研究表明这些巨石阵创建于公元前 4000—前 2000 年，它之所以称为史前文明遗迹，是以当地的文明发展水平评判的。放眼当时的世界，则存在更先进的文明，例如埃及在这个时期已经建造了金字塔并留下了数个世纪的历史记载。对于这些更先进的文明，由于有文字记载而流传于世，我们可以更确切地了解这些古代社会的天文历法知识，它们是怎样建立历法记录时间的，历法的精度是多少，它们对其他文明产生什么影响……

古埃及

一般认为，人类最早的文明始于尼罗河中下游的古埃及文明，他们的历史最远可以追溯到 7 000 多年前，在 5 000 多年前，埃及成为一个统一的国家。尼罗河是古埃及人的母亲河，每年尼罗河水的泛滥为尼罗河沿岸带来了肥沃的土地，为其诞生农耕文明创造了条件。尼罗河泛滥非常有规律，在每年的 7 月 19 日左右，因此对于埃及人而言，他们的历法是基于尼罗河泛滥的规律建立的。根据河水泛滥和农耕的关系，古埃及建立了阳历并将一年分为 3 个季节，分别为洪水季、播种季、收获季，而不是其他大多数文明给出的四季。这种历法固然深受尼罗河的影响，也与埃及所处的纬度较低，没有那么分明的四季有关。古埃及人曾经采用插在水边的标尺（相当于水位计）确定时间，但这种测量方法并不准，因此他们最终根据天文观测设定历法。

古埃及人最崇拜的神是太阳神阿蒙，他们建立了一套以太阳神为主神的复杂神系，并且相信他们的国王"法老"是太阳神之子。在这个体系中，一些恒星和星座也被赋予神的属性。他们通过观察一系列恒星的偕日升建立了自己的历法。其中最重要的是"天狼星",这是因为天狼星有两个特征：它是天球中最亮的一颗恒星；它的偕日升时间正好与尼罗河泛滥的时间一致。每年春天,天狼星隐没在太阳的光芒中约 70 天,当天狼星再次在黎明的地平线浮现时,意味着尼罗河马上要泛滥了,埃及人把这一天作为新的一年的开始。古埃及人认为天狼星是人头蛇身的女神索提斯,它是掌管圣河尼罗河的神祇,而它隐没的 70 天是蛇神去阴间游荡了一圈。索提斯本来是埃及法老奥西里斯的亲妹妹和妻子,奥西里斯被阴谋害死后,索提斯将其制成第一具木乃伊并使其复活。后来奥西里斯化身为猎户座,索提斯则幻化成为猎户座附近的天狼星。猎户座腰部的三星也是古埃及人重点关注的恒星。

猎户座三星在我国被称为参宿三星,它和天狼星相距不远。对天狼星和猎户座三星的崇拜普遍存在于古埃及的大量史迹中,其中最典型的是位于吉萨平原的 3 个大金字塔,3 个大金字塔位置与猎户座三星一致,胡夫金字塔通往中心墓室有两条朝南通道,在某个时刻,其中一条对准天狼星,另一条则对准猎户座三星；而朝北的一条通道则对准北极星(当时是右枢)(见图 2-2)。古埃及人认为这样的结构可以在某个时刻与天狼星交流,让法老复活。

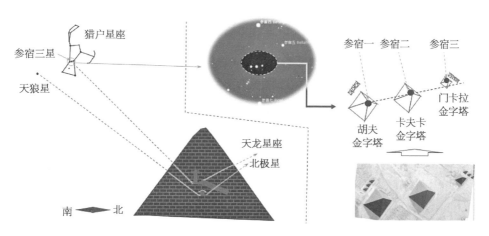

图 2-2 胡夫金字塔的墓道正对天狼星的轨道,这样在一天中的某个时刻可以看到天狼星。他们认为木乃伊通过与天狼星的沟通,可以复活。另外他们也非常重视观测参宿三星,吉萨平原上 3 个大金字塔的布局与参宿三星一致

尼罗河的定期泛滥在古埃及文明中留下了深刻的烙印,其中一个重要影响就是每次泛滥以后,需要对土地进行测绘以便让原来的主人耕作。这种频繁的测量导致了埃及人的测绘学特别发达,埃及人建造金字塔时表现出的惊人测绘

精度可能也源于此。埃及的测绘学知识后来与两河流域的文明交融,并在古希腊人那里发扬光大。几何的英文单词 Geometry 就是从"土地测量"希腊语演变而来的,我国明朝的徐光启采用的音译,翻译成"几何学"。

除了天狼星,古埃及人又选取了 35 个星或星座,称为"36 旬星"。他们根据这些星(星座)的偕日升时间,将一年分为 36 个 10 天"周",剩下 5 天进行宗教庆祝活动,这 5 天的每 1 天分别祭祀 1 个神,这就形成了一年为 365 天的历法。这种历法还被刻在某些神庙的石头上留存下来,如图 2 - 3 所示。古埃及从公元前4 200 多年开始使用这种历法,一直沿用了很长时间。这种历法每年就有约 1/4天的误差,很容易发现,但是掌管历法的祭司一直忽视这个误差,使得这个误差不断累积,配合古埃及的超长历史,经过 1 400 多年累积出 1 年的误差。埃及人称为"徘徊年"。不过该记载与前文所说的将天狼星偕日升作为新的一年的开始相矛盾,如果让这个天文现象与纪年保持一致,就不会出现这么大的误差。这可能是埃及不同时期的历法吧。至于历法何以出现如此大的偏差,有两方面的原因:首先,历法在埃及非常神圣,一旦设立不能更改,据说法老在继承王位时必须宣誓不得变更历法;其次,也是更重要的原因,应该是埃及主要是热带,没有明显的四季变化,历法与农耕没有那么强的联系。总之,古埃及在历法方面不算特别先进,以至于"埃及年"被拉丁文翻译成"糊涂年"(Annus Vagus)。

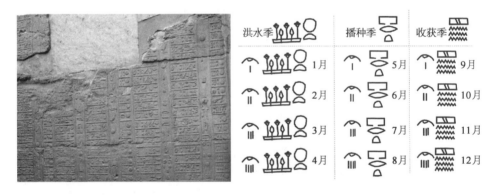

图 2 - 3   左图为埃及科翁坡神庙中的古埃及历法,记载了 365 日的周期,右图为古埃及 3 个季节及月份的象形文字

随着地中海沿岸其他文明的崛起,古埃及文明逐渐式微。从公元前 424 年起,古埃及先后被波斯人和马其顿的亚历山大大帝征服。亚历山大死后,埃及被亚历山大的将领托勒密统治,进入托勒密王朝时期。在托勒密三世统治时期,古埃及尝试用闰年制改进历法,但是并没有完全贯彻。到了公元前 45 年,埃及最后一位女王,著名的克里奥佩特拉及其支持者安东尼被屋大维击败,埃及被罗马占领并成为它的一个行省,从此采用由恺撒颁布的罗马历法——儒略历。

两河文明

两河文明的天文观

与埃及差不多同时期,在西亚的幼发拉底河和底格里斯河流经的区域诞生了两河文明。它由苏美尔人发轫,在古巴比伦时期进入全盛时期,因此常常被称为古巴比伦文明。古埃及得益于尼罗河水的定期泛滥,因此建立相对简单的阳历历法。两河流域也经常暴发洪水,《圣经》中的大洪水据说就是两河流域的历史记忆,但这样的洪水没有明显的规律性,使两河文明的历法与古埃及相差较大。两河流域的纬度、气候与我国的黄河流域非常接近,它们都具有明显的四季,需要建立可以指导农耕的历法进行纪时。因此两河流域与我国古代在天文历法方面有许多相似的地方,比如精确纪年,划分四季等。

苏美尔人通过长期的天文观测积累了丰富的天文学知识并创立了自己的历法。苏美尔人很早就有了黄道的概念,并由此将天空分成了南天球、黄道、北天球 3 个部分。苏美尔人选取了黄道上的恒星分为 36 份,并以今天金牛座、狮子座、天蝎座、摩羯座中一些恒星的偕日升时间为参照划分春夏秋冬四季。

苏美尔人在约公元前 20 世纪被巴比伦人所灭。正如历史上经常发生的蛮族灭亡了先进民族但却继承了它们的文明那样,巴比伦人在灭亡了苏美尔王朝的同时继承了苏美尔文明,也继承了苏美尔人的天文历法并进行发展。巴比伦人将周天平分为 360 份,圆周的 360° 即源于此。这种划分是对一年约为 365 天在数学上的简化。另外古巴比伦采用 10 进制与 60 进制相结合的计数系统。度以下的细分单位"分"和"秒"都采用 60 进制,这也沿用至今。小时的概念也源于古巴比伦,他们将 1 天分为 24 小时,但与目前的 24 等分不同,他们将白天与黑夜各分为 12 份。

巴比伦人发展苏美尔人建立的黄道概念。他们将黄道划分为 12 份,这就是黄道 12 星座的由来。不过 12 星座的名称和现在不完全相同,比如他们称"白羊座"为"佃农座",称"室女座"为"地垄沟座",这反映了当时农耕社会的特征。巴比伦人本来将 12 星座和月份对应,他们的初衷应该是为了解决"朔望月"与"回归年"不是整数的问题。但黄道12星座纪年属于"恒星年",它和"回归年"之间每年有约20分钟的误差,经过较长时间后会累积出可观的"岁差",目前历法的黄道十二宫与天文学的黄道十二宫产生了约1个月的偏差。

苏美尔人在5 000多年前根据黄道和赤道的交点(也就是春分点、秋分点)分割黄道,并将1年的起始点设定在春分点,当时处于金牛座。"岁差"效应导致春分点在黄道面以约76年1°的速度退行,目前已经转到双鱼座与宝瓶座之间。这个现象后来被占星学赋予特别的意义,他们认为春分点在不同星座间的变迁标志着人类的不同阶段,每个年龄阶段约2 200年(26 000年的1/12),人类进入不同阶段的标志就是春分时太阳进入新的黄道星座。每个阶段都有一定的特色,就像不同星座的人群那样。在金牛座时代,西方普遍存在对牛的崇拜,金牛或公牛出现在某些埃及神的头饰以及克诺索斯宫殿的米诺斯建筑中,古希腊和印度的文化中,牛也处于突出的地位。《圣经》故事中记述的摩西到达西奈山是白羊座时代的开始,而当太阳在春分点从双鱼座升起时,基督教时代就开始了。我们目前就处于双鱼座时代,但这个时代即将过去,下一个时代——宝瓶座时代将在2137年到来,20世纪60年代美国有一首流行歌曲歌颂即将到来的宝瓶座时代的和平与爱。

对太阳的崇拜同样存在于巴比伦文化中,在他们的神话体系中,太阳神沙马什每天架着太阳车穿过天空,而金星伊什塔被赋予了非常高地位,它与太阳神、月亮神(辛)并列,称为三联神。

古巴比伦历法

古巴比伦采用了太阴历,他们把一年的岁首放在春分附近,将一年分为12个月,大小月相间,大月30日,小月29日,一共354天。为了补偿一年不足的天数,他们从公元前2000年开始就设置了闰月,一般将闰月放到6月或者12月的后面。巴比伦的历法最早采用8年3闰,以后是27年10闰,最后于公元前383年定为19年7闰,这个时间略晚于"默冬周期"的提出时间(公元前432年)。古巴比伦也根据月亮每月的轨迹把天空分为28个区域,称为"月宿",这个与我国的二十八星宿类似。

闰月会对社会运行产生影响。根据巴比伦法令,巴比伦人需要在每年的

7月24日缴纳年度税金。在公元前19世纪的某一年遇到了闰6月的情况时,巴比伦人不太清楚究竟应该在闰6月24日还是在7月24日缴纳税金,为此巴比伦国王汉谟拉比曾经专门颁布过一次法令,规定税金应该在闰6月缴纳。

也有记载说巴比伦人在公元前499年就采用了19年7闰的历法,因此古希腊天文学家默冬提出的19年7闰的"默冬周期"并非原创,而是从巴比伦人那里学来的。

古巴比伦的历法对周边古文明,包括古希腊和古印度等,都产生了深远的影响。犹太历则几乎完全效仿了巴比伦历,以色列复国后沿用了该历法直到今天,它将闰月放到6月(以禄月)的后面,就带有明显的巴比伦历法特征。现在西方流行的占星术也主要是从巴比伦人那里继承来的。

比较古埃及和古巴比伦的天文历法,我们会发现或多或少有类似之处,这是因为这两种文明虽然是独立发展的,但地理上的接近导致它们相互之间的频繁交流。他们既有相互交往的和平时期,又经常兵戎相见。古埃及的一些王朝,像著名的拉美西斯二世时期(公元前13世纪),一度占领了今天的叙利亚地区,与古巴比伦王朝接壤。这两种古文明之间不断撞击,两个文明内部经常政权更迭,中间还夹杂着蛮族入侵和被压迫民族的迁徙,它们构成了西方世界风云际会的早期历史起源,希腊文明就是在这个历史的边缘诞生的。著名的犹太人迁徙也发生在这段时期,公元前18世纪,犹太人迁移到埃及,但没有摆脱受人奴役的命运,因此在公元前15世纪,摩西率领犹太人出埃及到达两河流域,在那里创立了犹太教,这部分内容因为写入了《圣经》而成为西方的通识。

古希腊文明

简介与历法

古希腊文明在汲取古埃及和古巴比伦文明营养的基础上发展起来,因为它是次生文明而不是原生文明,所以没有和四大文明古国并列。但古希腊创造的璀璨文化却对西方世界产生了深远的影响,是西方文化之根。西方社会的许多行为和表现,无论是政治制度、神话、哲学、宗教,还是科学、艺术、体育,甚至思维方式和行为特征,都可以从古希腊找到源头。

古希腊文明最早可以追溯到克里特岛发现的公元前 2600—公元前 1125 年的克里特-迈锡尼文明。它以希腊半岛和爱琴海为中心,涵盖了地中海诸岛、小亚细亚沿岸、意大利半岛的广阔区域,如图 2-4 所示。这样的地理环境决定了希腊文明是典型的海洋文明和商业文明。古希腊是由一个个城邦构成的邦国,当一个城邦因为人口扩张或者遇到自然灾害养活不了全城的人口时,一部分人就会去其他地方殖民建立新的邦国,这也是西方殖民传统的由来。

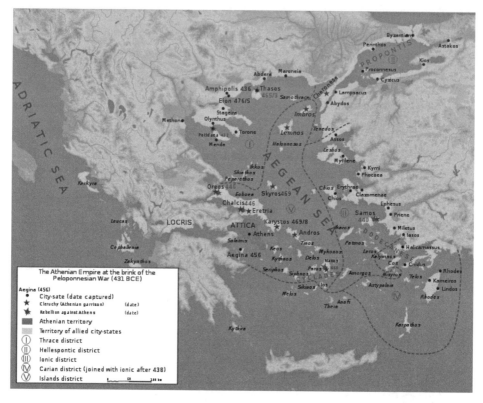

图 2-4 公元前 5 世纪的古希腊,主要分布在爱琴海周围,包括了希腊半岛、小亚细亚沿岸及爱琴海诸岛,这样的地理位置决定了航海业的发达,这造成对天文学、测绘学等的普及

克里特-迈锡尼文明没有文字记录,只是在《荷马史诗》中用口耳相传的方式流传,因此一直以来人们都认为那是神话传说。德国人施里曼相信《荷马史诗》记述的特洛伊战争是真实的,他根据史诗中的描述于 19 世纪末开展了考古挖掘,不但在土耳其西北部的达达尼尔海峡附近找到了特洛伊遗址,而且通过对克里特岛的发掘,发现了克诺索斯古城,将希腊文明提前了约 1 000 年。目前一般

认为古希腊文明起源于克里特岛,然后发展到了希腊半岛。

古希腊人最初可能是通过与巴比伦人的贸易发展起来的。希腊半岛及爱琴海诸岛的地形以山地为主,更适合种植橄榄、棕榈、无花果、葡萄、月桂等经济作物,单靠这些作物无法生存,需要通过海运将它们运到小亚细亚或者埃及,进行商品交换才能满足生活所需。因此早期的希腊相对另外两种文明是经济上的依附关系和文化上的继承关系,其中巴比伦文明影响更甚。古希腊从开始就表现出商业文明的特征,而希腊环地中海的地形使得他们的商业往来必须通过航海实现,这又赋予了希腊民族海洋文明的特质。在这种情况下,航海变得重要而普及。海洋和航海对希腊整个民族性格和文化的塑造发挥了非常重要的作用。

从文化上讲,希腊是通过学习其他先进文明发展起来的,但航海赋予希腊人的特质使他们在学习其他文明的基础上发展出自己特色的文明。希腊的军事实力和扩张能力有限,它在被外部帝国武力征服的过程中,实现文化上对那些帝国的征服。征服希腊的亚历山大通过远征又将希腊的文明远播到埃及、两河流域、印度的广阔区域。但亚历山大统治的时间毕竟短暂,后来的征服者罗马在长期统治希腊的过程中继承和传播了希腊文明,使之影响西方并波及整个世界。

米利都学派的创始人是被誉为"哲学史上第一人"的泰勒斯。泰勒斯是古希腊第一个提出"什么是万物本原"的人。并认为"万物源于水"。泰勒斯具有相当的天文学知识,他预言了公元前 585 年发生的日食。这些天文知识很可能是他从巴比伦学来的,巴比伦人发现每 19 年发生一次日食。泰勒斯还将天文学应用于预测未来的气候。亚里士多德在《政治学》一书中讲述了一个故事:人们认为哲学没有什么用,泰勒斯就利用他所精通的天文知识预知来年橄榄会大丰收;于是他以低廉的价格租了全部橄榄榨油器,到了收获的时节,这些榨油器让他大赚了一大笔钱。

古希腊神话深受古巴比伦神话的影响,古希腊的许多神话人物都可以从巴比伦的神话中找到原型。例如希腊神话中,太阳每天升起和落下的原因是阿波罗驾驶太阳战车在天空跑了一圈,这与巴比伦神话中的太阳神沙马什每天的工作几乎完全相同,只是太阳神换了一个名字而已。古希腊神话最早通过《荷马史诗》、《神谕》等流传下来,神话故事可以概括为天神宙斯和他的祖辈、父辈、兄弟们、姐妹们、妻子们、子女及私生子女们等人的混乱关系。希腊的神话人物以 12 主神为代表,主要居住在奥林匹亚山上。希腊诸神与天空星辰的关系不太紧密,除了前文介绍的 5 颗行星,也就只剩下太阳神阿波罗和月亮女神阿尔忒弥斯。但希腊神话中的海神却是波塞冬带领的一大谱系,表明了航海民族与海的亲近和对海的敬畏。希腊神话的另外一个特点是天神与城邦分别对应,他们是各个城邦的保护神,例如奥林匹亚的守护神是宙斯、雅典娜是雅典的守护神、阿波罗是德尔菲的守护神、阿尔忒弥斯是斯巴达的守护神等,这是古希腊城邦社会在神话世界的映射。每个城邦有一个保护神,这些神聚集到奥林匹亚山是古希腊社会进行联邦式管理的体现,也是现代联邦式管理的雏形。

公元前 776 年,按照神谕,古希腊人在奥林匹亚举办了首届奥林匹克运动会。从此以后,这项活动就被保留下来,并形成了 4 年一届、点圣火、休战、胜利者戴桂冠、只能男子参加等传统,这个传统一直延续了 600 多年,后来在公元393 年被罗马帝国禁止。到了近代,奥林匹克运动会在法国人顾拜旦的推动下复活,发展成为现代奥林匹克运动会,是世界上最有影响的体育赛事。

古希腊的历法也受巴比伦的影响。不过由于地理环境和政治制度的不同,使得它们的历法与巴比伦有明显差别。它们早期并没有秋天的概念,只有冬季、春季和夏季;这 3 个季节分别具备冷、湿、干的品质。直到荷马时代(公元前 9—前 8 世纪),秋季才以水果收获期的形式被视为一个季节,它只是代表了一年中另外两个极端季节之间的过渡期,就像春季那样。古希腊是个城邦国家,各个城邦的历法不尽相同,例如雅典是以夏至所在月的月首作为一年的开始,斯巴达是以秋分后的月首作为岁首,而另外一个城邦德尔菲是以秋分月的月首作为岁首。虽然各城邦一年的起始月不同,但它们都参照巴比伦历法采用了太阴历,采用 29 天和 30 天交替的方式设置“月”,这样 1 年也是 354天。古希腊同样通过闰月协调“年”和“月”的关系,最开始 2 年 1 闰,后来发展为 3 年 1 闰,8 年 3 闰。公元前 432 年的奥林匹克运动会上,来自雅典的天文学家默冬提出 19 年 7 闰的规则,不过这个法则并没有被真正广泛应用,只是使默冬在历史上占据了一席之地。总的来讲,可能是由于古希腊没有形成统一的国家,各个城邦之间相互独立,使得历法也没有统一,所以它们在历法方面的成就不算高。

古希腊继承了巴比伦和埃及占卜方面的知识。在公元前 8—前 7 世纪,古希腊诗人赫西俄德创作了训谕体长诗《工作与时日》，它的第三部分罗列了一份"好坏日子"清单，讲述了什么时间应该干什么（见表2-1）。一方面，它具有指导耕作的作用，例如"猎户座在中天，大角星黎明升起的时候，应该把葡萄采摘回家"。另一方面，它又有点像我国的老黄历，讲述了每天的宜忌事宜，使我们了解古希腊如何安排时间。例如"中旬第6天对植物特别不利，却是生男孩的好日子；而对于女孩，则降生与出嫁都不相宜。上旬第6天也不宜女孩降生，这一天却宜于阉割山羊或绵羊、建造畜棚。这一天生的男孩将会非常喜欢玩笑和说谎，喜欢窃窃私语"。这些说法基本上属于一种占星的观念。人们认为行星的好坏、影响力依照它们在天空的相对位置而增减。如果某颗行星在某一天位置不佳，从事由该行星掌管的任何活动都是不明智的。

表2-1　赫西俄德《工作与时日》中的好坏日子表

天数	日子的种类	适　　宜	不适宜	月　相
1	好日子		女孩出生，举办婚礼	
2	—			
3				
4	好日子	带新娘回家，开始造船，开酒桶		
5	坏日子			
6		阉割羊，造船钉，男孩出生	女孩出生	前1/4
7	好日子			
8		阉割猪和牛		月渐圆
9	无害日子	男孩、女孩出生		
10		男孩出生		
11	好日子	剪羊毛		
12		剪羊毛、收割庄稼，妇人纺织		
13		种植植物		满月
14	好日子（诸事）	女孩出生		
15	坏日子			
16		男孩出生	种植	
17	好日子	剪羊毛，把谷物撒在脱粒台		月亏
18				
19				
20				后1/4
21	好日子			

天数	日子的种类	适　宜	不适宜	月　相
22				
23				
24	好日子			
25	坏日子			
26				
27	好日子	开酒桶、给牛上轭、登船		
28				
29				新月
30		检查工作、离婚		

古希腊哲学的时空观

尽管古希腊在历法方面成就不著,但这并不影响他们研究哲学并在相关领域取得非凡的成就。世界上最早的哲学流派米利都学派创立于希腊人在小亚细亚建立的邦国米利都,"它的产生是由于希腊的心灵与巴比伦和埃及相接触的结果"(罗素)以米利都学派为发端,希腊诞生了毕达哥拉斯学派、埃利亚学派、以弗所学派等一系列哲学流派,其中最著名的是苏格拉底、柏拉图、亚里士多德这三代师徒,尤其亚里士多德被誉为希腊哲学的集大成者。西方普遍认为希腊哲学是欧洲文化的源头,希腊哲学家所处的那个时代也成为人类历史的一段黄金时代,为后世所景仰。文艺复兴时期的著名画家拉斐尔就曾经绘制了一幅《雅典学院》的名画描述这些哲学家辩论的盛况,如图 2-5 所示。哲学必然涉及时空观,这些哲学家关于时空观的见识,今天也值得我们思考和借鉴。这里只介绍一些著名的论点:

> 毕达哥拉斯学派认为"万物皆为数",他研究了黄金分割、音乐音程的数学比例关系,他发现了勾股定理,但又不接受无理数,为了维持自己的观点,甚至处死了发现并推广无理数的弟子希帕索斯。这个学派还有一些奇怪的教规,例如不吃豆子,因为豆子的形状像人的胚胎,还有一种说法是豆子容易使人放屁,他们认为放屁会带走一部分人的灵魂。

> 以弗所学派的代表赫拉克利特认为火是最原始的物质,其他万物则都是由火生成的。他还认为世界上没有永恒不变的东西,提出了"人不能两次走进同一条河流"的观点。

图 2-5 拉斐尔的名画《雅典学院》描绘了古希腊众多哲学家辩论的盛况,中间正在辩论的是
　　　　柏拉图和亚里士多德

> 埃利亚学派的芝诺以"芝诺悖论"而闻名,其中最著名的是"阿喀琉斯追乌
  龟"和"飞矢不动"。阿喀琉斯是希腊的跑步冠军,芝诺认为如果阿喀琉斯
  在乌龟后面 10 m 以 10 倍乌龟的速度追乌龟,将出现如下情况:阿跑
  10 m,龟跑 1 m;阿再跑 1 m,龟再跑 0.1 m……因此阿永远追不上龟。"飞
  矢不动"则是说一支飞行的箭,每一个时刻都固定在某一位置,因此芝诺
  说这个飞行的箭实际是静止不动的。芝诺的这些观点体现了古希腊人对
  运动与时间、有限与无限的思考。

> 恩培多克勒认为世界由土、气、火与水 4 种元素构成,这些元素根据比例,
  通过"爱"结合成万物,而"斗争"使之分开。

> 德谟克利特提出了原子学说和存在真空的观念。

> 柏拉图接受四种元素学说,并将其和正多面体联系起来。我们知道,一共
  有 5 种正多面体,分别是正三角形构成的正四面体、正八面体、正二十面
  体,正方形构成的正六面体(立方体),正五边形构成的正十二面体,如图
  2-6 所示。柏拉图似乎也接受了原子论的某些观念,他认为火是由无数
  的正四面体微粒构成的,正四面体的 4 个角都比较尖,所以火让人感觉尖
  锐和刺痛;空气是正八面体微粒,这些微粒的结合体非常顺滑;水可以流

动,应该是由最像球形的正二十面体微粒构成;土可以堆栈,立方体具有这样的性质,因此它由立方体微粒构成。在 4 种元素中没有正十二面体的对应项,为了解决这个困境,柏拉图说"神用第 5 种结合方式构造整个宇宙",这句话似乎说宇宙由正十二面体构成,但在其他地方,他又说宇宙是球形的。他的学生亚里士多德后来添加了第 5 个元素——以太,并认为天空是由此组成的,不过亚里士多德并未试图将以太和正十二面体联系起来。"以太说"对后世的物理学产生重要影响。

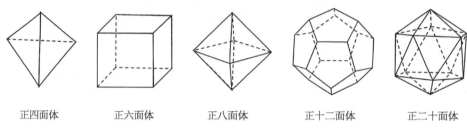

正四面体   正六面体   正八面体   正十二面体   正二十面体

图 2-6 5 种正多面体,柏拉图认为除了正十二面体,其余 4 种对应 4 种基本元素

➤ 柏拉图还认为这 4 种元素是由更基本的元素构成的,即正三角形和等腰直角三角形。正四面体、正八面体、正二十面体都由正三角形构成,所以他们之间可以相互转化,而立方体实际是由等腰直角三角形构成的,它不能与其他元素转化。因为正五边形无法拆解成这两种三角形的形状,所以柏拉图没有将其放进来,这也是柏拉图为什么没有将它和基本元素对应的原因。不过五边形,尤其是五边形转化而来的五角星,在许多文化中,在占卜领域具有非常重要的地位。毕达哥拉斯学派就用它作为学派的标志。

　　五角星是最广泛使用的标志之一。它最早出现在两河流域。巴比伦用五角星表示前、后、左、右、上 5 个方位,并将其与 5 颗行星联系起来。5 个角分别代表木星、水星、火星、土星和金星,其中顶角是金星,又具有特殊的意义,巴比伦人称其为"天堂的皇后"。古希腊人应该是沿袭了巴比伦人这种(金星是女神的)观点,将金星想象成女神维纳斯。

　　金星与地球的公转周期之比(224.70∶365.256)非常接近 8∶13。由于 13−8=5,从地球的视角看,金星轨道每 8 年重复一次,比地球在天球上多转了 5 圈。这使得它在天空的轨迹有 5 个交叉点,恰好画出一个近乎完美的五角星,类似万花尺的效果,如图 2-7 所示。从数学角度讲,五角星可以认为是正 2.5 边形,是边数最少的多边形。并且五角星各边分割的三角形都是黄金分割三角形[底：腰与腰：(底+腰)均是黄金分割比(约 0.618)]。毕达哥拉斯学派研究了五边形、十边形,发现了黄金分割,认为两者间应该有必然联系。据悉,史前的天文观察者就发现了金星的轨迹是五角星,而在古巴比伦和古希腊文化中,富有美感的五角星是魔法的标志,基督教会曾经用它标记异教徒。五角星的魔法属性使人相信它有战胜敌人的魔力,因此它在大多数国家应用于标记军衔(也有一些国家采用三角形)。现代国家中,美国最早将五星引入国旗,它影响了相当多的国家。后来苏联革命时期,将红五星作为帽徽,从此五角星也就具有了共产主义和革命的意义。我们国家作为红色政权,将五角星放置到国旗和国徽上。

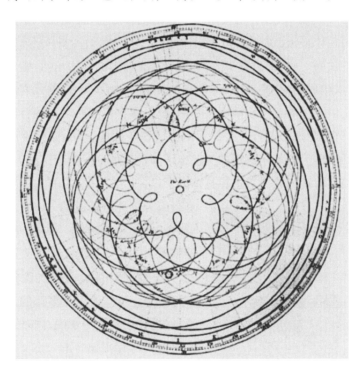

图 2-7 金星的天空轨迹

柏拉图和亚里士多德的一些观点体现了古希腊的时空观。他们将真实世界与理想世界、人的意识联系起来,并不关心天文与历法的关系,而是从永恒与完美的角度解释星空与地面世界,而评判是否"完美"的依据则是数学。柏拉图认为宇宙万物是神按照永恒的模型创造出的一个摹本。理想的生命是永恒的,但创造出的生命是有限的,它只是永恒的动态图像,他认为这种动态图像就是"时间"。对于永恒,用眼睛是无法感知的,但可以存在于意识中。比如说,我们看到各种各样三角形形状的物体,然后会在意识中形成一个完美的三角形,这样的完美三角形不可能存在于现实中,但可以存在于头脑中,以一种超越时间的、固定不变的形式存在。它赋予算术与几何学极大的重要性,认为数学是一种永恒,而天体运行应该体现数学之美,行星唯有做圆周运动才满足这个要求。亚里士多德认为时间是"变化的次数",是"运动的量度",时间和运动存在必然的联系,我们既不能感知没有时间的运动,也不能感知没有运动的时间,因此没有运动就没有时间。

对于天文,古希腊人可能是通过航海建立起"地球是圆的"的概念,以此建立起"地心说"并将其不断发展。亚里士多德的学说最有代表性。他认为"大地是球形的,位于宇宙的中心,不同天体离地球的距离不同,附着在一层层完美的天球上,月球离地球最近。月亮以下的东西由土、水、气、火4种元素构成,是真实的、不完美的世界,一切都是有生有灭的;自月亮而上的一切东西,则是由第5种元素——以太构成的,是完美的天体,这些天体不生不灭。地上元素的自然运动是直线运动,但天体的自然运动则是圆周运动,源自它们所附着的各层天球在运动"(罗素)。根据"地心说",所有的天体都应该是圆周运动,但行星的运动无法用圆周运动解释,另外偶尔出现的彗星也不满足该理论。对于这些问题,古希腊人给出各种解释,比如认为彗星在月球以下(这种情况几乎没有),用圆周运动的复杂组合解释行星运动——这个理论由后世的托勒密完成,等等。尽管有种种谬误,希腊对天文的认知仍然是领先于那个时代的,这与他们对哲学、数学、逻辑学的研究密不可分。虽然亚里士多德的地心说是主流,但也存在其他的学说,阿基米德同时代的阿里斯塔克提出了日心说,不过这个观点当时并未引起重视。后世哥白尼重新提出了日心说,当他了解到曾经有位古希腊学者也提出过类似的观点后,感到备受鼓舞,坚定了推广日心说的决心。

图 2-8 亚里士多德

亚里士多德(见图2-8)一方面喜欢思考各种问题,另一方面喜欢将各种思考都记录下来。据说他写了100多本著作,

1 000多万字,其中的47册,300多万字流传下来。这么多著述可以流传,真是奇迹。当然这种说法有争议。毕竟无论怎么计算,一个人一生写1 000多万字都是非常困难的。

除了哲学家,亚里士多德还有一个另外的重要身份——亚历山大大帝的老师。由于他的影响,亚历山大在军事征服的同时广泛传播了希腊文明,他在尼罗河口建立的亚历山大港成为希腊文明后期的中心。后来托勒密王朝在那里建立了当时世界最大的亚历山大图书馆,该图书馆和当地的文化氛围起到了传承与发展希腊文化的作用,是后期希腊文化的中心,否则,希腊文明很可能已经失传。不过,虽然以亚里士多德为代表的希腊哲人对后世产生深远影响,但在他们所处的那个时代,他们的影响力可能并不大,也没有受到普遍的尊重和敬仰。马其顿占领希腊后,亚里士多德在雅典创立学院讲授哲学,等到亚历山大的死讯传来,雅典人就打算对他进行审判,罪状是"反对民主"和"不敬神灵",亚里士多德闻讯后赶紧出逃躲过一劫。而他的师爷苏格拉底则没有这么幸运,因为这两个罪名被处死。而西方罗织这两项罪名打击异己的传统在今天仍然延续。

亚里士多德的学说后来从雅典传到罗马,再从罗马传到阿拉伯世界。在基督教教会的早期,亚里士多德的学说是受到打压的,但到了公元12世纪,基督教会经院哲学兴起,他们捡起亚里士多德的学说并将其树立为权威,同时将他的著述从阿拉伯语翻译回西方世界。后世的科学发展之所以要反对亚里士多德的诸多谬误,就是因为当时他已经成为基督教会的哲学权威。

亚里士多德在我们的物理教科书多以发布谬误的反面典型出现,他的著名谬误包括:推动物体,物体就运动,不施加推力,物体就停下来;重的物体下落得快,轻的物体下落得慢;自然憎恨真空(或者说害怕真空);白光是最纯的光;宇宙中存在着以太……给人的感觉是亚里士多德多数情况下都是错的。即使真是这样,如果我们考虑这是2 000多年前的哲学思考,也会对他充满敬意,并且实际情况并非如此。亚里士多德对世界的认识和思考要比物理学涉及的内容多得多,他是一位百科全书式的学者,研究涵盖了哲学、政治学、美学等领域,他在这些领域的诸多研究都颇有建树。对此,我们只举例说明:他著有《物理学》一书,上面提及的许多错误概念就源于此书,书中他首创了"物理学"这个词"physics",源于希腊语的"自然";他在逻辑性方面提出"三段式"学说,包括大前提、小前提、结论。比如"所有的钟表显示时间"、"日晷是一种钟表"、"日晷显示时间",三段论后来发展成为形式逻辑;他对 500 多种动物分类,并指出鲸是胎生;他把地球分为 5 个气候带,这种合理的分法至今仍然沿用……

与时间有关的天文与科学

考虑古希腊是海洋文明的特征,发现地球有弧线并不困难,而最容易想到的弧形就是圆和球,古希腊很早就认为地球是球形的。毕达哥拉斯从审美的角度认为地球是球形的,他还用这个观点解释了月食,认为月食时出现在月亮上的圆形或弧形轮廓就对应地球的影子,以此证明地球是圆的。亚里士多德曾经测量过地球的直径,但是他的结果采用了现在未知的长度单位标记,因此对他的测试精度也无从知晓。到了公元前 240 年左右,亚历山大图书馆的馆长埃拉托色尼提出了通过观察太阳的仰角确定观测点在地球位置的方法。他了解到在埃及南部的塞伊尼有一口井,每年北半球白昼最长的那天(6 月 21 日),夏至中午,太阳光会直射到那口井的井底,他在这一日的中午测量了亚历山大当地的太阳倾角为7.2°,由此得到地球直径是两地距离的 50 倍。后人根据两地相距 800 km,得到该方法测得的地球直径约为 40 000 km,这个结果很接近真实的地球直径(这个算法需要两地经度相同,事实上两地的经度的确相差不大)。他还把通过亚历山大的子午线作为本初子午线,用经线、纬线绘制地图。关于希腊人认为"地球是圆的"这个观点,最著名的例子是阿基米德那句名言"给我一个支点,我可以把地球翘起来"。

从毕达哥拉斯开始,古希腊哲学家就特别重视数学,从毕氏的"万物皆数"、雅典学院门口树立的"不懂几何者不准入内"牌子,到亚里士多德用数学衡量天体的完美性,数学在古希腊哲学体系中发挥着举足轻重的作用。这也使得古希腊在数学方面取得巨大成就。古希腊人发现了演绎推理的方法和大量数学规律。几何学虽然源于古埃及和巴比伦的测绘学,但正是希腊人引入了抽象思维,才将其发展成为一个学科。希腊人在数学领域的最大成就是欧几里得的《几何原本》,它从 5 个基本公设出发,推导出所有的几何定理和命题。他不仅建立了一门科学,而且创立了一种基于几个基本公设,通过严密的逻辑推导获得整个知识体系的科学方法。

欧几里得以前的希腊已经在几何学领域积累了相当多的知识,但是基本是碎片化的,正是欧氏进行了系统化、条理化的总结,并进行了严格的逻辑推理,使之成为一个完整的学科。不仅如此,欧氏建立几何学的方法具有示范作用。牛顿的《自然哲学的数学原理》就是仿照《几何原本》写就的，只不过欧氏的公设是概括和抽象，而牛顿的公理是由经验而来的。欧几里得早年游历雅典，曾经推开雅典学院那扇"不懂几何者不准入内"的大门，向柏拉图学习知识，后来他在希腊文化的新兴中心亚历山大港完成了《几何原本》。该书主要研究平面几何的相关知识，但也包括了球面几何、数论等内容，例如利用辗转相除法求最大公约数。欧氏几何直到今天仍是学校的必修课程。

欧氏之后最伟大的学者是阿基米德（见图2-9）。他除了早年在亚历山大的求学经历，一生主要生活在西西里岛的叙拉古。从辈分上讲，他是欧几里得的徒孙。我们更熟悉阿基米德在物理学方面的成就，比如浮力定律，据说这是为了检验国王的金冠是否被掺杂了白银而想出来的。阿基米德还发现了杠杆原理、并利用该原理发明了投石机以抵抗罗马人的进攻。阿基米德还发明了滑轮、齿轮等。阿基米德沿袭了古希腊重视数学的传统并取得了一些成就，不过他没有在著述中提及，只在给埃拉托色尼的信件中进行了介绍。他在几何学方面的成就包括用逼近法测量圆周、发现圆柱与它的内接球的体积之比等。

图2-9　欧几里得（左）和阿基米德（右）

阿基米德生活在希腊晚期,当时罗马人已经称霸欧洲和地中海,希腊各邦国做着越来越力不从心的抵抗。阿基米德有至少一半的传说与抵御罗马人的侵略有关,除了发明投石机御敌,还有用滑轮把罗马舰船吊起来、用镜子汇聚太阳光焚烧罗马舰船等。这些故事多少有演绎的成分,不过也从侧面说明当时的先进科技不足以抵御外辱。所以叙拉古还是陷落了,阿基米德也在城破之日被杀,据说他临死还在做几何题。而侵入的罗马将领曾经下令保护阿基米德,但终究没有来得及拦下士兵的屠刀。

古希腊天文学方面的最高成就当属托勒密。托勒密发表的《天文学大全》是集古代西方天文学之大成。该著作记述了大量的古代科学发现和其他人的成就,由于这些知识只出现在他的著述中,如果没有这本书,这些知识就会失传,所以后世有时也将这些成就算到他的头上。例如正是托勒密的介绍,我们了解到古希腊天文学家喜帕恰斯(约公元前 190—前 125)的大量天文学发现。喜帕恰斯在希腊罗德岛建立了观测台,自制观测仪器开展天文观测,取得的天文学成就包括:

(1) 编制了包含 1 000 多颗恒星的星表,并将恒星分为 6 等。

(2) 精确测量了回归年为 365.25 日再减去 1/300 天。

(3) 发现了岁差;在天文观测中创立三角学和球面三角学。

(4) 用 360°的经纬网线划分地球,并绘制经纬度地图,他沿用埃拉托色尼设定的通过亚历山大的经线作为本初子午线。

……

喜帕恰斯的最大贡献在于解释了天体运行规律。他对柏拉图的行星圆周运动思想和亚里士多德的地心说给出了科学理论。他假定日、月、行星等天体分别在一个称为"本轮"的轨道上运动,而这一轨道又在一个大得多的圆周轨道(均轮)上绕地球运行。他用这个模型解释日、月、行星的视运动,根据观测给出本轮均轮的大小,并预测了它们未来的位置。在这个模型中,天体运动时相对地球的距离是变化的。托勒密把天空划分为 48 个星座;还引申和发展了行星运动理论,给出 11 层天球的结构,用偏心圆描述均轮。"本轮、均轮"理论是一个开放的理论,后世随着测量精度的提高出现误差时,可以用本轮上再加小轮的办法不断修正。这样就可以对行星的运行轨迹给出自圆其说的解释,为"地心说"建立了扎实的理论基础。

　　历史上有两个著名的托勒密，一个是托勒密王朝，亚历山大征服埃及后，埃及进入的希腊化时代。亚历山大死后，他的 3 个将领瓜分了他刚刚创立的宏大帝国，非洲部分由他的将领托勒密创立了托勒密王朝，它延续到克里奥佩特拉时期，在公元前 30 年为罗马所灭。托勒密王朝对文化采取扶植的态度，建立了著名的亚历山大图书馆。种种举措使亚历山大成为古希腊后期希腊文化的中心。另外一个托勒密是著名的天文学家，后者更著名一些。这个托勒密（公元 90—168 年）生活在罗马时期，他也是在亚历山大进行研究，所以有时称其为古埃及天文学家。由于天文与占星有着紧密的联系，托勒密除了是天文学家也是一位占星师。这种天文学家兼具占星师的现象在当时普遍存在，甚至延续至近代。

　　托勒密在地理学方面也取得了非凡的成就，他著述的《地理学指南》给出了经纬度的测定和地图投影的方法，并且绘制了当时的世界地图。与他在天文学方面的成就一样，《地理学指南》也主要是对前人工作的总结，这些工作同样意义非凡，没有这些著述，我们将无从知晓这些远古的知识。后世除非专门讨论这些知识的起源，一般直接认为它们就是托勒密的贡献。例如讲到本轮、均轮的天体模型时，直接称为托勒密理论，而没有称为喜帕恰斯理论。

　　在人类的古文明中，希腊文明独树一帜，这里诞生了其他文明很少涉及的科学。有些学者认为，文明的发展并不一定必然产生科学，后世能够建立科学体系，受惠于古希腊先贤对世界的思考和探索。古希腊能够诞生哲学，能够在逻辑学、几何学领域取得非凡的成就，与它的地理环境和由此产生的对天文与测绘学知识的需求有关，关于这一点，我们将在本书的最后进行讨论。

其他典型历法

印度历法

　　前面介绍了古埃及和巴比伦，下面介绍另外一种古文明——古印度的历法。这 3 种文明在地理上的接近导致他们在文化上也有着千丝万缕的联系。古印度和两河流域国家的联系可以追溯到公元前 2200 年，从公元前 2000 年起，雅利安人进入印度地区并建立国家，他们成为印度的高种姓。从公元前 6 世纪起，印度先后受到波斯帝国和亚历山大大帝的侵入，文化也受到两河流域文明的影响。从那以后，印度分裂为多个国家，除了少数几个极其短暂的统一王朝，印度一直维持着这种状态。后来英国对印度的殖民造成了印度的统一。

印度历法受巴比伦的影响比较大，但也发展了自己的特色。他们同样采用了阴阳历法。他们把一年分为春、热、雨、秋、寒、露 6 个季节，每年仍然是 12 个月。他们遵循了巴比伦一年始于春分的设定，根据太阳在双鱼座的偕日升时间确定，它对应公元前 500 年的春分点。因此可以推测巴比伦的天文历法应该是那个时期传到印度的，但传入后一直没有更改。印度人发现太阳穿越不同星座时的速度不同，由此建立以太阳经过 12 星座的实际时间为基准的"阳历月"，比如最长的双子座有 31.6 天，而最短的人马座则只有 29.4 天。后来可能是为了方便纪日，印度又改用"阴历月"，等到印度分裂为不同的邦国后，各邦国建立起不同的"阴历月"历法，这些历法相差较大，每个月起始时间既有以新月开始的也有以满月开始的。印度从英国独立出来后，尼赫鲁在 1953 年对流传下来的历法进行了统计，据说有 30 多种。

古印度诞生了佛教和印度教，这两种宗教都讲究轮回，意味着一切处于循环之中。在印度的神话体系中，人类和不同神生活在不同的时标里，等级越低时间过得越快，等级越高时间过得越慢。人类的一年等于提婆（某小神）的一小时。提婆的 1 000 年等于创造神梵天的一天。这意味着梵天的 24 小时对应人类的876 万年。印度人接受了巴比伦以 7 天为周期的纪时方法，称为"七曜"。在天文观测方面，印度人发现月亮通过黄道与白道的交点时就可能发生日食或月食，所以他们认为在这两个位置有两个看不到的天体，分别是"恶魔之首"罗睺和"恶魔之尾"计都，月亮经过这两个位置时，可能会被他们捕获从而发生日食或月食。印度人将罗睺和计都也看作与"七曜"类似的天体，将它们并称为"九曜"。随着佛教传入我国，"九曜"等印度的一些天文观念及印度历法也传入进来。印度的历法基本没有影响我国，但它的天文观却影响了我国的占星术，相关知识也融入我国的文化中。例如《西游记》中孙悟空当了齐天大圣后，因为是个闲职，所以到处游逛，结交的天神就有"九曜星、五方将、二十八宿、四大天王、十二元辰、五方五老、普天星相、河汉群神……"除了天文，佛教也对我们的时间观念产生了一些影响，像《西游记》中"天上一天地上一年"的说法很可能源于印度。"劫难"中的"一劫"就是佛教的说法，根据推算，佛教中的"一小劫"约为 432 万年（也有人考证是 1 600 万年），还有"二十小劫一中劫，四中劫一大劫"之说。

伊斯兰历

公元 7 世纪,穆罕默德在阿拉伯半岛创立了伊斯兰教并建立起阿拉伯帝国。帝国建立后,第二任哈里发于 639 年创立伊斯兰历。伊斯兰历是纯阴历。每年 12 个月,奇数月 30 天,偶数月 29 天,30 年有 11 个闰年。闰年采用第 12 月月末加 1 天的方式实现,这样平年 354 天,闰年 355 天。这种历法只是在"朔望月"和"日"之间建立关联,完全不考虑回归年的影响,新年可以出现在四季的每个季节。伊斯兰历主要是为宗教服务的,而用其他的纪时手段指导农业活动。它以新月作为一个月的月首,以日落作为一天的开始。据说这是因为阿拉伯地区气候炎热,许多活动需要日落之后才能进行。进行晚间的活动时,月亮就变得非常重要,阿拉伯人也就有了崇拜月亮的传统,古兰经中也多处颂扬月亮。伊斯兰历法采用太阴历也是月亮崇拜的某种体现。

"新月"是穆斯林的重要标志,不过它是非常晚才出现的。"新月"本来是东罗马的首都——君士坦丁堡的城徽(见图 2 - 10),据说这个标志是为了纪念月亮女神阿尔忒弥斯带着新月帮助他们击败了外敌的入侵。等到 1453 年,奥斯曼帝国攻陷君士坦丁堡,他们不但把君士坦丁堡更名为伊斯坦布尔,而且把"新月"当作了自己的标志,用意是纪念征服东罗马的丰功伟绩。奥斯曼帝国还将君士坦丁堡城内当时世界最高的建筑——索菲亚大教堂改为清真寺,并在寺顶竖立新月标志(见图 2 - 10)。后来它成为清真寺的标志,随着奥斯曼帝国的扩张被传播到了世界各地。

君士坦丁堡城徽　　　　　　　　　　　清真寺顶部的新月标志

图 2 - 10　清真寺顶部的新月标志,来源于阿拉伯人对月亮的崇拜及奥斯曼帝国攻陷君士坦丁堡

《古兰经》要求穆斯林要面向圣城麦加朝拜,并且在有生之年去一次麦加。后者为阿拉伯人建立起游历和经商的传统,而前者则促使阿拉伯学者开展天文、地理与历法的研究,并且形成了一门称为宗教地理学的学科。阿拉伯人在航海方面的成就也与之相关。

古代中美洲历法

在亚非欧大陆文明发展的同时,美洲的印第安人也发展了他们自己的文明,他们在中美洲建立了玛雅、阿兹特克、印加等庞大帝国。中美洲文明本来与欧亚大陆的文明相互独立、平行发展,两者随着西班牙殖民者侵入美洲而相交。结果是美洲帝国的覆灭,印第安人被大量屠戮,文字记录被毁灭。我们本该有足够多的资料了解这些大洋彼岸的文明,但当时自认为先进的征服者将那些印着象形文字的大量图书看作是"满载迷信和谎言"的异端邪说,因此烧光了它们。经历这样的浩劫,后世只能从遗留的树皮书和建筑遗迹中了解古美洲文明。这些有限的资料让我们认识到美洲古文明在天文历法方面取得了非常高的成就。

古代中美洲的文明与亚欧大陆的文明在天文历法上有显著的区别。这是由于中美洲的主要地区处于热带,在回归线以内,使得它们的一年四季不是特别分明,这样,对年的计量就没有特别高的精度要求。同时,太阳两次通过天顶,不过时间间隔不同,他们根据太阳两次通过头顶的时间间隔将一年分为一个"长年"和一个"短年",称为"长短年"。一般而言,通过天顶的恒星最容易观察,高纬度地区更容易观测极点附近的星空,而低纬度地区更容易观测黄道、赤道附近的星空,如图 2‑11 所示。金星是天空中最亮的星,在黄道附近运动,周期又与"长短

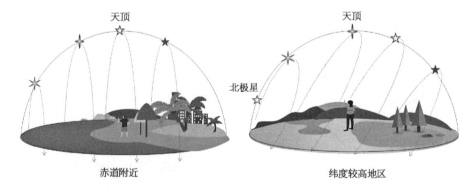

图 2‑11　不同纬度观星的差别,赤道及低纬度地区更容易观察黄道附近的星,而高纬度地区更容易观察天球极点附近的星

年"的"长年"接近,因此金星在中美洲文明中具有非常重要的作用。

中美洲的历法复杂而精确,但离我们比较远,这里只简单介绍它的特点。玛雅的计日周期是 20,据说这是因为他们用手指加脚趾一起计数。与古西方文明将星期的每一天对应一个天体类似,20 天周期的每天都对应一个神。13 组这样的周期为 260 天,凑成中美洲独一无二的纪时单位"卓尔金"(阿兹特克人称为"托纳尔波瓦利"),13 意指玛雅天国的层数。玛雅的宇宙观给出了一个 13 层的天堂,每层都有一个统治力量。据说 13 位天神与 9 位冥界之主决斗,争夺地界。而 260 天本身更为重要,包含如下的特殊意义:

(1) 人类从怀孕到降生需要约 260 天(平均 266 天),260 天又相当于 9 个月相周期,玛雅人认为月球带走孕妇身上的"九滴血",由此才能赋予新生儿以生命。

(2) 260 天是玛雅(现在墨西哥南部)许多地区主要农作物的种植周期。

(3) 金星从早晨出现到傍晚出现的平均间隔约为 260 天(263 天)。

(4) 发生日食或月食的平均间隔为 173.5 天,与 260 天之比为 2/3。

(5) 玛雅处于热带,每年太阳两次通过天顶,玛雅的主要城市科潘和伊扎帕所处的北纬 14.5°位置,正好被太阳通过天顶的时间划分为 105 天和 260 天。

这样,260 天就具有了出生周期、种植周期、金星周期、太阳周期和日(月)食周期五重含义,使"卓尔金"成为玛雅主要的纪时单位。玛雅文化的后期也出现按照回归年周期纪日的"哈布历",但与其他文明引入"月"不同,玛雅人坚持用 20 为周期的计数,在 18 个循环后,额外增加了 5 天的月份凑成 365 天,不过它们认为这 5 天不太吉利,需要举行各种仪式辟邪,另外他们没有去尝试补偿它与真实回归年的误差。"卓尔金"和"哈布"的最小公倍数为 18 980 天(约 52 年),他们认为这是一个非常重要的日子,祭司要去专门的观星地点观察昴星团是否会经过天顶。如果经过,那说明诸神给予人类一个新的时代。

因为金星总是离太阳很近,玛雅人把它看作神话中的上帝,它能够从太阳的灰烬中复活。因此金星在玛雅历法和占星术中占有重要地位,他们靠它占卜战争、确定加冕等仪式的良辰吉日,并在金星升起时开战。这样的信仰导致玛雅统治者或者祭司必须精确掌握金星的运行规律,而玛雅所处的低纬度地区又非常便于观测金星的运行,玛雅人因此做出了让人叹为观止的金星研究,他们在德累斯顿刻本中准确地计算并预测了金星的运行规律,5 个世纪后的误差也只有两个小时。这让我们不得不对中美洲文明的天文学成就肃然起敬。

玛雅人还具有长计时的能力,其时间基数是 360 天,然后以 20 进位,可以表示为 $360×20×20×20×\cdots\cdots$ 在玛雅历中,2012 年 12 月 21 日被认为是一个新计时单元的开始,玛雅人含糊地写到"第四个世界将在灾祸中结束,第五个世界将创造",这就是 2012 世界毁灭末世说的起源。

阿兹特克人在历法上与玛雅人有一定的继承关系,同样也非常复杂,他们将历法雕刻在石头上,如图 2-12 所示。由于这些历法与我们关系不大,这里不再展开,仅仅介绍他们有关天文崇拜的一个传统——对太阳神的崇拜及对太阳神血腥而疯狂的祭祀。阿兹特克人认为太阳神需要从祭品的鲜血中汲取能量才能运动。为此不同国家之间进行了频繁的战争,以便获得大量的俘虏进行祭祀。阿兹特克人还建造了宏伟的"美洲金字塔"进行祭祀活动,当春分时分,阳光穿过建筑的凹口照射到祭坛上时,祭司会刨出祭祀者心脏,举过头顶,献给太阳……

图 2-12   阿兹特克太阳石,它具有历法的功能,中心为太阳石,周围的 4 个方块分别代表雨、风、水、美洲豹 4 个太阳创造物

罗马历与儒略历法改革

在简单介绍各种古代文明的多样历法后,我们重新回到地中海沿岸,看看目前通行世界的历法是如何发展起来的,从灭亡希腊的罗马说起。

古罗马曾经是意大利的一个小镇,约公元前 753 年建立城池。经过数百年的扩张,罗马不但统一了意大利半岛,而且灭亡了迦太基、希腊等国家,于公元 1

世纪称霸地中海,并占领了中亚、北非、欧洲的广阔区域,成为横跨亚非欧的大帝国。罗马在早期是一个能征惯战的野蛮民族,与希腊文明的接触使他们意识到自己的落后。因此他们虽然从武力上消灭了希腊,但从文化上部分接受希腊文明,进行了传承、改造与发展。罗马帝国延续数百年,经历了从民主到帝制、基督教化、分裂、蛮族入侵等众多历史事件,最终随着 1453 年君士坦丁堡的陷落,被奥斯曼帝国灭亡。罗马帝国是欧洲各国共同的起源,它的诞生、扩张、分裂、毁灭构成了西方世界共同的历史。

现行的公历也是从古罗马沿袭而来的。早期的罗马历法比较混乱,它将一年分为 10 个月,6 个 30 天,4 个 31 天。这样一年只有 304 天,据说这是根据农耕与农作的时间设立的,另外罗马也参考了牛的怀孕周期(为什么呢? 我也很疑惑,但资料上就是这么写的,是不是对牛的崇拜呢)。这与真实的 1 年相差 60 多天,如此大的误差是因为罗马还有一些农闲的日子,这些日子没有计入历法,没有纪时。这种马马虎虎的历法体现了古罗马人早期的蛮族属性,它对农耕可能影响不大,但等到形成社会,历法精度低的弊端就表现出来了。第二任领袖努马·庞皮留斯于公元前 713 年进行了历法改革。他在每年中加了 50 天,再从 10 个月中扣除 8 天,攒出的这 58 天又分成了两个月,并把它们放在一年的开始,这样就凑成 354 天,接近阴历年的周期。到公元前 150 年,又把 1 月加了 1 天,使"罗马年"从一个简陋的农业纪时工具发展成为以 355 天为周期的历法。接下来为了解决阴历和阳历的偏差,罗马人创造了一个 22 天或 23 天的特殊月份,每隔一年(或根据需要)在 2 月 23 日之后插入,从而将平均年天数从 355 天提高到 366 天左右。而 2 月 23 日是古罗马特殊的日子,是一年中的最后一天。这一天他们要向边界之神特米纳乌斯献祭,称为特米纳节。

罗马历法中的 1 月和 2 月本来是后补的,但罗马将其放到了一年的开始。可能是因为过去的农闲日更容易安排新年活动吧。这种以冬天作为一年的起始,在冬天庆祝新年的思路和我国的历法不谋而合。他们设立的新年第一天(元旦)没有特别意义,可能根据改历时的月相设立。

在古罗马的历法中,前 4 个月的月份名称是用神命名的,分别是战神马尔斯、爱与美之神阿弗洛狄忒、春天之神迈亚、婚姻之神朱诺,后 6 个月则直接由数字命名。庞皮留斯改历加的两个月,分别以初始之神雅努斯、古罗马传统祭祀节日——净化节命名,如表 2-2 所示。

表 2-2　罗马历 12 个月名称的来源

月份	命 名	原　本	后　世
3	Martius	战神马尔斯(Mars)	
4	Aprilis	爱与美之神阿弗洛狄忒(维纳斯)	
5	Maius	古希腊和古罗马神话里共有的春天之神迈亚(Maia)	
6	Junius	女神朱诺,对应希腊神话中的赫拉,婚姻之神	
7	Quintilis	第 5 月	后世改为 July,是恺撒名字的缩写
8	Sextilis	第 6 月	后世改为 August,表示奥古斯都
9	September	第 7 月	
10	October	第 8 月	
11	November	第 9 月	
12	December	第 10 月	
1	January	罗马初始之神雅努斯 Janus	
2	February	罗马的净化节、牧神节,它的词根 Februa 有进化之意	

　　古罗马的这次改革虽然是一种进步,但是没有完全解决问题。当历法中插入特殊月后,阴历的"月"已经和月相偏开了,罗马历插入"月"方法又没有一个非常明确的规则,使得该历法与回归年也不太契合。等到一个世纪以后的恺撒时期,历法造成的偏差已使得民用时间和天文时间相差了 3 个月。而这个时期的罗马共和国已经是疆域辽阔、社会繁荣的大国,罗马人此时的眼界和认识,加上恺撒的雄才大略已经无法容忍历法方面出现如此大的偏差。因此恺撒主持了历法改革,他的顾问,埃及天文学家索西尼琴借鉴了古埃及的阳历,提出了两项改革措施并被恺撒采用:

　　(1) 在公元前 46 年插入了整整 3 个月,使春分点恢复到正确的日期。这使得这一年有 445 天,称为"混乱之年"。

　　(2) 完全放弃阴历和闰月,以太阳的年周期(回归年)作为历法中唯一的长时间单位,只进行年与日的换算。引入 12 个交替的 30 天和 31 天(月),加起来 365 天。用每 4 年 1 闰年,闰年插入 1 天的办法解决年与天的小数关系,建立一年 365.25 天的历法。

恺撒推行的这套历法称为"儒略历"。(儒略是恺撒 Caesar 名字 Julius 原来的翻译),因此这次改革称为儒略历改革。儒略历是现行公历的雏形,它的影响一直延续到现在。

在进行历法改革的同时,恺撒也着手将罗马政体由共和制改为帝制。为了实现这一点,他有意识地神话自己。因为他是 7 月出生,所以将 7 月以他的名字命名,就成了 July。恺撒还没有完成这次改革就被人暗杀,历法改革的重任落到他的继任者屋大维身上。屋大维在推行历法改革的同时,为了巩固自己的统治,也有样学样地将 8 月改称 August。这个词来自罗马元老院授予他的尊号"奥古斯都","奥古斯都"包含"神圣、至尊"之意。8 月并不是屋大维的出生之月,而是恺撒的儿子被杀的月份。屋大维由于恺撒的儿子被杀才确立为恺撒的继任者,因此他认为 8 月是他的幸运之月,并对 8 月改名。本来 8 月是 30 天,屋大维为了显示与恺撒平起平坐,就从 2 月借了 1 天,这样,8 月就成了 31 天。如果照此发展,所有的月份都要以罗马的皇帝命名了,并且随着皇帝数目的增加,月份的命名很快就会不够。屋大维的继任者梯比里乌斯意识到了这个问题,觉得不能这样下去了,因此当罗马市民和元老院向梯比里乌斯提出类似建议时(改 11 月),梯比里乌斯拒绝了。从那以后,每个月的名称就被确定下来,一直沿用至今。

公历的变革

虽然儒略历的初衷是协调"历法年"与"天文年"之间的误差,但这个历法的定义中不包含任何天文观测,只是一种纪年方法。这就避免了许多麻烦,并且它的精度还不错,是一种简单而实用的历法,因此它在后世长期使用,只是进行过几次简单的修改。

第一次修改是引入星期。罗马最初采用了 8 天的集市周,到了公元 1 世纪,他们逐渐接受了 7 天的星期周。罗马皇帝君士坦丁时期,他将基督教设立为国教,与之对应的,就是设立了礼拜制度,并将其与星期联系起来,从公元 321 年 3 月 7 日开始,星期进入到历法中。

第二次修改是改变纪年方式。最初的纪年是按照罗马建城时间(公元前 753 年)或者罗马统治者戴克里先称帝的时间(公元 284 年)进行纪年。到了公元 525 年,一个名叫狄奥尼修斯的僧侣按照对复活节的计算,推算了耶稣出生的时间。为了突出这项工作的重要性,他向教会提出应该从耶稣出生时间开始纪年。当时教会的势力已经非常强大,为了进一步彰显宗教的神圣,教会很快就接受了这个提议,于是从公元 532 年开始采用新的纪年方式,它将耶稣诞生以前称为"主前"(Before Christ,B.C.),诞生以后称为"主的年份",拉丁缩写为 A.D.。这种命名具有浓厚的宗教色彩,后世为了淡化这一点,改称"公元"(Common Era,缩写为 C.E.)与"公元前"(Before the Common Era,缩写为 B.C.E.)。这一点,我们国家在翻译的时候就做到了,早期将其翻译成"西历"、"西元",现在一般用"公元(前)"。后世考证狄奥尼修斯推算得并不准,耶稣应该诞生于公元前 4 年或者更早。另外,根据规定,"公元前 1 年"和"公元 1 年"是直接衔接的,中间没有"公元 0 年",这个在计算公元前后的时间时需要注意,否则会引入误差。

第三次,也是"儒略历"最重要的修订是格里高利改革。"回归年"为 365.242 2 天,而"儒略历"给出的一年为 365.25 天,这种差别导致两者每 400 年就会相差约 3 天。当"儒略历"实施了 1 500 多年以后,"儒略历"给出的日期已经比"回归年"晚了 11 天,使得复活节大大延后,这就引起了教皇格里高利十三的不满。他认为长此下去,复活节就跑到夏天了,这是无法容忍的。于是,他召集了一个历法委员会解决这个问题。委员会的成员提出各种方案,最终医师和天文学家利尤斯的方案胜出,他根据"阿方索天文表"给出的"回归年"长度(365 天 5 时 49 分 16 秒),提出了 400 年减 3 天的方案,具体地讲,逢 100 的整数年不闰,除非该整数年被 400 整除。这种方法一方面精度比较高,另一方面简单明了,容易操作,最终被教皇采纳。修订后的历法称为"格里高利历"或者"格里历",于 1582 年 2 月 24 日正式颁布实施。

复活节是西方最重要的节日之一,是基督教纪念耶稣被钉死在十字架后复活的日子,给出的时间为每年 3 月 21 日(春分)之后的月圆之后的第一个星期日。东方教则规定,如果满月恰逢星期日,则复活节再推迟一周。因此,复活节的时间大致在 3 月 22 日至 4 月 25 日之间。由于复活节参考的时间点是 3 月 21 日的春分点,它与"回归年"相关,就有了天文的含义。复活节对于基督教又非常重要,它成了后世基督教会修订"儒略历"的主要动机。

"格里历"相对"儒略历"需要约 133 年修正 1 天。这次历法改革的成果需要到 1700 年(1 600 年能被 4 整除,所以不需要闰)才能显现,所以这次历法改革的提出者利尤斯和颁布者格里高利都没有看到这样的修正。事实上,不光他们,相当多的人一生都不会遇到。虽然"闰年"的实际修订要到 100 多年以后,但是如何修正已经产生的 10 天误差却是急需要解决的问题。格里高利改革给出了简单粗暴的方案,就是直接在历法颁布的 1582 年 10 月,跳过了 10 天,从 10 月 4 日直接跳到 10 月 15 日(见图 2 - 13),通过这样的方式,使历法的时间与"儒略历"时期的回归年时间对应,并仍然将新年设定在 1 月 1 日。

图 2 - 13　格里高利改历时修正儒略历误差的方法,于公元 1582 年 2 月 24 日颁布,从 10 月开始实施,可以看出,它将日期直接跨越了 10 天,而星期保持连续

　　需要说明的是,"格里年"比"阿方索天文表"给出的"年"少了 56 秒(365 天 5 时 48 分 20 秒),但"阿方索年"本身也有误差,它比真正的"回归年"多了约 30 秒,所以实际"格里年"的误差只有 26 秒。这个 26 秒的误差将导致每 3 300 年中历法年提前 1 天,因此修订的历法又规定将公元 4000 年、8000 年和 12000 年不再闰年,这样历法的误差将减少到 20 000 年差 1 天。这种修订如此遥远,相信大家都不会对此有什么兴趣。

　　格里高利改革将历法时间重新调整到与天文时间一致的状态,使纪时更加科学,不过它的实施过程并非一帆风顺。当时的教会和教廷虽然仍极具权威,但已经四分五裂。首先是罗马帝国的分裂导致 11 世纪的东西教会大分裂;其次是由于宗教腐败等问题,使得基督教中又分裂出新教,当时像英国属于新教国家,而德国的部分地区也属于新教,这些新教国家不再接受罗马教廷的领导。罗马教廷主导的格里历改革在旧教国家也引起了一些争执,例如雇主不知道如何计算工资、银行也搞不清如何计算利息等,但总的来讲,推广比较顺利。意大利、西班牙、葡萄牙立刻就实行了格里历,随后,法国和比利时、德国和瑞士的天主教区也在一两年内加入。

　　但新教地区对教廷一贯以来持怀疑和排斥的态度,对此次历法改革也是如此。一位神学家就认为此次历法改革是教皇设计用来欺骗基督徒的,让他们在错误的时间拜神。但格里历的科学与合理的内核成为它推广的利器。而不同的历法会造成日期的频繁换算,这为欧洲国家或地区间的交往制造了人为的障碍。

欧洲大陆日益频繁的交流使得格里历最终得到推广与普及,德国大部分地区和丹麦于 1700 年改用了新历,而英国和瑞典加入的时间分别为 1752 年和 1753 年。1700 年后,"格里历"和"儒略历"进一步拉大到 11 天。由于当时新教国家所处的地区商业更加发达,"格里历"在新教国家推广时遇到了更多的商业问题,有些城市还爆发了暴乱,抗议者的口号就是"把 11 天还给我们"。

图 2 - 14   牛顿生日,按儒略历为 1642 年 12 月 25 日,按格里历为 1643 年 1 月 4 日

牛顿就生活在英国历法改革以前,牛顿的儒略历生日是 1642 年 12 月 25 日,是圣诞节。这为牛顿传奇的一生增加了一层神秘主义的光环。但如果按照格里历计算,他的生日成了 1643 年 1 月 4 日(见图 2 - 14)。现在许多资料上直接写为后者,究竟应该遵循当时的历法还是用后世的历法进行换算,这个值得商榷,有时可能需要特别说明。

在格里历推行的过程中,曾经遇到过一次挑战,发生在法国大革命时期。1789 年开始的法国大革命是影响世界的大事,它革了法国君主专制、贵族宗教特权的命,树立起自由平等博爱的旗帜,传播了进步思想,影响世界历史进程。另一方面,大革命时期也实行过一些激进的举措,其中一个不太重要的举措就是"革历法的命"。他们认为过去的传统历法来源于对皇权和神的崇拜,而革命就是要打破这种崇拜。于是他们颁布了新的历法,称为"共和历",从 1792 年开始实施。该历法主要有以下内容:

(1) 每年有"平等"的 12 个月(均为 30 天)。

(2) 每年多出的 5 天和闰年多出的 6 天放在一年的年尾,为节庆日,称为"无套裤汉日",其中闰年多出来的 1 天称为"革命日",以纪念法国大革命。

(3) 废除每个月原有的皇帝或神的名字。

(4) 月份按照每个月的季节特点命名,包括"雾月"、"霜月"、"雪月"、"发芽月"、"收获月"等。

(5) 每天 10 小时,每小时 100 分钟,每分钟 100 秒。

(6) 每周 10 天,工作 9 天,休息 1 天。

（7）新年设在秋分日的 9 月 22 日。

由于这次历法改革，法国大革命时期的许多重要事件都是以这些奇怪的月名命名的，例如拿破仑于 1799 年 11 月 9 日发动的政变称为"雾月政变"，拿破仑通过这次政变掌控了法兰西的政权。

1804 年年末，拿破仑加冕皇帝，将法国带回到帝制。但拿破仑的帝制并非波旁封建王朝的延续，相反，他的大量举措实际是维护了法国大革命成果，也纠正了一些激进举措。其一就是废除共和历，恢复格里历。共和历在法国推行 14 年后最终失败，其原因在于格里历虽然包含了神学、宗教、皇权的意义，但历法的内核其实与这些因素关系不大。恰恰相反，格里历的许多原则是基于天文规律和社会运行规律所决定的，有其必然性和合理性。另一方面，历法有强大的惯性，对它的修改会造成整个社会的不适。共和历在开始颁布的时候就遇到了重重阻力，为了推行该历法，他们将不采用新历法的人抓去坐牢，即使这样，仍然有许多人使用格里历，最明显的一个例子是当时大多数人还是按照 7 天的星期而不是 10 天的周期作息。拿破仑上台伊始就不再严格执行共和历，到 1805 年 12 月 31 日，共和历被废除，法国恢复格里历。

与格里历在基督教地区的广泛推广不同，包括希腊、广阔的斯拉夫地区由于信仰东正教，他们一直沿用儒略历，其中影响最大的是俄罗斯。这种历法的差别导致东正教地区和欧洲其他地区约定好的时间常常出现偏差。俄罗斯与欧洲基督教各国交往中就多次发生这样的乌龙事件。非常著名的一次发生在 1805 年，法国皇帝拿破仑进一步加冕意大利国王的举措激怒了欧洲大陆的其他国家，在英国牵头下，这些国家形成了第三次反法同盟。俄国与奥地利组成联军，两军约定于 1805 年 9 月 10 日在乌尔姆汇合，共同进击法军。等到奥军到达汇合地点，却迟迟没有见到俄国部队。经过探听才知道，俄军刚刚出发不久。原因令人瞠目：俄国是按照儒略历规划的，与奥地利使用格里历相差了整整 12 天。由于这 12 天的时差，使得法军取得了乌尔姆大捷并攻占了维也纳。等到俄奥联军最终在奥斯特里兹汇合时，拿破仑又凭借其天才的军事指挥能力，取得了奥斯特里兹战役的大胜，此次战役公认是拿破仑军事才华的巅峰之作。我们不能假设如果俄奥联军按时汇合，战局就一定会发生逆转，但可以肯定的是，这件历法乌龙事件一定开始就为这场战役蒙上了阴影。

到了 20 世纪初，历法的宗教色彩基本褪去，而各国间的民事交流日趋密切。世界各国从交流的角度需要一个统一的历法。格里历已经在全世界相当广泛的地区普及，并且其中包括了当时经济最发达、科技最先进、交往最密切的地区，这使得格里历在全球普及具有了天然的优势。最终格里历被全世界逐渐接受，成为国际通行的历法。俄国沿用儒略历到十月革命时期，"十月革命"这个名称就是儒略历的产物，它实际爆发在 1917 年 11 月 7 日，当时的俄历（儒略历）是 10 月 25 日。十月革命后，苏维埃政权在整个境内也改用了格里历。新中国成立的时候，于 1949 年 9 月 21 日到 30 日召开的中国人民政治协商会议第一届全体会议专门讨论了历法问题，在 9 月 27 日通过会议表决，最终确立了中华人民共和国使用国际社会通用的公历和公元作为历法与纪年。

今天，格里历作为世界通用的历法在全球交往中发挥着重要的作用，而各个国家、各种文明创造的那些传统历法，则成为世界各国人民研究本民族历史、彰显自己文化特征和历史传承的文化图腾，仍然被使用和研究。

3 钦若昊天，敬授民时
——我国古代是怎么纪时的

我国有非常悠久的历史，以独有的中华文明不但跻身四大文明古国，而且展现出强大的生命力，绵绵不息延续至今，从未中断。我国的天文历法是我国古代灿烂文化中一颗璀璨的明珠，是了解我国古代文明不可或缺的一环。但我国的历法体系复杂，而现在的应用场合又很少，这导致了多数国人知之不详。

对于历法及其背后的天文观测的疏远有许多原因：快节奏的生活已经使得现代人难有时间去留意古代历法诞生的璀璨星空；空气污染、光污染等又客观上增加了观星的困难；另外在这个时代，时间的获取变得非常容易，不需要我们通过天文观测去计算日期或者推算时间……顾炎武曾经说过："三代以上，人人皆知天文。'七月流火'，农夫之辞也；'三星在天'，妇人之语也；'月离于毕'，戍卒之作也；'龙尾伏辰'，儿童之谣也，后世文人学士，有问之而茫然不知者矣。"可见，这种对天文观测与历法知识的退化在古代就开始了，对于更为后世的我们，不但茫然不知这些天文知识，即使对月亮，也一年之中难得注视几次。在这种情况下，了解我国古代的天文历法变得必要而有意义。天文历法本身是比较繁杂的，这是我们所无法回避的，但天文历法又非常有趣，希望通过本章对我国历法的简略介绍，可以引起大家的兴趣。

传说中与古迹中的历法

我们自古就极其重视历法，据说最早的历法是由华夏民族的人文始祖轩辕黄帝创立的，从那以后，历法绵延不绝，一直沿用至今。《尚书·尧典》中曰"昔在帝尧……乃命羲和，钦若昊天，历象日月星辰，敬授民时"，说明授时自古就受统治者的重视,由专人专职,通过观天象获得。从这句话中摘取的"钦若昊天,敬授民时"被我国各大天文台奉为圭臬。我国保留了最久远、最齐全的古代天文观测记录,西方偶尔记录的天象异常一般都可以在我国的古籍中得到印证。我国也有相当多的古迹或者文物等实物证据证明了我国古代在天文观测与历法方面的成就,像第 1 章介绍的"璇玑",历史遗迹有陶寺观景台、周公观景台等,得益于我国对历史记录的重视,更多的资料以史籍的形式记录下来,使得我们可以一窥我国古代纪时的全貌。

陶寺观景台是我国山西临汾陶寺村遗迹附近发现的天文观测遗址。陶寺遗迹距今约 4 100 年,有人推测它就是史书记载的尧帝时期的国都"平阳"。人们在陶寺观景台发现了 13 个土坑,推测这些坑本来安装有木制柱子,木柱后来腐朽,只留下土坑。沿土坑位置重新树立起柱子后,发现这 13 个柱子形成了 12 条狭缝,对应一年中包括夏至、冬至、春分、秋分等 22 个时间点太阳升起的方向,并且这 12 条直线交于 1 点(见图 3-1)。陶寺观景台与英国的巨石阵类似,虽然没有文字记载,但建筑的结构明确地展示了它们的天文观测属性。陶寺观景台既显示了我国古代的天文观测水平,它具有纪时功能,应该是为当时的农耕服务的,是我国二十四节气的雏形。

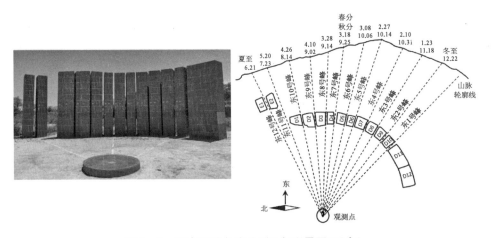

图 3-1   陶寺观景台遗址(左)与观景原理(右)

我国古代很早就认识到天文观测与地理位置有关,拟定天文历法时,通常会选一些特殊地理坐标进行观象。自古洛阳被誉为天下之中,是天文观象必选之地。位于河南登封的周公测景台就是这样一个观象遗迹(见图 3-2)。据说是西周早期由周公姬旦建造,后世几经重建扩建,包括一行、郭守敬等许多天文学家曾经测绘,为创立历法做出贡献。其原始建筑和仪器已经不可考,目前还保留唐朝的石圭、石表,郭守敬时期的"窥几"、土圭等观象装置,圭表用于确定节气,郭守敬设立的土圭高约 10 m,如此大的装置是为了使投影更长,测量更准。但由于投影距离太远,顶部金属杆投射下来的影子比较涣散,不能精确测长。郭守敬用一个"景符"的辅助工具解决了这个问题,它利用小孔成像原理,用 2 mm 小孔使横杆成像,可以精确测量投影长度。这就实现了精确测定二十四节气。

图 3‑2　周公测景台,左图为郭守敬设立的 9.46 米圭表,右图为唐朝一行设立的圭表

阴阳历

与其他文明古国相比,我国古代的历法具有显著的特点。其一是我国的历法是阴阳历,就是在历法的推算中,既考虑月亮的"朔望"周期,也考虑太阳的"回归年"周期,由于"年"、"月"、"日"三者的比例均为不太容易换算的比例关系,使得阴阳历比阳历或者阴历明显复杂,这就像物理学中"三体"问题的难度远高于"两体"问题。其二是要求历法和天文始终保持一致。根据上一章的介绍,历

法来自天文观象,但对于其他文明,历法一旦设立就独立于天象运行,所以"儒略历"可以累积10余天的误差,而古埃及更累积出1年的误差"徘徊年"。这种误差在我国是完全不可接受的。在我国,历法在推行过程中要不断与天文观测印证,例如历法月与"朔望月"的天象误差不能过一天,一旦发现诸如"朔晦月见,弦望满亏"的现象,就会通过改历等办法进行修正。这个精度远超农耕生产本身对历法的要求,这背后是我国特有的世界观。

我国的阴历是根据月相给出的,特定的日期有特定的称谓,例如初一或十五分别称为"朔"、"望",每月的最后一天则称为"晦"。在我国,确定月首称为"定朔",它是我国历法重要的时间参考点。根据天文学原理,"朔日"对应月亮正好运行到地球与太阳的中间。如果此时月亮又处于黄白道的交点附近,就会发生"日食"。因此"日食"发生在"朔日",但如果历法推算出现累积误差,把这一天推算为"晦",这一天出现的日食就称为"日食在晦",在我国古代就认为历法出现重大偏差。由于"日食在晦"需要有日食时才能观察到,所以更容易出现的是月末或初一看到月亮,或者十五不是满月的情况("朔晦月见,弦望满亏"),对此也要进行修正。

纪 年

历法包括了纪年、纪月、纪日、纪时4个部分。我国古代的纪年早期采用了国君在位的时间,需要史官完成。夏商周时期采用分封制,各诸侯国建立后,均设有自己的史官,记录本国的历史,他们以自己的国君在位时间纪年,例如《左传》是以鲁国的史料写的,它就采用了鲁历,比如《曹刿论战》中的"十年春,齐师伐我"指的是鲁庄公在位第10年的春天,对应公元前684年。等到秦统一全国后,这种国君纪年的方法自然也改为了统一的皇帝在位时间纪年。到了汉武帝时期开始实行年号纪年,这种方法成为一种制度被保留下来,一直延续到清朝的灭亡。年号承载着对太平盛世、文治武功的向往,早期在位时间比较长的皇帝,往往因为得到什么祥瑞或者取得什么功业而更换年号,其中又以武则天最为任性,共使用了18个年号。一旦改变年号,时间要开始重新计算,因此更换年号被称为"改元"。在整个皇权社会2 000余年的历史中,共出现过650多个年号。从唐朝开始,年号被印制到铜钱上,成为后世文物考古等领域确定时间的重要参考。

古代统治者认为他的统治是上天赋予的，年号是皇帝"奉天承运"的具体体现，代表了政权的合法性，因此我国古代的年号纪年是一件神圣的大事。史籍中的纪年必须慎之又慎，大臣或者读书人如果用错年号，往往会掉脑袋甚至连累全家。当然，这种错误一般只会发生在政权更替的时候，新政权为了表明其合法性，会特别注意年号的使用。明成祖朱棣夺权成功后，为了显示自己继承政权的合法性，沿用了一年朱元璋的"洪武"后才改元"永乐"。清康熙初年爆发的"庄氏明史案"杀戮了当时湖州地区的许多知识分子，其中一个重要原因就是编写的史料采用了明朝而不是清朝的年号。明清的皇帝大多一生只采用一个年号，只有两个例外。其一是上面介绍的明成祖朱棣，他用了一年他父亲的年号。另外一个是明英宗朱祁镇，他是因为北征蒙古的"土木堡之变"被俘，后又从其弟明代宗朱祁钰那里接手了皇位，是两次登基，因此有两个年号，分别是"正统"和"天顺"。年号在使用方面除了不能用错没有其他的禁忌，又不像庙号是皇帝死后后人追封的，所以明清两代多以年号直接指代皇帝。

"庄氏明史案"是康熙初年的一件大事。浙江湖州富商庄允诚偶得明朝相国朱国桢记述明朝历史的遗稿，其双目失明的儿子庄廷龙立志学左丘明，将其增编为《明书辑略》。书成不久，庄廷龙便病逝。其父庄允诚于顺治十七年冬（1660年）将书刻印出版。该书采用明朝年号，夸耀抗清的南明皇帝，并对清朝前期往事有不敬之词，因此被人告密。清廷将其作为惩戒当时知识分子的典型案件办理，杀戮了七十余人，并将几百人充军边疆。

除了年号纪年，另外一种常用的纪年方法是干支纪年。干支是我国古代非常有特色的计数方式，它采用 10 个天干与 12 个地支进行组合，实现以 60 为周期的循环计数，干支在我国起计数的作用，用于纪年、纪月、纪日、纪时。对于天干地支的出处，目前并没有一个统一的说法，一种说法是"干"代表树木的躯干，"支"是树木的枝叶，干支分别表示树木在一年之中枝干和枝叶的荣枯变化，但这只是一种解释。有人认为干支的产生与天文观测有关，也有人认为与占卜有关。天干有 10 个，应该和我们所使用的 10 进制一样，源于 10 个手指；地支有 12 个，应该与一年 12 个月有关。

天干地支的名称和顺序如表 3-1 所示，除了通用的名称，还有一套复杂的别称。我们日常生活中虽然很少看到这些别称，但是在一些史籍中还会见到，像《资治通鉴》中每一篇起始讲述的干支时间就是用别称表示的，有人认为它们是古代某些南方诸侯国观星或占卜时的用词，并且很可能是音译的。别称中最常见的是"摄提格",它是地支"寅"的别称。

表 3-1   天干地支及它们的别称(别称出自《史记》,也有其他说法)

	名称(属性)	甲(阳木)	乙(阴木)	丙(阳火)	丁(阴火)	戊(阳土)
十天干	别称	焉逢	端蒙	游兆	强梧	徒维
	名称(属性)	己(阴土)	庚(阳金)	辛(阴金)	壬(阳水)	癸(阴水)
	别称	祝犁	商横	昭阳	横艾	尚章
十二地支	名称(属性)	子(水)	丑(土)	寅(木)	卯(木)	辰(土)	巳(火)
	别称	困敦	赤奋若	摄提格	单阏	执徐	大荒落
	名称(属性)	午(火)	未(土)	申(金)	酉(金)	戌(土)	亥(水)
	别称	敦牂	协洽	涒滩	作噩	阉茂	大渊献

干支的产生可以上溯到我国人文社会形成之初,古籍《世本》中有黄帝让"容成造历,大挠作甲子"的记载。干支最早用于纪日,无疑也是最古老的文字,殷墟等地出土的甲骨中,几乎每一块都以干支纪日代表的时间作为问卜的起始。另外商朝的国君都以天干命名,例如盘庚、武丁、帝辛等。图 3-3 是一块著名的甲

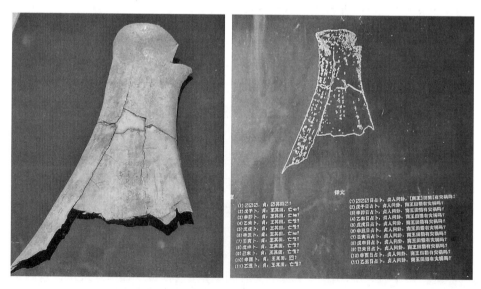

图 3-3   现存于河南殷墟博物馆的甲骨,记录了殷商时期的占卜,其中时间就是以干支计日的

骨，记述了商人占卜田猎的情况，其中就采用干支进行纪日。干支采用一个天干加一个地支按照各自的顺序排列计数，依次是甲子、乙丑、丙寅、丁卯……由于干支都是偶数，所以天干与地支循环时，奇数天干与奇数地支组合，偶数天干与偶数地支组合，构成了以60为周期的循环。因为干支始于"甲子"，经过一轮循环后重新回到"甲子"，所以一轮60的周期也称一"甲子"，一般特指60年。在我国，60岁被称为"花甲"包含度过一个"甲子"之意。

由于史籍中均采用年号纪年，何时开始干支纪年没有明确的结论，可以肯定的是汉代以前就已经存在了，不过因为它不是官方的纪年方式，所以古籍中出现相对少一些，也有采用了干支纪年的史籍，例如《资治通鉴》等。到了清末，一方面清政府的控制力降低，另一方面也是看齐西方的连续纪年，干支纪年被广泛使用，清末的大量历史事件都以干支命名，如甲午海战、戊戌变法、辛丑条约、辛亥革命等。

干支纪年与公元纪年的换算如下：公元年分别除以10，12，根据余数判断该年的天干和地支，如表3-2所示。例如2000年，除以10余0，除以12余8，根据表格可知为"庚辰年"。计算公元前的时候，按负数计算即可，需要注意的是，由于没有公元0年，公元前的年份要将对应的负数加一。

表3-2　干支纪年与公历的换算公式

年除以10的余数	0	1	2	3	4	5	6	7	8	9		
天干	庚	辛	壬	癸	甲	乙	丙	丁	戊	己		
年除以12的余数	0	1	2	3	4	5	6	7	8	9	10	11
地支	申	酉	戌	亥	子	丑	寅	卯	辰	巳	午	未

十二生肖纪年——比起干支纪年，民间更普遍使用的是十二生肖纪年。十二生肖和地支完全对应，即为子鼠、丑牛、寅虎、卯兔、辰龙、巳蛇、午马、未羊、申猴、酉鸡、戌狗、亥猪。根据文献记载和考古发现，起码秦汉时期就有了完整的十二生肖。民间根据十二生肖的年份确定自己的属相，也将其作为占卜与命理学推理的重要依据。十二生肖体现了我国看问题二分法的特点，每个动物都有自己的优点也都有自己的缺点。比如老鼠，在现实生活中，我们可能要除之而后快，而从生肖的角度考虑，因为老鼠积攒粮食，有富足的寓意；老鼠繁殖能力强，

有多子的寓意。因此老鼠成为十二生肖之首。当然,老鼠居首有一个更合理的解释:十二时辰的子时对应半夜 11 点到 1 点,这正是老鼠活动的时间段,因此老鼠占据了子时。由于十二生肖的形象鲜活,容易为广大人民群众所接受,所以它不但在我国民间具有顽强的生命力,成为我国民俗的重要组成部分,而且它也被传播到世界各地,成为我国的一个文化符号。我国的一些少数民族、一些受我国文化影响的周边国家也采用了十二生肖纪年,但动物略有不同。

    十二生肖对世界的影响可以从生肖邮票的发行看出,日本于 1950 年率先发行生肖邮票。从那以后,许多国家陆续效仿,到 2002 年,有 90 多个国家或地区发行过生肖邮票。我国从 1980 年开始发行生肖邮票(见图 3-4),目前一共发行过 3 轮。

图 3-4   我国第一套十二生肖邮票,从庚申年(1980)开始

岁星纪年——除了上述纪年方法，在我国古代还有一种岁星纪年的方法，它是将木星轨道附近的恒星分成 12 个星次，依次是星纪、玄枵、娵訾、降娄、大梁、实沈、鹑首、鹑火、鹑尾、寿星、大火、析木。这个很像西方的黄道十二宫，与二十八星宿也有重叠。木星的周期为 11.862 2 年，接近 12 年，因此差不多一年移动一个星次，由此诞生了木星所处的星次纪年的方法。这种方式主要见于秦汉以前的文献中，例如《国语》中有"昔武王伐殷，岁在鹑火"之说。

由于木星实际周期小于 12 年，它在天球上穿过这些星次的时间会不断提前。《左传》中有"岁在星纪而淫于玄枵"之说，就是说时间是"星纪年"但是木星已经跑到"玄枵"星座了。为了解决这个问题，古人又虚构了一个假想的天体叫"太岁"，"太岁"严格按照 12 年的周期运行。"太岁"本来是参考岁星的，但是随着时间的推移，两者关系越来越少，在这种情况下，直接用 12 年周期纪年更方便，有人认为用地支纪年就是这样产生的。岁星纪年在后世基本被废弃了，但是把木星称为"岁星"的传统还是保留了下来。

纪 月

阴历和阳历的区别主要体现在纪月上。我国采用阴历、阳历混合的历法，其中阴历以朔望月为周期，阳历是以二十四节气为节点的回归年周期。不过阴历的作用要更大一些，我国古代的社会主要按照阴历运行，主要节庆活动也是按照阴历安排的。阴历月对应的朔望月周期为 29.53 日，通过设定闰月协调"月"和"年"的关系，通过设定 30 日或 29 日的大小月协调"月"和"日"的关系。我国古代早期的天文知识有限，历法还没有形成规范，闰月的设置没有规律，一般设在年中或年末，在殷代和周代早期的史料中还有一年两闰的记载。到了春秋时期，随着天文观测的精确，测定 1 年为 365.25 日，并且得到了 19 年 7 闰的换算关系。得到的朔望月平均日为 $29\frac{499}{970}$，和真实的朔望月 19 年只相差 0.15 日。

上一章已经介绍，这种 19 年 7 闰的方法在西方称为"默冬周期"。在我国的历法中，它被称为"章"，每 19 年称为"一章"；4 章为"一蔀"，"一蔀"76 年；20 蔀为"一纪"，共 1 520 年；3 纪为一元，共 4 560 年。我国根据每蔀开始的第一天的干支纪日确定该蔀的名称。例如在《史记·历书·甲子篇》中，说"元年，岁名'焉逢摄提格'，月名'毕聚'，日得甲子，夜半朔旦冬至"。就是说这一蔀始于甲寅年、寅月、甲子日，因为日为"甲子"所以是"甲子蔀"，这种命名与前文介绍的西方星期的命名方式相同。

汉武帝时期的"太初改历"将具体的置闰方法明确下来。该方法将二十四节气引入到历法中。二十四节气是我国历法的另一个重要特征，它在"冬至、春分、夏至、秋分"四分回归年的基础上把回归年平均分为了24份，依次为：

立春、雨水、惊蛰、春分、清明、谷雨；

立夏、小满、芒种、夏至、小暑、大暑；

立秋、处暑、白露、秋分、寒露、霜降；

立冬、小雪、大雪、冬至、小寒、大寒。

二十四节气显然是由于四分法太过疏阔而对时间进行的进一步细分。立春、立夏、立秋、立冬对应四分法的中点，把1年8等分，在每一等分插入2个节气，构成最终的二十四节气。而最后插入的这16个节气明显对应地面上的景象，并且主要体现了黄河流域的气候特征。二十四节气分为十二中气、十二节气，从冬至开始算起，单数为"中气"，双数为"节气"。这种划分方式源自岁星纪年引入的十二星次。十二星次将天空分成了12段，就像12节的竹子首尾相连。在二十四节气中的奇数节气，太阳处于十二星次的中间，因此称为"中气"；在偶数节气，太阳处于十二星次的连接处，称为"节气"。例如"冬至"时，太阳处于"星纪"的中部，因此它是"中气"；而"小寒"时太阳处于"星纪"和"玄枵"的连接处，因此它是"节气"。

二十四节气明显体现出农耕社会的特征。在此基础上，古人根据一年四季的环境特征变化，总结了72个特征，作为辅助的计时手段，标记一年，称为"72候"。"候"本意是探望，"气候"、"时候"、"候鸟"之词皆源于此。《素问·六节脏象论》："五日谓之候，三候谓之气，六气谓之时，四时谓之岁。"另外还发展了以"九"为周期的冬季和夏季纪日方式，所谓"冬有三九夏有三伏"。

将二十四节气与西方的黄道十二宫比较，就会发现它们的时间点几乎一致，如图3-5所示。这是因为它们都是基于回归年的四分点产生的。当然两者间也有区别，我国诞生二十四节气的十二星次和黄道十二宫节点正好差半个月。

"太初改历"在引入二十四节气的基础上，利用中气和朔望月的关系建立了置闰的原则，如图3-6所示。12个中气将年轮12等分（每份30.44日），年轮和月轮一起旋转，日期不断错开，当一个朔望月周期没有经过任何一个中气时，这

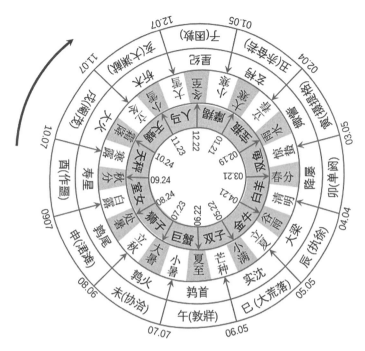

图 3‑5　二十四节气的时间及与我国古代黄道划分、西方黄道十二宫的关系

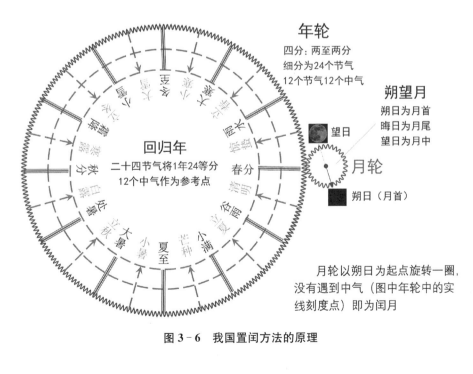

图 3‑6　我国置闰方法的原理

个月就是闰月。也即没有"中气"的月份就是"闰月"。它其实是利用天象给出设置闰月的方法，将朔望月与回归年的误差控制在半个月以内。这种置闰方法一直延续至今。

与二十四节气对应的还有一种纪月方式——干支纪月。它是一种纯阳历的纪月方法，以十二节气作为每个月的月首，并以大雪为月首，包含冬至的那个月份称为"子月"，然后依次是"丑月"、"寅月"……这样，一年就有严格的12个干支月，并与十二地支严格对应。干支纪月的天干与纪年的天干则有对应关系，这是因为干支月循环一周（60个月）正好5年，而干支纪年的天干周期则是10年，这种简单的比例使得一旦确定年的天干和月的地支，就可以得到月的天干。例如甲年、己年的正月一定是"丙寅月"，而乙年、庚年的正月一定是"戊寅"月，依次类推。

以"寅月"而不是"子月"作为一年的首月，则涉及我国历法的另一个重要原则——建正。确定"岁首"称为"建正"，就是"确定正月"的意思。在我国的历法中，虽然"子"是地支之首，不过一年的起始并不是"子月"开始的。我国的古历有"夏建寅、殷建丑、周建子"之说。也就是说夏朝以寅月为岁首，殷商以丑月为岁首，而周朝的岁首是子月。但这里的"月"指的是"朔望月"而不是"干支月"，"夏建寅"是指包含冬至的那个"朔望月"之后的第2个"朔望月"为正月，这个月的月首就是"春节"。汉武帝太初改历时采用了"夏正"，并一直沿用至今。这种设定方式也使得春节前后年的干支与干支月不完全对应，如图3-7所示的2021年2月干支变化，2月4日立春就进入"丙寅月"，而到了2月10日的春节才进入"甲辰年"。

图3-7 2024年2月的日历及几个特征时间。可以看出，干支纪年和纪月是分开的

在古代,以冬至为起点的,二十四节气循环一圈叫一"岁";"朔望月"循环一圈,叫一"年"。《礼记·月令》注疏者说:"中数曰岁,朔数曰年。中数者,谓十二月中气一周,总三百六十五日四分之一,谓之一岁。朔数者,谓十二月之朔一周,总三百五十四日,谓之为年。"按照这个说法,冬至的晚上不睡觉才叫"守岁",而不是除夕的晚上。现在"岁"和"年"实际混用了,但这个混乱不是近代才有的,汉朝以后就出现了,从晋朝就有除夕"守岁"之说。

对于我国的劳动人民,上面介绍的干支月与二十四节气的对应关系太复杂了,他们需要更简单的辨识节气的方法,于是就有了第1章介绍的根据"二十八宿"确定月份的方法。不过它要辨识"二十八宿",还是复杂了一些,还有更简单的方法,就是观察北斗星斗柄指向确定月份,称为"斗建"。

北斗七星是紫微垣的一部分,因为"曲折如斗"而得名,这里讲的"斗"是远古的时候一种用来盛酒的有柄器具。因为北斗七星又像一个车,古人认为天帝乘坐它定四时,分寒暑。《史记·天官书》说:"斗为帝车,运于中央,临制四乡。分阴阳,建四时,均五行,移节度,定诸纪,皆系于斗。"

我国古代文明的中心——黄河流域在北纬30°～40°,在这个区域观星,北天极附近有较大的恒显圈,可以常年观测。我国非常重视这个区域的天文观测,其中最容易观测的就是北极星和北斗星。"斗建"就是根据北斗星斗柄在"昏时"的指向确定季节和月份,如图3-8所示。这与时钟的表盘非常像,斗柄指向6点方向(向下)对应"子月";5点方向对应"丑月";7点方向对应"亥月"……由此就可以确定1年中的干支月份。

这种在"昏"、"旦"时观象纪日的方法比较粗糙,还受天亮与天黑的时间随季节变化的影响,因此精度不会太高。精确的节气时间则需要官方的专门机构给出。《吕氏春秋》记录了"立春"这个古代比较重大节日时的流程:"先立春三日,太史谒之天子曰:'某日立春,盛德在木。'天子乃斋。立春之日,天子亲率三公、九卿、诸侯、大夫,以迎春于东郊……"太史要提前推算立春的具体时间,并向天子汇报,天子根据礼仪安排祭拜工作。

纪日与纪时

我国的纪日主要采用阴历纪日和干支纪日两种方式,史籍均采用干支纪日,

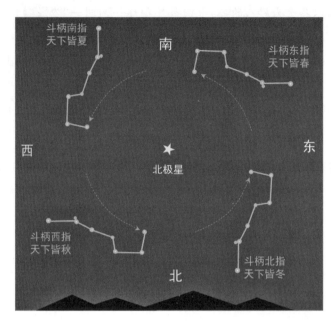

图 3-8 "斗建"的原理。它是根据黄昏时北斗星斗柄的指向确定四季和月份

考古发现(例如图 3-3 的甲骨)也证实了这一点。现在一般认为干支在远古是作为一种日历牌使用的,这种以 60 为周期的连续纪日方法起始时间未知,在我国最古老的文字记载——甲骨文中就采用这种纪时方式,考古学家在殷墟有限的甲骨中拼接出 500 多天的连续纪日。史书留存的干支纪日从公元前 720 年的鲁隐公三年二月的己巳日开始,从那以后一直没有中断过。

干支纪日属于一种科学纪日方法。它完全以 60 为周期计数方法,与天文现象没有关联,也就和年、月无关。这对于我国的历史研究有利有弊。它的弊端是与历法时间换算比较麻烦。这是因为历法中的年和月是不等长的,比如普通的(阴历)年约为 354 天,闰年约为 384 天,需要先搞清楚历史上的每一年究竟是几天,然后通过累加进行换算。换算虽然复杂,但现在有专门的表格或软件可以进行查找或运算,省去了诸多困难。这种连续纪日的方法也有明显的优点,就是纪日非常精准,特别是计算历史记载的天文观测时,可以直接对时间进行推算,不需要进行历法的换算。现代天文学和时间计量领域也采用类似的纪时方法,称为简化儒略日(modified julian day,MJD)。

儒略日是法国学者斯卡利杰(J. J. Scaliger)于 1583 年提出的纪时方法,它以儒略历的公元前 4713 年 1 月 1 日(格里历公元前 4714 年 11 月 24 日)格林尼治时间的中午 12:00 为起点，连续纪日得到的时间。2000 年 1 月 1 日的 UT 12:00 用儒略日表示，就是 JD 2 451 545。由于这个数字太大了，国际天文学联合会于 1973 年通过了简化方案，其定义简化儒略日 MJD 为 MJD＝JD－2 400 000.5。

虽然史官、星象家更喜欢使用这种纪日方式，但因为日常使用不太方便，所以使用并不广泛。古代社会更普遍使用的是阴历纪日，就是根据朔望月进行纪日，我国古代的节日、纪念日、个人的生日都采用这种纪日方式。

我国古代节日包括春节(正月初一)、元宵节(正月十五)、龙抬头(二月初二)、端午节(五月初五)、七夕(七月初七)、中元节(七月十五)、中秋节(八月十五)、重阳节(九月初九)、除夕(腊月月末)，都是由阴历确定的，而清明节和冬至则由节气确定，属于阳历节日。从历法的发展看，我们这些传统节日被保留下来，但农历对个人的影响正在减弱。例如现在过生日基本是按照公历过的，另外，我国在传统上是按照虚岁计算人的年龄的，而现在基本都采用周岁计算，我国是否需要对这部分文化进行保护呢？

对一日进行纪时有两种方式，一种是 12 时辰，另外一种是百刻制。前面已经讲了，我国古代将黄道附近的天球划分为 12 个星次，它们每天在天空旋转一圈，自然将 1 日划分为 12 个时辰。12 时辰的划分应该从商周时期就产生了，在《诗经·大东》中有"跂彼织女，终日七襄。虽则七襄，不成报章"。就是说织女星从升起到落下经历 7 个时辰，根据这个也可以计算出 1 日是 12 时辰。12 时辰同样用干支标记，干支表征的年、月、日、时就构成了我国古代的纪时八字。由于月或时辰的周期都是 12，而甲子周期为 60，因此月或时的天干与年或日的天干有对应关系。例如甲年或己年的正月一定是"丙寅月"，而甲日或己日的午夜一定是"甲子时"。所以，实际上月和时只用地支就可以描述。

在我国的历法中，一日是从午夜 0 点开始的，但十二时辰的子时是晚上 11 点到 1 点，也就是说一日始于子时中点。干支年的情况也类似，冬至是干支年的起点，而干支"子月"从大雪开始，冬至是"子月"中点。这种年和月、日和时的起点不完全相同也是我国历法的一个特色。

十二时辰是民间广泛使用的纪时方式，主要通过日晷等进行纪时，日晷只能白天观察，还会受到天气等因素的影响，纪时会受到诸多限制，需要一些辅助的纪时方式,例如水钟、火钟、烛钟等,但这些方法的精度都不太高,好在古代民间生活节奏比较慢,对纪时的精度没有特别高的要求。到了宋朝,社会活动日趋频繁,将 1 日分为 12 个时辰显得太过疏阔,于是将每个时辰平分为初、正两部分,平分后的时间就称为"小时"。

古代对纪时有精度需求和细分需求的是权力机关和关键政府部门,他们采用"漏刻"纪时。我国古代采用"百刻制",把一天分为 100 刻,秦汉规定冬至的白天为 40 刻,夏至的白天为 60 刻,春分秋分白天为 50 刻,从冬至起,每 9 天白天增加 1 刻,从夏至起,每 9 天白天减少 1 刻,并且规定"旦"和"昏"的具体时间分别为日出前二刻半和日落后二刻半。"百刻"和"十二时辰"不容易换算,史上曾经多次进行过短暂的改革,例如王莽时期的 120 刻,南北朝时期的梁朝曾经改为 96 刻,又改为 108 刻,不过时间都不长,后来均改回到 100 刻。说明当时皇室和民间的运作没有什么时间同步的要求。到了明清时期,采用 24 小时的西洋钟表被引入进来,并逐渐替代了漏刻,为了方便换算,百刻制最终改成了 96 刻制,一刻钟为 15 分钟由此而来。

历法背后的文化与传承

宇宙观与创世神话

我国的历法背后,是我国的先民对物质世界的认识与感悟。古语释义为"四方上下曰宇,古往今来曰宙",这说明古人认识的"宇宙"本身是时间与空间的统一,这与现在的宇宙观是一致的。对比"宇宙"的英文单词"universe"是由拉丁文"universum"及其更早的希腊文发展而来的,意思为"所有物质和空间",它并没有将时间包含进去。"宇宙"这个词最早出现在《庄子》中,不过庄子只是使用了这个概念,并没有讨论宇宙本身的起源问题。后世的一些经典古籍,例如《淮南子》,则给出了宇宙产生的图像:"道始生虚廓,虚廓生宇宙,宇宙生气,气有涯垠,清阳者薄靡而为天,重浊者凝滞而为地……"这是延续了《老子》中的"道生一,一生二,二生三,三生万物"的思想,同时增加了更加合理的内核。如果我们将它与宇宙大爆炸以来星系的形成相对照,就会发现这样的描述是比较接近事实的,显示出我国古人对世界起源的洞察力。

我国的天文观可以概括为"对天的崇拜"和"天人合一"。古人认为有一个掌管一切，无所不能的存在，就是"天"。"天"既是管理者，又是评判者。我们可以举出无数的词语，比如我们认为命运是"上天的安排"、结婚是"天作之合"、身处顺境是"天助我也"、面临失败是"天不佑我"、恶有恶报是"苍天有眼"……古代皇权社会，认为王朝的更替也是上天的安排，因此有"天下"、"天子"等说法，皇帝的圣旨是"奉天承运"……这里谈论的"天"，其实是一个比较抽象的概念，而不是具体的某个神，其含义包括了命运的主宰、一切必然性等。"天人合一"是我国另外一个基本思想，它表现在天上的一切与地上的一切不仅在框架和设置上要保持一致，而且要运行同步，这就是为什么我国古代一定要协调历法，使历法时间一定要与天象一致的根本原因。

"天人合一"的思想还体现在"三垣二八宿"的星座划分上。它是地面皇权社会在天庭的映射，"三垣"中的"紫微垣"对应皇宫，"太微垣"对应朝廷，"天市垣"则对应天街，"二十八星宿"的命名有人物、动物、器具等，如果我们进一步展开，将会发现它是一个等级森严、功能齐全的天上世界。古人认为天庭的征兆对地上世界有警示作用。古代史官的一个重要职责就是观察天象，尤其是"三垣"附近的天象，看对皇权和国家有什么预谶。有一个非常著名的故事，说是刘秀创立帝业后，邀请儿时的好友严子陵辅佐自己，严子陵拒绝了邀请，但与刘秀共睡了一夜，到了第二天，就有太史报告"客星犯御坐甚"，刘秀说："那是昨晚我的故人把脚放到了我的肚子上。"

"天人合一"还包含了董仲舒总结的"天人感应"说，这种观点认为虽然上天是主宰，但"天"与"人"之间是一种互动的关系。一方面上天可以感知百姓的疾苦，另一方面，上天会通过天象预示吉凶。通过观察天象进行解读，做顺应天象的事，可以趋利避害。我国一般认为天象与国运关联，和个人的命运关系没有那么大。《淮南子》中有《天文训》一卷，后人释为"文者象也。天先垂文象日月五星及彗孛，皆谓以遣告一人。故曰天文"。《易·系辞》中讲的"天垂象见吉凶，圣人则之"，也是这个意思。

我国对抽象"天"的崇拜在《西游记》中有所体现。唐僧师徒路过万寿山，到镇元大仙的五庄观时，发现观中只供奉着"天地"二字，观中的小道士解释说是因为镇元大仙辈分太高，没有神仙可供供奉，只有"天"配享这种供奉。

我国自古就是世俗社会，神话和宗教色彩都不是特别浓厚。我国也有自己的创世纪神话,就是"开天辟地"。根据传说,天地本来是类似蛋壳的混沌体,有一个叫"盘古"的巨人生活其间,有一"天"他醒来,先是自己不断生长,将天地撑大,然后斧劈凿刻,将天地分开,完成这些壮举后盘古就倒下了,双目成日月,身躯成山川,血液成江河……诞生了整个世界。这个神话中,天地万物都是努力创造出来的,体现了我们民族与生俱来的奋斗精神。通过奋斗创造一切始终是我国神话的重要主题。在另一神话中,天塌下来,女娲挺身而出,采五色石补天,然后按照自己的形状捏了泥人,并赋予其生命,人类由此诞生;当天上有 10 个太阳时,后羿射日以恢复风调雨顺……再往后的传说,例如黄帝大战蚩尤、大禹治水等,也都是通过自强不息的奋斗创造后来的世界。关于黄帝等的传说虽然也有神话色彩,但一般认为是根据历史事件演绎的。

我国的天神往往来自远古这些斗天斗地的英雄,他们中的一部分成为天上的星宿。星宿在天球上的位置和形状对应这些星宿仙人不同的等级与司职,"斗转星移"则是这些天宫"公务员"在进行轮班。我国的传统宗教道教中对此有详细的划分,道教的天神基本可以和星座对应。大多数人对此比较陌生,不过通过《西游记》和《封神演义》这两部古典名著,我们可以对这套体系有个大概的了解。比如天上的各个星宿是周武王伐纣王时的大将死后封神,而在《西游记》中,二十八星宿是有一定职责的天宫的"公务员",其中的亢金龙、昴日星官、奎木狼都曾经作为配角出场。道教中有 4 个直接与时间有关的神,称为"四值功曹",分别"值年"、"值月"、"值日"、"值时","四值功曹"对应现实中的史官,他们的主要职责是记录事件、传递信息。当天兵天将去讨伐孙悟空的时候,"四值功曹"随军出征但没有参战。这与我国史官的功能是一致的。

根据东汉蔡邕的总结,我国古代的宇宙观有 3 种"一曰周髀,二曰宣夜,三曰浑天"(《天文意》)。这几种观点主要表现在对"天"的看法上。"周髀"指《周髀算经》上介绍的"盖天说",指"天"就像一个盖子覆盖着大地,日月星辰在这个盖子上沿一定的轨迹运动,"天圆地方"的宇宙观即源于此。"浑天说"则认为天是球形的,恒星在天球上一起旋转。"宣夜说"则认为天是虚空的,这个学说对后世影响较小。我国古代主要的"盖天"与"浑天"之争。在天文观象领域,更科学的"浑天说"占据了主导地位,我国古代的浑仪、浑象就是根据这种宇宙观制作的。

五大行星与五行说

太阳系五大行星在各国的天文观测中都占据非常重要的作用,对于我国也是如此。五星在天球上不像其他恒星那样位置固定，而是有自己的运动轨迹；五大行星的公转和地球一样，都是自西向东接近匀速运动，但是从地球上观察，它的视运动不断变化，有时会停留，还有逆行的情况。这些行星依靠反射太阳光而发光，它们具有了类似月亮的相位，在地球上观察这些遥远的行星时，就会呈现亮暗变化，有时候颜色也略有不同。我国的古人认为行星的这些特征是上天的某些征兆，为了读懂这些征兆，我国古代对于行星的位置、轨迹、颜色这些特征进行连续的观测和记录，并将它融合到"五行说"的理论中，来预测国运、自然灾害等。

"五行说"是我国古代思想家对物质世界的解释。它起源于殷代，春秋战国时期发展起来，从汉朝开始逐渐发展成几乎用于解释一切的普适理论。它的基本思想是以金、木、水、火、土作为 5 种基本元素构成整个世界。这与古希腊柏拉图提出的世界由水、气、火、土 4 种元素构成是比较类似的。不过西方哲学是对世界进行解析、探究每种元素的本质，而"五行说"则着重讨论这 5 种元素的关系——"相克相生"。这 5 种元素的关系如图 3-9 所示，"五行说"认为这是一种普适的关系，可以用它解释世界的运行，其中的一些对应关系如表 3-3 所示。除了表格中罗列的，还有五脏-心肝脾肺肾、五官-眼耳鼻口窍、五谷-稻黍稷麦菽……不胜枚举。在我国的哲学体系

图 3-9　五行的五种元素与相克相生的关系

中，天干地支也被赋予了五行的属性，如表 3-1 所示，天干与五行的搭配采用五行相生的原理，两个相邻的天干对应一个五行，依次是"木-火-土-金-水"。

表 3-3　用五行解释的典型事例

五行	金	木	水	火	土
五星	金星	木星	水星	火星	土星
五方	西	东	北	南	中
五音	商	角	羽	徵	宫

续　表

五色	白	青	黑	赤	黄
五味	辣	酸	咸	苦	甜
五德	义	仁	智	礼	信
……	……	……	……	……	……

战国时期的齐人邹衍用"五行相克"理论解释王朝的更迭。他认为每个王朝占据五行之一，为一"德"，黄帝为"土德"、夏为"木德"、商为"金德"、周为"火德"，王朝的更替是后一王朝"克"了前一王朝，这套理论被秦国统治者所采纳，秦统一全国后，自称是（克了周"火德"的）"水德"，并采取了一系列与之配套的制度，比如说穿黑衣服，把黄河改为德水等。汉朝初创的时候，不承认秦朝的正统性，认为它是从周朝继承来的正统，所以汉初称自己才是真正的"水德"。到了汉武帝时期，认为秦朝还是有其正统性的，汉克秦，因此汉改为"土德"。到了西汉末年，刘向、刘歆父子修改了邹衍的学说，认为王朝更迭不是相克，而是相生，他们经过一番操作，在黄帝为"土德"的前提下，插入了一些流传下来的古代帝王，这样夏、商、周就改成了"金德"、"水德"、"木德"，这样汉朝就应该是"火德"。这套理论为王莽所采纳，他本来打算用"金德"替代"火德"说明其篡汉的合理性，结果他篡汉没有成功。刘秀建立东汉后同样接受了这个理论，于是汉朝就成为"火德"，衣服尚红，"炎汉"的叫法也源于此。史籍中用刘邦斩白蛇的故事，借一个老妪之口说刘邦是赤帝的儿子进行附会。"天命无常，惟有德者居之"，统治者想让老百姓认识自己的"德"比较困难，而通过这些故事说明占据一"德"，用"承天命"证明自己政权的合法性就比较容易让民众所接受了。因此这之后的历朝历代，都会利用"五德说"找到自己建立政权的合法性。

《史记》记载"高祖被酒，夜径泽中，令一人行前。行前者还报曰：'前有大蛇当径，原还。'高祖醉，曰：'壮士行，何畏！'乃前，拔剑击斩蛇。蛇遂分为两，径开。行数里，醉，因卧。后人来至蛇所，有一老妪夜哭。人问何哭，妪曰：'人杀吾子，故哭之。'人曰：'妪子何为见杀？'妪曰：'吾，白帝子也，化为蛇，当道，今为赤帝子斩之，故哭。'"考虑司马迁写作史记的时代汉朝处于水德转土德时期，因此也有人认为这一段是后世篡改加入的。

用"五行说"解释万事万物一定有其牵强之处，但其中也包含合理内核。一个系统若要健康，内部必须平衡，各单元之间需要相互补充与相互制衡，即相克相生。一个体系内若满足相克相生条件，最少需要 5 种元素，以任一元素出发，除了"本我"，如果满足"相克"的条件，一定要有"克我"和"我克"；如果满足相生的条件，一定要有"生我"和"我生"。例如对于一个生态系统，如果引入外来物种，这个物种有丰富的食物而没有天敌，就一定会导致生态灾难，这说明了"相克"的重要性。与"五行说"一起提及的常常还有"阴阳说"，它认为事物有对立的两面，它们的关系是相互消长又相互依存的。

这些理论体现了我国探究世界的方法，就是侧重于研究相互之间的联系，而不是探究单个个体的本源。比如老子的"道生一，一生二，二生三，三生万物"认为世界是通过抽象的"道"产生具体的"一"，再由"一"不断繁衍形成"万物"，但"道"如何到"一"，并不关心。这就造成我国缺乏具体事物具体分析的探究精神。与古希腊哲学家用解析的方法探究世界基本构成的方法论相比，两种方法难说孰优孰劣，但它的确导致我国在探究世界方面的某些欠缺。

对五大行星的解读是"五行说"的最重要内容之一。前面已经提到，在我国，五大行星还有其他的名字，分别是辰星、太白、荧惑、岁星、镇星，这些名字应该是它们本来的名字，在一定程度上概括了这几颗行星的属性。我国很早就利用五星预测吉凶，"五行说"将占星术的观点和"五行"的属性结合起来，为五星赋予新的含义。例如木星一般是吉兆，有"岁星所在，国不可伐，可以伐人"之说（《汉书》）。金星有预示战争的功能，"太白，兵象也"。唐代玄武门之变前，太史令傅奕曾密奏唐高祖："太白见秦分，秦王当有天下。"这件事曾经被李世民用来证明自己当皇帝的合理性。上面两种情况分别是按照木星和金星在天空的位置进行分析，而天空的位置又与地域对应，称为"分野"（见下文）。如果看不到火星，则是荧惑"或谓下入危亡之国，将为童谣妖言，而后行其灾祸"（《魏书崔浩传》）。在《史记》中，还有"五星分天之中，积于东方，中国利；积于西方，外国用者利"的预谶。《汉书》中还记录了一场汉宣帝时期与这个天象有关的战役。

《汉书赵充国辛庆忌传》中记载，汉宣帝下诏命令大将赵充国征伐羌人，为了鼓舞士气，汉宣帝以当时的"五星出东方"天象进行勉励，诏书中有"今五星出东方，中国大利，蛮夷大败。太白出高，用兵深入敢战者吉，弗敢战者凶"之语。1995 年 10 月，中日考古队在新疆尼雅遗址出土了一件与这个事件有关的汉代织锦护臂,该护臂上下各织有篆体汉字"五星出东方利中国",如图 3-10 所示。由于我国的国旗是五星红旗,所以许多人相信它有更美好的寓意。该文物是首批禁止出国(境)展览的 64 件国家一级文物之一。

图 3-10   新疆尼雅出土的汉代"五星出东方利中国"织锦护臂

对组成世界的元素,我国和古希腊的认识存在 3 个交集,分别为"水"、"火"、"土"。不过除此之外,联系并不多,但这两套大相径庭的理论到了开普勒时代还产生了小小的交集,或者说是巧合。哥白尼提出"日心说"后,开普勒作为"日心说"的信徒想发展这个学说,他发现(当时)太阳系有 6 颗行星,而柏拉图正多面体有 5 种。他根据这些行星轨道半径的比例与正多面体的内切球和外接球联系起来,提出了一个水晶球套娃的理论,如图 3-11 所示。他认为相邻行星轨道半径之比分别对应这 5 个正多面体内切球和外接球半径之比,具体如下:水星轨道-(内切)正八面体(外接)-金星轨道-(内切)正二十面体(外接)-地球轨道-(内切)正十二面体(外接)-火星轨道-(内切)正四面体(外接)-木星轨道-(内切)正六面体(外接)-土星轨道。我们把这些行星、正多面体及它们代表的元素放到一起,并且联系前面介绍的柏拉图关于 5 种元素与 5 个正多面体对应的学说,就会发现水星、土星、火星都与它们在希腊元素中代表的正多面体相邻,如图 3-11 所示。这项工作作为开普勒早期的重要成就发表在他所著的《宇宙的奥秘》中。该书为他赢得了声誉,也引起了第谷的注意。第谷因此邀请他去布拉格工作,开启了他发现行星运行三大定律的辉煌人生。

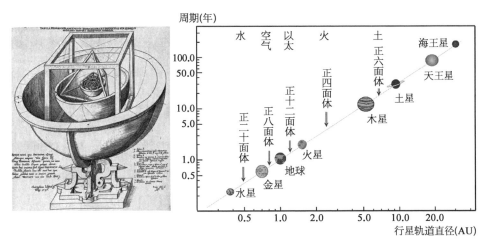

图 3 - 11　开普勒的天球模型及它与古希腊基本元素的对应关系

　　开普勒这个学说虽然漂亮，并且和我国的"五行说"还能产生某种联系，但它并不正确。首先，太阳系的行星不止 6 颗；其次，开普勒给出的行星半径并不准，它们的比例与这种"嵌套球"的结构有较大的误差，具体计算如表 3 - 4 所示。但是这个想法太漂亮了，以至于即使现在的大量科普或专业著作中，都会介绍这项工作。至于行星半径的比例，后世总结出一个更精确的经验公式，叫"提丢斯-波得定则"。它似乎说明除了万有引力定律，行星轨道可能还受其他规律的限制，使得它们的半径比例满足一些特定关系才能保持稳定。

表 3 - 4　开普勒的正多面体嵌套的行星运行半径理论与真实值之间的关系

正多面体	比　例	数　值	相邻行星	真实比
正六面体	$\sqrt{3}$	1.732	$a_土 : a_木$	1.83
正四面体	3	3	$a_木 : a_火$	3.42
正十二面体	$\dfrac{5\sqrt{3}+\sqrt{15}}{\sqrt{50+22\sqrt{5}}}$	1.286	$a_火 : a_地$	1.52
正八面体	$\sqrt{3}$	1.732	$a_地 : a_金$	1.39
正二十面体	$\dfrac{\sqrt{30+6\sqrt{5}}}{3+\sqrt{5}}$	1.573	$a_金 : a_水$	1.85

我国历法的发展脉络

前面介绍了我国古代的历法及其相关知识。历法具有指导社会发展的作用，也是后世弄清历史事件发生时间和顺序的关键，因此研究历法本身的发展同样具有非常重要的意义。

历法的起源与早期发展

我国的历史记载最早可以上溯到"三皇五帝"时期，"三皇"的说法并不统一，一般是伏羲、女娲、有巢氏、燧人氏、神农等这些有名望有功业的古代氏族首领中的 3 个。"五帝"也有一些争议，是轩辕黄帝、颛顼、帝喾、尧、舜、禹中的 5 个。因为黄帝统一了华夏各部落，因此我们供奉他为中华民族的人文始祖。《史记》也是从轩辕黄帝开始讲起的，并认为他是从神农氏的后人那里继承了部落联盟的首领。

我国是农耕社会，对历法指导农业生产有现实的要求。古人认为设立历法可以"明时正度，则阴阳调，风雨节，茂气至，民无夭疫"。因此黄帝在统一了各部落后就创立历法，并建立"灵台"进行天文观象。黄帝的孙子，我国远古的另一位明君颛顼任命了重黎"司天"、"司地"，使历法遵循天象变化，创立了"颛顼历"。这种官方设立专人进行天文观象、推算历法的传统从那时起一直没有中断。而在我国最早的史籍《尚书》开篇《尧典》中，则讲述了尧帝派专人进行天文观测的事，曰"乃命羲和，钦若昊天，历象日月星辰，敬授人时"。我国第一个真正的王朝夏朝建立伊始，就设立了"太史"的官职专门从事天文观象与历法推算，太史同时也记录君主的言行和重要的事件。这使得我国历史上非常重要的两项传统——天文观测与记史，从诞生的那一刻起就紧密结合在一起。"太史"在早期是一个非常重要的官职，到了后世，天文观象和史官出现了分工，观象有了专门的下属机构，不同的朝代名称不同，例如司天监、钦天监等。在近代，天文台部分扮演了观天授时的角色。

羲和是我国古籍和神话中的重要人物。一般认为羲和不应该是两个人，而是比较擅长天文观测的两个氏族或者两个家族，可能是远古的专职祭司。在我国的古典神话例如《山海经》中，羲和是太阳之母，后羿射日的 10 个太阳就是她生的。而在屈原的《离骚》中，羲和又成为驾驭太阳车的御者，这个倒与西方神话中的阿波罗或者它的巴比伦表兄比较类似。因此羲和这两个氏族或者家族应该是真实存在的，他们在天文历法方面有某些擅长，以天文观象作为职业，并用神话包装自己的祖先。根据《史记》记载，羲和并非最早被授权进行天文观象的人员。在尧帝之前，颛顼就任命重黎"司天"、"司地"，使历法遵循天象变化。《史记》中明确羲和是重黎的后人。司马迁自称他们司马氏一族也是重黎的后人，他与其父司马谈都认为他们担任"太史"是继承了先祖的事业。后来晋朝称帝的司马炎也自认是重黎的后裔。

历法的推算一定存在误差，误差经过长期的积累就会造成天象观测与历法不符，因此历法建立之初往往与天象符合，随着时间推移则会与天象偏离。古人将其与一个王朝的气运结合起来，发生王朝更替的时候，要重新制定历法。"王者易姓受命，必慎始初，改正朔，易服色，推本天元，顺承厥意"（《史记》）。夏、商、周建立的时候，分别颁布了各自的历法，就是夏历、商历和周历。这种观点赋予天文观象和历法推算神圣而崇高的地位。根据东汉学者许慎考证，只有天子可以设立灵台观测天文，诸侯是不能设立的，因此民间的天文观象实际是被禁止的，而一些君王或者诸侯，如黄帝、周文王等本人就是天文观象的好手。

观测天文固然是一种权力，同时也是一种能力，需要有财力供养一批人进行天文历法的研究。到了东周时期，周朝的皇室逐渐式微，他们已经没有能力保证天文历法的顺利实行，而诸侯的势力逐渐变大，历法推算的人员散落各诸侯国，这些诸侯自己设立了灵台，推行各自的历法，并由自己的史官记述各国的历史。这些人员在当时非常抢手，据记载，宋国曾许以"大夫"的官职来吸引历法推算的人才，最后招到了著名天文学家子韦。各诸侯国根据各自的传统采用不同的历法，周室及姬姓各国使用周历，过去殷商民族各国及南方诸侯采用殷历，而古夏朝的各民族则沿用夏历，建正的不同是这些历法的显著区别，有"夏建寅、殷建丑、周建子"3种"建正"方式，称为"三正"。由于各诸侯国建立了自己的天文观象系统，各国实际是自己推算各自的历法，例如鲁国虽然名义上是用周历，但它实行的历法与周天子颁布的不完全相同，后世称为"鲁历"。它不但与"周历"不同，还对"周历"指指点点，"周襄王二十六年闰三月，而春秋非之"（《史记》）。

我国在春秋战国时期多种历法并存的局面，应该源自在远古时期不同的部落采用不同的观象授时方法,当时并没有统一。各诸侯国建立后,这种局面仍然延续。包括了二十八星宿、十二时辰别称、岁星纪年等的不同天文观测和命名方法都是这种不统一的体现。在种族部落大融合的过程中,虽然弱者被强者吞并,但弱者的文化并没有被消灭,而是各种文化一起保留了下来。天文历法就带有非常明显的文化融合特征,这也是我国历法复杂性的一个原因。

春秋战国是我国非常特殊、非常重要的一段时期,其间诞生了诸子百家,经历思想的碰撞、文化的交流、发展模式的竞争,最终由秦国完成了大一统。这个时期不仅诞生了儒、道、法、墨等思想流派,而且产生并发展了对后世影响深远的"五行说"。春秋时期也诞生了我国最早的史籍,就是《尚书》,它是孔子晚年整理了上古的重要文献编撰而成的。《尚书》虽然给出了事件发生的先后,但书中没有明确的时间轴,所以我们无法知道事件发生的具体时间。所谓"历史",只有把事件放到时间轴上才真正有意义,《尚书》不满足这一点,满足这个要求的最早史籍是《春秋》,其编撰者同样是孔子,是孔子根据鲁国史官记录而整理的编年体史书,记录了鲁隐公元年到鲁哀公二十七年(公元前 722 年—前 468 年)的历史,"春秋"这个词本身就是用季节指代了时间,我国也因此将那段时间称为"春秋时期"。由于有鲁历纪年,我们得以明确《春秋》记载的 2 000 多年前的事件是具体哪天发生的。从那时起,我国的历史保持了时间上的连续,从未中断。《春秋》中既包含史实又包含孔子的观点,有"微言大义"之誉。后世多人为之作注,其中春秋末期的鲁国史官左丘明因为补充了大量史料而史学价值更大,即为《左传》或《左氏春秋》。根据《国语》史籍等记载,当时各个诸侯国都设有史官,都留存有自己的史料,但只有鲁国史料因为孔子作《春秋》而流传于世。这就使鲁国及鲁历在春秋时期处于非常特殊的地位,鲁历也因此跻身六大古历之列(另外 5 种是前面介绍的黄帝历、颛顼历、夏历、商历、周历)。

《尚书》记录了我国从尧舜禹到周朝的一些重要历史事件及帝王与大臣的一些言行。《尚书》的成书时间要比孔子早很多,孔子主要进行了整理。该书在秦始皇焚书坑儒时失传了,后世通过汉初一些学者的默写和一些遗迹残留整理得到。但其中一部分是伪作。汉朝以儒家作为正统后,《尚书》成为儒学经典。书中记载了相当多与天文有关的事件,包括最早的日食记录,说明天文观象是远古时期政治生活中非常重要的事件。

在《国语》(据说是左丘明所著)中,记述了"昔武王伐殷,岁在鹑火,月在天驷,日在析木之津,辰在斗柄,星在天鼋"后人根据这些天象,推断武王伐殷的时间为公元前 1057 年,这是利用天文现象确定历史事件发生时间的一个典型事例。

春秋战国的各诸侯国为了建立各自的天文历法,都进行了天文观象,因此积累了丰富的天文知识,其中最著名的是魏人甘德和齐人石申。后人将他们的著述汇总成为著名的《甘石星经》,《甘石星经》给出了 121 颗恒星的坐标,并且比较准确记录了五星的运行规律。最近有研究表明,甘德用肉眼直接观测到了木卫三,是最早发现木星卫星的人。我国对天球上恒星的划分也是在春秋战国时期确立的,二十八星宿、五星的名称也是在这个时期定型的。

我国体现"天人合一"的另外一个观点"分野"也是这个时期创立的。就是将各诸侯国与天上的二十八星宿对应起来,用观察二十八宿的变化预卜对应诸侯国的吉凶祸福。"分野"的对照关系如表 3-5 所示。因为二十八宿与四象(青龙、白虎、朱雀、玄武)相关联,而四象又与东、西、南、北相对应,所以很容易想到"'分野'是不是按照方位划分的?"实际情况并非如此,如图 3-12 所示。根据记载,"分野"是按照各诸侯国受封之日岁星所处的位置而确定的,但周朝时期受封的诸侯国众多,十二星宿应该不够分。也有观点认为"分野"与各诸侯国先民的观星传统有关,他们重点观测哪些星座,会认为岁星飞过这个星座的时间是吉时,选取这个时间进行分封。

表 3-5　天上二十八星宿和地域"分野"的对照表

诸　侯	地　域	星　宿	诸　侯	地　域	星　宿
周地	三辅	柳、七星、张	秦地	雍州	东井、舆鬼
韩地	兖州	角、亢、氐	楚地	荆州	翼、轸
燕地	幽州	尾、箕	赵地	冀州	昴、毕
吴越	扬州	斗、牵牛、婺女	齐地	青州	虚、危
卫地	并州	营室、东壁	鲁地	徐州	奎、娄、胃
宋地	豫州	房、心	魏地	益州	觜、参

我们国家实现大统一后,各诸侯国都灰飞烟灭,但"分野"作为文化传承被保留下来。王勃《滕王阁序》中的"星分翼轸、地接衡庐"就是用天上的"翼轸"二宿

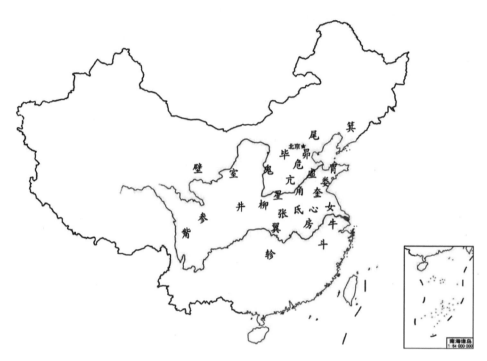

图 3-12   天上二十八星宿和地域"分野"的对照

形容滕王阁所处的荆州之地。前面所述的"太白入秦分,秦王当有天下",就是后世用"分野"预测国运的明证。类似的记载在我国的正史中比比皆是,例如史籍记载淝水之战时的天象是"岁镇斗牛,彗星犯井",其中斗和牛是东晋所处的吴越的分野,而井是前秦所处的秦地的分野。吴越有象征好运的木星坐镇,而秦地出现象征灾祸的彗星,所以淝水之战东晋可以以弱胜强。当然我们对这些说法是需要甄别的,因为观星和记史都是由史官完成,他们不免要赞美自己料事如神。

战国时期的历史以秦国国君在位时间纪年。这是因为秦国最终统一中国,从法理上具有正统性,并且相关史料传承下来,而其他国家的史料多数毁于战火。到了秦朝建立的时候,秦始皇以邹衍的"五德说"作为其政权合法性的理论依据。根据相关理论,秦朝属水德,与上古的颛顼相同,于是秦朝推行了《颛顼历》。《颛顼历》的特点是以十月(亥月)作为正月,为了避"嬴政"之讳,正月改称端月。秦朝非常短命,等到刘邦建立汉朝,由于是草根举事成功,整个团队缺乏历法推演这方面的人才,因此沿用了秦历。《汉书》言"汉兴,方纲纪大基,庶事草创,袭秦正朔。以北平侯张苍言,用《颛顼历》"。

《史记》著名的《魏其武安列传》，记载了汉武帝的舅舅田蚡设计杀害窦婴的经过：田蚡十月杀了灌夫，十二月杀了窦婴，当年春天疯了（"五年十月，悉论灌夫及家属……故以十二月晦论弃市渭城……其春，武安侯病"）。这里，春天在十月之后，就是由于汉初采用《颛顼历》，以十月为岁首所导致的。

太初改历

到了汉武帝时期，一方面随着时间的推移，历法的推算积累了较大误差，多次发生"朔晦月见，弦望满亏"的现象，说明秦历已经积累了超过 1 天的误差，有必要进行历法改革。另一方面，汉朝国力日盛，为颁布更精确历法提供了条件。而汉武帝是中国历史上少有的一代雄主，他的文治武功塑造了我们整个民族的许多特质。由他推行的"太初改历"对我国历法产生了深远影响，其意义可以与恺撒颁布"儒略历"对西方的影响媲美。两者推行的时间上也比较接近，分别是公元前 104 年和公元前 46 年，颇有种不谋而合的味道。

汉武帝是最早实行年号的皇帝。汉初沿袭了国君在位时间纪年的传统，到了汉景帝时期，用前元、中元、后元这些名称区分皇帝当政不同的时期，已经略具年号的雏形。汉武帝即位之初，基本沿用了这样的纪年方式，只是改称一元、二元、三元……每个元为 6 年。到了公元前 114 年，汾阳出土宝鼎，汉武帝以为祥瑞，遂将当时纪元的五元改为"元鼎"，并上溯前面四元的年号分别为建元、元光、元朔、元狩。从此，建立起皇帝年号纪年的制度。

我国的年号纪年是帝制的一个标志性，它一直持续到 1912 年清帝逊位，那也是帝制的终结。最后一个年号为"宣统"。但年号并没有消亡，它作为儒家文化圈的一个文化符号还在日本继续，由于存在天皇，日本仍保持年号纪年的传统，目前德仁天皇的年号为"令和"。

到了元封 7 年（公元前 104 年），史官提出了"历纪坏废，宜改正朔"，于是汉武帝组织人手"乃定东西，立晷仪，下漏刻，以追二十八宿相距于四方，举终以定朔晦分至，躔离弦望"，开始"太初改历"。为了获得精确的历法，汉朝采取了非常科学的态度。首先，他们不但向官方机构询问方案，而且征集民间人才参与改历，这些人一共提出了 18 种方案；其次，以实验的方法，通过天文观测验证这 18 种方案。最终巴郡的民间人士落下闳的方案胜出。《汉书》言"侍郎尊及与民间治历者，凡二十余人，方士唐都、巴郡落下闳与焉。都分天部，而闳运算转历"。

　　"太初历"从公元前 105 年开始实施,其中经历了西汉末刘歆的《三统历》改革,到东汉章帝时期(公元 85 年)改为"后汉四分历",一共推行了近 200 年。它推行时间不算很长,但对后世产生了深远影响,它确立了历法的一些基本原则一直为后世所遵循:

　　(1) 添置或研制精密测量仪器,包括晷仪、漏刻等,进行大范围天文观象,一次作为修订历法的前提。漏刻和晷仪是已有的观象仪器,而"浑仪"是落下闳发明的,用"浑仪"测量星宿的角度,不但方便,而且精度更高。"浑仪"从此成为我国古代最重要的天文观测仪器。

　　(2) 首次将二十四节气编入历法,规定了置闰的原则:没有"中气"。

　　(3) 明确了"岁首"的确定方式,恢复了"夏正建寅"的传统。从那时起,"春节"就设定在公历的 1 月下旬到 2 月中旬,只在王莽的新朝和武则天的周朝曾经短暂调整,但后来很快恢复,一直沿用至今。

　　(4) 将历法与王朝的气数结合起来,认为一个历法推行一段时间后,改历是必然的,所谓"三百年斗历改宪"。后世实际也是这么做的。因此我国后世不断改历,但设立历法的原则没有改变。

　　《史记》和《汉书》都对西汉的历法作了较为详细的介绍,但对于"太初历"的内容,两者的介绍却相去甚远,《史记》给出的是四分历,而《汉书》给出的是邓平推算的八十一分历。这给后世造成了一些困惑,一个解释是"太初改历"分两步完成,司马迁只是经历了落下闳完成的第一步并将其写入《史记》,等到第二步邓平改进推算方法时,《史记》已经完书,可能此时司马迁已经过世了,所以没有录入。另外一种说法是以司马迁为代表的官方史官和以落下闳为代表的民间天文学家在天文观象和历法推算上产生了极大分歧,所以才有后来的多个方案比试和落下闳的最终胜出。而《史记》中记录的是司马迁的方案,这倒不一定是司马迁心胸狭隘,很可能是因为他坚信自己是正确的。

　　"太初历"很好地解决了闰月问题,但"月"和"日"的换算做得还不够。朔望月约为 29.53 日,通过 30 日或 29 日的大小月协调"月"和"日"的关系。这个问题如果单纯只是算法,解决起来并不困难。问题的关键是"朔望月"严格与天文的月相对应,一旦月相与历法日期产生偏差,出现诸如"朔晦月见,弦望满亏"或"日食在晦"的现象就认为历法出现偏差。这个问题解决起来就比较困难,邓平的二次改历及后世的多次改历都与之有关。

太史公

汉武帝时期还有一件对我国历史产生重大影响的事件,就是诞生了《史记》这样的巨著,由此确立我国后世历朝历代史籍的标准。而这一切几乎全凭司马迁以一己之力完成。司马迁是汉武帝时期的太史令,这是一个兼负天文历法与修史的史官,但是这里讲的"修史"主要是指记录君王的言行和重要事件。如果只是完成本职工作,他将湮灭在众多史官之中。由于他是"太初改历"的首倡者,凭借这个功绩或许可以在史书上留下一笔,不过也就仅此而已。但司马迁却因为著述《史记》而名垂千古、彪炳史册。

根据司马迁自述,司马家祖上可以追溯到颛顼时的史官重黎,他们家保持史官的传统一直持续到汉朝,司马迁的父亲司马谈也是太史令,因此司马迁当太史令不仅是子承父业,更是家学渊源。当时可能并不缺乏史料,但却缺乏整理、提炼和总结,《春秋》所完成的正是这样的工作。司马父子都认为在孔子著述《春秋》数百年后,国家经历了诸侯混战(这导致了大量史料的损毁),最终重归统一,如果不将这一过程记录下来,历史将会被遗忘,这将是史官的失职。正是基于这种强烈的使命感,司马迁进行了《史记》的创作。而对标《春秋》,则显示了他治史方面的自信与雄心。他的确做到了,《史记》在史学的地位远超《春秋》。该书以一种全新的笔体——纪传体,讲述从轩辕黄帝到汉武帝太初时期的历史,其中战国到汉初的历史尤为精彩,它为我们鲜活地展现了上至王侯将相、下至鸡鸣狗盗之辈在那个风云际会时代的作为,历史的车轮如何裹挟形形色色的人物滚滚向前。《史记》不但史料丰富真实,而且文笔极其优美,所以鲁迅有"史家之绝唱,无韵之离骚"之誉,认为《史记》是用诗歌写就的史书。《史记》不是我们讨论的重点。不过正如前面所述,因为从《史记》开始,我国形成了系统而完整的记史体系,研究古代的历法才有实用价值。当欧几里得在西方建立了一套科学的逻辑推理架构并写就几何学专著的时候,司马迁在东方也建立了一套史学架构,并写就了史学专著《史记》。

根据前面的介绍,我国从五帝时期就设立了史官制度,史官的功能包括天文观象,制定推算历法,记录帝王言行、重要事件等。一方面,古人极其在意能否写入史籍及在史籍中的形象,青史留名是许多古人的梦想,所以文天祥有"留取丹心照汗青"之说;古代帝王也认为一旦写入史籍就成为盖棺定论的史实,因此会约束自己的言行。另一方面,我国的史官一直保持了秉笔直书的传统,历史上多次发生了史官为了记录史实而舍生取义之事。其中最著名的是《左传》中记录的一件事:崔杼弑了齐庄公,齐国的史官兄弟4人,因为大哥记录史实,崔杼杀之;二哥继续记录,崔杼又杀之;三弟接着记录,崔杼继续杀;老四接着记录,崔杼最终只能认其记录。我国的这个记史传统确保了史料的真实性。篡改历史的不是没有,但是极少,篡改成功的就更少了。近代以来,我国的史学界接受了西方必须有考古物证才能成为信史的观点,对相当多的史籍持怀疑态度,这不免愧对古代史官。

司马迁秉承史官秉笔直书的传统,《史记》中记述一些为当时汉朝统治者所不能接受的观点,为了《史记》不被销毁,司马迁在世时并未将其公布,而是在弥留之际将它传给女儿,并通过其外孙杨恽最终将其献于汉宣帝,使这本史学巨著流传于世。但终两汉两朝,《史记》的流传一直有限。

司马迁的本职工作是史官,他作《历书》、《天官书》,将天文历法知识和记录写入《史记》。其中包括天空恒星的位置、五行星的运动规律、一些异常天象等,使之成为研究战国到秦汉时期我国天文历法知识的重要资料。由于《史记》的示范作用,后世一直延续了这个传统,使我国天文观测与历法推算知识能够记入正史得以保存。不过司马迁也非全才,他可能并不擅长他的另外一个本职——天文观象和历法推算,否则汉武帝也不必寻找民间天文学家落下闳进行"太初改历"。

《史记·天官书》和同时期的《淮南子》都采用 $365\frac{1}{4}$ 表征一周的角度,说明在当时,1 年为 365.25 天已经是共识。"度"本意是用手掌丈量物体的长度,后引申为长度和测量之意。例如古代用"度、量、衡"就分别指长度、体积、重量,并指代所有的计量。古代天文观测借用了"度"测量长度的概念,用它衡量星体在天球上移动的距离,恒星在相邻两天的同一时刻在天球上移动的距离为 1 度,这个距离用角度衡量,由此"度"也就用于表征角度。恒星 1 年在天球上正好转 1 圈,所以1 周天的度数也就对应 1 年的天数。这种设置方法对于天文观测是非常方便的,但是应用于其他领域,比如地面的测绘就比较麻烦了。前面已经介绍了,巴比伦人建立的一周 360°也源于天文观测,不过他们从方便测量的角度考虑,将一周取为 360°,后来在翻译的时候,就直接将西方角度的单位也翻译为"度",不过它与我国古代的"度"不完全相同,我国古代的"度"略小一些,是一周的 1/365.25。

后来……

"太初历"之后,我国历史上又颁布过约 60 部历法。总的来讲,社会的进步导致测量仪器不断改进,测试精度不断提高,历法不断改进,但由于我们国家历法需要与诸多天象对应,推算非常复杂,负责改历工作的人水平也参差不齐,因此并不是每次改历都非常成功。我们只是想对历法有一个常识性了解,因此不详细介绍这些历法,只罗列几个重要成就:

东汉末年刘洪制订的《乾象历》,将回归年取为 $365\frac{145}{589}$(365.246 2)日,由 19 年 7 闰得到的朔望月为 29.530 54 日;将月球运行的快慢变化引入历法,给出了黄道和白道的交角数值为 6°左右,更准确推断日食、月食。

东晋虞喜根据《尚书》记载的冬至日的黄昏时候在中天出现的应该为昴宿("日短星昴"),而当时的冬至日实际为壁宿,由此发现岁差,并给出 50 年变化 1°的值。后来南北朝时期的祖冲之将其引入到《大明历》中,并测得交点月周期为 27.212 23 日,与真实值差 10^{-5} 日。

隋代的刘焯制订《皇极历》时,将岁差的值改为较为精确的 75 年差 1°。并且在推算日、月、五星的行度时引入了等间距内插公式和黄赤道差等先进的数学计算公式。

唐代一行在纬度相差 30 多度的 13 个地方进行了大范围天文观测,得到唐朝子午线 1°长约为 123 km。在此基础上,一行创立了《大衍历》,他用定气编制太阳运动表,考虑观测视差的影响,发明不等间二次差内插法并编制具有正弦函数性质的表格进行相关计算。

平气和定气是我国古代历法中常用的术语。平气是指将 1 年的时间平均来确定二十四节气;定气指考虑地球的非匀速运动后,按照角度平均来确定二十四节气(公转角度达 15°变化一个节气)。

南宋杨忠辅制订的《统天历》取回归年长为 365.242 5 日,与格里高利历相同,并对回归年随时间的变化,也就是地球自转减慢进行修正,为每 100 年减少半秒多。

元代郭守敬进行了一系列仪器和数学上的创新,例如用时间的三次函数分析日、月、五星的行度快慢,利用两个球面三角公式,由太阳的黄经求其赤经、赤纬等。采用 1 日 100 刻,1 刻 100 分,1 分 100 秒将时间细分等。他经过大范围测绘(15°N~65°N,102°E~138°E),编制了《授时历》。该历法是中国古代历法的高峰,也是使用时间最长的历法,从至元十七年(公元 1280 年)一直沿用到明亡(公元 1644 年),长达 363 年。

到了明末,欧洲在科学方面已经取得巨大成就,这些知识由传教士带入我国,徐光启等人与西方传教士一起编制了《崇祯历书》,它采用了欧洲通用的度量单位,例如分圆周为 360°,度和时以下的单位都是分和秒,均采用 60 进制等。另外将 1 天取为 96 刻。它将中国历法与西方先进科学知识结合起来。由于当时明朝已是行将就木,该历法并未实施,到了清朝,当时参与编撰的传教士汤若望在此基础上,编撰了《时宪书》,整个清代都使用该历法。

后世的历法随着测量精度的提高,需要讨论和修正的误差越来越多,推算也更加复杂。还需要参照与比较先前的历法,并且对过去记录的天文现象进行推算,以验证历法的有效性。这就使得历法变得非常浩大,《授时历》颁布的文件有 14 种 105 卷,而《崇祯历书》也有 100 余卷。这里面包含了大量天文知识,包括各天体的运动轨迹及各种算法,连续而详细的天文观象记录等,不过从纪时的角度考虑,似乎也太复杂了。

仪 器

"工欲善其事,必先利其器"。由于我国的历法与天文观象联系紧密,必然需要精密的观象仪器。我国自古就重视观测仪器的研制和使用,相关仪器作为国之重器在史籍中被专门记载。春秋战国时期已经有了圭表、日晷、漏刻等仪器。太初改历时,落下闳发明了浑仪,它可以精密测量各天球的角度。东汉年间,张衡发明了浑象。圭表、日晷、漏刻、浑仪、浑象是我国古代天文观象的标配。历朝历代都非常重视天文观象仪器的研制,尤其是新朝建立、编撰新历法的时候,一般都会研制新的仪器。这一方面是由于一些旧仪器长期使用产生磨损和锈蚀,影响测量精度,另一方面新王朝的建立意味着一段新的"天运"的开启,需要用新的观象仪器进行授时。

圭表的形状如图 3-13 所示,它是由一个带刻度的水平基座和一个直立的杆组成。水平放置的横尺基座叫"圭",该字的形状就是尺子的刻度,用以标定日影长短。直立的杆称为"表",它本来是表面的意思,把木杆立在地面就叫"立表","圭表"也称"圭桌"。"圭表"可能是最早的天文观象仪器,它通过测量正午时直立在地面杆的投影长度确定节气以"正四时"。

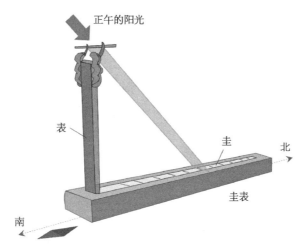

图 3 - 13   圭工作原理

"晷"是在"圭"的基础上发展而来的。《说文》云"晷,日景也"。我国的日晷为"赤道式日晷",也称"进道式日晷",它的晷面与赤道平行,一般为石质,晷面中心立一根垂直于晷面的钢针,这根指针与地球转轴平行,晷面边缘刻十二时辰,通过观察指针在轨面的投影报时。它两面使用,春分到秋分指针投影在下表面,秋分到春分指针投影在上表面,春分和秋分时没有投影。日晷与地理位置(也就是纬度)有关,比如北京的纬度为 40°,所以设在北京故宫的日晷晷面与地面的夹角就是 40°,如图 3 - 14 所示,它与西方的地平式日晷、垂直式日晷有明显的不同。

"漏刻"是一种水钟,水从较高的容器流入较低的容器称为"漏",在较低容器标注刻度,以刻度纪时称为"刻"。我国从周朝就有使用"漏刻"的记载,汉武帝太初改历的三项措施为"定东西,立晷仪,下漏刻",可见"漏刻"在纪时体系中的重要性。我们知道,水流与容器中水的深度有关,要保证"漏刻"均匀纪时并且 1 日正好 100 刻并不容易。早期"漏刻"的误差比较大,到了唐代,吕才提出了用 5 个容器 4 级漏水的办法,可以保证"漏刻"的刻度均匀变化,误差满足要求。后世沿用了这种设计,即使在清代的皇宫中仍然设有"漏刻",如图 3 - 15 所示。但随着更先进的西洋钟表的引入,"漏刻"到乾隆年间就被弃用了,漏刻制也由 100 刻制

图 3‑14　故宫太和殿前面的日晷,它既是可用于测时的观象仪器,又是一种礼器,表示受命于天,顺应天意;与它对称放置的,是表征标准体积的"嘉量"(见第 8 章),象征着治理百姓,要做到公平

改为了 96 刻制。当时,无论在皇宫还是像《红楼梦》描述的贵族家庭中,钟表开始广泛应用。那时的钟表是相当昂贵的奢侈品,在故宫的珍宝馆中,有专门陈列钟表的房间。钟表的这种奢侈品属性几乎是到了现代才被打破。

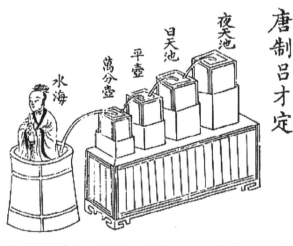

图 3‑15　唐代吕才的漏刻装置原理图和故宫交泰殿东次间陈设的铜壶滴漏(交泰殿是故宫放置计时器的场所,清代的皇宫虽然仍设置了漏刻,但已经不再使用,皇宫实际是利用放置在交泰殿西次间的西洋大自鸣钟纪时,另外有大量西洋钟表摆放在皇宫各处)

　　浑仪、浑象是我国精密观星的重要仪器，其外观如图3-16所示。浑仪的核心是一个带有小孔的长管，称为"窥管"，窥管可以转动，古人用它观星，然后读取转动的角度。最早的浑仪只有赤道环，后世不断改进，增加了黄道环（东汉贾逵）和白道环（唐李淳风），使之功能不断完善。浑象实际是一个天球模型，将星辰镶嵌在代表天球的球面，球面可以转动，转轴模拟地球的自转轴。它是一台辅助观星的仪器，张衡发明的浑象以水运使之旋转，通过控制转速使浑象的显示与天文观测一致。浑象其实是一台利用水流作为动力的天文钟，宋朝还曾出现过用水银驱动的浑象。

图3-16　浑仪模型和紫金山天文台的浑象

　　水在我国古代的天文观象仪器中发挥着重要作用，所有的观星仪器，像圭表和浑仪等，都会留一些槽，然后倒入水用于调节水平。浑象也是用水作为动力的。张衡发明的失传的地动仪会不会也是利用水实现的？

　　在这些浑仪、浑象中，唐朝的一行、梁令瓒研制的"水运浑天"，宋朝的苏颂（当时的丞相，实际应该算是监制）研制的水运仪象台都具有报时的功能，可以将其归为时钟。特别是水运仪象台，公认是世界上首台天文钟，现在一般称为"苏颂钟"。

苏颂研制的水运仪象台是一个高 12 m、宽 7 m 的三层大型天文仪器,如图 3-17 所示。仪象台的底层是一个 5 层结构的报时装置,每层都有不同的小人,第一层的小人每刻击鼓,初时摇铃,正时敲钟,第二到第五层依次是昼夜时初正轮、报刻司辰轮、夜漏金钲轮、夜漏司辰轮,用来显示不同的时刻;仪象台的第二层放置水运浑象,运转与天象相同。最顶层是浑仪,用于观星。该装置不但功能强大,而且技术先进。它的转轮控制采用了非常科学的擒纵装置,这在后世广泛用于钟表仪器。水运仪象台完成后,苏颂著《新仪象法要》介绍该系统的原理和各部件并绘图说明,使之流传后世。后经李约瑟先生的推介,"苏颂钟"闻名于世,成为世界公认的第一台天文钟。

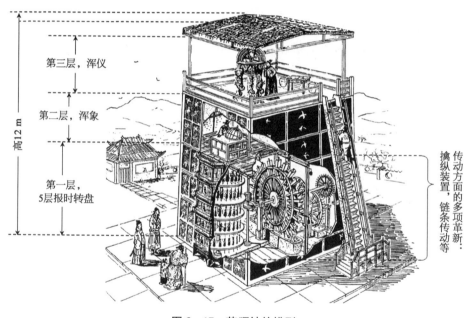

图 3-17   苏颂钟的模型

当时金国也曾希望研制浑仪,但最终作罢。北宋灭亡后,京城汴梁被占领,金人将包括"苏颂钟"在内的仪器作为战利品运回燕京,不过这些精密的仪器在运送途中都发生了不同程度的损毁,导致无法使用。等到金国快被蒙元灭亡前,这些仪器被融成铜块挪作他用了。

浑仪经过改进,功能更多,但仪器也更加复杂,增加了装配难度和误差调节。从沈括开始,对浑仪进行了简化。到元代,郭守敬研制成功方便实用的简仪,如图 3-18 所示。郭守敬是我国古代天文历法的集大成者,他研制了 22 种仪器,为颁布《授时历》提供了精确的观象工具。这些仪器一直使用到清初。到了清代,西洋仪器成了观象的主要工具。乾隆初年,在当时钦天监的传教士纪理安、戴进贤等人的撺掇下,这些珍贵的中国古观象仪器大部分被作为废铜溶解后改铸成西洋仪器,仅有少量留存。因为明初曾经定都南京,因此南京也有一些复制品,例如图 3-16 的浑象。九·一八事变后,民国政府为了保护留在北平的这些国宝,将简仪与浑仪搬运至南京,现存放于紫金山天文台。

图 3-18　简仪模型

明末传教士进入我国,带来了新的天文观测仪器,包括望远镜、地球仪、象限仪等,同时西方的科学知识也被引入进来,徐光启和利玛窦翻译了《几何原本》,对我国的历法修订起到了促进作用。清代宫廷中在钦天监任职的外国传教士有 20 余人,而清代的天文仪器则体现了西洋仪器的特征,包括黄道经纬仪、赤道经纬仪等,最早由南怀仁在康熙年间监制。后来乾隆视察观象台时,看到台上只剩下西洋仪器,感慨之余,又下诏建造一台浑仪并赐名“玑衡抚辰仪”。该仪器耗资 3 569 两 8 钱多银子,历时 10 年建成。到了八国联军入侵北京的时候,大量天文观象仪器被掠走。光绪年间赶制了直径折半的简略仪器,在政局的风雨飘摇中勉强维持钦天监的日常观测。这是在清朝即将走向穷途末路之际,统治者为了捍卫政权正统性所做的最后的努力。民国建立后,观象授时的任务从钦天监转移到了天文台,而这些古代仪器,目前陈列于北京古观象台等地,供后世凭吊。

观象台的仪器是被德、法两国侵略者掠走的。他们各自劫掠了5件。法国将他们搬运到法国使馆,后于1902年归还。德国则将仪器直接运送回国。一战战败后,德国根据凡尔赛和约规定,也在1921年将这些仪器归还中国。这些仪器多数存放于北京古观象台。

古代授时

我国是大一统的国家,需要在全国范围内实现统一的纪时,这也是政府的基本职能。像漏刻这样的纪时工具会由政府统一制作然后下发全国,在较大的城市建立专人负责的独立纪时系统,使纪时工具和方法符合国家统一的规范。各地还会增加一些其他辅助的纪时工具,例如沙漏、香钟等,实现连续守时。官方还需要将时间发布出去以指导整个社会的运行,古代采用敲钟击鼓的形式。这个最早也出现在皇宫,汉末央宫就曾经记录有钟楼,广泛使用则是在南朝的梁朝。古代较大的城市都设有"钟楼"、"鼓楼"、"谯楼"这样的报时建筑。这些建筑往往建在城市中心附近,这样才能发挥最大的作用,如图3-19所示的西安钟楼。钟鼓楼在平时用于报时,遇到突发事件还具有报警的功能。钟鼓楼每个时辰都会报数,一般先击鼓后撞钟,各撞击108下,表示1年(12月24节气72候)。

图3-19 我国古代代表性的钟楼——西安钟楼。它位于西安古城的地理中心,该钟楼曾悬挂一面称为"景云钟"的大钟,敲击的时候声扬数十里,为整个西安城提供报时服务。央视春晚的新年钟声就是敲击景云钟的录音,目前景云钟作为文物被移往他处保护起来,钟楼悬挂的为复制品

但是到了晚上，为了不影响休息，在戌时（19 点）最后一次撞钟，称为"定更"，接下来的 5 个时辰（也称为晚上的 5 个更次）只击鼓不鸣钟，到了 5 更结束，卯时（5 点）重新开始鸣钟，称为"出更"或者"两更"。在许多朝代，晚上是宵禁的，定更以后，除非特殊情况，一般不允许外出。除了钟鼓楼的报时，政府还会派一些更夫，他们兼具报时和巡逻的功能。除了官方的钟鼓楼，寺庙、道观等宗教场所由于做功课等的需要，也会通过撞钟的方式报时，为周边的民众提供时间参考。

4 纪时——从古代到近代

前文介绍其他古文明的纪时体系时,没有讨论他们如何计量一天以下的时间,本章我们将讨论这个问题。通过天文观测可以有效分割一天,但使用不够便利,人造计时器——机械时钟因此发展起来,并且变得越来越重要,它在航海领域的应用更是普遍。

观象纪时

一旦人类形成社会,就需要有约定的统一时间以便协同工作,使整个社会运作起来。因此,即使在古代,"日"以下的纪时也非常重要。上一章,我们介绍了我国基于圭表和日晷的纪时,这种通过日影纪时的方法是很容易想到的,它们同样也出现在其他古文明中,不过形状和使用方式略有不同罢了。图 4-1 是古埃及使用的影子钟,它的原理与我国的圭表类似,图 4-2 的左图是典型的古罗马时期日晷,它们都是指针近似水平而表盘竖直。弧面型的日晷是从古希腊流传下来的,这种日晷的时间刻度是等分的。

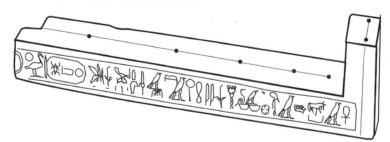

图 4-1 古埃及 L 形影子钟,它有 5 个间距不等的小孔表示刻度,离立石越近,小孔间距越小,这是根据太阳越高,日影的长度变化越小设计的

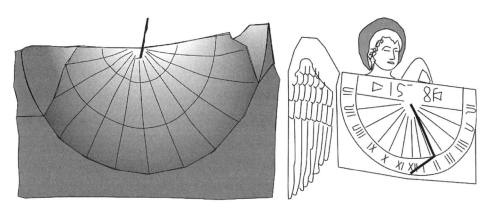

图 4 - 2 　根据庞贝古城遗迹绘制的古罗马时期凹面日晷（左）和斯特拉斯堡大教堂天使怀抱的日晷（右）

古埃及有一种非常有特色的建筑叫"方尖碑"，由整块花岗岩雕刻而成。大的方尖碑有数百吨到近千吨，上面有阴文刻录图画和象形文字并饰以金银等，一般用于表征法老的功绩。方尖碑本来是竖立在埃及神庙前面的纪念碑，它直指天空，被认为是以此与太阳神对话，黑格尔认为其中也包含男性生殖崇拜之意。到了公元前后，埃及先后被马其顿和罗马占领，罗马统治者为了宣扬自己的功绩，从屋大维开始，就将大量方尖碑搬运回罗马，竖立在古罗马许多城市的广场中心，成为这些古罗马城市的标志性建筑。古罗马后来自己也建造了类似的建筑，例如著名的图拉真纪功柱，它变成古罗马文化的一种标志性符号影响后世。

除了古罗马的掠夺，近代的欧洲列强又通过各种手段将埃及的方尖碑据为己有，其中最著名的包括矗立在巴黎协和广场的拉美西斯二世方尖碑（见图 4 - 3）和意大利的梵蒂冈圣彼得广场方尖碑等，这些方尖碑流落在罗马、伦敦、伊斯坦布尔、纽约等地，现存的 29 座方尖碑中，只有 9 座还保留在埃及。在西方把自己的道德吹得天花乱坠，并以此颐指气使地指摘别人的时候，对于他们过去犯的罪恶，最多也只是口头道歉，对于归还文物这种力所能及的事，从来都避而不谈。

古罗马人在掠夺方尖碑的同时，也将这种建筑形式发扬光大，他们建造了大量类似的纪念碑，用于表征功业或表示纪念。许多近现代纪念碑也深受到方尖碑的影响，美国华盛顿纪念碑、俄国卫国战争纪念碑都直接采用了方尖碑结构。

图 4 - 3　巴黎协和广场的方尖碑,是从埃及拉美西斯二世的古墓前面掠夺而来的

　　方尖碑的形状就像一个巨型日晷的标杆,事实上它也的确被当作日晷使用,许多城市都利用它的投影作为指针纪时。这又以罗马战神广场的方尖碑最为著名,它是奥古斯都大日晷的标杆。这种方尖碑在城市广场投下长长的影子,这种投影为整个城市提供了统一的时间。在古罗马的记录中,留下了许多关于这种巨型日晷的描述。古罗马剧作家普劳图斯显然对这样的日晷心怀不满,他在公元前 2 世纪就曾经咒骂到"哪个混蛋竖立了日晷,它把我的一天撕成了碎片"。

　　图 4 - 2 或图 4 - 3 的日晷是无法搬运的,这带来了使用的不便。于是古人发展了便携式日晷,便携式日晷虽然解决了可移动的问题,但它的使用仍然受到限制,观察日影纪时的方式只适用于白天,因此人们发明了简易的装置进行晚上的测时,图 4 - 4 是一种典型的装置,它有两个轮盘,一个可旋转的指针,外面一圈是日历轮盘,里面一圈是时间轮盘,使用的时候,先让时间轮盘的指针指向日期;让北极星、小孔与眼睛共线,然后旋转指针到北斗星斗口的方向;指针对应小轮盘上的读数就是时间。该方法和我国"斗建"的原理相同(见第 3 章),不过斗建是知道一天中的时间(昏时)测量日期,而该方法是知道一年中的日期(历法日)测量一天的时间。人们还根据星座研制了各种更精确或者更方便的仪器,例如星盘、象限仪等。这些观象纪时的装置即使在机械钟表普及以后仍在使用,其

中的一个重要用途就是航海中确定时间,以消除机械钟表的误差;或者与机械钟一起使用,用于定位。航海定位是纪时的最重要用途之一,我们将在本章后半部分进一步讨论。

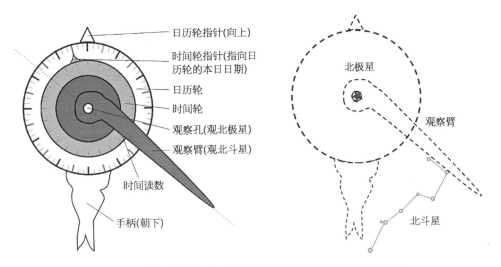

图4-4　英国的夜间测时仪的结构(左)和观星纪时原理(右)

机械时钟

早期的机械钟

依靠天文观象毕竟不方便,另外受天气等的影响,不能随时观测。建立不依赖于天文观象的纪时系统也就成了古人的共识。到公元前3世纪,地中海沿岸出现了利用传动机械进行计时的装置。图4-5是古罗马时期一台水钟的图纸,它利用水缓慢流动使浮标上浮。浮标又驱动一个齿轮旋转,齿轮带动表盘上的指针转动指示时间。该装置的原理与我国的漏刻类似,都是通过水力驱动浮标进行计时,这可能是因为水能是古人最容易利用的能源。而从外观上看,它与现代钟表已经有明显的相似之处。

机械钟表还可以实现一种非常有用的功能——报时,就是通过表盘的指示和声音将整点的信息播报出去。据说柏拉图就提出过报时的方案,他设想用一个小盆作为漏刻的浮标,在盆中放一些珠子,当漏刻的容器水满了以后,盆子就会倾覆,然后珠子就会落到外面,不但可以看到,而且可以发出声音。后世的钟

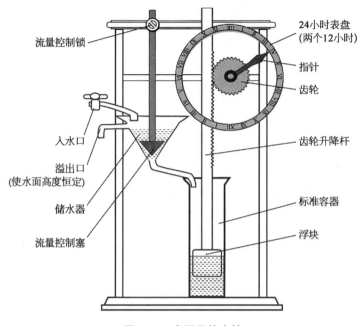

图 4-5　古罗马的水钟

表通常采用敲击等方式发声报时。

　　根据记载,古罗马曾经建立了可以显示星辰位置和月相的水钟,但没有图纸或实物留存下来。从公元5世纪开始,欧洲进入中世纪时期,这个时期教会的力量非常强大,为了彰显宗教的神圣性,教会需要发布精确的祈祷时间组织教众一起祈祷,这就对精确纪时提出了要求。教士们最初通过观察日晷确定祈祷时间,并采用沙漏或者水漏辅助计时,教堂或修道院建筑的顶部通常设有钟楼,当祈祷时间来临的时候,教士们就会通过敲钟把这个信息传递出去(见图4-6)。但是日晷毕竟使用不便,教士又难免会出现忙于其他事件忘记祈祷时间的情况,于是在公元10世纪,修道院开始设置具有报时功能的机械或半机械时钟。因为纪时源于天象观测,为了让机械产生的人造纪时从形式上接近天文观象时间,钟表采用了类似日晷的指示方式,这就是指针式钟表的雏形。

　　中午的英文单词"noon"就是由正午祈祷的拉丁文"none"演化而来的。

　　早期的机械钟表均是采用水流作为动力的水钟,有些水钟的蓄水池非常大,兼具了防火的功能。英国伯里的圣埃德蒙兹修道院在1198年发生火灾时,修士们就用水钟里的水救火。从13世纪开始,欧洲钟表的机械结构逐渐复杂起来,

图 4-6　法国印象派画家米勒在 1859 年绘制的名画《晚钟》,描绘了一对耕作的农民夫妇,听到教堂的晚钟,虔诚祈祷的场景。可以看出教堂的钟声带给宗教的庄严和仪式感

并出现了利用重物下落驱动的钟表。因为时间源于天文观测,人们希望机械钟表可以显示天文现象,不过早期的钟表在这方面功能相当有限,只能显示月相和太阳在黄道中的位置。14 世纪开始,许多教堂都设立了时钟,像英国的诺里奇大教堂(1322 年)、圣奥尔本斯修道院(1336 年)、意大利米兰的圣哥达教堂等。这个时期的时钟开始具备自动报时的功能,在整点时可以通过敲击发声,敲击的次数对应整点时间。教堂或修道院安置时钟的本意只是为了满足一些宗教仪式,但它客观上起到了为整个社会提供统一时间的作用。

　　既然时钟这么重要,将其小型化,做成可搬运、可家用的时钟也就成为必然的发展趋势。最早将其付诸实践的是意大利物理与天文学家乔瓦尼·德唐迪,他于 1375 年建造了一台天文钟。这台钟功能非常强大,它有 7 个表盘,其中 5 个表示五大行星的位置,另外的两个有一个显示 24 小时的时间,另一个显示日期、基督教节日、当地的日出、日落等的历法时间。这台钟既是第一台可搬运的机械钟,也是第一台商品钟。这台钟后来卖给了一位意大利贵族,并保留在他在帕维亚的城堡中,16 世纪早期,这台具有划时代意义的时钟离奇失踪。根据图

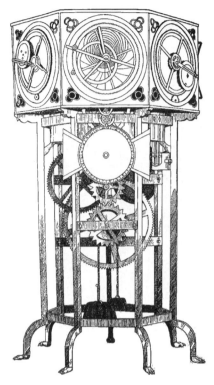

图 4-7   乔瓦尼·德唐迪的天文钟

纸复原的该时钟形状如图 4-7 所示。

从 14 世纪开始,钟表逐渐发展成为一个产业。最初是教堂和修道院定制钟表,城市发展起来后,各地的市政府也开始定制钟表。它们被安置于城市中心的显著位置向整个城市报时,协调整个城市运作。新兴城市为了彰显自己的富裕与繁华,往往会定制宏伟而复杂的时钟。这些时钟成为一个城市的名片,像布拉格、哥本哈根、法国的斯特拉斯堡等都有闻名于世的时钟,这些具有历史积淀的时钟大多经历了损毁和修复过程,现在仍在运行,与这些城市一起经历着时代的变迁。

以布拉格天文钟为例,这台天文钟始建于 1410 年,是欧洲最古老、最著名的天文钟之一。它位于布拉格老城广场的市政厅南面,由两个表盘组成,上面的表盘指针指示日期及相关信息,一年旋转一圈,下面的表盘指针指示一天内的时刻变化,一天旋转一圈,如图 4-8 所示。两个表盘的上部,还有"品"字形分布的 3 个窗口,顶部是一支金色的雄鸡,下部的两个窗口内则安放着耶稣的十二个门徒的雕像。这两个小窗平时关闭,到了整点,小窗向内开启,十二个门徒的雕像依序现身,而上方的鸡则振翅鸣啼进行报时。关于布拉格天文钟,当地有一个流传甚久的传说,据说布拉格当权者为了防止其他城市也建造如此精美的时钟,在这台钟竣工后,刺瞎了建造者的眼睛。后世考证这只是一个讹传。不过这也从一个侧面证明了布拉格人对这台世界上独一无二天文钟的喜爱和自豪。

随着许多城市开始安装时钟,拥有这种时髦的计时工具成为当时的一种时尚。银行和商店也开始购买时钟,上流社会与富裕阶层则将时钟搬到了家里,由此钟表开始普及。中世纪时期的地中海沿岸是欧洲最繁荣、富庶的地区,钟表业在文艺复兴的发祥地——意大利最早形成了产业。在 14—15 世纪,欧洲大陆爆发了旷日持久的英法百年战争,最终法国在 1453 年赢得了胜利,完成统一后的

图4-8 布拉格天文钟

法国国力日益昌盛。作为当时流行的奢侈品和新时尚,钟表受到了法国新兴王公贵族的追捧,钟表业在法国蓬勃兴起。接下来从1517年开始,马丁·路德在欧洲发起宗教改革运动,法国形成了基督教新派——胡格诺派,他们与传统天主教进行了长期的斗争但最终不敌,失败后的胡格诺派受到天主教势力的打压和迫害。大量钟表匠都属于胡格诺派,他们为了躲避天主教势力的迫害,于是远走瑞士的日内瓦地区。当时瑞士已经确立了基督教新教的统治地位,日内瓦更是在宗教改革家加尔文的领导下成为欧洲宗教改革的中心。加尔文派提倡节俭、反对奢侈,不允许礼拜天娱乐,并且还禁止教徒佩戴炫耀财富的珠宝首饰等饰物,这使得当地的金匠、珠宝匠等不得不转行,这些人与法国逃难过来的钟表匠相结合,使得钟表业在日内瓦地区发展起来。

瑞士景色优美,自然资源却非常匮乏,土地也不适宜耕作。瑞士人早期的主要职业就是去欧洲各国当雇佣军,除此之外,瑞士人只能选择那些需要投入大量人力完成的高附加值工作。这些特征塑造了瑞士人的性格:尚武、对金钱的渴求、注重契约精神、对技术精益求精。尚武导致瑞士早在1291年就实现了事实上的独立,从那以后,除了被拿破仑时期的法国短暂占领,瑞士一直处于独立状态。16世纪,当钟表业在瑞士出现时,瑞士的地理环境和瑞士人的性格为钟表业的发展提供了非常契合的土壤,使得钟表成为瑞士享誉世界的支柱产业,钟表业所处的汝拉山区更发展成为"钟表山谷"。瑞士钟表业的发展还产生了辐射效应,一些在瑞士发展不如意的钟表匠将制表工艺带到了邻近的德国黑森林地区和法国的贝桑松地区。黑森林地区成了德国的钟表之乡,那里生产了著名的布谷鸟钟。

布谷鸟钟是德国黑森林地区生产的标志性产品,它的特点是用富有生活气息和艺术美感的木雕作为钟表的外壳,一般采用挂钟的形式,如图4-9所示。

图4-9 德国标志性的布谷鸟钟

布谷鸟钟有报时功能,每到半点和整点,钟表上部的窗户就会打开,探出一个布谷鸟,并且发出"布谷布谷"的声音进行报时。黑森林地区森林茂盛,木材资源丰富,当地有木雕的传统,而布谷鸟及其叫声又是当地最常见的自然景观。这几个因素与钟表相结合就诞生了极具地方特色的布谷鸟钟。黑森林地区的木材偏软,后来布谷鸟钟用更硬的北欧木料进行雕刻。布谷鸟钟不但美观,价格也相对便宜,它深受德国人民的喜欢。它不但被德国领导人作为国礼馈赠外国友人,而且经常作为德国的标志性产品对外展出。在上海世博会期间,德国展馆就专门陈列了布谷鸟钟的展示。

从18世纪开始,一些瑞士钟表匠搬迁到汝拉山区西侧的法国小城贝桑松,法国和当地政府制定了优渥的政策吸引这些工匠,使得贝桑松地区发展成为法国的制表业,特别是高级钟表制造的中心,成为"法国钟表之都"。现在法国产的钟表约有 80% 来自那里。由于法国在近代历史上科技、文化等方面的巨大影响力,使得贝桑松也有了世界级的影响。国际上时间领域最著名的会议——"国际频率控制年会和欧洲时间频率论坛联合会议(IFCS & EFTF)"每隔几年就会在贝桑松举办。届时世界各地的时频研究者就会齐聚一堂,在这个钟表名城交流时间领域的最新研究进展。本书作者也有幸参加过。

　　贝桑松在圣·让大教堂安放了一台由 3 万多个零件组成的天文钟,如图 4-10 所示,它有 62 个钟面,不但可以显示时间、日期,而且能展示月相,日食,世界 16 个地方时间,法国 18 个港口的日落、日出时间和潮汐等信息。顶部的 5 个窗口则由雕像进行整点报时。这台功能强大的天文钟彰显了贝桑松钟表制作的精湛工艺,是世界最著名天文钟之一。另外,贝桑松还设有钟表博物馆,陈列了远古到现代时钟的变迁。

图 4-10　贝桑松天文钟

机械时钟的原理与技术进步

机械时钟是计时领域的一次革命,在此之前,时间都是通过观测天体的运行规律给出的,其他的计时工具只是起辅助的作用。在这种情况下,我们对时间的计量只能以天文单位"日"作为基准,无论它本身是否足够准确。机械时钟出现后,我们可以构造一套完全不同于天体运行的计时系统,通过对天文时与机械时进行比较,既促进机械时的发展,也深化了我们对天文时、天体运行的认识。

机械钟表在它的发展过程中最先解决的是驱动问题。最早的钟表,像乔瓦尼天文钟,都是通过重物下落带动齿轮旋转计时的,一系列齿轮等装置让阻力与重物的重力平衡,使齿轮尽量匀速转动,如图 4-11 所示。这种结构需要为重物下落留出足够的长度,所以一定体积庞大,使用不便。于是,钟表改用盘绕式弹簧产生驱动力。这种弹簧一般称为发条,根据弹簧的性质(胡克定律),弹簧产生的力与它形变的大小成正比,也就是说发条产生的恢复力开始最大,然后逐渐减小。变化的驱动力将导致时钟先快后慢,无法匀速计时。为了解决这个问题,在 1400 年前后发明了均力圆锥轮装置。它的原理如图 4-12 所示,它让发条通过链条与一个圆锥形的传动轮连接,在圆锥上刻槽,发条最紧的时候,链条在圆锥的顶部,此时传动力虽然

图 4-11 贝桑松时钟博物馆陈列的早期时钟

最大,但力臂最小。发条不断释放的时候,力逐渐减小,但是力臂不断增加,通过合理匹配,保证施加到传动轴的力矩不变,使时钟匀速运行。拧发条操作起来简单、快捷,只需要每天甚至好多天拧紧一次发条,钟表就可以连续工作,并且操作时不影响时钟的运行,这种操作的便利性为钟表的普及提供了条件。

早期的钟表精度非常低,没有超过日晷的精度(每天约 15 分钟),需要进行

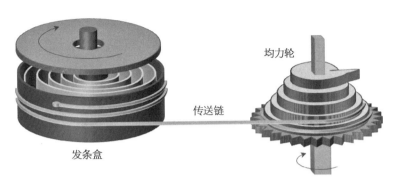

均力轮

传送链

发条盒

图 4-12 均力圆锥轮装置的原理

频繁的校准。精度越高的钟价值越大,这为钟表业的发展提供了明确的方向。钟表的下一个重要发明是"擒纵器"。"苏颂钟"上最早使用了"擒纵器",西方钟表上的擒纵器是独立发明的,它的基本原理是将(对振荡器计数的)齿轮转动的动作停止下来("擒"),经历固定的时间间隔后,再让齿轮旋转一齿("纵"),通过这样的周期性循环,一方面让储存在发条上的能量缓慢释放,增加了钟表连续工作时间;另一方面"擒纵器"可以精确控制齿轮的旋转速度,使"擒"、"纵"的周期性变化保持时间恒定,提高了时钟的计时精度。钟表特有的滴答声就是擒纵器发出的。这种声音成为机械钟表的标志性符号,甚至成为表征时间流逝的标签。在文学和影视作品中,这种滴答声被赋予了特殊的含义,或者是烘托危急时刻紧张气氛,或者是夜深人静时的烦闷,或者是……

摆 钟

到了 16 世纪末,伽利略通过观察教堂顶部的吊灯晃动发现了单摆运动的等时性,这就为钟表找到了更好的振荡器。伽利略晚年曾经提出了单摆式时钟的设想,并让他的儿子帮忙绘制了图纸,如图 4-13 所示,不过年迈并且失明的伽利略最终没有完成模型。单摆钟的设想后来由惠更斯实现,1657 年,他委托海牙的钟表匠萨洛蒙·科斯特制造了世界上第一台摆钟,该摆钟包含了表盘和表针,通过钟摆控制一个完整的运转轮系统运动,实现钟表的全部功能。后来,他又建议在钟摆上增加可以微调钟摆周期的螺母,以使其摆动周期更加稳定。最终,这种时钟的精度达到了每天误差 15 s,远超过去时钟每天误差 15 分钟的水平。这使得人造时钟的精度第一次超过了日晷。

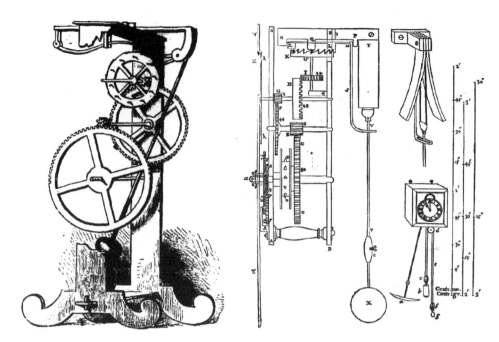

图 4-13 伽利略设想的单摆钟模型(左)和惠更斯单摆钟的图纸(右)

关于单摆的等时性,我们在高中的物理中就会学到,它可以表示为 $T = 2\pi\sqrt{L/g}$ 的形式。其中 T 是单摆运动的周期;L 是摆绳的长度;g 是重力加速度,是地球的引力对时钟的影响。

单摆不仅可以为时钟贡献固定的周期信号,而且也可以直接进行计时,这个实验是由法国物理学家傅科完成的。他于 1851 年在法国先贤祠的穹顶安装了一个巨型的单摆。在摆绳足够长(67 m)、摆锤足够重(28 kg)并对悬垂点进行降低摩擦的处理后,单摆可以连续摆动 1 天以上。观察单摆运动,就会发现除了摆动,整个摆动面还会发生连续的旋转,如图 4-14 所示。摆动面的这种转动是由于地球自转引起的。根据力学规律,单摆的运动分解到沿地球转轴方向和垂直转轴方向,通过矢量投影可以得到单摆面转动的角度与地球转动角度之比为 $\sin\varphi$,这里 φ 是单摆所处地点的纬度。因此,傅科摆的转动速度与纬度有关,纬度越高速度越快,在南北两极速度最快,为地球的自转速度,转动周期为一个恒星日,而傅科摆实验所在的巴黎为北纬 $49°$,对应周期为 31.8 小时。傅科摆在两个半球转动方向相反,北半球顺时针,南半球逆时针,在赤道则没有旋转。

图 4‑14　法国先贤祠的傅科摆

　　傅科摆在实验室就可以直接观察到地球的自转,被誉为"最美的物理实验"之一。由于它的转动速度与地球转速绑定,所以它为我们提供了不用观察天象就直接产生天文时的方法,不过该实验是在 19 世纪中期完成的,当时人造时钟不但精度与天文时相当,而且使用的便利性更远超傅科摆这样的大装置,因此傅科摆更多的是科学意义而非实用价值。它作为证明地球自转的直接实验,常常出现在各类科学馆和博物馆中,而在该实验首次演示之地——法国的先贤祠,那套装置仍然设立在那里,像一个摆动的纪念碑,在每天的运行中闪耀着人类智慧的光芒。

　　有了高精度的机械时钟,天文时的一些误差就可以被精确测量出来,其中最典型的是真太阳时和平太阳时之间的时差。我们在第 1 章中已经介绍过,"太阳日"是地球自转与公转的组合,它与完全由地球自转决定的"恒星日"相差了约 4 分钟。而根据开普勒定律(见第 5 章),地球沿椭圆轨道绕太阳运行时,公转速度会随日地距离的变化而变化,在近地点附近更快一些,在远地点附近更慢一些,使得不同的"太阳日"之间最大相差约 51 s。而时间又具有累积效应,例如在近地点附近,每天"真太阳日"的长度都比"太阳日"的平均值("平太阳日")短,这样,"真太阳时"与"平太阳时"最大可以产生十几分钟的偏差,如图 4‑15 所示。

阿拉伯等地的天文学家曾经在天文观测中发现并直接测量过时差,不过在没有更准的时钟以前,它被看作一种天文现象。当摆钟成为天文观测的计时标准后,两者之间的误差就不得不想办法协调了。这就面临着一个选择,是以变化的"日"(真太阳日)作为基本的时间单位,还是用更精确的机械时钟产生的时间?这个问题导致了后世对时标的重新定义,在当时,是通过给出精确的时差表进行换算或修正的。

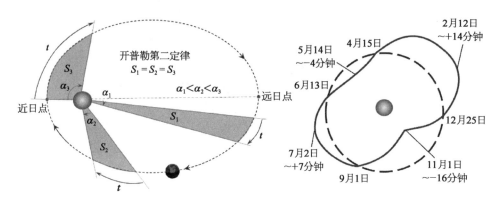

图 4-15   真太阳时随时间变化的原理(左)及平太阳时相对真太阳时的时差变化(右)

这里讨论的"真太阳日"或"平太阳日"指的是 1 日的时长,是时间的单位,而"真太阳时"或"平太阳时"指的是时间标尺(time scale),简称时标,指它们在某一天的具体时刻。时标相当于古代的历法,比如阴历和阳历采用不同的算法,给出某一天的日期就是不同的。时标也是这样,"真太阳时"是以"真太阳日"为单位的时标,"平太阳时"则以"平太阳日"为单位。这种基本单位的差别导致给出的时间不同。比如 2 月 12 日的"真太阳日"和"平太阳日"的时长相等,但由于前面一段时间"真太阳日"一直比较短,所以累计到这一天,"真太阳时"比"平太阳时"慢了约 14 分钟。对应图 4-15 中的极大值。

发明摆钟的惠更斯就发现了这个问题,他提供了时差表,让用户根据时差表进行对照换算处理这个问题,惠更斯也因此成为西方提供精确时差表的第一人(1660 年)。英国天文学家、首任格林尼治天文台台长的弗拉姆斯蒂德在 10 余年后给出了第一套现代时差表,这套时差表被广泛使用,不但天文机构用它修正天文观测,就连一些钟表商也将其作为配套文件随时钟一起送给顾客,以便对钟表时间进行修正。一些卓越的钟表匠还将时差设计到钟表中,他们研制的钟表具有显示时差的功能,如图 4-16 所示。

"时差"这个词在这里指真太阳时与平太阳时之间的偏差,但在大多数情况下,指同一时刻对于不同经度的本地时的偏差。这两个词在英文中是有明确的区分的,真太阳时和平太阳时的"时差"是"equation of time",而与经度有关的"时差"是"time difference"。中文翻译时,可能对这个领域不是太熟悉,因此导致两个不同的概念给了同一种翻译。在本书中,除非像上文的特别说明,一般情况下,"时差"都是指不同经度的本地时偏差。

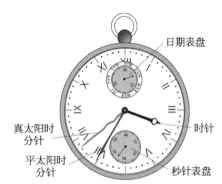

图 4-16 19 世纪初制作的带有显示时差功能的怀表,两个小表盘表示历法日期,大表盘上有两分针,直钢针指向平均时间,波浪线分针指向真太阳时

随着时钟技术的发展,"真太阳时"精度太低的缺点暴露出来,不再能作为时间的基准。机械时钟快慢是可以调节的,没有客观的基准,也不具有普适性。因此时间的参考改用了"恒星日",把恒星两次通过中天的时间间隔作为时间基准,将这个时间作为高精度摆钟的参考,进行守时和报时。格林尼治天文台、巴黎天文台、苏格兰的圣安德鲁斯天文台等都采用这种方式产生时间,并且都将摆钟作为它们的标准钟。从那时起,摆钟一直保持着天文台标准钟的地位,它还通过天文台的报时系统,产生一个地区甚至国家的标准时间,直到 20 世纪中叶被更高精度的电波钟所替代。

惠更斯以后,摆钟又经过了多次改进,使它的精度不断提高,其中最重要的几次包括:

(1) 1721 年,英国的乔治·格雷厄姆对温度引起的钟摆长度进行了补偿,将摆钟的精度提高到每天误差 1 s($\Delta T/T \approx 10^{-5}$)。

(2) 19 世纪末,德国人里夫勒将摆钟的精度提升到每天误差 10^{-2} s 量级($\Delta T/T \approx 10^{-7}$)。

(3) 到 20 世纪 20 年代,威廉·H·肖特将电磁技术引入摆钟,并采用一个"主动摆"加一个"伺服摆"的办法抵消单摆对钟体的影响,肖特钟的精度达到每天误差 2 ms($\Delta T/T \approx 2 \times 10^{-8}$),而每年的累积误差则小于 1 s($\Delta T/T \approx 3 \times 10^{-8}$)。

　　用精度衡量的时钟技术进步如图 4‐17 所示,其中唐代僧一行的"水运浑仪"、苏颂钟作为早期的时钟获得了世界的公认,从时钟的发展脉络可以看出,早期时钟的精度是差不多每 1 000 年提高一个数量级,而从 16 世纪末开始,则是约 200 年提高 3 个数量级。拐点位置出现在 16—17 世纪,略晚于大航海时代,略早于工业革命,却与现代科学的建立与发展同步。这并不是巧合,而是因为两者之间存在一些内在的联系。摆钟的发展到 20 世纪初基本告一段落,但时钟的发展还在继续,时钟的精度也不是图中灰色曲线的延续,而是出现了新的拐点,它对应科学技术的又一次突破。

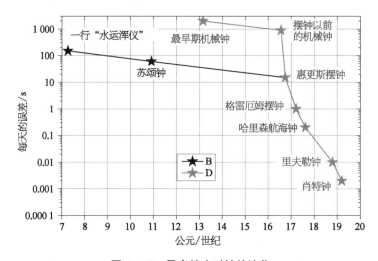

图 4‐17　最高精度时钟的演化

　　图 4‐17 中涉及的时钟,我们基本都介绍过,不过有一个例外,就是哈里森航海钟。摆钟虽然精度很高,但不是所有场合都适用,它不能满足随身携带或经常搬运的要求,而这是航海对时钟的基本要求。哈里森钟就是为这样的应用场景而诞生的,它不但重要,而且影响深远。

航海与时钟

　　前面已经介绍了,航海对古希腊的哲学与科学知识的形成和发展起了非常重要的作用。但比较而言,近代的航海更为影响深远,它导致了地理大发现,改变人类历史的进程,使那个时期被冠以一个响当当的名字——"大航海时代"。在广袤的大洋航行,确定位置与航向是必备的条件,而要完成定位,时钟必不可少,而且还有非常高的精度要求。

早期的航海与计时

大航海时代以前,欧洲人主要在地中海游弋,最多沿大西洋的欧洲西海岸穿梭。当时的阿拉伯人则已经在印度洋驰骋,《古兰经》提出"有生之年去一次麦加"的要求塑造了伊斯兰世界的游历特质。当阿拉伯帝国和伊斯兰教扩张到数千公里的疆域时,这个教义导致了大范围的人员流动。阿拉伯人热衷航海的初衷也与之有关,其流传甚广的故事集《天方夜谭》就记录了大量有关航海的故事。除此之外,穆斯林这种普遍而大范围的游历促进了不同文化间的交流和融合,使阿拉伯人客观上起到了文化的传播者和传承者的作用。正是由于阿拉伯人的传承,才使得古希腊的哲学和科学得以重返欧洲,印度的计数法正是通过阿拉伯人传播到其他地方的,并被冠以"阿拉伯数字"。我国的四大发明也是通过阿拉伯人传入欧洲的,马克思评价说,正是这几项发明"预告了资产阶级社会的到来"。阿拉伯在吸收世界其他文化的同时,也发展了许多有自己特点的技术,例如他们运用托勒密天文学知识获得了更精确的天文观测数据,创立了伊斯兰历法、编制了《托莱多星表》等。阿拉伯人推动了航海技术的发展,他们的贡献包括发明了三角帆,使船可以逆风航行;找到了印度洋的季风规律,并利用季风进行远洋航行;等等。

对于航海而言,确定位置和方向是最基本的要求。最早的航海通过观星确定方向,但这会受到天气等的影响。从中国传出的指南针解决了航海的确定方向问题。而若想确定位置,观星仍然是必不可少的,其基本原理就是通过观测恒星的仰角确定观测位置的经度纬度。阿拉伯人发展了星盘、象限仪的天文仪器,并将其应用于航海。阿拉伯星盘复杂而精确。它的使用方法和基本构造如图4-18所示,它的原理是:如果历法日期已知,那么天球上的恒星随时间的变化就可以推算出来,通过观察已知恒星的仰角,可以确定纬度和本地时间。阿拉伯星盘上标记了相当数量的恒星可供观察,一方面增加了便利性,另一方面也提高了精度。

阿拉伯人先进的航海技术促进了商业的发展,他们形成了庞大的商人群体,足迹遍及全世界。在我国的宋朝特别是南宋时期,泉州、广州等地充斥着大量阿拉伯商人的身影,他们因为眼珠发蓝发绿而被称为色目人。据考证,这条海上丝绸之路贸易产生的税收占到南宋财政收入的近20%。这种航海贸易的繁荣在

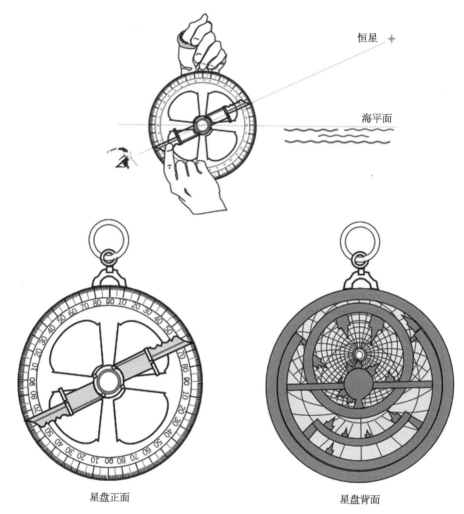

图 4-18　星盘及观测方法，它先观察某颗恒星的仰角，然后根据背面的星盘指示确定
　　　　时间等信息

元代得以延续，当时人口众多的色目人甚至发生过叛乱。到了元末明初，色目人
多数站在蒙元的立场上对抗明朝，他们或者死于战乱，或者融入中华民族之中。

　　宋元时期的海上贸易虽以阿拉伯人为主，但其中也不乏我国商人的身影。
我国发展了自己的航海技术，拥有规模庞大的船队，同样实现了远涉重洋。例
如阿拉伯海船是针对航海专门设计的，底部较尖，而我国的海船是由江船发展
而来的，底部相对较平。我国近年来海上考古的最重要发现"南海一号"就是
这样的结构，说明它是一艘从事远洋贸易的中国商船。南宋灭亡的最后一

役——1297 年的崖山之战就是海战,这也说明了当时我国航海技术的发达与普及。

郑和下西洋

到了明初,明成祖朱棣组织了声势浩大的官方航海行动——郑和下西洋。在 1407—1433 年,郑和率领当时世界上最为庞大的船队 7 次远航,最远到达东非和红海。这支船队无论是海船的大小、船只的数量,还是舰队的规模,在当时的世界都具有碾压式的优势。当时郑和舰队的规模在 40 艘以上,人员超过 27 000 人,最大宝船的长和宽分别为 148 m 和 60 m。而哥伦布发现美洲大陆和达伽马找到印度航线的船队分别为 3 艘、4 艘船只,人员分别为 80 余人和 170 余人。哥伦布的船只长度为 24.5 m,宽度为 8 m,两者的比较如图 4 - 19 所示。

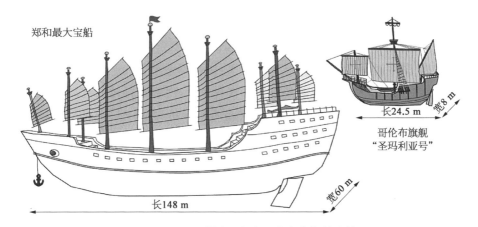

图 4 - 19　郑和最大宝船与哥伦布旗舰的比较

郑和下西洋不仅是我国古代航海的最高潮,而且是世界航海史上的壮举。不过下西洋的动机一直是有争议的,最多的说法是寻找那个被推翻的建文帝;另外,考虑宋元时期已经存在广泛的海上贸易,去宣扬推翻蒙元的大明国威也是一个合理的解释。从结果看,郑和下西洋拓展了中国人对世界的认识,将中华文化远播东南亚甚至更远的地方,还将世界其他地域的特产、大量的奇珍异宝运送到国内(因此他们的船被称为"西洋取宝船",简称"宝船")。不过总的来讲,郑和下西洋所付出的代价远超收益。古往今来的历史告诉我们,无论哪个时代哪个国家,维持和运作庞大的舰队都是耗资巨大的事。据记载,明成祖"支动天下一十三省钱粮"用于郑和舰队的开支,却不能从航海获得利益,这样的航海一定是不可维系的。因此,哪怕航海曾经带回了祥瑞"麒麟"(根据留存的图绘,明显就是长颈鹿),航海还是受到了普遍的反对,等到怀揣远航梦想的明成祖朱棣去世,他的继任者们让郑和完成最后一次远航后,这样的航海壮举就停止了。不但如此,为了杜绝后世帝王类似的败家行动,郑和下西洋的重要官方档案《郑和出使水程》后来也被销毁。虽然我国是一个特别擅长记史的国家,但郑和航海的资料却相当有限。

郑和航海史料的遗失与明代中期的名臣刘大夏有关。到了成化年间,可能是明宪宗希望获取海外的奇珍异宝,有人重提当年郑和航海的往事,皇帝派人查找当年的档案却没有找到,据说是被当时的兵部尚书刘大夏藏匿了,刘大夏还劝谏说"三保下西洋费钱粮数十万,军民死且万计。纵得奇宝而回,于国家何益……旧案虽存,亦当毁之以拔其根……"后来他进而销毁了相关档案。后世因此对刘大夏颇有微词,认为他的这些举措使中国与地理大发现失之交臂。实际情况应该并非如此,因为地理大发现除了需要一支能够远航的船队,还需要船员具有贪婪、狡诈、为了财富不择手段的特性,这些都是中华船队所不具备的。郑和舰队最多有限参与过航海沿岸国家的权利斗争,没有进行过任何的掠夺或者殖民。而随着西方船队的到达,那些地方成为西方殖民地,无一例外。郑和船队第一次远航时,途经爪哇岛上一个国家,当时该国正在爆发内乱,岛上的西王误杀了船队 170 余人。西王得知情况后,非常惶恐,表示愿以六万两黄金谢罪,最终明成祖宽恕了谢罪的西王。而西班牙掠夺者弗朗西斯科·皮萨罗 1572 年进入印加帝国时,他不但诱俘了印加国王,而且在其国民提交一屋子黄金后杀死了国王,还在行刑前逼迫国王信仰基督教。

在郑和下西洋比较有限的史料中,我们发现了他们的航海技术非常有中国特色。船队配置了专门"观星斗阴阳官十员","每一号船上面有三层天盘,每一层天盘里面摆着 24 名官军,日上看风看云,夜来观星观斗"。船队使用罗盘(我国古代一般为 24 方位指南针,如图 4-20 左图所示)配合"牵星过洋术"确定航海时的方向和位置。"牵星术"是一种通过观察恒星仰角确定纬度的方法,它利用一种称为"牵星板"的工具进行测量。牵星板用优质的乌木制成,一共十二块正方形木板,边长按照等差数列排列,最长的 24 cm,依次按照 2 cm 递减,最小的边长为 2 cm(1 指),每一块牵星板中心系一段固定长度(约为 72 cm,臂膀伸展的长度)的绳子。

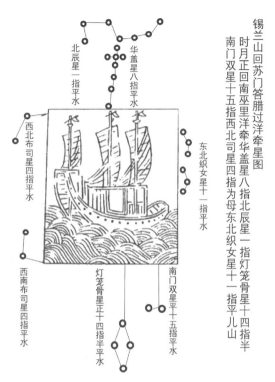

锡兰山回苏门答腊过洋牵星图

时月正回南巫里洋牵华盖星八指北辰星一指灯笼骨星十四指半
南门双星十五指西北司星四指为母东北织女星十一指平儿山

北辰星一指平水

华盖星八指平水

西北布司星四指平水

东北织女星十一指平水

西南布司星四指平水

灯笼骨星正十四指半平水

南门双星十五指平水

图 4 - 20　我国古代用于航海的 24 方位罗盘(左上),它是用十二地支,加去掉(表示中央的)戊、己的天干,加八卦中的乾、坤、巽、艮表示方位。牵星板(左下,摄于中国航海博物馆)和郑和下西洋的一幅过洋牵星图(右)

　　观星的时候,一只手举起牵星板,另一只手握绳子的另一端并让它贴近眼睛,让绳子绷紧,并使牵星板与地面垂直进行观测,如图 4 - 21 所示。将牵星板按照从小到大的顺序排序,如果地平线和观星夹角正好与某个(设第 5 块)牵星板的张角重合,则称为它有对应的指数(五指)。由于一共只有 12 块,所以张角的测量是离散的,为了提高测量精度,牵星板还会配置象牙小方块,这个方块的角上有豁口,分别缺少最小牵星板边长的 1/2,1/4,3/4,1/8,它配合牵星板使用,可以实现分数角度的测量,提高了仰角的测量精度。

　　航海观星一般是选取一些比较明亮、天球上位置适合定位的恒星进行观测。我国古代航海主要选定赤经 30°范围 9 颗明亮恒星定位,称为"航海九星"。除此之外,北极星也是"牵星术"重点观测的对象,因为北极星是北半球的恒显星,测它可以直接读出纬度。郑和船队有相当的时间在南半球航行,彼时北极星是观察不到的。南天极附近的南十字星就成为重点观测的对象,这几颗星在我国古

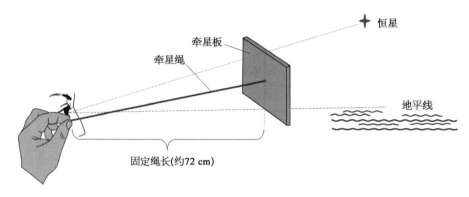

图 4 - 21　牵星术的原理图

代称为"灯笼骨星"，图 4 - 20 右图底部就是对南十字星的标记。

2002 年，英国海军退伍军官和学者加文·孟席斯出版了一本《1421 年中国发现世界》的图书，他经过考证，认为郑和船队的航行范围远超现有的记载。他们事实上已经实现了地理大发现，不但发现了大洋洲、美洲，去了北极，而且还在美洲进行了小范围移民，由于这本书写得太过夸张，因此他的观点没有获得普遍认同。不过，加文·孟席斯作为航海知识非常丰富的专家，书中的一些考证还是有可信之处的，比如他说船上种植豆芽等蔬菜并储备橘子等解决船员的坏死病。豆芽是当时我国独有的蔬菜，的确可以在船上栽培。

郑和航海绘制的地图也很有特色，它虽然遵循"上北下南左西右东"的方位约定，但不是严格按照经纬度或者距离标注，而是将整个航线按照水平方向展开，形成类似清明上河图那种古代卷轴画卷式的形式。这样的地图一定是有畸变的，为了不影响使用，航海图将一些关键地点的观星张角直接绘制出来，图 4 - 20 右图就是一张典型的图片。这样，就可以通过天文观象修正地图畸变对航海的影响，为航海定位提供了一种非常实用的方法。

上面几项航海中的定位技术是我国所独有的，明显不同于西方或者阿拉伯特色技术。我们当时航海的技术如果不是最领先，起码与世界其他地方最先进的技术差不多。因为东西方在宋元时期已经建立起海上丝绸之路，实现了比较广泛的商业贸易和文化交流，如果这些技术比较落后，我们一定就学习和采用西方或阿拉伯的航海技术了。利用这些技术，明朝庞大的船队远涉重洋，实现了前无古人的壮举，不过很快就有了后来者。郑和的航海显示了我国当时有完成地理大发现的能力,却没有付诸实践。与之失之交臂的原因,并不是由于缺乏技术或者去远方看看的好奇心,最主要的是没有将未知世界据为己有的那份野心和贪婪。

我国与地理大发现的关系还不仅于此。1298 年,在热那亚的监狱中,一位作家将一位威尼斯商人狱友的口述写作成书,根据该商人的名字起名为《马可·波罗游记》。书中讲述在这位马可·波罗先生游历中国的传奇经历,并通过他的所见所闻描述了当时中国超乎欧洲人想象的发达、富庶、先进与繁华。此书一经出版,就在欧洲引起了轰动,很多人对游记持怀疑的态度,以至于有人在马可·波罗临死前希望他坦白自己是在吹牛。人们对马可·波罗的怀疑主要有两点,第一点是中国是否真如描述的那么美好,第二点是马可·波罗是否真有书中所述的传奇经历。对于第一点,后世的航海发现马可·波罗虽然有部分夸张的成分,但基本是准确的。而对于第二点,由于中国的史籍中没有马可·波罗的记载,所以直到现在都有很大争议。也有许多人对马可·波罗游记不但深信不疑,而且悠然神往。为地理大发现做出巨大贡献的航海家,无论是大航海的先驱恩里克王子、发现美洲的哥伦布、绕过好望角的达伽马,还是命名美洲的亚美利哥、环球旅行的麦哲伦,都是《马可·波罗游记》的忠实信徒。哥伦布更是对该书作了 260 多处注释,并在航海时将其与《圣经》一起携带身边,估计是打算到达中国后把它作为攻略使用。

因此,中国又是诱发地理大发现的引信。正是由于对中国的神往,为了通过与中国的贸易获取巨大利益,当奥斯曼土耳其封堵住欧亚大陆的陆上通道时,欧洲人义无反顾地驶向未知的大洋。中国是目标,奥斯曼帝国的封堵则是困难,有了目标,困难总是可以克服的。所以从这个意义上讲,《马可·波罗游记》的发行可能比君士坦丁堡的陷落更加意义重大。

西方对中国的仰慕从马可·波罗时代开始一直持续到 18 世纪,当最终航行到达中国沿岸时,他们的确见识了中国的繁荣与富庶。西方早期的军事力量也不如我们,1662 年郑成功就让盘踞台湾近 40 年的荷兰殖民者铩羽而归。因此当时无论是西方的航海家还是传教士,他们对中国都采取了一种仰视的看法。在他们心目中,中国皇帝英明而温和,百姓安逸而富足。莱布尼茨因为仰慕中国,曾经委托他的朋友、清初的法国传教士白晋给康熙寄来一封信,希望康熙支持他建立世界科学院……这个时期的欧洲不仅放眼看世界,而且在其内部实现了社会的嬗变,科学进步与工业革命使西方社会飞速发展,这带给他们昭然若揭的自信,仅仅几十年后,英国访华的马格尔尼使团眼中的中国已经是僵化而落后了,而乾隆爷还沉浸在"天朝上国"的自信中。这与现在西方对我们的态度倒是有几分相像。

大航海与地理大发现简介

1453 年,随着扼守亚欧大陆咽喉的君士坦丁堡被奥斯曼土耳其攻破,东罗马帝国灭亡了,欧洲人的东西方商业贸易通道随之被隔断。为了开通新的贸易通道,欧洲人将目光转向了大洋,其中伊比利亚半岛两个刚刚推翻北非穆斯林统治的小国——葡萄牙和西班牙表现最为积极,他们拉开了大航海的序幕。之所以是这两个国家,可能有几个原因,首先是刚刚获得独立,整个国家充满昂扬向上的精神;其次是新型国家对财富的渴望;第三点是欧洲大陆已经形成了比较明确的势力划分,不可能给他们发展空间,因此他们只能向海洋发展。由于葡萄牙在陆地上被西班牙所阻隔,它们航海的愿望也最强烈,也最先迈进了海洋。

葡萄牙的航海是一种自上而下的行为。从 15 世纪初开始,恩里克王子(见图 4-22)招徕航海人才、开展航海学习、改进航海技术,并且组织、资助和奖励航海活动。他们改进了罗盘、象限仪等航海仪器;综合阿拉伯帆船和欧洲帆船的优点,研制了更适合航海的卡拉维尔帆船;绘制了更精确的航海地图……使葡萄牙成为当时航海技术最发达的国家。接下来,恩里克从 1418 年开始派出船队探

图 4-22   大航海时代早期的航海家代表,恩里克王子(左)与哥伦布(右)

险,航海很快得到了回报,他们发现并占据了大西洋上的诸多岛屿,从非洲大陆得到了黄金、象牙等物资,还将黑人作为商品引入欧洲,开始了罪恶的黑奴贸易。他们沿非洲海岸的一路探险,在 1487 年越过好望角进入印度洋。在此基础上,达伽马于 1498 年绕过非洲到达印度,开辟了新航线。1514 年,葡萄牙人抵达珠江口的广州,实现与中国的通商,1557 年在澳门设立永久商业基地。但当时的贸易主要是购买中国的丝绸、瓷器、漆器等,而他们运往中国的产品则是东南亚和印度的香料和药材等。当时欧洲的大多数商品在中国是没有市场的,后来英国人为了打破这种贸易不平衡,极其下作地将鸦片输运到我国。

葡萄牙人到达中国沿岸后,不改他们海盗和掠夺者的习气,经常袭扰东南沿海,但中国不是印加帝国,他们常常被明朝的海军轻易击退。《明实录》和葡萄牙的记录中都记载了 1522 年发生在珠江口西草湾的一次海战,当时明朝 6 艘战船对葡萄牙 5 艘战船,结果葡方大败,被俘被杀 80 余人,明军还俘获了 2 艘葡方战船。参战的葡方舰队规模远超哥伦布船队,所以哥伦布船队如果当时遇到明军,就不会有地理大发现了。明朝没有将这次海战看作是值得炫耀的事件详加记载。不过明军对当时葡萄牙人犀利的火器留下了深刻的印象,因此后来从葡萄牙人那里购买了一定数量的“佛郎机炮”(佛郎机是对当时西班牙人、葡萄牙人的混称),后来又从荷兰人那里购买了更先进的“红夷大炮”,努尔哈赤就死在这种炮下。不过当时的火器还不足以对冷兵器构成压倒性优势,所以火器没有避免明朝的灭亡。正如当时的西方在新大陆以摧枯拉朽之势将美洲文明一个个亡国灭种,但在欧洲,还是拿土耳其帝国束手无策。葡萄牙人在武力入侵失败后改变了策略,他们通过贿赂官员的办法于 1554 年获得澳门的居住权,并通过向明朝政府缴纳租金、税费的方式获得经商交易的许可。他们对澳门的占领则是 1887 年在清政府手中完成的。

葡萄牙航海获得的收益很快就刺激了伊比利亚半岛上的邻居西班牙。因此当意大利人哥伦布(见图 4-22)向刚刚成立的西班牙王国寻求资助时,伊莎贝拉女王迫不及待地批准了,她甚至拿出私房钱资助此次探险。1492 年哥伦布率领 3 艘帆船组成的 80 余人的船队,经过两个多月的航行,到达美洲沿岸巴哈马群岛的一个小岛,标志着美洲的发现。

哥伦布航海的目的是根据地球是球形的理论,寻找向西航行到达中国和印度的行线。他最早向葡萄牙皇室兜售自己的计划,但遭到了拒绝,其中最重要的原因是哥伦布计算的地球直径比实际小了约 1 倍。如果按照真实的地球直径,以当时的航海能力向西不可能到达中国,即使能够到达,航线的距离也比跨越好望角要远得多,因此没有太大价值。已经掌握先进航海技术的葡萄牙知道这一点,因此哥伦布在那里得不到资助。而当时的西班牙对此并不了解,又非常渴望在海上有一番作为,最终促成了哥伦布的探险。哥伦布的理想的确没有实现,但历史给了这位无知无畏的探险家更丰厚的回报——地理大发现,以至于当提到航海家时,人们最先想到的就是哥伦布。这对欧洲的后继探险者是多大的鼓舞?

后发的西班牙体现了更强的航海意志,他们不但促成了哥伦布发现美洲,而且资助了另一位在葡萄牙不得志的航海家麦哲伦在 1519—1522 年完成环球航行壮举。"两牙"的航海家在整个 16 世纪都在大洋上探险,发现新航线或者新陆地,随后就会有冒险家、掠夺者、殖民者纷至沓来,他们瓜分了美洲大陆海岸附近的广大地区,通过劫掠或贸易获得了惊人的财富。他们的殖民地面积甚至远超欧洲大陆,而西班牙的领地和财富更巨,其国王查理五世自诩他的王国是"日不落帝国",这也是"日不落帝国"的最初由来。两牙虽然获得了巨额的财富,但他们并没有将其转化为驱动国家进一步向前发展的内在动力,而是卷入到旷日持久的欧洲战争中,海外利益也受到欧洲新兴各国的侵扰,最终逐步走向没落。

伴随它们衰落的是新兴国家的崛起,首先是从西班牙帝国中独立的荷兰,荷兰人由于兼具航海与商业的特长,因此被称为"海上马车夫"。我国的宝岛台湾就曾经被荷兰人占领,后被郑成功收复。在航海领域取得最大成就的则是英国。作为大西洋上的岛国,英国具有得天独厚的航海优势,不过他们却没有赶上航海探险的第一波红利,当"两牙"从航海中获取的巨大利益时,慢了半拍的英国在羡慕嫉妒恨的同时迈出了自己奋起直追的脚步。他们一方面将整个国家动员起来,组织自己的航海探险,投入到地理大发现的洪流中;另一方面不惜一切代价攫取海上利益。例如他们干起了劫掠航海老前辈的海盗勾当,想方设法攻击和抢夺"两牙"运回欧洲的财富。为此不惜在 1588 年与西班牙无敌舰队决战,并最终以弱胜强,取得胜利。为了争夺航海贸易,英国与荷兰进行了长期的斗争,虽然 17 世纪的海战胜少败多,但在 18 世纪最终将荷兰击败。英国文艺复兴时期的探险家和诗人沃尔特·雷利(1552—1618)修改了西塞罗的名言:"谁控制了海洋,谁就控制了贸易;谁控制了世界贸易,谁就控制了世界的财富,最终也就控制了世界本身。"在风起云涌的近现代历史中,尽管后来法国、德国、俄国、美国等不断崛起,发展成为影响世界的大国,但英国人通过践行这句名言,称霸海洋进而长期称霸世界,成为大航海的最终赢家,成就新的"日不落帝国"直到第二次世界大战。

英国早期最著名的航海家,也是1588年英西海战的英方海军司令德雷克船长就兼具探险家和海盗的角色,他获取财富的主要手段就是对西班牙殖民地与商船的劫掠。当时的英国女王伊丽莎白一世不但授予德雷克私掠许可证,而且作为股东资助了德雷克的海盗活动。这样的资助获得了巨大的收益,它的船"金鹿号"有一次的劫掠所得甚至赶上了英国一年的财政收入,女王亲自登船为他授勋,并将劫掠所得的一颗大宝石镶嵌在王冠上,直至今天。

大航海时代的技术

大航海能够对近现代历史产生深刻影响,离不开航海技术的不断发展。那个时代的航海不再像过去那样沿着海岸线航行,而是深入大洋,茫茫大海没有任何地理参照,这就对确定方向和位置提出更高的要求。彼时罗盘已经传入欧洲多年,成为确定航行方向非常简单有效的方法。观日或观星则是定位唯一的方法。其核心就是精确测量一些天体相对地平线的仰角,然后根据星图上这些天体的坐标计算观测点的经度纬度。由于同一经度的观星现象相同,只是时间上不同步,因此,若想测量经度,就需要用非天文的办法把这种时间差测量出来,这个需要配置高精度的人造时钟,这在航海之初是一个难题。

罗盘是利用地磁场确定的方向仪器。由于其使用非常便利,它不仅应用于航海,而且在户外徒步、探险、军事行动中也广泛应用。不过罗盘在使用中也有一些限制。首先,地磁的南北极与由地球转轴决定的南北极并不重合,而是有一定的角度(称为磁偏角),需要进行修正。我国不但是最早发明指南针的国家,而且是最早发现磁偏角的国家,北宋沈括等人就记录了该现象。其次,由于地磁场的性质,在地磁的南北极附近,罗盘会失效。另外,地球上的某些区域也有地磁场异常的现象,经过这些地区时,罗盘也会失效,哥伦布跨越太平洋时就发生过罗盘相对北极星偏转的现象,这实际就是磁偏角,这为后世的罗盘导航提供了宝贵经验。

　　欧洲航海有自身的传承,也受阿拉伯的影响。他们发展了一系列测量太阳或恒星仰角的仪器进行航海定位,其中最主要的有四分仪和横杆测天仪,原理如图 4-23 所示。其中横杆测天仪与牵星板类似,是测量天体与地平线的夹角,而四分仪是测量天体与铅锤方向的夹角。

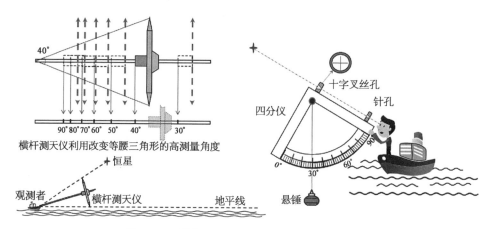

图 4-23　横杆测天仪(左)和四分仪(右)的原理

　　横杆测天仪是一个十字形的支架,纵杆上标有角度,横杆可以沿纵杆移动。它的测试原理与牵星板类似,测量的时候,让纵杆的一端贴近眼睛,移动横杆,使太阳或恒星与眼睛、横杆的一端在一条直线上,眼睛、横杆的另一端与水平面在也在一条直线上,读取横杆位置对应的角度读数就可以找到该天体的仰角,根据仰角确定位置。四分仪则是让天体沿参考线进入眼球,观察此时铅垂线在四分仪上的读数就可以实现对仰角的测量。

　　白天的航海要靠观测太阳定位,但阳光太耀眼了,直接观察并不方便。因此英国探险家约翰·戴维斯进行了改进,它的原理如图 4-24 所示,让太阳光通过一个狭缝投影到第 2 个狭缝上,调节另外一个狭缝,使该狭缝与第 2 个狭缝、水平面在同一直线上,读取调节狭缝对应的刻度就可以得到仰角。这种背测式测天仪有两个优点:其一是只观察狭缝的投影,相对直视太阳光要容易和合理得多;其二是由观察太阳改为观察狭缝,测试精度大大提高。图 4-23 中仪器的测角精度只能到几度或者更大,而背测式测天仪可以到 1°以下。以地球直径约 4 万公里的周长算,1°对应的距离为 110 km(1′的精度约为 2 km,航海中的 1 海里就是根据 1′的角度定义的)。

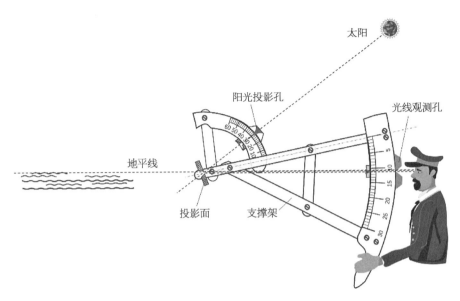

太阳

阳光投影孔

光线观测孔

地平线

投影面　　支撑架

图 4 - 24　背测式测天仪的原理

　　在背测式测天仪的基础上,航海家又发明了八分仪和六分仪。它们的实物如图 4 - 25 所示,两者的工作原理比较类似,我们以六分仪为例介绍。如图 4 - 26 所示,它通过一个旋转的反射镜将天体发出的光反射到固定的半透半反镜,半透半反镜可以透射地平线的图像,反射天体的图像,旋转反射镜使两者重合,读取旋转角度就可以测得天体的仰角。这两种仪器只需要调节一个反射镜,所以使用起来非常方便。反射镜转动的角度是入射光与反射光角度变化的 2 倍,这样,只需要 $45°$ 的变化范围就可以实现过去四分仪(测量 $90°$)的功能,这就是八分仪名

图 4 - 25　八分仪(左)和六分仪(右)的实物

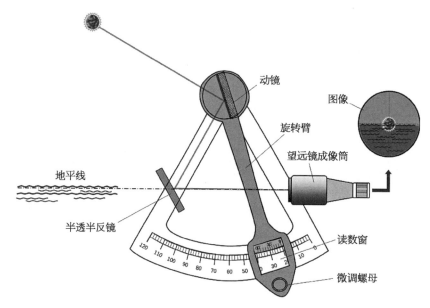

图 4-26   六分仪测量角度的原理

称的由来(45°张角是圆周的 1/8)。六分仪是对八分仪的改进:它采用望远镜进行观测,在缩小仪器体积的同时提高了测量精度;它增加了微调装置,使角度测量精度进一步提高到 10′左右;它还将角度的调节扩大到 60°甚至 72°,这样测试的范围就可以达到 120°甚至 144°,提高了使用的便利性。

　　六分仪是观象定位设备的最终版本,它在航海领域被广泛应用,直到后来被无线电测距定位所取代。其定位方法是当时欧洲各国航海学校的必学课程,我国清代建立水师时,水师培训学校也引入了相关课程。现在,各种电子技术已经可以实现船只航行时的自动定位,不再需要天文观象了,但即便如此,在现代海军学校,像我国的大连舰艇学院等,它仍然是一门必须掌握的技能,一方面它代表了航海的历史,另一方面,它是一种最可靠的定位方法,当其他定位方法失效时,仍然可以用它为船只导航。

　　测得恒星的仰角后,需要查找星表,进行球面坐标系下的换算,得到观测点相对天球的角度坐标,然后再计算出观测点的经度纬度。早期的航海主要采用13 世纪西班牙国王阿方索十世组织编制的《阿方索星表》。航海中的定位一般挑选一些明亮的特征恒星进行测量,类似我国古代航海定位的"航海九星"。航海对星表的精度要求不高,不过它对星表也提出了新的要求,过去星表的编制都是基于北半球的天文观测,缺乏南半球,特别是南纬较高地区的星座。而大量的航海是在南半球穿行,有时需要到达南极洲附近的高纬度地区,这就需要编制南半球星空的星表。16世纪末,荷兰天文学家对南天恒星进行了系统观测,将南极附近的恒星划分为12个星座,这些成果被德国天文学家巴耶尔(J. Bayer)收录进1603年出版的《全天星图册》中。它为航海提供了完备的恒星参考。后世又对星座进行了补充,构成了现代全天88个星座的标定与划分。

地　图

比星表更重要的是地图。如果没有地图,人类只能在自己熟悉的很小范围活动,有了地图才能走得更远,去了解外部世界,所以地图也是人类发展的一种必然产物。我国古代的《周礼》就有许多地图的记载,而春秋战国时期的许多涉及土地割让的故事都要在地图上操作,例如和氏璧换秦城、荆轲刺秦王等。在当时,地图意味着对土地的占有,是极其贵重的。因此在纸张没有发明之前,地图是画在帛上的,而字只能写在竹简上,可见古人对地图的珍视。西方的情况类似,他们的文化源头埃及就重视地图的测绘,每年泛滥的尼罗河迫使古埃及人掌握了土地的测绘技术。地中海的航海和贸易往来促进地理的测绘和地图的发展,希腊人还建立了"地球"的观念,托勒密在《地理学指南》中按照球形结构绘制了当时的世界地图,如图4-27所示。这本书后来在西方失传了,不过在阿拉伯世界被保留下来,到1406年又被翻译成拉丁文介绍到西方世界。到了大航海时代早期,托勒密的世界地图获得了前所未有的重视。根据记载,哥伦布的地理学知识主要来自《地理学指南》。在哥伦布横渡太平洋的同一年(1492年),德国航海家、地理学家马丁·贝海姆根据《地理学指南》在纽伦堡制作了一台直径为20英寸(约51 cm)的地球仪,这是世界上第一台地球仪。图4-28就是一个典型的航海地球仪,它采用空壳结构,外部是地球仪,打开内部则是星图。

早期的航海家和陆地的探险家必须懂得地图测绘,这样才能标注航线或进行地理发现,保证自己或者他人以后可以重新找到这里。地理发现往往伴随着巨大的利益,这些探险家也会将他们的发现秘不示人。在这种情况下,一些没有公开的海图、地图就成为最重要的机密。如果船只受到敌人或海盗的袭击,船长一般宁可船只不要也要保证海图的安全,他们通常会将海图裹以重物沉入海底,因为海图上的信息常常意味着富可敌国的财富。这些传奇在现代演绎成藏宝图的故事,是许多文学作品和电影津津乐道的话题。

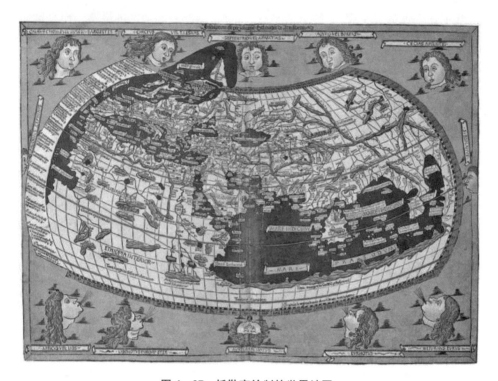

图 4 - 27　托勒密绘制的世界地图

图 4 - 28　航海用的天球仪和地球仪的结合体

　　最初的海图、地图是海洋或者陆地的探险家测绘的,随着在海洋和陆地探险活动的不断深入,需要官方的精确地图为各国的利益服务。1671 年巴黎天文台建立时,当时的法国太阳王路易十四交给首任台长的第一件事就是以经过巴黎的经线作为本初子午线绘制精确的法国地图。根据这张地图精确测算的法国的面积比原来的测算结果小,路易十四得到这个结果后,意味深长地说:"我的敌人没有办法做到的事情,你们做到了。"法国之后,英国于 1675 年建立格林尼治天文台,以经过该天文台的经线作为本初子午线为航海提供时间和地图服务,后来又以该经线为标准完成了英国地图的绘制。18 世纪末,欧洲大陆的地图测绘全部完成,而其他大陆的地图则是在 19 世纪陆续完成的。南极洲作为最后一块未知大陆,随着 1911 年年底挪威探险家阿蒙森到达南极点也为人类所认知。

　　观星定位分为三步,首先是根据观星确定观测点在天球下的坐标;其次是确定观测点和本初子午线的时间差,并将其换算成经度差,由此得到观测点的经度、纬度;第三步是查找地图,根据经纬度确定地理坐标。在这个过程中,由于纬度与地球的自转无关,可以直接测量得到。经度的测量则要复杂一些,还包含两部分内容,测量观测点时间与本初子午线时间的时间差,查找以本初子午线为参考绘制的地图。经度测量的这种复杂性使它一度成为困扰航海的难题,被称为"经度问题"。

哈里森航海钟

　　准确的定位需要测量准确的时差,英国设立格林尼治天文台的重要目的就是发布准确的本初子午线时间为航海服务,同时英国还为航海提供了按照这种经线绘制的精确地图。这样,一旦测准经度纬度,就可以查找地图知道自己的确切位置。不过此时该方法还有一块重要的短板——缺乏精确的航海时钟。到 17 世纪,虽然时钟已经取得了很大发展,但"经度问题"并没有解决,因为精确的摆钟无法在船只上使用,而便携的钟表则精度不够,特别是考虑航海往往有数十天或者更长时间漂泊在海上,时钟微小的快慢误差都会累积成非常大的时间误差,使得定位不准。

　　这个缺陷导致 1707 年的一场惨剧。当时,一支由 5 艘最先进战舰组成的英国皇家海军舰队大败法国海军之后,由于定位不准,在意大利西西里岛附近误入暗礁区,结果导致 4 艘触礁沉没,1 艘搁浅,1 500 余名海军丧生。这件事触动了整个英国,为了解决经度的海上测量问题,英国国会于 1714 年通过了《经度法案》,规定任何人只要能找到海上测量经度的方法,都可以得到 2 万英镑的奖金。这在当时是一笔巨款,因此大量学者和钟表匠都跃跃欲试,最终约翰·哈里森赢得了这笔奖金。

不光英国,西班牙、法国等也曾经悬赏解决经度问题,不过以英国《经度法案》赏金最高,也最为著名。《经度法案》提出的具体要求如下:由英国出发,向西航行到加勒比海的西印度群岛,整个航行过程中经度的测量误差在 0.5°以内,或者说时间精度保持在 2 分钟以内。当时航行这段距离需要 40 多天,这就要求时钟每天的误差在 3 s 以内。英国成立了由格林尼治天文台的专家组成的经度委员会,牛顿也是其中之一,后来在此基础上还成立了经度局,负责该方案的具体实施及对测量方法进行检验。经度局也资助有前景的经度解决方案,到 1828 年才撤销,在其存在的 100 余年间,它支付的赏金和研究经费超过 10 万英镑。

关于 2 万英镑的价值,有人从购买力的角度进行换算,认为相当于如今的 600 万英镑左右。我们可以用另外一个事例进行比较,当时剑桥大学设立了后世大名鼎鼎的卢卡斯教授席位,牛顿、狄拉克、霍金都曾经担任该教席,它当时给出的年薪是 100 英镑。

约翰·哈里森生于 1693 年,是一个木匠的儿子。他在童年就对钟表产生了浓厚的兴趣,在帮助父亲完成木匠活之余,以修理和拆装钟表作为自己的最大爱好。从 20 岁开始,他研制了多台木制的摆钟,并在这些钟表中采用了"蚱蜢擒纵器"等新技术,使得这些时钟精度很高,不过它们都是固定在地面运行的。《经度法案》提出后,他开展了航海钟的研究,经过 4 年的努力,他于 1730 年完成了航海钟的设计,并向当时的格林尼治天文台台长哈雷介绍了该研究结果。哈雷将其推荐给当时英国最好的钟表匠乔治·格拉汉姆,后者资助他 250 英镑研制航海钟。又经过 5 年的不懈努力,哈里森终于在 1735 年研制成功他的第一台航海钟 H1,其中 H 是哈里森单词的首字母,如图 4-29 左图所示,这台钟高度近 1 米,重 30 多公斤,其实是一种缩小版的摆钟,不过它的钟摆采用对称连接的结构,可以抵消船只晃动的影响,从而获得高精度计时。

一年以后,哈里森带 H1 往返葡萄牙里斯本进行了一次短途的海试,证明了 H1 是当时性能最优异的航海钟。但哈里森对此并不满意,于是向经度委员会申请预支 2 500 英镑,开展后续的航海钟研制。在此之后,哈里森又研制了与 H1 结构类似的 H2 和 H3,其中 H2 存在设计缺陷,在研究 4 年以后被迫放弃,而花费了哈里森 19 年心血的 H3 也没有比 H1 明显改进。这期间经度委员会逐渐失去了耐心,没有追加资金,哈里森只能靠那 2 500 英镑苦苦支撑。

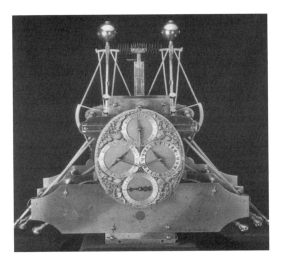

图 4-29 哈里森的航海钟 H1(左)和 H4(右)

由于种种原因,H1 只是在返回里斯本的航程中进行了有效测量,有数秒的误差,经度委员会为此专门开会评估这次测试实验,他们对 H1 非常认可,不过哈里森发现了 H1 的某些缺陷和不足。因此,它并没有请求进行悬赏要求的西印度群岛海试,而是恳求继续预支经费进行改进研究。经度委员会同意了这个请求,当然在经费的划拨方面还是打了些折扣。

1753 年,在哈里森始终无法在 H3 上取得突破的时候,他发现自己设计的一台用于检验大钟精度的怀表式小钟具有非常优异的性能。他突然意识到 H1 以来的大钟方案其实是走了弯路,用高频振子作为振荡器的小钟,其实可以实现更高的精度。思路的转变让哈里森豁然开朗,他马上开始小钟的研制,于 6 年后的 1659 年研制成功新的航海钟 H4,如图 4-29 右图所示。与前面 3 台庞然大物相比,这台 H4 直径只有 13 cm,重量只有 1.45 kg。1661 年,哈里森带儿子按照经度委员会的悬赏条件进行了海试,他们带着 H4 到达牙买加,经过 2 个月的航行,H4 只慢了 6 s。精度远高于经度委员会的要求。但经度委员会提出了更多的要求。

当时的经度委员会负责人由支持哈里森的哈雷换成了新的天文台台长马斯克林内(Nevil Maskelyne),当时他正在研究一种利用月亮相位加月亮在天球中的位置确定经度的方法,该方法理论上也是可行的,马斯克林内于 1666 年出版英国第一部实用的《航海历》,介绍了直接观象测量经度的方法。但该方法的观测和计算要复杂得多,测量精度也不如"观星+时钟"高。由于本来是"裁判员"的马斯克林内想下场当"运动员",他不可避免地要对竞争对手哈里森进行打压。

经度委员会认为一次海试不足以证明,于是哈里森父子进行了 H4 的第二次海试,这次他们去了巴巴多斯,误差为 39.2 s,比 2 分钟的标准仍然少了 2/3。两次海试完成后,经度委员会又提出了两个条件:公开制表图和制表方法,给 1 万英镑;余款则要等到再造两个跟 H4 同样精确的航海钟,证明它可以复制以后才能得到。哈里森勉强接受了这两个条件。于是经度委员会取走了 H4 和它的图纸,同时将 H1,H2,H3 也拿走了。由于当时哈里森年事已高(72 岁),难以再造两台航海钟,于是他自己造了一台 H5,同时委托当时英国最负盛名的钟表匠肯德尔按照 H4 复制了一台 K1。但经度委员会又挑刺了:"别人造的不算,只能哈里森自己造。"如果说前面经度委员会的要求还多少有一定的合理性,最后一个要求则完全是无理取闹了。哈里森出离愤怒了,他告状告到了英王乔治二世那里,乔治二世对哈里森也深表同情。他认可了哈里森的做法,并亲自对 H5 进行了海试,还委托库克船长对 K1 进行海试。两台航海钟都达到了非常高的精度,远超悬赏所提出的指标。最终,英国国会在 1773 年,将全部奖金颁发给了80 岁的哈里森,这里扣除了预支的那 2 500 英镑。3 年后,哈里森在伦敦去世。

哈里森的航海钟补齐了航海定位的最后一块短板。从此以后,航海摆脱了定位不准的困扰,船只终于可以自由自在地在大洋上游弋,而哈里森航海钟像罗盘那样成为航海的标配(见图 4 - 30)。由于当时的英国是海上霸主,哈里森钟

图 4 - 30　航海钟(左)与罗盘(右)。罗盘的下部坠以重物,通过两个正交的转轴与支撑连接,保证罗盘面不随船体晃动,始终保持水平

给英国带来了巨大的收益,成为英国历史上浓墨重彩的一笔。现在的时钟博物馆或者航海博物馆,一定会专门摆放哈里森研制的航海钟。尤其是在英国国家海事博物馆,那里有一个约占博物馆 1/4 的"时间陈列馆",该展厅介绍了计时对其成就海上霸权所做的突出贡献,其中哈里森和他的航海钟被放到显著位置被大书特书。

机械表的发展与现状

哈里森的航海钟也对世界范围的制表业产生了广泛的影响,哈里森钟用到的一些关键技术,如钻石轴承、抵消温度效应的双金属片等成为更准确怀表的标准设计。瑞士钟表产业在此基础上又完成了一系列技术改进,使机械钟表的体积进一步缩小,精度则进一步提高。一个典型的技术改进是 19 世纪初发明的陀飞轮,陀飞轮由 70 多个精密零部件组成,重量通常不超过 0.3 g。它通过精巧的机械装置消除地球引力对钟表振子的影响,使走时精度大大提高。

机械加工的精准性是限制钟表精准度的重要因素,但材料的热胀冷缩导致零件的尺寸随温度变化,限制了机械零件的精度。为了减小这个效应的影响,钟表的一些核心部件通常采用两种膨胀系数相反的合金拼接技术,这样可以减小温度变化带来的尺寸变化。材料学的发展为这个难题找到了更好的解决方案。1896 年,瑞士科学家纪尧姆发现了一种合金,它在室温附近的很宽范围都具有非常小的热膨胀系数,因此称为 invar,意思是体积不变,中文译为"殷钢"。殷钢的这种属性正好与钟表的需求契合,因此在钟表行业广泛应用,它提高了钟表的精度和环境适应性。后来钟表业又引入了更多、性能指标更优异的各种材料,例如铍铜合金、红宝石等,使钟表更精确、更可靠、更美观。

除了在钟表上的应用,殷钢在制作各种长度标尺、温度计、测距仪等领域也具有广泛而重要的应用。纪尧姆因为这项工作获得 1920 年诺贝尔物理学奖,这是唯一一次将该奖颁给了冶金学领域。无论是时钟、标尺还是温度计,都属于计量仪器的范畴,所以这是一项与计量密切相关的工作。纪尧姆还担任过国际计量局的局长。

早期的可携带钟表非常珍贵,使用者对它非常珍惜,所以被设计成揣在怀里的"怀表",并且还要配一根链子防止坠落或被盗,需要观察时间的时候拿出来看一下,然后马上重新揣好。以腕表形式设计的钟表在 17 世纪就出现了,不过数量极少,到 19 世纪中期,腕表逐渐普及起来,不过仍然以奢侈品装饰为主,计时的准确度比较差,称为"手镯手表",当时男士是不会佩戴这样的手表的。但从 19 世纪末开始,这种现象发生了改观,首先是这个时期爆发的战争对协同作战时的时间同步有了更迫切的需求,而由于手表相对怀表使用更加便利,因此手表成为部队的基本配置,战争对手表提出了许多阳刚的要求,例如准确、夜光、防潮、耐摔等,这使得手表与男士联系起来,也与男士硬朗、阳刚的气质逐渐契合。另一方面,手表制造商和经销商又不失时机地不懈宣传,他们还赞助了游泳、潜水、飞行等许多探险活动,手表在这些活动中成为必不可少的助手。终于,手表不再是女士的饰物,而被塑造成彰显男士气质的标志之一。佩戴一块精度较高且需要不断维护的机械手表成为许多男士的追求,即使现在仍然如此,虽然现在更高精度的时间信息已经俯首可得。

哈里森航海钟由格林尼治天文台进行鉴定的方式也对钟表业的发展产生了影响。将钟表交由天文台进行鉴定成为一种彰显钟表精度、提高钟表身价的重要手段。处于钟表业发达地区的瑞士日内瓦天文台、纳沙泰尔天文台每年举办钟表比赛,参赛者不但要提供制作最精确的钟表,而且往往花费数月时间对它们进行调校,使之精度尽可能高。虽然代价巨大,但收获也非常丰厚,比赛的胜利者将在整个钟表业赢得巨大荣耀。不过这样的竞赛到 20 世纪 70 年代最终停止了,这是因为当时以日本精工为代表的新玩家加入进来,他们带去了基于电子技术的新钟表,渐有霸占整个钟表竞赛排行表之势。瑞士钟表业看到势头不对,决定见好就收了。从那以后,天文台的钟表认证还在继续,但钟表竞赛结束了。电子表是钟表的一次技术革命,它在精度上实现了对机械钟表的碾压。现在,瑞士引以为傲的机械钟表在精度方面已经处于下风,他们也大量生产电子时钟。不过机械钟表的神话还在延续,只是它们的象征意义取代了实用价值。作为机械工程的杰作和奢侈品,作为一种表征财富和身份的符号,机械时钟仍然受到众多爱好者和富人的追捧。

5 时间背后的科学发展

从古代迈向近现代的进程是人类知识、技术突飞猛进的过程,其中伴随着对时间科学认识的不断深入、时间计量技术的不断发展和时间应用的不断扩展。上一章我们介绍了时钟本身的发展,本章我们将介绍与时间有关的科学发展。

前面已经讲了,地球上万物的作息是由天体的运行法则所决定的,地球的公转和自转发挥了主要作用,因此我们一定是以天文时作为纪时方式,时间计量与天文观测一定存在必然联系。人类通过天文观测获取时间、实现定位的同时,也在不断思考并试图解释天体运行的法则,古人曾经从神学角度给出了许多神话传说,随着人类的进步,天文观测手段和观测精度不断提高,人类对它们的认识也越来越接近真实的自然规律,由此带来了科学的革命。

天文与计时的传承

古希腊的辉煌随着罗马帝国的统治而黯淡,到了 5 世纪西罗马时期,欧洲进入中世纪,它的火种最终彻底熄灭。而在同时期的近东,阿拉伯文明开始昌盛起来,阿拉伯人占领亚历山大和拜占庭等地后,将大量书籍带回到中东地区和阿拉伯半岛,以古希腊为代表的西方古代文明火种在那里得以延续。阿拉伯地区出现了许多研究柏拉图、亚里士多德等人的学者。伊斯兰世界的天文学家在巴格达、大马士革、撒马尔罕等地建立了许多天文台,他们利用托勒密等人的学说进行天文观测并建立起自己的天文知识体系。从 11 世纪开始,基督教世界对伊斯兰世界进行了持续时间约 200 年的 9 次"十字军东征",最终失败。军事对抗也伴随着文化的碰撞,失败的欧洲见识了当时伊斯兰世界的先进性,开始向阿拉伯学习。在那里,他们找到并重新拾起自己的文化源头——古希腊文明,于是他们翻译相关专著,将古代地中海文明的成果重新带回欧洲。与知识一起传到西方的,还有中国的造纸术和印刷术,它为知识提供了廉价载体,为知识的传播与推广起了非常重要的作用。

古代的天文学观测总是有着科学和玄学双重目的。天文观测之所以在古代受到重视,与许多君王相信占星术有关。阿拉伯大量兴建天文台也是出于两重目的,并且有时候占星的目的更大一些。例如征服西亚建立伊尔汗国的旭烈兀在攻占巴格达后建造了马拉盖天文台,其中一个重要原因就是感谢占星师为他征战四方提供的帮助。15世纪起,随着现代科学的诞生,占星术也与天文学分道扬镳,不过它作为人类文明发展中的一种文化现象一直存在,至今仍然有相当多的信徒。

中世纪的欧洲仿佛一片黑暗,但其中也孕育着希望的种子。大量存在的教会学校在教授基督教神学的同时,也传授一些世俗的课程,例如文法、逻辑学、修辞学、算术、几何、天文、音乐等。在教会学校的基础上还诞生了早期的大学,一些有世界影响的最古老大学就是在那时成立的,例如1200年巴黎大学成立,而牛津大学则成立于1224年。从11世纪开始,古希腊的科学和哲学著作被翻译成拉丁文,并被当时的神职人员和学者纳入基督教神学中,其目的一方面是为神学披上理性的外衣,另一方面也可以更全面地解释整个世界。他们最早吸收了柏拉图的学说,到了13世纪,以宗教哲学家托马斯·阿奎那为代表的经院哲学派将亚里士多德的逻辑学、哲学、同心球壳层的"地心说"宇宙观引入到神学。阿奎那等人接受托勒密理论,但他们认为它仅仅是符合观测结果的解释,而同心球壳的模型代表了理性,更接近真理。阿奎那等人的学说最初受到教会的抵制,但事情很快就反转过来,教会不但接受了这些学说,而且在神学院和大学开始教授相关课程,阿奎那还被教皇封为"圣人"。从那时起,亚里士多德的学说和地心说成为教会所尊奉和捍卫的学说,影响了后世的科学发展。

从14世纪开始,欧洲进入了新的发展时期,伊比利亚半岛开始了大航海的探索,而意大利则兴起了文艺复兴运动,现代科学的大幕在略晚些时候被缓缓拉开,而哥白尼则是最早拉动这个大幕的人。

哥白尼与日心说

尼古拉·哥白尼(见图5-1左图)1473年出生在一个富裕的波兰家庭,他

10 岁丧父，由舅舅卢卡斯抚养长大。卢卡斯是当地（伐米亚）的主教，他不但将哥白尼抚养成人，还为他做了很好的人生规划。哥白尼 18 岁考入当时波兰最好的大学——克拉科夫大学。1496 年，他又到文艺复兴的策源地意大利，先后在博洛尼亚大学学习"教会法"，在帕多瓦大学学习医学，并于 1503 年在费拉拉大学获得教会学博士学位，随后他回到波兰。他先是担任了卢卡斯主教的秘书，后于 1510 年去了弗龙堡担任神职人员，直到 1543 年去世。哥白尼非常喜欢天文学，他在克拉科夫大学时就可能学习了部分天文学课程，在博洛尼亚大学期间，他担任一位天文学家的助手进行天文观测。等到他在弗龙堡定居后，在那里搭建了一个小型天文台，自制天文观测仪器进行了长期系统的天文观测并创立了"日心说"。哥白尼应该预见到"日心说"会受到攻击，他本来没有打算生前发表他的著作。不过他还是写了一些短文，在小范围介绍"日心说"，因此也产生了一定的影响力，甚至连当时的教皇都略知一二。1541 年，在他的学生列提克等人的劝说下，他将关于日心说的著作《天体运行论》出版，这本书印刷好并送到他手中后不久，他即去世。

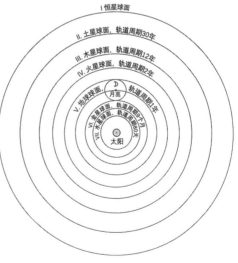

图 5-1　哥白尼与他的日心说

　　由于哥白尼对"日心说"这种遮遮掩掩的态度，给人的印象是他是一个无足轻重、谨小慎微的人，实际情况并非如此。他除了是一名神职人员，还是一个医生，当弗龙堡受到条顿骑士团攻击时，他还指挥军民进行防御并最终战胜了强敌。他还作为当地教区的教产总管对波兰当时的货币政策发表意见。1525 年起，因为担任神职不能结婚的哥白尼还与他的女管家，一位友人的聪慧女儿同居10 年，后来被教会强行分开。可以看出，哥白尼是一位有血有肉的成功人士。哥白尼死后埋葬在弗龙堡教堂，但后来找不到埋葬地了，这虽然让他躲过了随之而来的迫害，也使其无法享受后世的荣耀。不过这一切在 2005 年发生了改变，弗龙堡教堂发现了一具男子遗骸，面部复原后的特征与哥白尼的肖像神似。后来经过与哥白尼藏书中的头发进行 DNA 比对，最终确认该遗骸就是哥白尼本人。最终哥白尼于 2010 年 5 月 22 日被重新隆重下葬，纪念碑上雕刻着他的发现——6 颗行星围绕太阳运动。

哥白尼的"日心说"非常容易解释，就是用太阳代替地球作为宇宙的中心，把地球看作与另外五大行星并列的一颗行星。按照太阳中心的模型，哥白尼对六大行星的半径进行了正确的排序，由内到外分别为水星、金星、地球、火星、木星、土星，哥白尼将所有的其他恒星放到了外层。如图 5-1 右图所示。哥白尼计算了这些行星的绕日周期和半径，周期分别为 80 天、9 个月、1 年、2.5 年、12 年、30年。他还由此得出结论：行星的轨道半径越大，其围绕太阳的运动就越慢。

前面我们讲过，托勒密的"本轮-均轮"理论已经可以解释行星的运动。哥白尼的日心说并没有提高理论的精度，但给出了一个简单明了的宇宙图像，这个学说从审美学的角度显示了优越性，哥白尼在提出日心说时，一定也抱着这样的信仰：简洁而美观的理论往往比复杂而繁琐的理论更接近真理。在物理学的发展史上，这样的现象曾经反复出现。

"日心说"和"地心说"其实是运动参照系的选取不同，"地心说"以地球上观测者作为参照系，而"日心说"以太阳作为参照系，从现代物理学的角度考虑，两者都是可以的。但"地心说"描述行星的运动时非常复杂，而"日心说"则给出非常简单明了的太阳系结构模型，因此我们更愿意采用"日心说"。行星的轨道其实是椭圆，在托勒密的理论中用偏心轮进行一些修正，可以得到比圆周更好的结果。不过由于哥白尼当时反对的靶子就是托勒密的理论，所以他把这部分也丢弃了。

"日心说"在思想上带来了一场革命。"地球实际是运动的"这个观点与人的直观感受相悖，因此受到许多人的抵制与嘲讽，他们用"抛起来的物体为什么不往后跑"、"地球转动那么快,地球上的万物为什么没有被扔出去"等问题反对"日心说"。而另外一些人则赞成并推广了"日心说",意大利思想家布鲁诺进一步宣称太阳也不是宇宙的中心,只是宇宙中一颗普通的恒星。"日心说"与《圣经》及基督教会的主要观点相悖,自然受到了教会的抵制和攻击。当时正处于宗教改革时期,像马丁路德、加尔文等宗教改革家痛感教廷是腐败的,决心用《圣经》的权威替代教皇的权威,这使得新教对"日心说"的攻击尤胜罗马教廷。哥白尼本人巧妙地躲过了迫害和攻击,而他的支持者就没有那么幸运,布鲁诺被教廷烧死,而伽利略也因此受到了软禁。尽管如此,"日心说"还是受到了越来越多天文学家的青睐。1551年,德国天文学家莱因霍尔在普鲁士公爵资助下编制的普鲁士星表就是按照"日心说"进行推算的,它比阿方索星表更加精确,计算也更加简便。1582年进行的格里高利历法改革也使用了普鲁士星表,虽然历法的制定者——教皇本人坚持"地心说"的观点。

　　"日心说"是宇宙观的一次革命。当地球被降格为一颗行星后,人类作为万物之灵的观点也被动摇,当我们不再把自己视为宇宙的中心后,我们就将更多的注意力关注人类以外、地球以外、太阳以外的世界,也能够以更客观、更宏大的视野去认识无垠的宇宙。哥白尼的使命是构造一个全新的宇宙观框架,填充这个框架需要对太阳系及宇宙的新认识和突破,这需要由开普勒和伽利略等后继者完成。开普勒和伽利略是同时代的人,他们的工作为现代天文学、物理学的创立做出了重大贡献。

开普勒与行星运行定律

　　德国天文学家约翰内斯·开普勒生于1571年。他的祖上比较殷实,其祖父还当过市长,不过从开普勒父辈开始衰落,他的父亲只是一个雇佣军。开普勒从小体弱多病,还因为幼年时得过天花而视力不佳,双手也留下残疾。不过他很早就表现出数学的天分。天文方面则深受他母亲占星术的熏陶,他在6岁时候观测了1577年大彗星,9岁时观测并记录了"月食",这培养了开普勒的天文学研究兴趣,也让他接受了占星术的启蒙教育。1589年,开普勒赴图宾根大学学习哲学与神学,他在那里遇到了讲授"日心说"的数学教授马林特斯,从此成为哥白尼的信徒。开普勒在1594年完成学业并成为格拉兹新教学校的数学与天文学教师。在那里他继续开展"日心说"的研究,并于1595年发表了《宇宙的奥秘》。

其核心内容就是将太阳系已知的六大行星轨道半径与 5 种正多面体联系起来（见第 3 章）。

开普勒对这项工作非常满意。试想一下，在哥白尼将行星运动简化为围绕太阳简单而完美的圆周运动后，如果行星的轨道半径之比又与世界上仅有的 5 种正多面体联系，那将是多么和谐的一幅宇宙图像。因此他把《宇宙的奥秘》寄送给许多天文学家征求看法，其中包括丹麦天文学家第谷。第谷信奉地心说，因此并不赞同开普勒的观点，尽管如此，他仍然对开普勒的才华和洞察力留下了非常深刻的印象。第谷是当时最杰出的天文观测者，他测得了大量的天文数据，还提出了太阳和月球绕地球旋转，其他天体绕太阳旋转的模型。但是他缺乏分析整理数据的能力，无法检验他的设想，开普勒的才能正好可以弥补这个不足——这有点像后世法拉第和麦克斯韦的关系。因此，他积极邀请开普勒去参观他的天文台，并希望雇佣开普勒当他的助手。

第谷·布洛赫出生于 1546 年，是一位丹麦贵族。他从大学期间开始就对天文学和天文观测产生了浓厚的兴趣，发现并记录了一些重要的天文现象，例如 1572 年仙后座的超新星爆发等。当时的丹麦国王弗雷德里克二世非常赏识第谷，将波罗的海的一个岛屿——汶岛赐予第谷，并拨付一笔经费让他建立天文台开展天文观测，第谷在那里工作了 20 多年，研制了当时最先进的天文仪器并完成了大量的天文观测，其中最著名的就是对 1577 年大彗星的观测。老国王去世后，新国王不再资助第谷的研究，而相邻的神圣罗马帝国皇帝鲁道夫二世对第谷发出了邀请，于是他在 1599 年移居布拉格，成为宫廷天文学家。他在那里建立天文台继续天文观测，在那里接待了开普勒并让他成为自己的助手。

第谷是当时天文观测方面最优秀的天文学家。他研制了望远镜诞生以前精度最高的天文观测仪器，其角度测试精度可以达到 0.017°。他不但是非常勤奋的天文观测者，而且是孜孜不倦的实验记录者，他留下了大量的天文观测数据，其中的行星数据对开普勒发现行星运动定律起了非常重要的作用。

第谷作为贵族，做了一些我们看来匪夷所思的事，一些事情对他一生产生了重要影响。比如说，他在德国罗斯托克读书期间，曾经因为争论一个数学问题而与人决斗，最终被人削掉了鼻子，以后只能用一个金属的假鼻子。他在 1601 年参加一个宴会，想撒尿但是顾及贵族身份一直憋着，最终撑破膀胱而死。

当时，开普勒正因为信仰新教而被格拉兹驱逐，于是他接受了第谷的邀请来到布拉格。第谷本来交给开普勒的任务是计算分析行星数据,并协助编写《鲁道夫星表》,但随着 1601 年第谷的突然去世,开普勒由助手变成了继任者,成为鲁道夫二世的宫廷数学家。他的主要职责之一是为宫廷提供占星预测,据说开普勒的占星术非常高明,预测很准。除此之外,开普勒还有大把的时间进行科学研究,这是他科研最旺盛的一段时间,他的许多重要贡献都是在这个时期完成的。

第谷的天文观测费时费力,开普勒的计算分析也不轻松。开始的时候,他试图用托勒密的理论使第谷的观测数据与日心说一致,但一直没有成功。经过无数次的尝试后,他最终发现了精确描述行星轨道的方法:**用椭圆描述行星轨道,并将太阳置于椭圆的一个焦点上**。这就是开普勒第一定律的内容。这项工作发表在 1609 年出版的《新天文学》中。该书中还给出了第二定律,即:**"行星与太阳之间的连线在相同的时间扫过的面积相等"**。这两条定律都是针对单个行星而言的,涉及行星轨道间比较的第三定律则发表在 10 年以后出版的《世界的和谐》中,它的内容为**"行星在轨道上运行的周期之比的平方等于它们到太阳平均距离之比的立方"**。至此,开普勒终于发现了行星的运行法则。这些成果与过去的天文观测有着本质的区别,它不再是对行星运行数据的测量或描述,而是对行星运行普适规律的总结,由此诞生一门新的学科——天体物理学。

尽管开普勒本人就是天才的数学家,他在处理第谷遗留的数据时还是遇到了难以想象的挑战。1603 年,当时最杰出的钟表匠,瑞士人比尔吉被鲁道夫二世请到布拉格担任宫廷钟表匠,由于经常接触,比尔吉和开普勒成了好友。当他了解到开普勒的困境,就发明了对数表,帮助开普勒简化计算,这为开普勒发现行星运动定律起到了重要的促进作用。不过比尔吉并没有马上发表,而是直到 1620 年才将该方法公之于世。发明对数表的荣誉被苏格兰数学家纳皮尔获得,他于 1614 年发表有关对数的专著,其中就包含对数表。

除了上述工作,开普勒开展了与天文学有关的光学、原子理论等的研究。当得知伽利略发明天文望远镜后,他也研究了望远镜,提出了双凸透镜的"开普勒望远镜"方案,不过可能是动手能力不足,他并没有实际搭建这样一台望远镜。在天文观测方面,开普勒有幸观察并记录了 1604 年银河系内的一颗超新星爆发,下一次类似的爆发要等到将近 400 年后的 1987 年。他还撰写了《哥白尼天文学概要》的教科书,在宣传"日心说"的同时,也写入了自己的研究成果。这本教科书在 17 世纪被广泛使用,使椭圆轨道理论深入人心。

开普勒从 1600 年起一直为神圣罗马帝国宫廷服务,其间经历了 3 任皇帝。由于权力的交替和宗教问题,开普勒多次受到冲击,不过有赖于占星术傍身,他没有受到太多牵连。他在 1627 年完成了第谷的托付,出版了《鲁道夫星表》。书中开普勒将第谷的高精度数据与他发现的行星运动定律相结合,使星表的精度极高,在接下来的 1 个多世纪里,即使望远镜的发明给天文观测带来质的飞越,《鲁道夫星表》一直都是精度最高的星表。开普勒还在星表中预言了 1631 年的水星凌日,可惜他没有活到那一天。从 1628 年起,开普勒担任了权臣华伦斯坦将军的顾问,直至 1630 年 11 月 15 日病逝。他发现的开普勒三大行星定律为他赢得了"天空立法者"的美誉,卡尔萨根则评价他是"第一个天体物理学家与最后一个科学占星家"。

与开普勒将毕生大部分精力都用于分析和总结行星运动不同,同时代的另一位科学巨匠伽利略研究范围要广泛得多。伽利略在多个领域都做出了开创性的工作,使他跻身世界上最伟大科学家之列。

伽利略与现代物理学的开端

伽利略·伽利雷 1564 年出生于比萨的一个中产家庭。他与家族祖上一位成功的医生同名,他父亲希望他能够重现家族的荣耀,因此不但给他起这个名字,而且在 1580 年将他送到比萨大学学医。不过伽利略在大学中的兴趣很快转到了数学和哲学,他系统学习了亚里士望德、托勒密、欧几里得、阿基米德等人的著作,并在数学等领域崭露头角,但这偏离了父亲为他做的人生规划,加之家中的经济状况不佳,最终伽利略没有拿到学位就于 1585 年离开大学。

伽利略的科研生涯可以分为 4 个时期:

早期(1585—1591 年)。结束学业的伽利略先去佛罗伦萨和锡耶纳以私人教师的身份教授数学。他在工作之余开展科学研究,取得了一些有影响力的研究成果。他的一个重要工作就是利用阿基米德浮力定律发明了比重天平,它可以非常方便地测量贵金属的比重,在当时商业发达的意大利颇有应用市场。伽利略还提出快速测定物体重心的方法,并开展了物体运动的研究。这些工作为伽利略赢得了声誉,当时的意大利是文艺复兴的中心,不但大学的教授对新发明和新发现感兴趣,许多贵族也具备相当的科学素养,乐于资助科学研究。其中一些人不但资助了伽利略,而且帮助他在 1589 年获得了比萨大学数学教授的席位。

比重天平的原理比较简单,就是将重物悬垂,测量重力,然后将重物浸没到液体(水)中,测得悬绳的拉力,根据阿基米德定律,两次测得的重力分别为 $G_1 = \rho_物 g V$,$G_2 = (\rho_物 - \rho_液) g V$,其中 $\rho_物$ 和 $\rho_液$ 分别是重物和液体的密度,V 是重物的体积,g 是重力加速度。这样就可以得到重物的密度为 $\rho_物 = \rho_液 \dfrac{G_1}{G_1 - G_2}$。

伽利略在发明制作方面颇有天赋,除了比重天平,他还发明了温度计、两脚规型的军用计算器(该发明后来被人剽窃,伽利略花了不少精力解决这个问题)、脉搏计等,其中最著名、影响最大的是天文望远镜。这些发明既使他获得了商业利益,又让他获得了声誉和地位的提升。

伽利略在比萨大学时期最著名的传说就是"比萨斜塔"实验,基本内容如下:亚里士多德认为重的物体下落得快,而轻的物体下落得慢,伽利略认为这个判断是有问题的,于是某一天他爬上比萨斜塔,让 1 大 1 小两个铁球同一高度同时下落,结果发现两个铁球同时落地。尽管这个传说非常有名,不过它的真实性是存疑的。无论伽利略自己的著作还是正式的伽利略传记都没有讲过这个实验,另外,受到环境的影响,两个铁球很难真正做到同时落地。不过这个传说除了实验本身,其他部分都是真实的。伽利略在这个时期开展了物体运动的研究,他在《论运动》手稿中用一个假想实验质疑亚里士多德的"物体越重下落越快"的观点。这个实验简单概括为:如果物体越重下落越快,把两个不同的重物绑起来,较重的要拖较轻的运动,下落就会减慢;但他们绑在一起,构成更重的重物,下落又应该加快,这两者的矛盾可以证明这个观点的错误。由于比萨大学以亚里士多德学说作为正统,伽利略因为这些观点受到了排挤,加之他父亲在 1591 年去世,家庭重担压到了伽利略的头上。此时帕多瓦大学对伽利略发出了邀请,并给出了更丰厚的薪酬,于是伽利略在 1592 年到帕多瓦大学担任数学教授。

关于伽利略的比萨斜塔实验最早出自他晚年招收的一个学生之口,但只有这一个孤证。从时间上看,伽利略做这个实验的时候,这个学生还没有出生,所以一般认为这个实验是讹传。另外现在对这个实验的描述是"两个铁球同时落地",这个也是有问题。如果考虑空气的阻力,对于相同材质的球体,重力与球的体积成正比,而空气的阻力与球体的截面成正比,因此大球落下的速度应该还是要略快一些。当两球从 50 多米的比萨斜塔落下时,这种效应虽然很小,但还是

图 5 - 2　伽利略在大众中的形象

可以分辨的。事实上的确有反对者做实验反驳伽利略,而伽利略曾专门给出了解释,认为这个微小的差异不能挽救亚里士多德在这个问题上的认识错误。所以,对于这个轶事,我们自己去验证一下或许比听故事更有意义。

名人在大众心目中往往都有一般标准的形象,伽利略的形象如图 5 - 2 所示,是一个留着花白的大胡子、满脸皱纹的老年形象,因此在比萨斜塔实验的图片中,伽利略也是一副白胡子老头的形象,如果我们考虑他当时只有 20 多岁,就会确信无论伽利略长得如何着急,当时都不会那么老。

帕多瓦时期(1592—1610 年)。帕多瓦大学是当时意大利最好的大学之一,它所属的威尼斯公国以商业贸易闻名于世,是当时意大利最富有、经济最发达的地区,罗马教廷对它的影响也很小。伽利略可以在这里进行自由的学术研究,这段时间成为他学术成果最高产的一个时期。他的大部分发明就是在这一时期完成的,并且在威尼斯找到了用途。同时他在这里建立了自己的家庭,生育了 3 个孩子,不过他并没有真正结婚,当他 1610 年离开的时候,他的妻子选择留在帕多瓦。

重物运动与实验。伽利略在帕多瓦继续重物下落的研究,他将定量的实验引入到科学研究中。对于现在的我们来讲,实验是再平常不过的科学研究方法,但在当时则是创举。在此之前,古希腊曾经出现过零星的实验记载,例如阿基米德的浮力实验、托勒密检验光的反射和折射实验等。但这样的记载极其稀少,更像是一些先哲灵光乍现想到的一种技巧而不是科学的方法,同时他们对实验也不够重视,没有将实验上升到检验理论正确性的高度。伽利略开创了通过构造人为实验获取物理规律、检验理论判断的方法,这将物理学从哲学中独立了出来,对现代科学的诞生具有重要意义。

伽利略不是那个时代唯一意识到实验重要性的人,弗朗西斯·培根同样提出:实验(而不是古希腊的归纳与演绎)是检验理论正确性的标准。不过伽利略真正做了实验,而培根只是提出了实验的重要性,伽利略的影响更大。

既然伽利略是实验方法的开创者,他进行实验时自然遇到了重重困难。他缺乏实验原理、实验技巧、科学仪器,连许多物理概念都没有。现在常识性的知识与概念,例如速度、加速度等以及它们的数学描述,正是由伽利略开始确立的。在仪器方面,伽利略缺乏研究运动最重要的仪器——时钟,并且当时也没有"分"和"秒"这些时间单位。伽利略应该是第一个要求计时精确到"秒"的人。

没有时钟,伽利略就自己创造。他自制了一台"水钟",让水通过一个小孔从高处的水桶流向低处的水桶,通过测量一定时间间隔流出的水的重量计量时间的长短。"水钟"是当时公认的计时工具,相当于当时的计时基准,以这样的基准测量时间具有更高的可信度。伽利略最先发现了单摆的等时性,据说他在大学去教堂祈祷时,走神观察屋顶的吊灯摆动,感觉摆动的周期是固定的,于是他用随身携带的"时钟"——自己脉搏的跳动进行了测量,发现了这个规律。伽利略后来搭建了单摆装置,系统研究单摆的运动周期。他发现在摆动幅度不太大的情况下,单摆的周期只与摆绳的长度有关,与摆锤的质量、大小,摆幅的大小无关。单摆的这个性质正好符合时钟振荡器的要求,因此伽利略本来有机会发明更好的时钟,但正如我们前面介绍的,伽利略到晚年才开始研制,最终只是将摆钟停留在图纸阶段,没有完成实物。这对于擅长发明科学仪器的伽利略而言,不能不说是个遗憾。

有了计时的水钟还不够,因为重物下落的速度太快了,当时没有有效的方法将这么短的时间测量下来。伽利略想到了解决办法,就是用重物在斜面上的滚动代替直接的下落,通过测量滚动距离随时间的变化寻找重物的运动学规律。伽利略采用的斜面小于 $2°$,这样重物滚动的速度变化非常慢,可以对距离与时间的关系进行比较精确的测量。在这样的装置上,伽利略发现了重物移动的距离与时间的平方成正比,由此发现了匀加速运动并产生了"加速度"这个概念。伽利略也测试了改变斜面角度对重物运动的影响,但他没有真正测得重力加速度。现代学者重复斜面实验,得到的测量结果和测量精度与伽利略的记录相同。但按照伽利略著作中描述的下落运动计算重力加速度,就会发现结果偏小约 34%,不知是测量误差,还是因为他没有做相关的实验,只是进行了估算。

除了斜面的研究,伽利略还对重物抛射运动进行了研究,他从斜面的不同高度释放重物,让重物滚到水平面并且从水平面边缘下落,观测不同水平初速度下重物落到地面时水平距离的变化,通过计算得到了抛物线运动的规律。在计算中,伽利略考虑了力的分解和速度的分解等问题。斜面实验和抛物实验分别于1603年和1608年完成,他在1638年出版的《关于力学和位置运动的两门新科学的对话》(以下简称《新对话》)中记录了这两个实验及结论。

伽利略关于重物斜面运动和抛物运动研究有两个重要作用,首先是获得了重物运动的动力学规律,对力学乃至现代科学的诞生具有开创性意义;其次,他人为地设计了实验去检验理论,而不是仅仅通过观测去获取有用信息,这就开创了实验研究的先河,是研究方法上的革命性创新。动力学的研究和实验方法的引入是伽利略对科学的两大贡献。

如果按照美国著名教育家科南特对"科学"的定义:"通过实验和观察发展起来并引起进一步的实验和观察的一系列互相联系的概念系统",伽利略的有关实验甚至可以看作是科学的开端。当然这个说法有一些争议,许多人认为欧几里得在《几何原本》中给出的基于基本公设和严格的逻辑推导是科学的起源。

望远镜与天文学革命。玻璃是人类发明的一种重要材料,最早可能是在烧制陶器时发明的,或者在火山喷发的凝结物中发现的。到了罗马时期,玻璃制品已经得到广泛使用。随着后世工艺的改进,可以得到无色透明的玻璃。从13世纪起,玻璃被用于加工老花镜、放大器等实用的镜片,眼镜店在欧洲逐步普及。据说17世纪初,某个荷兰眼镜店的一个店员拿两个镜片比划,偶然发现了这两个镜片的组合可以放大远方的物体,从而发明了望远镜。但荷兰人发明的望远镜更像是一个玩具,放大倍率只有3~4倍,另外由于镜片加工工艺的限制,镜片的误差很大,在边缘误差尤其严重,因此用望远镜观察到的图像不够清晰。

伽利略在1609年听说望远镜这件事后立即进行了研究。他自己动手打磨了镜片进行实验,由于进行了理论分析,他设计出放大倍率更高的望远镜,另外他磨制的镜片质量也非常好,为了消除镜片边缘畸变的影响,他还把镜片边缘处理成不透光的磨砂结构,由此他制作了一个8~9倍的望远镜。当时,有人正向威尼斯总督高价兜售望远镜,伽利略得知这个信息,赶去向总督及名人展示了这台望远镜。这台望远镜的性能,无论是放大倍率还是观察清晰度都碾压其他望远镜,因此在展示时引起了轰动。当用这台望远镜观察海面时,可以比裸眼提前2小时发现海面的船只。对于威尼斯这样一个以航海贸易作为主要经济来源的城邦,望远镜具有非常重要的价值。因此总督当即决定奖赏伽利略,授予伽利略终身教授,并且将他的教授薪酬增长到原来的3倍。

作为发明家的伽利略与其他能工巧匠的区别,在于他总是将发明与科学原理紧密结合起来,始终特别重视发明背后的原理研究,因此他的发明既性能优异,又非常实用。这个特点在他研制天文望远镜时表现得尤为突出。伽利略听说望远镜的相关信息后,研究了望远镜的原理才开始制作,可能是为了在地面使用的缘故,伽利略的望远镜采用凸透镜加凹透镜这样的结构,这样成像的方向与物的方向一致,我们现在管这种结构的望远镜叫伽利略望远镜,如图5-3所示。与之对应的另外一种构型是由不同焦距的两片凸透镜构成,它是由开普勒提出的,称为开普勒型望远镜。

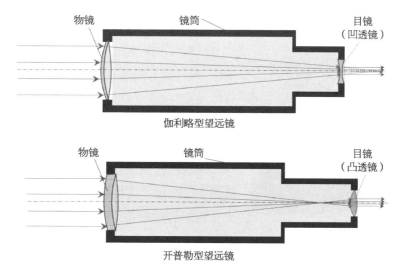

图 5-3 伽利略天文望远镜(上)与开普勒天文望远镜(下)的原理

望远镜本来叫 spyglass,可以翻译为"间谍镜"。伽利略 1611 年访问罗马并加入意大利的科学家协会——林赛学会时,意大利博物学家塞西建议采用 telescope(这里是意语音译)这个名称,其中 tele 表示"远处",scope 有"范围、观察"之意,这个词语更加合适、形象,成为望远镜的正式用词,而中文的"望远镜"也是据此翻译的。

在伽利略所处的时代,不但近代科学开始萌芽发展,一些以科学家相互交流新发现的组织也逐步建立,例如科学协会或科学院。林赛学会成立于 1603 年,英国的学者从 1645 年开始以哲学院或者"无形学院"开展活动,该学会在 1662

年更名为"英国皇家学会",而路易十四则在法国成立了科学院(1666年)。这些学会或学院有一些古希腊学院的影子,但又不完全相同。这些学院会发布一些科学杂志,介绍学会成员的工作,这就是后世科学杂志的雏形,不过科学杂志的大范围普及还要等很长的时间。

在1609年9月,伽利略又制作了一个20倍率的望远镜,如图5-4所示。这次,他把镜筒指向了天空。这是值得人类铭记的一刻,从那一刻起,人类突破了数万年以来眼睛直接观测的极限,由此看到了全新的宇宙图像,不但大量隐藏在天幕下的天文现象和天体被发现,而且各种熟悉的星球也呈现出与我们直接观察完全不同的图像。从那一刻起,习惯于直接观测的天文学家再也离不开望远镜。这不仅是天文学的革命,而且是人类视野的一次突破,它带给人类的视觉震撼,或许只有1个世纪以后,胡克用显微镜观察到微观世界细胞的那一刻可以与之媲美。

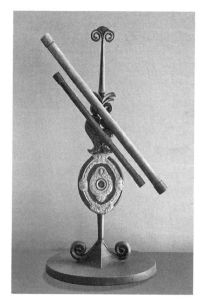

图5-4　伽利略的天文望远镜

伽利略作为这次革命的引领者,最先采摘到了这次技术飞越带来的硕果。他在进行天文观测的短短几个月后,就取得了一系列重大天文发现。其中比较重要的包括:

(1)看清了月球表面实际是凹凸不平的地质形状,表面布满坑洞和隆起的山峰,伽利略还利用月球上的亮暗图像测量了月球上最高山峰的海拔。

(2)发现了大量由于亮度太低而无法观察到的恒星,例如他在昴宿星团的已知6颗恒星以外,新发现了超过40颗恒星;在猎户座,他新发现了500颗恒星;还发现银河系是由大量恒星组成的。

(3)发现了土星图像的异常,土星仿佛长有"耳朵",而过一段时间"耳朵"又消失了。不过伽利略当时的新发现实在太多了,他并没有对这个现象进行深入研究,使得发现土星光环的荣耀落到了惠更斯头上。

(4)发现了木星不但有卫星,而且有4颗("卫星"这个词也是伽利略发明的)。伽利略对此进行了长期细致的观测,得到了这些卫星非常精确的周期信息。

（5）发现金星具有与月球类似的相位。

（6）利用成像的办法观测到太阳的黑子,并根据黑子的运动发现了太阳的自转。

……

如果考察历史上的天文记录,就会发现把上述现象的首次发现都归功于伽利略并不准确。例如,我国古代就有大量太阳黑子的记录。木星的木卫三直径是月球的 3 倍,是太阳系最大的卫星,比水星还大。当木星处于特定的位置时,眼神好的人裸眼可以看到木卫三。我国古代的《甘石星经》中就有木卫三的记载。但若想了解细节,则非望远镜不可。从对天文学发展的贡献讲,把这些发现的荣誉授予伽利略合情合理。

当伽利略利用望远镜巡天的时候,他看到的每一幅图像都见所未见,每天都能做出重大发现。那是何等的令人激动! 相信伽利略也是这样的心情。他把前期的发现迫不及待整理成《星空信使》一书,此书于 1610 年 3 月出版,此书一经出版就引起了轰动。伽利略的这些发现使宇宙的图像比过去清晰了许多,同时大部分发现都指向了一点,就是亚里士多德和托勒密的"地心说"是错误的。至此,伽利略与"地心说"捍卫者的斗争已经变得不可避免,而此时,伽利略做出了一个错误的决定——离开帕多瓦。

帕多瓦大学的终身教授固然有丰厚的薪水,但也需要承担繁重的教学任务,并且也没有进一步加薪的可能。伽利略希望有更多的时间进行科学研究,也追求更高的薪水。这时他曾经的学生,已经成为美迪奇家族托斯卡纳大公的科莫西二世为他提供了一份"更好"的职位。1610 年夏天,伽利略离开帕多瓦,来到佛罗伦萨,成为一名宫廷数学家和哲学家。美迪奇家族治下的托斯卡纳地区是意大利文艺复兴的发源地,它的首府佛罗伦萨是当时意大利经济文化最发达的地区之一。另一方面,教会在这里的影响力非常强大,这影响了伽利略接下来的命运。

为了这份职位,伽利略曾经将他发现的 4 颗木星卫星命名为"美迪奇星",但这个名字并没有推广,这几颗卫星的名字由德国天文学家西蒙·迈尔于 1614 年给出,这些名字遵循了行星命名的传统,以古希腊神话人物命名。

托斯卡纳时期(1610—1632年)与软禁(1633—1642年)。来到佛罗伦萨的伽利略继续自己天文学研究,并且不断发布新的研究成果。这些发现为反驳亚里士多德和托勒密的学说,支持哥白尼学说提供强有力证据。例如亚里士多德认为天体都是完美的,而伽利略展示了凹凸不平的月球表面、太阳表面则存在黑子;"地心说"认为所有天体都围绕地球转,而伽利略却找到了围绕木星转动的多颗卫星,这些卫星和木星仿佛组成了小太阳系;金星的相位变化也是"地心说"无法解释的……而这些都可以用"日心说"解释。

伽利略应该很早就接受了哥白尼的学说,但也预感到公开支持该学说会带来麻烦,所以他一直没有公开自己的观点,他在1597年写给开普勒的信中就表明了自己的这种"支持但不公开"态度。事实上,伽利略作为一个成果颇丰的学者,在人际交往上也表现出很高的情商。他与上层社会一直维系着非常好的关系,其中包括了美迪奇家族、后来成为教皇乌尔班八世的巴尔贝里尼等。他尽量避免给自己引入麻烦,但作为现代科学的开创者,他不可避免地要与陈旧的错误观点做斗争,此时他也毫不退让。这种斗争从伽利略研究重物下落就开始了。当他的天文发现支持日心说时,他就毫不犹豫地用日心说进行解释。当然,他也比较注意宣传的技巧,他曾经通过写信和去罗马解释等方式,试图让权贵与教廷相信日心说与《圣经》不矛盾。但有些观点是不可能相互妥协的,罗马的宗教裁判所于1616年将哥白尼的《天体运行论》列为禁书,并裁定伽利略不得坚持与捍卫日心说。不过伽利略并没有严格遵守,特别是当他的朋友成为教皇乌尔班八世后,伽利略希望能够基于良好的私人关系和充分的沟通继续推广日心说。开始的时候,教皇和教会的确对伽利略展示出宽容的态度,但是当伽利略捍卫日心说的著作《关于托勒密和哥白尼两大世界体系的对话》(以下简称《对话》)发表后,一切都发生了改变。

伽利略在1616年以后推广日心说还有一个重要原因,是他对潮汐的研究。伽利略认为地球的自转产生了潮汐,正如我们端着一杯水运动时,水面就会晃动。他把潮汐看作解释地球运动的钥匙,并将这个发现看作自己最重要的研究成果之一。现在看来,他的解释是错误的,在对没有认识万有引力之前,是不可能对潮汐给出正确解释的。除了这个错误,伽利略对彗星的解释也有问题,他认为彗星是由于大气的扰动导致的太阳光发生了反射。这是伽利略最著名的两个错误,说明在认识世界运行的规律时,即使伽利略也会犯错误。

　　《对话》以三人谈话的形式写成,其中一个是哥白尼学说的支持者,另一个是托勒密学说的支持者,第三人是仲裁者。伽利略以两种学说支持者辩论的形式,批驳了托勒密学说,支持和捍卫了哥白尼学说。这本书既生动有趣,又推理严谨,引起了广泛的关注,很快就销售一空。它触怒了教会中的伽利略那些宿敌,他们联合起来说服教皇,让他相信伽利略违反了1616年的宗教裁决,而他的"异端邪说"会给教会带来巨大的伤害。这些人甚至使教皇相信《对话》中那个愚蠢的托勒密支持者实际是影射教皇本人。至此,罗马的教廷形成了迫害伽利略的合力。1633年4月,年老体衰的伽利略接受了宗教审判所的审判,最终他选择了屈服,被迫放弃了日心说,并在认罪后留下了那句著名的喃喃细语——"它毕竟是在动的"。认罪的伽利略被判处终身监禁,不过他的人缘又一次发挥了作用,教廷对他采取了相对温和的软禁方式,将其限制在佛罗伦萨附近的一座别墅中,只是禁止他再发表任何著作。伽利略在那里度过了生命的最后时光,直到1642年去世。在这段时间,他再次以相对圆滑的方式进行了抗争,于1635年写就力学巨著《新对话》并将其偷偷运出意大利,该书于1638年在荷兰莱顿出版。《新对话》是伽利略最伟大的科学著作,前面介绍的他关于动力学的研究都来自本书,除此之外,这本书还讨论了大量材料力学的问题。而他与亚里士多德学派的斗争则延续到他去世后,他最后的助手和学生托里拆利完成了水银柱产生真空的实验,证明了自然界可以存在真空,推翻了亚里士多德又一个谬误——"自然害怕真空"。

　　伽利略留下了丰富的遗产,他在实验科学、力学、天文学研究领域都做出了开创性的工作。从那以后,重视实证而不是文字记载的观点被普遍接受,它不但成为自然科学研究的基本法则,而且渗透到社会科学领域,比如历史学,远古的记载必须有考古学发现才能得到承认。他对旧学说的批驳及与其捍卫者的斗争同样意义重大。在这场斗争中,他掌握了新的科学方法和科学工具,发现了以前《圣经》或者古希腊哲学家所没有记载的新现象,这为伽利略提供了强大的实证武器,因此他对地心说的批驳充满了力量,其威力和影响力其实比哥白尼学说本身巨大得多。这场斗争是世界观之争,因此它受到教会和教廷的反扑和钳制也就不难理解。在这个过程中,教会粗暴而笨拙的惩罚与禁言显得何其愚蠢,因此伽利略虽然屈服,但他何曾失败。

　　现在,人们一般认为如果伽利略留在商业文明发达而基督教会势力薄弱的帕多瓦,不去教会势力强大的佛罗伦萨,他就可以自由表达自己的思想并且免掉晚年遭受的迫害。或许情况是这样，不过如果这场斗争不是爆发在罗马教廷的中心，他也不会受到如此猛烈的攻击，如果没有这些攻击，他可能也不会如此深入地思考相关问题。因此伽利略去到佛罗伦萨，对于他个人或许是悲剧，对社会的进步，可能有促进作用。《对话》和《新对话》都是以谈话的形式写成，本身就充满了辩论的色彩，这正是伽利略遭受攻击和奋起反击的写照，只有观点相左的时候才需要针锋相对的辩论。到了后世，科学观念成为共识，科学论文往往在大多数共识的基础上再向前迈进一小步，这种伽利略创造的辩论式对话的文风也随之消失。

从伽利略到牛顿

放眼伽利略那个时代的世界，现代科学开始萌芽，除了力学与天文学，化学、医学、植物学、解剖学等也都有了一定的发展。那个人才辈出的时代还诞生了戏剧家莎士比亚、哲学家弗朗西斯·培根等，我国同时代有徐光启，他首次将西方的科学技术引进我国。莎士比亚和伽利略同岁，当伽利略在文艺复兴的意大利开创现代科学时，莎士比亚则在蒸蒸日上的英国创作出一幕幕伟大的戏剧。伽利略等人开创的工作汇聚成不可逆转的社会发展洪流。惠更斯成为伽利略的后继者。

荷兰科学家惠更斯延续了多项伽利略的工作。他进一步研究了单摆的等时性，发现了单摆周期与重力加速度的关系，利用测量不同摆长的单摆周期，他计算了重力加速度，该结果与真实值之间只有约 0.1% 的误差。惠更斯对机械钟表进行了重要的技术改进，发明了基于单摆等时性原理的真正实用的摆钟，并使摆钟的误差小于每天 10 秒，最好的一台更达到每天仅慢半秒，而此前的机械钟表通常每天会差 5 分钟以上。惠更斯还发明了游丝，它使怀表的性能显著提升。惠更斯也开展了天文观测，他通过对土星的长期观测发现了土星的环状结构，并且发现了土星的最大卫星——土卫六（泰坦）。惠更斯在数学的多个领域（概率论、二次曲线等）也颇有建树。他在光学方面的研究影响深远。

光学也是一门古老的学科。因为有了光，世界才有了颜色、图像。光是人类获取信息和能量的主要来源，不光人类，地球上的大多数动植物也是根据光的信息作出反应。人类很早就对光的属性开展研究，我国古代有光的直线传播、光的反射与折射、小孔成像等的认识。传说中古希腊的阿基米德烧战船利用了光传播能量的原理,托勒密等人研究过光的折射规律。得益于西方对玻璃材料的应用,中世纪以后就出现了玻璃制作的眼镜、放大镜等光学器件,望远镜就是在眼镜店中诞生的。斯涅耳和笛卡儿分别发现了光的折射定律,在此基础上,费马在1657 年提出"光沿最短路径传播"的费马原理,建立起了几何光学。不过这些研究没有回答"光的本质是什么"这个基本问题。惠更斯于 1678 年提出了光的"波动说",认为光是在以太介质中传播的波。光在传播的时候,在每个点又形成了新的波源,各个点的波叠加起来使光波沿一定的方向传播,他的这个理论后来称之为"惠更斯原理"。惠更斯用他的波动理论解释了光的反射和折射等现象,并且还解释了光在某些晶体中的双折射现象。他的这个学说后来与牛顿提出的"光子说"相互竞争,对后世的物理学发展产生了深远影响。

牛顿时代

伽利略谢世的同一年,也就是 1642 年,科学界迎来了另外一位伟人的诞生,那就是艾萨克・牛顿。他在科学上树立起旁人难以企及的丰碑。

牛顿与伽利略这种在生卒年上的巧合,在 2 个世纪以后又在两个科学伟人身上出现了那就是麦克斯韦与爱因斯坦。由于这些伟人太伟大了,即使放到科学家的浩瀚星河中,他们也是最璀璨的几颗。因此有些人宁愿相信这是天意而非巧合。牛顿的成就无疑更大一些,而他的生日又是 12 月 25 日,与圣诞节同一天,这为牛顿的一生进一步披上神奇的色彩。不过正如第 2 章介绍的,这是在当时英国还采用儒略历下的日期,如果换算成格里历,牛顿的生日就在 1643 年的1 月了。

牛顿 1642 年出生在英格兰林肯郡的一个小村庄,是一个遗腹子。他的母亲改嫁后,他在外祖母家度过了童年。此时牛顿还没有显示出特别的天分,却已展现了勤奋好学和喜欢动手探究的一面。据说他曾经制作过木制的机械钟、风车等小玩意儿,还制作过一个柱形的、可以沿中心轴转动的笼子,将老鼠关进去,并在笼子前面放上玉米,老鼠为了吃到玉米就不断奔跑使笼子不停地转动,由此形成一个磨坊的小模型。生活的艰辛让牛顿几度辍学,不过在其舅舅等人的支持下,他不但顺利完成了中学学业,而且在 19 岁时考入了剑桥大学的三一学院。

当时的英国正处于光荣革命的晚期,通过革命上台的克伦威尔于 1658 年去世,政权又落到查理二世手中(1660年)。剑桥大学因为其校友克伦威尔曾卷入这场政治事件,此时也恢复了昔日的平静。牛顿于1661年来到剑桥,他在这里最早接触的同样是亚里士多德学说,不过很快他就转向研究笛卡儿、伽利略等人的学说与著作。在这里,他遇到了巴罗教授并在其指导下学习数学。1664年,牛顿获得文学学士学位,并且成为三一学院的研究员,与巴罗教授合作。

巴罗是剑桥大学的数学教授,他在求一些重要曲线的切线领域做出了贡献,求切线的工作已经比较接近微分中的求导数,不过他并没有再往前走一步。巴罗还精通希腊文和阿拉伯文,他将阿基米德、欧几里得等人的著作翻译成英文,其翻译的《几何原本》在相当长的时间作为英国的几何教材使用。巴罗于1664年成为剑桥的首任卢卡斯数学教授,并从1672年开始担任三一学院院长。巴罗是最早发现牛顿有天赋并提携牛顿的人,他让大学毕业后的牛顿作为他的助手继续科学探索。牛顿后来的很多工作中都能找到巴罗研究工作的烙印。巴罗后来的兴趣转向研究神学,于是他在1669年辞去了卢卡斯教授席位并推荐牛顿接任。由于牛顿的影响力,这个席位成为剑桥,乃至整个世界最负盛名的教授席位,它的继任者包括了狄拉克、霍金等享誉世界的科学家。

1665—1666年,伦敦爆发了瘟疫,剑桥大学暂时关门,牛顿回到他的家乡呆了18个月,直到瘟疫结束。根据牛顿自己的回忆,他在这段时间不受诸事的羁绊,可以醉心于科学研究,由此成为他最丰产的一段时间,他的许多重要成果,像微积分、万有引力,都是当时做出的。传说牛顿在苹果树下思考问题,一个苹果落下来正好砸到头上,牛顿对这个问题进行了发散性思维,由此发现了万有引力定律。

同一时期,在光学领域,牛顿完成了用三棱镜分光的实验,当一束白光经过三棱镜后,扩展成了不同颜色的光,而分解后的各色光再次通过三棱镜时,将再次合成为白光。图5-5右图为剑桥大学三一学院手持三棱镜的牛顿雕像。他用光的"粒子说"给出了解释,他认为光的本质是一个个微粒,不同颜色的光对应不同的微粒,这些微粒混合在一起构成白光。而不同微粒通过棱镜的时候弯折的角度不同,这就是色散。色散导致棱镜可以将不同颜色的光分解开来。牛顿还让一个大曲率半径的凸透镜与一块玻璃平板紧贴,光线透过镜片组就会形成亮暗相间的同心圆环。这个现象后来被称为"牛顿环",现在是波动光学教学中必做的实验。这个实验比1801年证明光波动性的"双缝干涉"实验早了135年,不过牛顿并没有因此认识到光的波动性,而是与波动学说进行了斗争。

图 5‑5　牛顿的形象(左)和他在剑桥的雕像(右)

　　疫情结束后,牛顿回到剑桥,继续做光学研究。色散导致玻璃透镜对不同颜色光的焦距不同,用这种透镜制作的望远镜就会因为色差而成像模糊。牛顿另辟蹊径,发明了一种反射式天文望远镜,他用一个凹面镜代替凸透镜会聚接收光束,由于所有的光束遵循相同的反射规律,所以这样的望远镜可以消除色差,如图 5‑6 所示(由于接收光的目镜一般还是采用透镜,所以仍然会有微小的色差,不过几乎可以忽略)。这种望远镜称为反射式望远镜,以区别于前面介绍的通过透镜的折射接收光束的折射式望远镜,伽利略、开普勒式望远镜都是折射式望远镜。牛顿于 1668 年制作了一个反射式望远镜,它的主镜(反射镜)约 2.5 cm,却

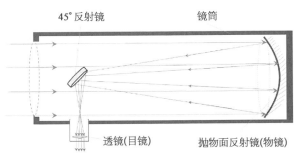

图 5‑6　牛顿的反射式望远镜的原理(左)与实物(右)

可以实现 40 倍的放大。他在 1672 年入选英国皇家学会会员时,又制作了一台主镜直径为 5 cm 的这种望远镜,把它作为自己重要的学术贡献送给了皇家学会。还将棱镜分光的实验结果及用"粒子说"给出的解释整理成论文在皇家学会发表。在皇家学会,牛顿的光学论文受到了他一生中最大的对手——罗伯特·胡克的抨击。

天文望远镜一经问世就成为天文学研究的利器,它促进了天文学大发展的同时,围绕天文望远镜的"军备竞赛"也就此展开。它有两个主要发展方向,一个是更大的口径以收集更多的光照信号并获得更高的图像分辨率,另外一个是更长的主镜焦距以获得更大的成像放大倍率。早期的天文望远镜还是以折射式为主,反射式望远镜虽然可以消除色差,但是它的反射镜在早期是用金属磨制的,反射率不高,像牛顿制作的反射率只有 16%,因此视场比较暗。并且金属表面容易氧化和积灰,需要经常清理,使用起来不太方便。而折射式使用的玻璃则没有这些问题。色散是折射式望远镜的天然缺点,不过人们在 18 世纪中叶找到了解决色散的办法,就是用两种不同色散的玻璃透镜贴合起来使用,它们的色散相互补偿,从而消除色差的影响。采用消色差透镜后,困扰这种望远镜的色差问题得到了很大的抑制,因此早期的天文望远镜基本都是折射式望远镜。到 19 世纪末,最大的折射式望远镜口径达到了 1 m,长度将近 20 m。

不过这是折射望远镜最后的巅峰,后来的天文望远镜又成为反射式望远镜的天下。这是因为随着尺寸的增加,折射式望远镜迎来了瓶颈,当把透镜的口径做大后,不但透镜加工非常困难,而且由于其庞大的体积,它的重量也达到了数百公斤,圆盘状透镜固定和支撑都不太容易,自重还导致玻璃内部的应力和形变,影响成像。而反射望远镜式在结构上更具优势。采用在玻璃表面镀膜的办法使反射镜的反射率大大提高,其中银膜可以达到 65%,铝膜则为 82%,这就在很大程度上解决了反射望远镜视场暗的问题,反射镜可以很容易从背面进行支撑而不会挡光,使它可以比较容易地实现更大的口径。因此 20 世纪的大型天文望远镜都采用反射式,最大口径 6 m 左右。随着仪器体积的增大,它也遇到了越来越多的困难。为了解决这些问题,后来的大型望远镜采用了镜片拼接的办法,目前的口径已经达到将近 20 m,下一步的目标是口径 50 m。

上面谈到的是光学望远镜,19 世纪以后,电磁学发展起来,人们认清了光实际也是电磁波,并对电磁波的其他波段展开了深入的研究。他们发现各种天体在射电波段(1 mm～30 m 波长范围,其中 1～500 mm 属于微波波段)包含丰富的信息,于是建立了射电望远镜,射电望远镜同样采用反射式,不过反射的是射频信号而不是光波。射电望远镜对反射面的要求没有光学望远镜那么高,因此可以做到更大的口径,目前最大望远镜是我国的"天眼",它的口径达到了500 m。除此之外,射电望远镜还可以联合起来使用,称为"甚长基线干涉探测",在一定的地理构型下,它的等效口径甚至是地球的直径。除了地面的装置,一些望远镜还被发射到太空,信号的探测波段也涵盖了 X 射线、可见光、红外、微波射频等。这些望远镜为我们了解宇宙的奥秘提供了各种图像和证据,而研制更先进望远镜的各种计划正在进行中。

胡克是当时英国另一位杰出的科学家和发明家,他的研究非常广泛,在光学、力学、生物学领域都做出了巨大贡献。胡克研制了第一台三镜片设计的复式显微镜,这成为显微镜的标准结构,目前仍在沿用。胡克利用它观察微观世界,他发现了软木塞微观结构中的网格单元,以修道院中的小房间"cell"命名这些单元,从此细胞就被称为"cell"。他把显微镜下的微观世界绘制成册以《显微制图》出版(1665 年),在当时引起了轰动,价格昂贵却销售一空。他也自制了反射式望远镜,发现了月球上的环形山并最早记录了木星大红斑。他发现了弹簧伸缩和拉力的比例关系,现在称其为"胡克定律",是弹性介质的普适规律。他对机械钟表做出了重大改进,引入了擒纵器和游丝等装置(这与惠更斯的改进比较接近)。另外,胡克还发明了万向节、真空泵等装置。他还参与了 1666 年伦敦大火以后的城市重建,在建筑与城市规划方面做出了贡献。

胡克应该是那个时代最具仪器制作天分的科学家,他涉猎既广又成就颇丰。不过另一方面,可能因为是他的兴趣爱好过于广泛,导致了他的研究不够深入,他因此也错过了许多重要的科学发现。比如他发明的复式显微镜除了发现细胞,并没有更多的重要发现,而 10 年后的 1674 年,荷兰人列文虎克用比他的发明简单得多的显微镜做出了一系列发现,包括血红细胞、各种细菌、人和一些动物的精子等。列文虎克因此被誉为"微生物学之父"。与胡克同时期的意大利天文学家卡西尼也观察到了木星大红斑,他对大红斑进行了深入研究并公布于世,被公认为发现大红斑第一人(现在认为两人是同时发现的)。胡克又是一个非常自负的人,他曾经因为游丝的最先发明权与惠更斯进行了长时间的争执。当莱布尼茨在英国皇家学会展示自己的手摇计算器时,在其他人的赞誉声中,又是胡克扎眼地跳出来,将其大大贬低了一番。牛顿加入皇家学会时,胡克担任学会实验馆的馆长,并且由于《显微制图》方面的工作而声誉正隆,他对牛顿的论文提出了质疑和反驳。

胡克对牛顿的反对意见主要有两点:第一点,他认为光是一种波而不是微粒——胡克应该与惠更斯差不多同时提出了光的"波动说",不过惠更斯在这方面的研究更深入一些,当然胡克也有自己的贡献,他进一步指出光是横波;第二点,胡克宣称他已经做过了与牛顿类似的棱镜实验,但他认为这个实验只是说明棱镜能够将颜色加到白光中。第一点是科学问题的探讨,争论属于正常。当时其实已经有一些支持"波动说"的实验,牛顿自己就做了一个,只是双方在当时都没有意识到而已。对于第二点,胡克就显得有些胡搅蛮缠了。因为牛顿的棱镜分光实验毫无疑问是一项非常重要的工作,它打破了过去认为的白光是最纯净的光的认识,对认识光的光谱学本质具有重要意义。即使胡克曾经做过这个实验,他认识不到该实验的重要意义,没有给出合理的解释,只能说明他在洞察力方面与牛顿存在的巨大差距,事实上剑桥大学后来竖立的牛顿雕像就是牛顿手持三棱镜的形象,如图 5-5 右图所示,可见后世对分光实验的高度评价。胡克的相关表态颇有些先入为主和居高临下的味道,牛顿的回击自然也不会特别客气,这种带有情绪的争论导致了牛顿与胡克间的长期敌视。牛顿的光学著作《光学》在胡克死后的 1704 年才出版也与此有关。

光的"粒子说"和"波动说"的争论是一个有趣而深刻的物理问题,当时的争论没有定论。牛顿的力学理论在接下去的时间里取得了空前的成功,由此树立了牛顿在科学领域神一般的地位,使得"粒子说"最初占据了上风。19 世纪开始,"双缝干涉"等实验支持了光的波动说,因此光的波动性成为共识。到了 20 世纪,量子力学的发展使人们认识到光同时具备粒子和波动属性,因此这两种看似相互对立的理论都是对的,但都只是阐述了部分真理。一般来讲,光子数比较少时,光主要表现为粒子性;而在光子数比较多的时候,它的统计规律就显示为波动性。中国科技大学的郭光灿老师团队还曾经做过实验,让光子展现一定比例的粒子性和波动性。"波粒二象性"是普适的规律,不但适合光,而且对所有的粒子也都适用。

皇家学会对两人进行了说和,最终胡克先写信道歉,牛顿也积极响应,随后两人维持了表面的友好,并且约定不将通信的内容公之于世。到了 1679 年年末,牛顿在回答胡克关于重物下落的问题时,指出如果没有空气阻力,重物将沿螺旋线下落。善于指摘别人错误的胡克有了不吐不快的冲动,于是打破两人不公开信件内容的约定,在皇家学会公布了信件内容并分析纠正其错误。这次牛顿选择了隐忍,虽然与胡克有所疏远,但两人的通信还是保持下来,信件的讨论也曾涉及引力的"平方反比问题"。这件事成了后来胡克及某些后人指责万有引力定律是牛顿从胡克那里剽窃来的证据。

　　1683 年,胡克,英国天文学家哈雷及当时的皇家学会会长、天文学家和建筑学家雷恩吃饭时谈及行星的轨道问题,雷恩悬赏最先发现行星轨道曲线的人。胡克说"我知道但我不说,要让别人体会找到答案的乐趣"。哈雷却认认真真地进行了研究,他意识到这个计算要用到引力的平方反比关系,不过一直没有结果。1684 年,哈雷拜访牛顿,请教这个问题——如果行星受到的引力与它们到太阳的距离成反比,它们的轨道应该是什么形状?"椭圆形的",牛顿脱口而出。"你怎么知道?""我曾经算过"。牛顿当时没有找到哈雷索要的计算步骤,不过后来提交了一个 10 页的《论天体的运动》的论文。牛顿的研究成果令哈雷大吃一惊,从此他成了牛顿的铁杆粉丝,他说服牛顿把他未公开的相关研究成果系统地撰写出来。于是在 1687 年,牛顿出版了他的科学著作《自然哲学的数学原理》(以下简称《原理》),如图 5-7 所示。

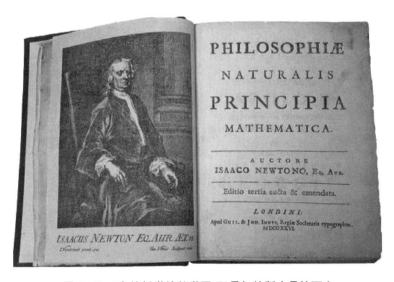

图 5-7　《自然哲学的数学原理》最初的版本是拉丁文

哈雷不仅说服牛顿著书,而且说服皇家学会出版该书。当经费短缺时,甚至自掏腰包垫付。《原理》的编辑与校对也是由哈雷完成的,他还撰写了序言,其中饱含对牛顿的崇敬与颂扬:

"天庭饮食美酒的诸神,

和我一起向缪斯吟唱一个名字——牛顿,

因为他打开了隐藏着真理的宝匣,

太阳神的光芒充斥着他的头脑,

那是比任何凡人都接近神的地方。"

这些用在其他地方显得肉麻的颂词,形容牛顿应该恰如其分。哈雷是最早读懂牛顿理论并认识到其巨大意义的人,他运用牛顿的万有引力定律开展天文研究,这使他发现了"哈雷彗星"。他也是牛顿为数不多的朋友。

《原理》以《几何原本》的风格写就,开始给出了几个定义,包括质量、动量、惯性、力等。在这几个定义之后,牛顿给出了两个注释,认为时间、空间都是绝对的,后世称其为牛顿的绝对时空观。在此基础上,牛顿给出了现在称为"牛顿三大定律"的三个公理,即惯性定律、加速度定律、作用力与反作用定律。它相当于《几何原本》中的五个公设,是不证自明的。其他的物理规律都是由这三大定律推导出来的,这其中最关键的是万有引力定律。牛顿基于开普勒行星定律成立的条件进行推导:

首先,证明了有且只有向心力的情况下,才会出现相同时间扫过的面积相同,并且这个向心力一定与距离的平方成反比,即 $F \propto 1/r^2$,这里 F 是向心力,r 是两物体间的距离。

其次,当物体受与距离平方成反比的力时,它们的运动轨迹为圆锥曲线,包括圆、椭圆、抛物线、双曲线等,在椭圆曲线的情况下,物体的运动周期一定与距离的 3/2 次方成正比,这样,可以通过距离平方反比力得到开普勒第三定律。

最后,重力与物体的质量成正比,再根据"作用力和反作用力相等"的牛顿第三定律,则两个物体间引力一定与两个物体的质量 m_1,m_2 都成正比,即 $F \propto m_1 \cdot m_2$。

将第一点和第三点结合起来,再增加一个比例系数 G,就可以得到公式表示的万有引力定律 $F = G \cdot m_1 \cdot m_2 / r^2$。

可以看出,牛顿提出万有引力定律有比较严谨的推理,其中既用到了已知的开普勒定律,又用到了比较高深的数学推导——哈雷就是因为缺乏相关的数学能力才向牛顿请教的。对开普勒定律的运用则体现了牛顿超越那个时代的洞察力,在他之前,只有开普勒第一定律——椭圆轨道定律得到了公认,另外两个定律的价值和意义往往被忽视。另外,牛顿用到的数学工具——微积分是他自己创造的,他称微分和积分分别为"流数"和"反流数"。

与其他科学家只是做出了零星的发现不同,牛顿在《原理》中给我们塑造了一个由质量和力架构起来的全新宇宙。他向我们揭示了隐藏在纷繁复杂的宇宙万物背后的简单规律,这些规律主宰了从最遥远最宏大的天体到最基本最细微粒子的运行。他建立了一套知识体系,从最基本的物理规律出发,通过逻辑推导和数学计算,可以解释从天体运行到苹果落地的几乎所有力学现象。在《原理》中,牛顿基于三大运动定律和万有引力定律进行了大量的计算,推导和证明了许多命题,对大量看似毫不相干的物理现象给出了解释或计算,包括太阳系天体的密度、行星与太阳的质量之比、行星的形状一定是两极略短赤道略鼓的扁球状、"岁差"的物理机制、潮汐的物理机制、物体在流体中的运动、波的速度、彗星的运动路径……后续的科学进展表明,牛顿给出的力学规律和科学的分析方法在更广域的范围具有普适性。直到 20 世纪初,人们才探知了牛顿力学的边界,在那些地方,并不是牛顿力学错了,而是这些物理规律在一些极限条件下需要修正。

牛顿在《原理》中引入了大量的实验数据,其中单摆、流体力学方面的一些实验是他亲自完成的,而在天文观测方面,他引用了别人的数据。牛顿发明的反射式天文望远镜是对天文学研究的一项重大贡献,其中的镜片是他亲自磨制的,据说成像质量相当不错,不过他并没有在天文观测方面花费太多的精力,也没有重要的天文发现,那或许是他不擅长的领域。他极富洞察力地解释了潮汐的物理机制,但据说他一辈子没有去看过潮汐。

牛顿关于月球观测的大量数据是由英国格林尼治天文台的首任台长弗兰姆斯蒂德提供的。《原理》发表后,牛顿继续相关研究,他需要更多的观测数据,于是向弗兰姆斯蒂德索取,而弗氏让牛顿等到他发表后再采用,并且弗氏以天文学家特有的耐心不急于发表这些结果。牛顿则已经急不可耐了,他试图通过天文台的上级皇家学会对弗氏施压以拿到数据,但没有成功,于是他和哈雷直接窃取了弗氏的星表数据将其强行发表。弗氏后来将牛顿告上了法庭,法院判决牛顿不得采用。牛顿后来删除了弗氏的所有数据,并在《原理》的第二版中删除了弗氏的名字。这件事是牛顿在道德方面的一个瑕疵。

刨除对牛顿进行的道德审判,两人在对观测数据的认知方面是有偏差的,牛顿从理论物理学家的角度急于从观测数据中提取与理论相关的数据进行验证和推导,而弗氏作为天文学家要得到更精确的测量结果。两人都在做符合自己身份的事,只不过牛顿采取的方式让人诟病。据弗氏讲,牛顿和哈雷出版的那个星表不但错误较多,而且牛顿对其中的一些数据还进行了篡改。弗氏后来对星表进行了仔细的检查和校对,最终由他的学生于1729年出版,此时不但弗氏已离世10年,连牛顿爵爷也于2年前驾鹤西去。所以从结果看,牛顿也真的等不起。

牛顿虽然给出了普适的物理规律,但是也有他无法解释、无法涵盖的现象,例如太阳和恒星为什么发光、磁力是怎么回事等。另外,牛顿虽然揭开了天体运行的普遍规律,但是它们为什么会运动起来,它的本源是什么,第一推动力是什么,这些都是牛顿进行思考却没有解决的问题。因此他在《原理》的附录中说"我还未能根据现象推断出引力具有这些性质的原因……"牛顿晚年对神学进行了长期的研究,其中一个可能的原因就是希望在神学中寻找这些问题的答案。

在这本欧几里得风格的《原理》中,公式推导较少,图形却比较多,阅读起来并不容易。这一方面是因为牛顿运用了微积分这种全新的数学工具,另一方面,牛顿曾经说过,为了减少与一些对科学一知半解的学者的争吵,他有意将其写得深奥一些。即使这样,《原理》一经出版就获得了空前的成功。冲着书中可以解释如此多关于宇宙的问题,许多人就对这本书产生了浓厚的兴趣,即使他们看不懂。曾经有人很真诚地问牛顿看懂这本书需要哪些预备知识,当牛顿罗列了书单后,那个人知难而退了。《原理》为牛顿带来了巨大的荣耀,由此奠定了他在英国乃至全世界科学界的王者地位。当然,争论也不可避免,主要围绕万有引力定律展开。

他的老对手胡克自然不会缺席。这次,胡克希望书中明确是他最早发现"引力与距离平方成反比的关系"的,这彻底激怒了牛顿,导致了牛顿与胡克的决裂。在1687年版《原理》中,牛顿还是引述了胡克的一些观点,承认胡克的某些贡献。此次事件后,他不但在新版的《原理》中彻底删除了胡克,而且在他担任皇家学会会长期间,"遗失"了胡克的画像及其发明的大量仪器。牛顿有一句名言"我因为站在巨人肩上才看得更远"。通常大家以此认为牛顿是一个谦虚的人,其实这句话是他在与胡克的争吵中说出的,意在反讽胡克认为牛顿的那些成就是建立在胡克发现的基础之上的。而以"巨人"形容胡克,则颇有点拿他个头矮小、略微驼背的身材开涮之味。

胡克认为他最早发现"引力与距离平方成反比的关系"的论点本身就有争议,牛顿在《原理》中引用了法国神父比利亚尔杜斯的观点,他在 1645 年就提出了使行星保持在轨道上的力与行星到太阳的距离平方成反比。因此胡克一定不是最早提出这个观点的人。同时,这个"反比关系"与万有引力定律不是一码事,它其实需要进一步推导才能得到万有引力定律,这个肯定是牛顿首先完成的。因此,牛顿虽然不是一个道德高尚和厚道的人,但他在这个争论中捍卫自己的权利是有理的。

《原理》发表后,惠更斯也提出异议。他认为引力与距离平方成反比是对的,但与质量成正比是不对的。惠更斯之所以有这个疑问,是受到了不同纬度钟摆周期变化的实验误导,这其实是由于重力加速度的变化造成的。可以看出,即使像惠更斯那样的大科学家,在对引力规律的认识方面,仍然与牛顿有明显的差距。另外从这个事例也可以看出"引力与距离平方成反比的关系"和万有引力定律不是一码事。

牛顿力学也受到了欧洲大陆一些自然哲学家的质疑,他们希望从神学的角度对引力给出"理性"的解释,而不是像牛顿那样直接假设其存在。这个争论后来又与牛顿、莱布尼茨关于谁最先发现微积分的争论搅合起来,导致科学家按照国籍站队,英国科学家支持牛顿,而欧洲大陆的一些科学家则反对牛顿。不过牛顿力学在解释天体运行等领域展现了统治性的实力,很快被整个世界所接受。

微积分的发现权争论是牛顿一生的另一场重要争论,莱布尼茨是他的另一个对手。现在一般认为牛顿最先发现了微积分并将其应用于力学研究,但是他没有发表。莱布尼茨要晚了差不多 10 年,但是他在 1684 年率先发表了相关工作,现在关于微积分的名称、表示等,都是由莱布尼茨提出的。牛顿在 1704 年出版的《光学》中主张自己的最先发现权,莱布尼茨进行了反击。几轮争执下来,莱布尼茨向皇家学会进行申述,牛顿把持的学会在 1712 年通过一个调查委员会认定莱布尼茨是剽窃。欧洲大陆的许多学者不认同这个结果,由此造成了两方科学家间的敌视。现在的学者通常认为两人各自独立发现了微积分。

因为发表《原理》,名声大噪的牛顿常常被慕名而来的人所打扰,围绕《原理》

的争论让他神伤,而他在剑桥大学开设的课程又面临学生听不懂的窘境。疲惫的牛顿不得不休息了一段时间,当重新投入工作后,他把兴趣转入了神学和化学"炼金术"方面的研究。他在化学方面没有做出特别重要的贡献,不过却对他接下来的人生轨迹产生了重要影响。英国财政大臣得知牛顿的这些研究,认定他是金属冶炼等方面的专家,于是向英王推荐他当皇家造币厂的监管。牛顿虽然生活简朴,但是对薪水还是非常在意的,他欣然接受了这个薪水丰厚的工作。在这个职位上,他系统研究了造币过程,改进了造币工艺,使造币效率和成品率大大提高;他采取铁腕手段严厉打击了当时影响英国金融市场的伪造货币犯罪,将伪币头子送上绞架;他还主持了英国的货币改革,在英国确立了金本位制度……货币改革和金本位的确立是另一件对后世影响深远的事件。由于牛顿的出色工作,他在 1699 年升任造币厂厂长,同时他也辞去了剑桥大学教授的职位。他在这个高薪的职位上干了 28 年,直至去世。

据说钱币边缘的锯齿也是牛顿发明的。当时是钱币用金或银贵金属制成。一些不法分子会剪去周围一部分以牟利,牛顿在钱币边缘增加锯齿后,再去剪边就会被发现,这样就解决了钱币剪边的这种不法行为。

牛顿虽然转移了兴趣,没有进一步进行科学研究,不过面对问题时,他还是表现出了惊鸿一瞥式的天赋。其中的一个例子是 1696 年,瑞士数学家伯努利向欧洲科学家提出了"最降速线问题":如果一个小球只受重力,它从高处一点到低处另一点,沿什么样的曲线运动时间最短?当这个挑战欧洲科学家的问题摆到牛顿面前时,他只用一个晚上就给出了答案。后来他将这个解答匿名发表,伯努利看到后不禁感慨"一看爪子,即知是狮子"。此时的牛顿不但在科学界备受推崇,而且成为享誉世界的名人,甚至俄国沙皇访问英国都要去拜访牛顿。当他的老对手胡克于 1703 年去世后,他成为英国皇家学会会长。1705 年又受封爵士。当牛顿 1727 年去世时,英国为他举行了国葬,他被安葬在象征荣耀的威斯敏斯特教堂。目睹这一盛况的法国启蒙思想家伏尔泰说"这是一个国王被对他感恩戴德的臣民安葬"。

当 1725 年英国为牛顿举行葬礼时,伏尔泰正流亡英国,他目睹了这一盛况。既感慨于英国对科学巨人的尊重,又崇敬于牛顿的伟大,由此成为牛顿的崇拜者。他收集了牛顿的许多信息,牛顿与苹果的故事就是伏尔泰从牛顿外甥女那里打听到的。而牛顿在自然哲学方面的研究促使伏尔泰提出反抗神权等主张，最终也影响了法国的启蒙运动。伏尔泰在 1738 年出版了《牛顿哲学原理》，在法国宣传牛顿的科学贡献。伏尔泰的情人夏特莱侯爵夫人将牛顿的《原理》由拉丁文翻译成法文，该书中有一幅非常著名的插图，如图 5－8 所示，图中缪斯通过镜子将牛顿的智慧之光射向正在伏案的伏尔泰。

图 5－8　《自然哲学的数学原理》法文版的著名插图

牛顿以后的世界

可以看到，牛顿所处的时代已经与伽利略的时代大不相同。在伽利略时代占主导地位的神学到了牛顿时代已经被排挤到一边，而牛顿的工作使其更加边缘化。伽利略的许多工作没有同时代的学者做参照。牛顿的研究,则或多或少可以找到同时代同类研究的影子。这说明当时的科学研究已经兴盛起来。牛顿力学能够很快普及也说明了这一点。

牛顿以一己之力搭建起了力学大厦的框架,后世的研究在很长时间都是在为这座大厦添砖加瓦。牛顿构建的力学大厦也有几个重要的缺失,其中最重要的是没有给出万有引力常数 G 的值。这个缺失由剑桥大学的另一位学者卡文迪许弥补,他用扭秤测量了两个重物间的万有引力。他设计这个实验的目的是为了测量地球的密度,最终测得地球密度是水密度的 5.48 倍,但卡文迪许本人都没有意识到,这个实验还有更重大的意义——测出了 G 的值。后人用他的实验结果直接就可以算出 $G = 6.67 \times 10^{-11}$ N·m²/kg²。G 是最基本的物理常数之一,相对论以后的宇宙学研究表明,这个值对宇宙的形成和演化具有重要意义。因此,现在许多最先进的实验室用最精密的测时方法不断测量 G 的值,希望获得更高的精度。尽管这些方法非常复杂、非常精密,但它们都是基于卡文迪许的扭秤实验原理完成的,如图 5-9 所示。在这场关于 G 的精密测量竞赛中,目前精度最高是由我国华中科技大学的罗俊老师团队保持的,它们在 2018 年用两个实验测得分别为 $6.674\,184(78) \times 10^{-11}$ N·m²/kg² 和 $6.674\,484(78) \times 10^{-11}$ N·m²/kg²。

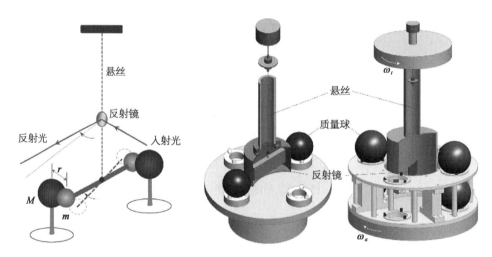

图 5-9　卡文迪许实验测量万有引力常数的原理图(左)和华中科技大学测 G 的装置(右)

牛顿力学在解释天文学方面取得了空前的成功,法国数学家和天文学家拉普拉斯在牛顿力学的基础上发展创立了天体力学。望远镜不断拓展人类的眼界,太阳系发现了更多的行星和卫星,太阳系以外新的天体,包括星云、双星等不断被发现。不过这些发现都是在牛顿力学的时空架构下完成的,物理学还需要发展一段时间才能探寻到牛顿力学的边界。

时间是力学最重要的单位之一,在力学的实验研究中,时间的计量不可或缺。到了18—19世纪,时间的计量逐渐由机械钟表完成。科学技术进步给整个世界带来了日新月异的变化,产生了许多新的学科和新的行业,这使得人类社会的复杂性大大提高。在这样的变革中,计时应用更加广泛,社会的联系更加紧密,这为计时提出了新的要求。

6 走向统一的时间

在英文中,力学和机械其实是同一个词——Mechanics。计时从天文观测走向机械钟表和以牛顿力学为标志的现代科学的诞生,为一个新时代的到来做好了计时和知识储备。这个时代可以从多个维度解读,也有不同的名称,例如资本主义社会、工业社会等。它们的时间段划分略有不同,但是都有一个显著的标志,那就是社会分工更加细密,社会协作更加紧密、机械化大生产。时钟在其中发挥了极其重要的作用,因此美国科学哲学家芒福德说:"工业时代的关键不是蒸汽机,而是时钟"。当整个社会以机械齿轮衔接的方式运行,不同的地区通过铁路等方式联通的时候,就需要建立统一的时间。本章中,我们将介绍时钟如何在这个隆隆轰鸣的大时代中发挥作用及这个时代如何促进计时的发展。

钟楼——不可或缺的建筑

前文已讲,计时的作用是使我们更好地适应自然法则并使社会运行同步。在史前及古代社会,自然法则对人的影响更大一些,历法协调个人的生产生活与太阳的运行法则相一致。彼时农耕社会的典型特征是自给自足,大多数人都限定在一个诸如村落的小圈子里,这个小圈子与外部只需要少量的物质交换就可以了。并且即使在圈子内部,人与人之间关系也非常松散,不需要紧密协作。在这样的架构下,计时有个大概的时辰就可以了。只有对社会运行起重要作用的核心部门,例如古代的皇宫和行政机构,或者神权机构,例如东方的寺院或欧洲的教会,需要更加细密的计时,这些机构就设有人造的时钟。当时的社会运行对这些钟没有特别高的精度要求,只需大致与天文时对应,比如前面介绍的日晷和早期的时钟,他们相对天文时虽有十几分钟的误差,但对当时的社会运行几乎没有影响。

随着大航海和地理大发现,近代历史的大幕缓缓拉开。远航大大拓展了人类的足迹,也促进了商业的兴盛,在这样的背景下,精细的社会分工成为更高效的社会运行方式,而对于商业社会,高效则意味着更大的收益。于是,社会上层和富裕阶层将手中掌握的资源投入到专业化生产中,由此带来了深刻的社会变革,工业生产大量出现,欧洲开始陆续进入资本主义社会。这种变革最早可以追溯到英国的"圈地运动"。

英国发生的"圈地运动"是对后世有深远影响的事件。从16世纪开始,持续了300多年。最早是由于当时羊毛价格的大幅上涨,使得英国的土地所有者将耕地圈起来改为牧场放牧。等到城市大量出现后,圈地运动改为集约化的农作物种植,为城市提供粮食。圈地运动使得大量农民失去了土地,他们大部分被赶到城市,成为工业生产的充沛劳动力,另外也有相当比例的人口殖民新大陆,这使得英国在北美和大洋洲等地的移民占了绝对多数,对后来"日不落帝国"的全球霸权起到了促进作用。

这种工业化生产在空间上需要城市化,不仅要将劳动力聚集起来,而且要把工厂集合起来,使分工协作的链条尽可能短,降低运行的成本;时间上则需要更细密、精确的计时,以便使社会分工的各单元之间可以有效配合,使日益复杂的社会高速运转。例如,精确的上下班时间让工厂连续生产,精确的交货时间让产品有效流通。在这些情况下,"时间"意味着利益,社会的各种约定都需要第三方提供一个客观的"时间"。

社会分工是工业社会的效率所在,是工业社会最主要的特征。英国人亚当·斯密在深入研究了新型工业社会后,于1766年出版了开创古典经济学的著作《国富论》。在其开篇,就以生产一个大头针需要18个工序为例分析社会分工的重要性和意义。

提供这种"时间"是一项社会服务,同时这个"时间"要客观公正并且具有权威性,这两个条件决定了它是当地政府责无旁贷的权力和义务。前面介绍的各个城市的地方时就起到了这个作用,不过最初的地方时通过日晷等方式产生,比较粗略且精度并不高,在一刻钟左右。到了工业时代,对地方时有了新的要求。

首先,需要将时间精确细分到"分"和"秒",取代比较粗略的小时作为最小的时间刻度。这样就需要在时钟的表盘上增加分针和秒针,时、分、秒采用 60 进制换算关系。在多数情况下,甚至我们现在日常生活的大部分场景中,将时间精确到"分"已经足够了,不过也有一些对计时有更高精度要求的应用场景,例如前面介绍的伽利略斜面实验就需要将时间精度提高到"秒",当越来越多的机械设计出来后,也需要用"秒"评价机械的各种运动。因此"秒"和"分"差不多同时引入计时系统,但在当时,"分"显然更重要一些。这一点可以从当时产生的一些单位看出来,例如,脉搏的单位是每分钟多少跳,机械的转动是每分钟多少转,这些单位一直沿用至今。

其次,如何满足连续运行的要求。工业时代摆脱了天气对社会运作的影响,大量的工厂采用倒班制,工人轮番休息,机器却连续运转。连续计时成为评价工人劳动付出、机械运转效能的重要评判标准。原本由天文方法产生的地方时使用起来有诸多不便,更多的场合需要随时连续报时的时钟。机械时钟可以做到这一点,只要定期给时钟上发条,就可以保证其连续运转。当然,还是需要对它的读数进行监视和调节,以便使它与天文时保持在一定误差内。

最后,如何进行大范围的报时。机械时钟一直是比较昂贵的,尤其是在早期,这就导致时钟在早期不可能普及,因此一个城市最开始可能只会建筑一座钟楼,为了让时间传播范围足够广,钟楼一般建在城市的中心,并且尽可能高,通过钟声传递时间。等到时钟的作用日趋凸显并且价格不那么昂贵的时候,城市中摆放了更多的时钟,商场、工厂里也安装了钟表。即使这样,在城市中心设置一台发布地方时的时钟仍然是必要的,因为不同的时钟读数一定不完全相同,为了避免不同的时钟引起的纪时混乱,需要设定一个产生地方时的法定主钟,如果其他钟与这台钟的读数有偏差,要把时钟的指针调到与这台钟一致。当然这台钟本身的精度也需要足够高,起码不比其他钟差。

由于以上的原因,许多城市都在市中心建立钟楼,例如前面介绍的布拉格、哥本哈根等的钟楼,一些钟楼就设在城市行政大厅的顶部,其中最著名的应该是位于伦敦泰晤士河畔的大本钟(见图 6-1)。大本钟建成于 1858 年,是当时世界上最大的时钟。大本钟运行非常精准,同时它还根据格林尼治时间进行校准,是英国国家时间的体现。由于钟楼本身就有 97 m 高,它又屹立在泰晤士河畔,因此钟楼的整点报时可以传播很远,它在设立之时就成为伦敦的标准时间。有了广播以后,它的报时通过英国广播公司(BBC)传播到整个英国甚至全世界,加之大本钟极富美感的建筑设计使其成为伦敦乃至英国的象征闻名于世。

图 6-1　英国大本钟及钟楼,它的表盘直径 **7 m**,分针长 **4.27 m**,是世界上最著名的大钟

　　作为世界最著名的钟,大本钟还有许多传奇:包括它的名称(Big Ben)来自其建造者本杰明;而它整点报时音乐"威斯敏斯特"是世界通用的整点音乐,大本钟不是最早采用该音乐报时的钟表,但由于大本钟采用了该音乐,因此该乐曲有了"威斯敏斯特"的名称,并远播世界。时钟在古代就有礼器的意义。大本钟安装在英国国会办公所在地——威斯敏斯特宫的钟楼上,又与国家天文台时间绑定,本身就体现了国家的权威性。大本钟也可以看作是英国的礼器,被赋予了许多其他的含义。例如每年都有大量英国人守候在大本钟下等待其敲响新年的钟声;当英皇加冕的时候,英国的国家权力机构——下院议会开会的时候,大本钟的表盘就会点亮;双十一是英国的阵亡将士纪念日,每年的这一天 11 时 2 分,大本钟就会鸣响以示悼念;某些重要人物下葬时,大本钟也会静默以示哀悼;在 2012 年,为了纪念女王登基 60 周年,大本钟的钟楼被命名为"伊丽莎白塔";2022 年 9 月英国女王伊丽莎白二世去世,在她的灵柩于 19 日离开威斯敏斯特宫时,大本钟敲响了 96 次以示悼念,其中 96 是伊丽莎白二世的年龄。

　　时钟可能是对连续运行和可靠性要求最高的机器,大本钟作为英国的面子工程,在这方面更加不能有闪失。大本钟通过定期上发条维持运转,早期由人力上紧,后来改成人工操控电机完成。除了这个操作,每年夏令时转为冬令时的时候,时钟停止运转 1 个小时,它就利用这一个小时进行维修保养。大本钟在其 150 多年的运行中,虽然发生的故障屈指可数,但是毕竟无法完全避免。在钟表已经逐渐普及的时代,大本钟发生故障已经不会对社会运行造成实质影响,但故障的象征意义不可忽视,所以要尽量避免。到了 2017 年,为了让这台老胳膊老

腿的机器重新焕发青春,150 余岁的大本钟迎来了为期 4 年的大修,它在 2021
年圣诞节前重新开始运行,重新担负起指挥伦敦乃至整个英国社会运作的重任,
继续记录时代的变迁。

  大本钟在世界上还有两个兄弟,分别是莫斯科红场上的时钟和上海海关大
楼的时钟,它们都是由英国 Whitchurch 公司设计制造的。我们最熟悉的是上海
海关大钟(见图 6 - 2),它应该是我国最著名的大钟。海关大钟设立于 1927 年,
旧称江海关大钟,耗资 5 000 余两白银建造,建成时是亚洲第一大钟。海关大钟
与大本钟虽然在钟楼建筑的风格上相差甚大,但是在功能和意义上有诸多相似
的地方,比如说同样是建在江边,可以在非常广大的范围报时;同样作为本地的
标准时间使用;钟楼同样作为地标建筑成为城市的象征。

图 6 - 2   上海海关大楼的大钟及钟楼,旧称"江海关大钟",我国最著名的
    大钟,它的表盘直径为 5.4 m,建成于 1927 年

  上海海关大钟体现了时钟的另外一个作用——时间和经济的紧密关系。古
代的市场有开闭市时间,约定交货时间即使在古代也是合同最基础的条款。在
进行国际贸易的时候,报关时间非常重要,为了解决这个问题,各个海关大楼都
设有钟楼产生本地的权威时间。海关大钟由海关设立,主要是为了解决船只贸
易时的报关时间、停泊时间、计税等经济问题。除了上海海关大楼,广州粤海关、
汉口江汉关等都建有大钟楼,这些海关钟楼往往是城市中最早设立的钟楼,体现
了开埠通商等对外交往对我国近代化过程的影响。

  关于上海海关大钟,还有一点不得不讲,那就是它的报时乐曲。开始引入

时,它采用通行的"威斯敏斯特"。到了1966年,乐曲改为"东方红"。在1986年英国女王访问上海时,海关大钟按照英国外交部的提议改回"威斯敏斯特",一直沿用到2003年,其间在香港回归时曾经暂时停用过该乐曲。本世纪开始,许多人提议改回"东方红",后经过论证,从2003年5月1日起,报时音乐重新成为"东方红"。小小报时曲的几次变革,体现国民在这几十年国家发展中的情感变化。以海关大楼为核心建筑的外滩建筑群曾经是上海的标志,但随着这几十年的发展,这些城市名片逐渐被新的地标建筑所取代,东方明珠和"厨房三件套"(金茂大厦、环球金融中心、上海中心三座摩天大楼)成为上海的新标志。即便如此,海关大钟及整个外滩仍然以其特有的魅力成为上海最著名的景点。为了保证大钟的健康运行,曾经在2007年对80岁的大钟进行了大修,加之平时对它的精心保养维护,它将继续精准报时,见证上海的沧桑巨变。

上面这几台大钟虽然享誉世界,但以个头而论,这些钟根本排不近世界前十。目前最大的时钟是沙特在麦加建造的大钟,它的表盘直径达到了43 m,而钟楼更高达601 m,称为"麦加皇家钟塔",是世界第3高的建筑。该建筑位于伊斯兰教圣地的入口对面,有不言而喻的宗教意义。

时间斗争

工业化是人类社会发展的一大变革。从计时的角度讲,除了时钟变得必要而普及,围绕时间的博弈也开始上演。工业社会以尽可能快地生产尽可能多的产品实现利益最大化,因此由富裕阶层转变成的资本家把由农民转化而来的工人看作是应该尽量压榨的工具。在时间方面,工业化初期普遍采用了16小时工作制。其他方面的恶行还包括支付尽可能低的工资、雇佣更低工资的妇女和童工等,当时还有更加罪恶的奴隶贸易。这种对利益的追逐形成了资本主义社会内部资产阶级和工人阶级的对立。

在18世纪到20世纪早期,这两个阶级的斗争一直是社会发展的一条主线。在与掌握资本与权力的资本家斗争中,工人阶级联合起来,他们成立了自己的组织和政党,形成了社会主义理论,争取到一些权利。通过早期的斗争,部分国家的工人赢得了12小时轮班的工作制。到了1817年,英国空想社会主义者欧文提出了8小时工作制的口号,他认为人的一天应该是"8小时劳动、8小时休息、

8小时睡眠",这成为后来工人阶级争取基本权利的口号。1886年5月1日,美国芝加哥工人为了争取8小时工作制举行了大罢工但遭到镇压,后来恩格斯领导的第二国际将这一天定为国际劳动节。经过工人阶级的不懈斗争,到了19世纪末,世界主要国家基本都实现了8小时工作制。这成为工业社会,人作为社会主体承担劳动义务和享受生活权利的基本规范。

我国作为人民民主国家,在建国伊始就注意保护劳动者权利,在《共同纲领》中就规定了企业的工作时间为8～10小时。后来在《劳动法》中规定了劳动者每天的工作时间不超过8小时,平均每周工作时间不超过44小时。当然,在今天的社会,这个规定并没有完全落实。

工业社会重新定义时间对人的约束作用,时钟的作用不再仅限于明确工作与休息时间。在1790年前后,英国人发明了"守夜人时钟"(见图6-3),其基本逻辑在守夜人需要巡视的关键位置摆放这样的时钟,守夜人到达该位置按下时钟的按钮,时钟可以对这个操作进行记录,由此可以检验守夜人是否恪尽职守,完成了应尽的巡视。守夜人时钟后来发展成为考勤钟,一般摆放在各个单位的门口,通过"打卡"确定各人的上下班时间。最近几年,这种考勤钟进一步进化,现在手机上的某些APP实现了相应的功能。当一个人到达工作地点后,通过手机的定位功能进行确定,然后在对应的APP上进行打卡。无论在守夜人时钟、考勤钟,还是考勤APP,其实它们都是为了对工作时间和工作程序进行严格的监控,防止个人在工作时间上偷懒。当然,考勤也有有利于工作者的一面,额外的加班也可以通过考勤体现出来,一些比较规范的单位会根据考勤确定加班时间并支付额外的薪酬。

图6-3 一台守夜人时钟。它在表盘后面有一个转盘,转盘上等间隔伸出了一些卡子,当卡子转到顶部时,按下顶部按钮就可以将卡子按下,如果没有按下,卡子就保持伸出状态。这样,就可以根据这一圈卡子的伸缩状态,判断守夜人是否在对应的时刻曾经来到过设立时钟的位置(《时间的故事》)

工业社会以一种机械化的形式运作,其运转的速度和复杂度都与过去不可同日而语,人作为社会的主体和细胞必然也要求"精准",这就对人在守时方面的操守提出了更为严格的要求。另一方面,人的作用被机械化,就是不断重复生产同一种产品,卓别林的电影《摩登时代》就酣畅淋漓地讽刺了这样的场景(见图6-4)。

图 6-4　卓别林电影《摩登时代》中的一幕,这里人已经成了机器的一部分,连吃饭都要由机器完成,但是人毕竟不是机器,无法按照机器设定的规律吃饭,因此导致了非常尴尬的一幕

我们虽然应该批判这样的场景,不过也应该接受它是发展到工业社会的某种必然。在一定程度上,我们不得不适应这种分工协作和重复劳动的要求。在工业时代,守时、自律的人往往会获得更好的发展。一个人是如此,一个国家也是如此,工作技能更强、纪律性更好的国家现在都发展得比较好,而那些更加自由散漫的个人或者国家的发展则情况往往较差一些。比较重要的是协调好工作与休息的关系,8小时工作制应该是两者博弈达到的一个平衡点,可以相对这个平衡点略微偏移,但是不能相差太多,否则就会产生社会矛盾。

工业社会对时间的同步性要求也传递到了战争领域。有正反两方面的典型事例,都是由英法两国做出的。在1853—1856年爆发的克里米亚战争中,英法联军于1855年9月总攻塞瓦斯托波尔要塞,为了解决各部队之间的协同性问题,各个指挥官第一次通过对表使时间同步,这样可以保证战役中各部队协调行动,最终促成胜利。从此以后,对表成了战斗打响前的必要步骤。英法两国虽然在这次战斗中创造性地提出了"战前对表",但在后来进行了另外一场战斗中,似乎忘记了这件事。一战期间的1915年,英国率领澳新军团和法军一起与土耳其爆发了惨烈的加里波利战役,在一场关键的战斗中,由于进攻前没有精确对表,导致停止炮击与部队冲锋之间耽搁了几分钟,土耳其人利用这段时间重新部署了机关枪,造成了联军极其惨重的伤亡和战斗的失败。

克里米亚战争是奥斯曼土耳其联合英法对俄国进行的一场战争,是一场影响深远的划时代战争。倒不是说它改变了世界格局,而是因为它改变了战争的模式。当时英国已经基本完成工业革命,导致战争的形式与过去截然不同。它创造了战争史上的诸多第一,除了上面介绍的第一次对表,还包括第一次使用线膛步枪、蒸汽动力战舰、水雷等新式武器、第一次搭建了野战医院、第一次绘制天气图、第一次用电报指挥战争等。可以说,克里米亚战争是第一场现代战争。除了战争本身,它还诞生了多个影响后世的衍生品:南丁格尔就是因为在克里米亚战场上救治伤员,促使她设立了护士这个职业;卷烟本来只是土耳其人的喜好,通过这场战争,卷烟在欧洲军队开始普及和泛滥;而战后签订的《巴黎和约》对后世的国际法产生重要影响。

区域时间的统一

工业生产对机械动力有着天然的追求,但早期的工厂还是沿用了农耕社会的那一套,除了让工人出力,其他可以借助的手段非常有限,只有畜力、水力等。河水的流动可以提供比较大并且比较稳定的动力,因此最早的工厂往往建在河边,利用水车驱动机器运作。人类很早就发现了热量可以做功的现象,比如水沸腾时产生的蒸汽会顶起壶盖,但怎么从"热"中把动力有效提取出来,这并不是一件容易的事。从 17 世纪开始就有人研制了蒸汽机,但早期的机器效能非常低,只有一些煤矿可以用得起。瓦特发现了问题的症结并找到了改良的办法,他在 18 世纪下半叶研制成功了实用的蒸汽机。

蒸汽机很快就得到普及,在当时已知的所有工业领域都得到了应用。它相当于人类找到的力大无穷的帮手,可以帮助人类改造世界。以蒸汽机为动力的发明层出不穷,带动了纺织、采矿、交通等行业生产效率的空前提高,整个工业领域进入机械化大生产时代,整个社会的面貌随之改观。因此美国史学家斯塔夫里阿诺斯评价说"蒸汽机的历史意义,无论怎样夸大也不为过"。蒸汽机带来的工业革命一方面使城市化步伐大大加快,另一方面导致更频繁的商业贸易和生产流通,使得各地之间的联系空前紧密,货运与交通变得越来越重要,由此诞生了新的交通工具——火车。

一般认为,以蒸汽机为标志的第一次工业革命是由工匠推动的,是一次技术革命,科学在其中发挥的作用比较有限。将热能转化为机械能的机器称为"热机",热机的相关理论是由法国工程师卡诺及德国物理学家克劳修斯作出的。根据这个理论,越热的蒸汽做功越有效。水蒸气温度不是特别高,所以效率一般都不会太高。瓦特以前的蒸汽机能效只有0.5%,瓦特的蒸汽机做到3%就实现了实用化。今天,蒸汽机在电力、船舶等许多领域仍然具有不可替代的作用,通过产生高温高压等手段,其能效可以提高到40%以上。

火车是工业革命时期的另一项非常重要的发明,甚至常常与瓦特发明蒸汽机相提并论。与瓦特发明蒸汽机类似,斯蒂芬孙并非最先发明火车的人,而是通过改进将火车实用化的人。火车的雏形是煤矿中将煤炭从矿井运出的矿车,在斯蒂芬孙之前,就有人设计制造了各式火车,不过由于各种缺陷导致无法实用。斯蒂芬孙进行了一系列创造性的改良,使之成为一种有着强大运力的交通工具。斯蒂芬孙设定的铁轨轨距为1 435 mm,至今是铁轨的标准。

与蒸汽机仅仅是一台机器不同,火车不单单是一个车头和车厢,还包括了铁轨、火车站等一系列需要巨大投入的设施(见图6-5),并要拟定时刻表。这么复杂的一套系统能够从无到有并最终普及,不得不说是一个奇迹。这可能与当时对货运的强烈需求有关,如果当时就已经建立起公路运输系统,不知道火车还能否普及。不过铁路网一旦建成,就展示出强大的运输能力,即使在公路、海运、航运非常发达的今天,铁路运输仍然被广泛使用,在19世纪的陆路运输中,火车更是独步天下。在当时,铁路网修到的地方意味着该地融入工业文明中。英国从1825年建成第1条货运铁路、1829年建成第1条客运铁路起,到1838年铁路里程就达到800公里,在1870年建成超过3万公里的铁路网。铁路在空间上将不同的地方联系起来,在时间上,则对统一的时间提出要求。

前面已经介绍了,各地的时间是根据当地的天文观测建立的。根据这个原则,不同位置的时刻是不相同的,这与他们的经度有关,经度每相差1°,时钟就会相差约4分钟。这个知识很早就已知,但对于工业革命以前的世界,除了航海和偶尔的长途旅行要进行时间调节,各地地方时的差别对整个社会几乎没有影响。铁路网建立起来后,这种由于地方时不同导致的时间调整就变得非常麻烦。像

图 6‑5   斯蒂芬孙 1829 年研制的"火箭号"火车机车的模型

英国这样本身面积不大,国土又基本沿南北向排布的长条形国家,它的本岛经度跨度只有约 10°,即使这样,本岛内不同地方时钟的最大偏差会达到约 40 分钟。对于火车这种可以准时到 1 分钟以内的交通工具,如果铁路系统采用各地的地方时,它就要进行一系列复杂的时间操作:设立时刻表时就需要不断进行换算,火车上自带的钟表也需要根据地点不断调整。不同地点间的经度差往往不是整数关系,两个站点间的时间换算一定是有分有秒,将会造成极大的混乱。为了解决这个问题,在铁路运输诞生不久的 1840 年,英国大西铁路公司就率先采用格林尼治标准时间(Greenwich Mean Time,GMT)作为列车运行的单一参考时间,不再接受其他地方时。其他铁路公司也纷纷效仿,到 1850 年,格林尼治标准时间在全英国的铁路系统普及。

火车运行的准点性决定了它是工业社会早期对绝对时间精度要求最高的行业,几乎所有的火车站都设立了醒目高大的大钟,并且一般都是"四面钟"。我们可以从图 6‑6 的北京站和上海站的照片中看到这个特点。这些时钟意在提醒乘客按时乘车,不要贻误。除了这一点,它还暗含另外一层含义,就是火车站的这些钟表发布的是列车运行的法定时间,乘坐火车只能按照这些钟表显示的时刻,而不是乘客自己的钟表指示的时刻,哪怕这些钟表比车站时钟更精确。由于火车与纪时的这层关系,如果我们在近现代的建筑中发现顶部安放高大时钟,最容易联想到的就是火车站。不过这一切在近年来发生了改观,时钟大量普及,手表、手环、手机、电脑等每个电子设备上都配置了时钟,这些时钟通过网络进行连续校准,精度远远超过乘坐火车所要求差不多 1 分钟的误差,这使得火车站不必再摆放大钟。现在国内的许多新建高铁站已经不再把时钟安放在最醒目位置,或许有一天,火车站的时钟会走入历史。

图 6-6　北京火车站的照片(左),它在主建筑的两端各有一个角楼,角楼上分别安放了一台四面钟。上海站南广场的照片(右),它是在站前广场设立一个高高的立柱,将大钟安装在立柱的顶端

在铁路系统采用标准时间后不久,英国获得了一次向全世界展示自己的历史性机遇。1851 年,英国在伦敦海德公园举办了万国工业博览会(见图 6-7)。这为基本完成了第一次工业革命的英国提供了展示"日不落帝国"超强工业实力的舞台。这次博览会得到了世界各国的积极响应,我国也有民间人士参加,因此它又成了世界级的交流盛会,并成为后世各种博览会的鼻祖。为了举办这届博览会,英国专门建造了玲珑剔透的"水晶宫"。全世界有超过 600 万人次参观了这次博览会,绝大多数参观人士通过火车前往,他们也由此见识和了解了英国铁路系统的标准时间。

对于内部联系日益紧密的工业社会,标准时间的优点显而易见,英国铁路系统最先实践,而伦敦万国博览会则在某种程度上推动了这一进程。博览会之后,标准时间很快就在其他行业推广并在英国普及。等到 1855 年,英国已经有98% 的公共时钟采用格林尼治时间。标准时间起协调社会同步运行的指挥棒的作用,不同地方、不同行业只要按照标准时间安排事务,就可以实现与社会的其他部分同步。在这个架构下,社会的同步问题就转化为如何将标准时间传递出去并校准其他时钟。早期采用搬运钟比对,电磁学技术发展起来后,电波传递解决了这个难题。它还是最先在铁路系统使用,然后推广到用到标准时间的所有行业。电波传递是近现代时间计量领域的一个关键技术,将在后面进一步介绍。

图 6-7　1851 年伦敦万国工业博览会,英国在展示超强国力的同时,也潜移默化地传播了一些理念,例如通过火车让参观人士了解了标准时间

《八十天环游地球》

　　虽然格林尼治时间开始逐步在英国普及,但仍然需要几十年才通过法律或者公约将标准时间确定下来。在此之前,即使英国,仍然有人在采用地方时,在全世界范围,地方时更是主流。如果在全世界范围内旅行,地方时会造成什么样的后果呢? 对于这个问题,小说《八十天环游地球》给出了答案。

　　《八十天环游地球》是法国著名科幻小说家儒勒·凡尔纳创作的长篇小说。该书以工业技术突飞猛进的 19 世纪为时代背景,讲述了在洲际有了定期客轮,苏伊士运河开通,横跨印度、北美的铁路通行的大背景下,英国绅士福格先生与他的仆人路路通一路克服了种种意外和障碍,最终用 80 天完成环游地球一周回到伦敦的故事。

　　这本书的引子是一个关于时间的打赌:福格先生测算出以当时的技术可以80 天环游地球,但需要非常精准的时间管理将各段旅行衔接起来。虽然预期会有各种意外,但在福格先生这位古板的英国绅士看来,仍然可以按时完成这趟旅行。于是他以 2 万英镑为赌注,与朋友们打赌用 80 天的时间实现环游地球。这是一个用足够的金钱进行精确的时间控制,与时间赛跑的引人入胜的故事。而故事的高潮仍然与时间有关:由于福格先生是自西向东旅行,导致他完成旅行时感受到的天数比停留在伦敦的人们经历的天数多了 1 天。因此虽然福格先生花费 81 天,但按照伦敦的本地时间计算,他仍然是 80 天完成了环球旅行,因此不但赢得了赌注,并且还抱得美人归。

《八十天环游地球》设定的故事时间点是 1872 年,与该书的出版是同一年。它一方面说明当时技术发展带给人们日新月异的变化,另一方面也说明那个时代虽然在技术上可以实现环球旅行,但这样的旅行还只能通过科学幻想实现。作为凡尔纳最受欢迎的著作,《八十天环游地球》的出版导致许多人都尝试按照这个路线进行环球旅行(见图 6-8),据说有人最早于 1889 年,用时为 79 天完成了这样的实践,说明凡尔纳的预估还是非常靠谱的。福格先生在旅行中一直没有进行日期变更,导致多出 1 日是本书的一个噱头,考虑当时欧洲和美洲交流比较频繁,福格先生应该在登上美洲大陆就通过与当地的日期比较意识到日期变更问题,而不是等回到伦敦时才恍然大悟,这或许是本书的一个小争议吧。

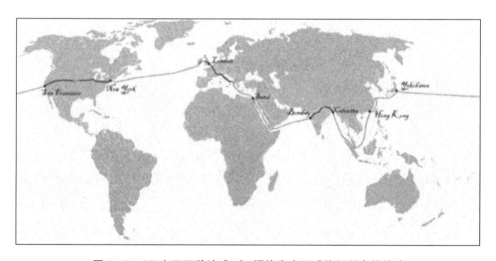

图 6-8 《八十天环游地球》中,福格先生环球旅行所走的线路

书中的赌资 2 万英镑在当时是一笔巨资,根据凡尔纳在书中给的汇率,它相当于 50 万法郎。1878 年成立国际性组织——米制公约委员会时,各会员国缴纳的会费也只有 10 万法郎。也有人将 2 万英镑换算成现在的人民币,据说相当于 7 500 万人民币。有意思的是,当年英国《经度法案》给出的赏金正好也是 2 万英镑(见第 4 章),不知道这是否是巧合。

该书中设定了两套时钟体系,一套是旅行者随身携带的时钟,它需要不断修订到旅行地点的地方时。另外一套是伦敦的本地时钟,它是仆人路路通手中的祖传怀表,他对这支怀表的精度有着绝对的自信,而对当时已经是常识的跨越经度要调节时间不但一无所知,而且非常抵触,这就导致了在旅行中他的怀表与周围的时钟的偏差不断发生改变。书中曾经给出这样的说明:

"弗朗西斯·克罗马蒂先生……试图让路路通明白,每到一地,就得按新的子午线拨表,还说因为由西向东、迎着太阳运动的方向走,所以经度每过 1°,就要拨快 4 分钟。可他说也是白说,这个固执的小伙子硬是不肯拨表,始终让自己的怀表按照伦敦时间走。"

如果我们在这趟旅行中不断比较福格先生的时钟和路路通的时钟,就会发现在整个旅行的过程中,福格先生的时针一共拨快了 2 圈,正好 24 小时,福格先生计算日期时多出来的一天正是由此产生的。因此,如果环球旅行只是拨动时钟,而不进行日期的调整,就会导致记录日期出现偏差。我们现在已经知道如何解决这个问题,就是在跨越 180°经线时进行日期变更。但在那本书出版的年代,全球范围内还没有统一的经度线,更别说日期变更了。

标准时间与天文台

我们知道,地球上各地的地理坐标由经度、纬度、高度确定。相比于根据与赤道面夹角定义的纬度,经度只是一个相对值。它是穿过该点的经线(所在的半球面)与本初子午线(所在的半球面)的夹角,本初子午线对应 0°经线。理论上讲,任意一条经线都可以作为本初子午线,但实际情况并非如此。地理测绘,特别是大范围地理测绘需要通过天文观测实现,而本初子午线是地理测绘的参考基准,需要进行长期精确的天文观测,因此本初子午线上必须设立天文观测点,也就是天文台。在古罗马时代,埃拉托色尼和喜帕恰斯就曾经以通过亚历山大的经线作为本初子午线绘制地图。到了近代,欧洲新兴各国从航海定位和新大陆地理位置的测绘出发,对高精度天文观测提出迫切要求,于是建立起一批国家天文台。各国的地图都根据各自的天文台基准绘制。

1667年，法王路易十四为了绘制精确的法国地图，根据法国海军大臣的建议设立巴黎天文台，该天文台于1671年建成，首任台长是著名天文学家卡西尼。由于当时英国是海上霸主，对航海中的精确定位需求更为迫切，因此英国在1674年建立了格林尼治天文台，首任台长就是前面介绍的弗拉姆斯蒂德。基于同样的动机，柏林天文台和圣彼得堡天文台也分别于1701年和1725年建立。这些天文台是各国为了测绘、导航等目的建立的，最初都有非常明确的实用主义色彩。

更直接体现天文与航海关系的是美国海军天文台（United States Naval Observatory, USNO），它的建立时间为1830年，比前面这些天文台晚了不少，但考虑美国1789年才成立，我们就不得不承认USNO的设立时间实在不算晚。USNO设立的目的从它的名称上就可以看出——为美国海军服务。有这样的使命牵引，美国自然会对USNO大量投入，它也因此发展成为目前世界上最强大最权威的计时机构。

当时的天文学领域，正经历着望远镜发明带来的大发展，这些天文台固然配置了天文望远镜，其他从事天文望远镜研究的人士也不在少数。望远镜的性能往往决定了天文观测方面的成就，而当时的望远镜还没有发展成后来那种庞然大物，一些天文爱好者也可以制作。他们中的一些人在这方面天分极高、磨镜工艺精湛，当时性能最优异的天文望远镜往往出自这些人之手。例如，威廉·赫歇尔研制了优异的大口径望远镜，德国物理学家夫琅和费研制了当时最大最好的折射式望远镜。他们借助这些更先进的天文利器，做出一系列更重要的天文发现，赫歇尔后来成为英国最著名的天文学家。那些国家天文台也取得了一些重要天文学发现，像卡西尼发现木星大红斑、土星环的裂缝等，不过总的来讲，成就并不突出。并且这些天文台得到国家的支持力度也比较有限，发展也不是一帆风顺。下面以格林尼治天文台为例介绍。

英国天文学家威廉·赫歇尔（1738—1822年）本是一名小有名气的作曲家，通过阅读书籍对天文学产生了浓厚的兴趣，凭借在金属冶炼和镜片磨制方面的天分和钻研，他研制成功一系列性能优异的大口径反射式望远镜，后期制作的镜片口径都超过1米。借助这些望远镜，他发现了天王星、观察到太阳在银河系中的运动、发现了大量星云、研究了银河的形状和结构。赫歇尔还将妹妹和儿子培养成为天文学家,成为天文学界著名的"赫歇尔家族"。英国皇家天文学会也是他创立的。

格林尼治天文台由当时的英王查理二世批准建立。虽然英王曾经拿出一部分个人积蓄进行资助,但天文台的经费依然非常紧张,不但难以配齐必要的仪器,连台长弗拉姆斯蒂德的 100 英镑年薪也常常拖欠。弗氏想尽办法解决这些问题,许多仪器由他个人购置或者来自其他人的捐赠。他甚至需要通过教授学生筹措费用以维持天文台的运转。早期天文台能够运作起来,与弗氏的个人贡献分不开。相比于当时巴黎天文台的掌门人卡西尼做出的一系列天文学发现,弗拉姆斯蒂德在天文学领域的贡献并不显著,他的主要贡献是通过长期的天文观测,编辑出版了著名的《不列颠星表》。这个星表收录了约 3 000 颗星的数据,测量精度达到了约 $10''$。另外他改进了天体在星图上的投影方法,显著降低了天区的变形。

弗拉姆斯蒂德是一个多少有些悲情的人物,除了遭受牛顿的剽窃与打压,弗氏的另一个"不幸"在于他选择了哈雷作为接班人。弗氏还是非常能识人的,当哈雷还只是一名大二的学生时,就被弗氏选中成为助手。两人曾经有过一段相互赏识的"蜜月期",哈雷在南半球的圣赫勒拿岛完成南天球星空的测绘时,弗氏一度赞誉哈雷是"南天球第谷"。但两人性格迥异,弗氏专注而古板,哈雷却喜欢交际,喜欢表现自我,弗氏肯定是对哈雷做过一些打压,这导致两人后来关系决裂。等到哈雷成为牛顿的密友后,他在牛顿与弗氏发生争执时,没少为牛顿帮忙,如果没有哈雷这个内应,牛顿是拿不到弗氏的数据的。

早期的格林尼治天文台深受弗拉姆斯蒂德的影响,弗氏 1719 年去世后,他的遗属搬走属于他个人的仪器,天文台因此几乎被搬空。哈雷 1720 年接任台长,他通过超强的社会活动能力不但使格林尼治天文台起死回生,而且获得了进一步的发展。哈雷虽然和弗氏不对付,但作为天文学家当之无愧,他在天文学方面的成就高于弗氏,包括发现"哈雷彗星",通过金星凌日测量日地距离等。因此弗氏选哈雷作为接班人,对于其个人或许有些不幸,但对于天文台的发展,应该是正确的选择。

"经度问题"是航海中遇到的老问题,天文学家一直试图通过天文的方法解决。在哈里森发明航海钟之前,包括卡西尼和马斯克林内(见第 4 章)都给出了天文观测的方法,其基本原理都是将几个天文现象组合起来,由此得到与地球自转无关的很短时间的天象变化,进而根据天象方位进行定位。卡西尼提出观测木星卫星的方法确定经度。巴黎天文台在 1679 年颁布了根据这个原理的天文历,当完成相关的天文观测后,可以通过查找该历书确定时间,从而确定经度。但该方法需要非常熟悉木星卫星的运行规律,它的复杂性决定了没有天文学家的帮助,航海家几乎不可能完成定位。马斯克林内后来提出的观测月球定位的方法与之类似,情况也没好到哪里去。正因为如此,当英国悬赏"经度问题"时,还是哈里森通过研制高精度航海钟,结合天文观测的方法胜出,最终彻底解决了这个问题。

这种测量经度的方法需要两个步骤:第一步是船只在出发前将航海钟的时间校准到本初子午线时间;第二步是在船只航行的时候,通过天文观测得到本地时间,与航海钟的时间求差测量经度。哈里森钟解决的是第二个问题,为了实现第一步的功能,需要天文台产生标准时间并将其发布给用户。这样,天文台就需要建立一套守时和时间发布系统。天文法只能通过观测某几颗恒星穿越中天确定一天中的某几个时刻,得到的时间是不连续的,需要一台准确度尽可能高的时钟连续运行,给出连续的时间信号。用天文观测对该机械钟进行驾驭和校准,使该钟与天文时保持一致。

新的时间单位

我们采用天文时作为时标,是因为在人类历史的大多数时期,天文时是最准的。但天文时并不唯一,第 4 章就介绍了两种天文时标:以"真太阳日"为基本单位的"真太阳时",和以"平太阳日"为基本单位的"平太阳时",两种时标的偏差最大可以达到 15 分钟,如图 6 - 9 所示。工业革命以前的人类社会因为采用日晷纪时,所以对应的时标是"真太阳时"。"真太阳时"由于受地球公转的影响,所以精度较差。它的指标甚至不如惠更斯时期的机械钟表。因此到了工业革命时期,就不能再采用"真太阳时"作为标准时间了,否则它恶化整个纪时系统的精度。为了解决这个问题,英国从 1834 年开始,法国从 1835 年开始,先后用"平太阳时"替代了"真太阳时"。它的基本思想是对一年中的"日长"进行平均,用平均的"日长"替代真实的、变化的"日长"进行计时。

时间的计量必须具有可操作性,若想采用"平太阳时"时标,就必须找到可以

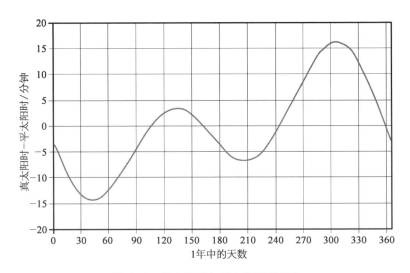

图 6‐9　真太阳时与平太阳时的时差

实现这种纪时的天文观测方法，这是通过观星实现的。因为相比地球公转时速度不断变化，地球的自转非常稳定，其旋转一周的时间起伏只有约 8.4 ms，对应的时间精度约为 10^{-7}。而地球的自转可以通过观星进行测量，称为"恒星日"。"恒星日"虽然精度很高，但地球上的生物和人类社会都是按照"太阳日"作息的，因此"恒星日"只能是一个换算单位，而不是基本单位。实际的操作是天文台内部以"恒星日"作为基本周期，将其转换成"平太阳日"进行计时。这也就是"平太阳日"为 24 小时而"恒星日"为 23 小时 56 分 4 秒的由来。

这项工作最早也是在格林尼治天文台开展的，1851 年，第 7 任台长乔治·艾里在格林尼治天文台设置了专门用于观星计时的仪器——中星仪，如图 6‐10 所示。这台仪器的架设位置就对应格林尼治子午线，通过该仪器观测特定恒星的在视周期，得到标准的时间间隔，用它校准机械钟，产生标准时间。

既然是标准单位，就需要给出定义。英国在 1900 年给出格林尼治平均时（Greenwich Mean Time，GMT）的定义为"**'格林尼治小时角'指春分那一天格林尼治中午 12 点对应的那一小时**"。这是一个比较严谨但也相当拗口的定义，可以理解为用一年中最接近"小时平均值"的一个具体"小时"定义时间。这个定义包含如下一些含义：春分这一天"日长"最接近"平太阳日"，这一天的时间中点——中午 12 时最接近"平太阳日"的 1 小时；用"小时"代替"日"作为时间单位，除了提高精度，也反映了社会发展导致时间被划分得越来越细密；古

本初子午线

图6-10 格林尼治天文台的中星仪(左)及其房间的外部(右),这台仪器不仅成为时间体系的参考基点,而且也定义了本初子午线(图中的黄铜线),将世界划分为东西半球

代西方的历法以春分作为一年的开始,这个定义应该考虑了时间计量的历史传承。当然,这个定义并不是一个真实的可操作的定义,真正的时标由中星仪驾驭机械钟产生。这个定义虽然得到了精度更高(10^{-7})的时间单位,但它没有完全解决时间计量的难题,后世不断改进时间单位和标准时间的产生方法,它的变迁是科技进步的一个缩影。

天文台产生标准时间后,需要将时间传递出去。在电波报时以前,主要有3种时间报数或传递的方式:信号指示、声音传递、搬运钟比对。天文台所处的地理位置一般比较偏僻,由于担心巨大的声响影响天文仪器,天文台本身也没有设置巨大的表盘或者钟声报时。他们一般是采用搬运钟传递时间,具体地讲,就是在天文台把一台走时很准的可搬运机械钟校准到标准时间,然后拿这台钟去校准各地公共时钟,其他的各类钟表再根据这些公共时钟进行校准。天文台还是会设置一个报时的装置,一般是一个时间球,它安装在天文台楼顶的直杆上,每天接近某个整点时升到直杆顶端,在整点时落下。图6-11是格林尼治天文台的时间球,它每天下午1点落下进行报时。美国USNO也有类似的装置。另外,近代还有许多地方将标准时间传递到一些炮台,用鸣炮进行报时。像 USNO 就有这样的报时机制,在每天的上午 7 点和下午 6 点,以鸣炮的形式为首都华盛顿地区提供报时服务。

图 6‑11   安装于 1833 年的格林尼治天文台落球报时。天文台屋顶有一个红色的时间球,该球每天中午 12 点 55 分开始上升,12 点 58 分升到顶部,下午 1 点准时落下

19 世纪,虽然欧洲大陆发展迅速,但英国在海洋上拥有无可争议的霸权,它的大量海外殖民地、海外利益也使得英国不得不重视航海业,而纪时又与航海定位关系密切,这就导致了英国对纪时格外重视,它在相关领域也一直处于世界领先的水平。1880 年,英国将已经在全国普遍使用的格林尼治标准时间(就是GMT)以法律的形式确定为英国的法定标准时间。GMT 的影响超越了英国的实际统治范围。作为航海技术最先进的国家,英国出版的用于航海的海图、星表、天文历等受到世界各国海员的追捧,当时全世界有三分之二的船只采用这些以格林尼治子午线作为经度 0°的图表,以 GMT 作为航海的参考时间。

在大西洋的另一边,北美大陆也在飞速工业化,当时加拿大和美国都修建了从东海岸向西一直到太平洋沿岸的太平洋铁路。《八十天环游地球》中就有一段描述美国的太平洋铁路带来的便利。北美大陆的铁路系统同样对标准时间提出要求。但对于美国和加拿大如此幅员辽阔的国家,它们东西海岸的地方时相差

5 个小时以上,如果照搬英国的单一标准时间,就会因为与"太阳时"相差太大使人们产生不适。1870 年,美国女子学院院长查尔斯·多德提出了利用经度划分"时区"、建立美国国家标准时间体系的建议,不过当时并没有实施。1879 年,加拿大铁路工程师伏列明提出了类似的"时区"方案,具体地讲,就是按照 15° 经度间隔划分区域,每个区域采用统一的时间,相邻区域的时间相差 1 小时,这就是"时区"的雏形。在这个方案中,虽然还是需要调整时间,但是时差正好 1 小时(或者其他整数小时),换算起来非常容易。这个方案很快在北美实施,到 1883年,美国为它的铁路系统建立起标准铁路时间,也就是其国内的标准时间。该系统设置了 5 时区,它们的参考点分别对应西经 60°,75°,90°,105°,120° 的时间,在图 6-12 中用不同灰度表示。

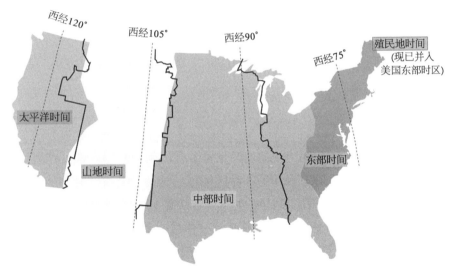

图 6-12 **1883 年美国铁路标准时间给出的时区(图中的不同灰度)和现行美国大陆时区(图中的曲线区分)的比较(图中的"殖民地时间"后来被撤销,并入了东部时间)**

这些工业国的内部虽然建立起标准时间,但是国与国之间的时间并不统一,换算也比较麻烦,在各国间交往日趋密切的情况下,建立全世界范围统一的时间体系就变得很有必要。于是在 1884 年 10 月,来自 25 个国家的 41 名代表在美国华盛顿召开了国际子午线会议。这个会议通过了塑造当今时间体系一系列决议,主要内容包括:

(1) 经过格林尼治天文台中星仪中心的子午线作为世界统一的本初子午线。

(2) 采用"平太阳时"计时,以午夜作为 1 天的起点。

（3）划分 24 时区，以东经、西经 7.5°范围内区域作为 0 时区，然后每隔 15°划分 1 个时区，以东、西经 180°重合线作为国际日期变更线。

可以看出，英国在本次会议上将其国内推行的制度推广到了全世界，可谓大获全胜。会议中比较失落的是法国，法国人本来希望以巴黎天文台确立的巴黎子午线作为本初子午线，但当时英国和 GMT 的强大影响力使得英国的方案最终胜出。为了安抚法国，国际子午线会议还通过了一条协议：研究和推广十进制计时技术（这一条是法国大革命期间历法改革的内容，但即使在法国也没有推行下去。在决议上加了这条，明显就是为了安抚法国，后面根本也没有推行）。即使这样，法国还是在本初子午线的设立决议中投了弃权票。并且会后在法国国内仍然沿用巴黎时间，其实巴黎时间只比 GMT 快了 9 分 21 秒。即便如此，法国在与世界其他地方交流中，仍然感受到这个时间差带来的不便。到了 1896 年，法国把巴黎时间拨快了 9 分 21 秒，这样它就与 GMT 完全一致了，但此时，它仍然称这个为"法国国家时间"，直到 15 年以后的 1911 年，法国才最终接受了 GMT。

时　区

华盛顿会议确定了沿用至今的世界时间体系。后来变化较大的主要是时区的划分。例如美国的东部时区和中部时区的分界线发生了约 7.5°的挪动，另外两条时区线则基本没有移动。最早的时区分界线是非常直的，严格与经线一致，但是现行的时区划分则是根据美国各州的分界线或者不同地区的亲疏关系划界。全世界的时区划分也是如此，设置标准时间和时区的目的是减小时间变换造成的影响，如果经济联系非常紧密的地方横跨两个时区，就会导致当地的民众频繁调节时间，带来诸多不便，因此时区的划分实际反映了经济社会交往的紧密程度，关系比较紧密的往往在同一时区。

比调整 1 小时更麻烦的是日期的变更。由于设置了 0 时区，并以东、西经 180°作为国际日期变更线，导致实际上有 25 个标准时区，东 12 时区和西 12 时区实际都只有 7.5°的经度跨度，这两个时区的时间相同，但是日期相差一天。国际日期变更线经过亚洲、美洲、大洋洲的一些国家，同样是为了经济交往的便利性，亚洲的全部划到国际日期变更线以东，而将美洲的全部划到变更线以西。

时区的选取是各国自己的事。国际上还有一些国家采用半时区，像伊朗用东 3.5 时区,阿富汗用东 4.5 时区,印度、尼泊尔用东 5.5 时区,缅甸用东 6.5 时区,澳大利亚中部用东 9.5 时区,加拿大的纽芬兰岛用西 3.5 时区等,如果算上这些半时区,国际的时区划分就更多了。另外朝鲜半岛是一个比较神奇的地方,他们在被日本吞并以前从 1908 年起采用东 8.5 时区,被日本吞并后改用东 9 时区。朝鲜独立后,韩国在李承晚时期改回东 8.5 时区,李承晚下台后改回东 9 时区。到了 2013 年,韩国又有人提议用东 8.5 时区,不过没有成功。朝鲜倒是于 2015 年做出了这样的修改,不过这次修改时间也不长,到 2018 年就重新改回东 9 时区。时区好像成了朝鲜或韩国表达自己政治主张的工具。

国际日期变更线附近的南半球大洋洲诸岛国还有变更日期的自由,它们可以根据自己的意愿和经济发展任性地选择日期变更线。2011 年,美属萨摩亚群岛就把自己由变更线西侧改到了东侧,将时间提前了整整一天,他们给出的理由是更好地与邻国新西兰和澳大利亚交流。还有一部分生活在北极圈的北欧人对时区提出了抗议,他们说时区是根据日升日降,或者说正午与子夜定义的,他们生活在北极圈里半年白天、半年黑夜,没有这些现象,所以应该划在时区之外。好像也有道理。

设定时间是国家权威的体现。国际子午线会议只是给出了建议,但没有强制的执行力,世界各国根据自己的实际情况确定本国的时间。根据时区调整时间会带来诸多不便,所以大部分国家设立时区的数目都小于自己领土实际跨越的时区数。比如美国本土跨了 5 个时区,实际设置了 4 个,由东向西依次是东部时区、中部时区、山地时区和太平洋时区,远离本土的阿拉斯加和夏威夷则单独设立时区。俄罗斯是国土面积最大的国家,又处于北极附近,横跨了 11 个时区。最初他们真的采用 11 个时区,不过因为过多时区带来诸多不便,俄罗斯在 2013 年将时区数减少为 9 个,未来还可能进一步合并。

也有许多国家从社会经济交往的角度考虑使用合并的统一时区,其中的典型代表是欧洲中部和我国。欧洲中部采用东 1 区时间,而这个区域包括了除葡萄牙以外的欧洲大陆所有西欧国家及东欧国家一部分,实际跨越了 4 个时区,不但横跨了东 1 区和 0 区,部分土地还延伸到东 2 区和西 1 区。欧洲之所以在如此广阔的区域采用统一的时间,是因为这块广阔的区域在 19 世纪末就成为欧洲乃至世界上人口密度最大、经济最发达、人员交往最为密切的地区,频繁的人员、物资交往使得时间变更会带来诸多障碍,因此他们采用了统一的时间,并一直沿用至今。

我国的国土从东 9 区一直延伸到东 5 区,实际横跨了 5 个时区,但我国采用统一的东 8 区时间,由我国的法定时间计量单位——国家授时中心产生的东 8 区时间称为"北京时间"。我们国家之所以在如此大的国土范围采用统一的时区,是因为我国一直就是一个统一的多民族国家,国土范围内的政治、经济联系非常紧密,采用统一的时区会带来政治治理、经济文化交流的诸多便利,反之则会造成较大的麻烦。但在民国时期,我国向西方学习时也照搬了多时区划分。孙中山最早曾设想 3 时区的方案,1912 年中央气象局讨论确定为 5 时区,以地理位置命名,分别为长白时区、中原时区、陇蜀时区、新藏时区和昆仑时区。5 时区的推行大概始于 1919 年前后的北洋时期,在随后的相当长时间一直推行这种时区划分。

1921 年,民国著名学者赵元任和杨步伟举行婚礼,他们给亲友发的通知上写道"……在十年六月一日(就是西历一九二一年六月一日)下午三点钟东经百二十度平均太阳标准时在北京自主结婚……",这份通知把时间写得如此详细,一方面说明当时"标准时"已经开始推行,另一方面也说明这在当时还没有普及,是新鲜事,所以需要给出详细的解释和说明。

由于整个民国国内非常混乱,实际的 5 时区推行并不顺利。即使是对标准时间需求最迫切的铁路系统,也是到了 1935—1936 年,各站点才逐步采用中原时间和陇海时间作为标准时间。而在这段时间,广西的割据政权采用了非常奇怪的东经 110°时间作为标准时间。而作为日本傀儡的伪满洲国政权则从 1937 年元旦开始采用了日本时间。

等到 1937 年抗日战争全面爆发,国民政府撤到重庆,这个时候如果再推行多时区,就会对情报、交通、特别是航空作战产生不必要的麻烦,有时甚至会造成灾难性后果,于是重庆政府于 1939 年颁布法令,在全国范围内统一使用陇海时间。而在当时汪伪统治的沦陷区,最初是采用东 8 区的中原时间。上海等地的公共租界曾经采用夏令时,但一直不太成功。1941 年年底日本偷袭珍珠港后太平洋战争爆发,汪伪政权随之以所谓的"日光节约时间"的名义全面推广夏令时,实质是使沦陷区的时间与日本东京时间同步,将中国纳入日本的战时统一时间体系。这段时间变更的往事也从一个侧面反映了我们民族在近代遭受的苦难。

抗战胜利后,回迁南京的国民政府从 1945 年重新开始推广 5 时区。但抗战后我国的工业化、城市化水平仍然非常低,没有推广这个制度的需求,而随着内战的爆发,它也失去了推广的条件。标准时间的推行非常缓慢,到 1948 年才确定了最终的推行办法。它随着 1949 年国民党政权的覆灭最后不了了之。

新中国特别重视推行标准时间。上海刚刚于 1949 年 5 月 27 日解放,就在 5 月 31 日发布通告"为统一时间起见,自六月一日零时起全市一律改用北平时间……"1949 年召开的政协把"北平"回复成"北京"后,正式将我国采用的东 8 区标准时间命名为"北京时间"并且很快在全国推广。不过在新疆和西藏等一些边远地区,"北京时间"的推广相对滞后一些,其中西藏某些地区是等到 1959 年民主改革后才最终推行。

总之,我们国家基于历史传承和近现代的实践探索,建立了符合自己国情的时区划分方法,就是在国土范围采用统一的时区。这种方法简单实用,有助于这个大一统国家的有效运作。这种时区划分是我们民族统一向心力的一种体现。如果采用不同时区,北京的除夕开始倒计时的时候,乌鲁木齐还在准备晚饭,那种普天同庆的氛围就没有了。当然我们也不能否认时区划分的科学合理性,采用统一时区固然带来了诸多便利,另一方面我们也付出了一些代价,就是我国西部的天明和天黑都比东部晚得多,为了解决这个问题,西部虽然也采用"北京时间",但推后了作息时间表。

夏令时

在世界计时体系中,还有一个特别但又非常重要的规定,就是夏令时。据说夏令时最早是由美国国父之一的本杰明·富兰克林提出的,他在留法期间,发现法国人夜生活非常丰富,睡得很晚,起床也很晚。他对此持批判态度,于是在 1784 年给巴黎的报社写信,建议法国人早睡早起,说这样可以节约多少根蜡烛云云。1895 年,英国出身的新西兰昆虫学家和天文学家乔治·哈德森(George Hudson)提出夏时制的想法。到了 1907 年,一位英国建筑师威廉·维莱特也向英国国会提议,让人们早睡早起,这样可以节约能源,还能训练士兵。不过他以英国人的刻板给出了理由和解决方法,理由是"夏天了,天亮得早了",解决方法是"把表拨快 1 小时",人们自然而然就早起了。本来英国人觉得这不太靠谱,也没有批准实施,但这件事让当时英国的主要对手德国人知道了。德国人认为可行,于是它拉上盟友奥匈帝国于 1916 年率先开始实施,这下英国人也坐不住了,特别是当时还处于一战时期,英国人担心德国人因此占了便宜打赢自己,于是也立刻跟进,就这样夏令时很快就在欧美推广。

夏时制的基本想法如下:按照正常的工作时间,人们需要工作到晚上,开灯工作会造成能源消耗,当天亮开始变早的时候将时钟拨快 1 小时,人们的作息时间也会随之提前 1 小时,从而减小 1 小时的照明时间,起到节约能源的作用。夏时制的切换时间各不相同,一般从 3~5 月的某一天开始,9~10 月的某一天结束。目前国际上推行夏令时的情况如下:

(1)欧洲主要国家还在实施。

(2)我国在 1919 年、1945 年曾经试图推行夏时制,但当时连标准时间还没有推广,夏时制实际把问题进一步复杂化,所以没有成功。而抗战时期在汪伪政权统治区域推广的夏时制实质包藏日本想在中国推行日本时间的祸心,所以不能算夏令时。我国真正推行夏令时是 1986—1991 的 6 年。到了 1992 年,根据报上来的数据,夏时制节能效果极其有限,但弊端却不少,调整时间要做大量的准备工作,另外调整时间打乱了人们的生理规律,导致生理心理疾病发病率显著上升。因此从 1992 年开始,我国中止实施夏令时。

(3)俄罗斯在 1980 年的苏联时期开始实施夏令时,到 2011 年改为永久实行夏令时,但这个法令实施了仅仅 3 年就又作了修改,从 2014 年开始,俄罗斯重新实施永久冬令时。

(4)美国大部分地区实施夏令时,但它的目的不是为了节能。根据美国国家标准局(NIST)的统计,夏令时根本就没有节能的作用。美国实行夏令时是为儿童留出玩耍的时间。因为在美国,儿童天黑以后外出玩耍很不安全,家长也不放心,实行夏令时相当于天黑的时间晚了 1 小时,儿童有更多的游戏时间。另外美国人认为采用夏时制后,家人在晚上团聚交流的时间会增加。不过夏令时导致的时钟调整比较麻烦,如图 6 - 13 所示,所以美国参议院于 2022 年 3 月 15 日通过决议,批准将夏令时永久化的法案。美国从 2023 年开始实行永久夏令时,结束每年两次调整时钟的做法。

(5)加拿大、墨西哥、澳大利亚等,都是在国内的部分地区实行了夏令时。而对于南半球实行夏时制的国家,比如新西兰,由于夏天与北半球正好相反,所以南半球的夏时制是反过来的。

(6)赤道附近的低纬度国家一般不采用夏时制,因为它们一年四季的日出

图 6-13 美国夏时制结束时,工人将时钟回调,从凌晨 2 点调回凌晨 1 点

时间差不多。

夏时制是一个非常复杂的问题。它最初的目的是节约能耗,据说夏时制实行之初,曾经将煤气和电力的能耗降低了 15%,这个数据存疑,有为了推广而夸大的嫌疑。可能是由于当时照明占能耗的大头,所以节能效果明显。到了现代,照明在能耗上所占的比例已经很小,而空调等的能耗并不会因为夏时制而降低,近期德国的统计表明,夏时制仍然有节约能耗的作用,但效果已经不足 0.8%。现在一般认为夏时制对高纬度地区有比较明显的节能效果,但对低纬度地区效果有限或者效果相反,因为低纬度地区夏天更加炎热,采用夏时制后睡得更早,要花更多时间才能入睡,需要开更长时间的空调,增加了能耗并让人烦躁,影响心情。

除了不同纬度的地区对夏时制态度不同,同一时区不同经度的人们也看法各异,尤其像我国和欧洲中部这样的事实上跨越多个时区的统一时区。比如在我国,东部的居民更容易接受夏时制,而对于西部而言,本来设定的时间就比太阳时提前,现在再提前 1 小时,会让人更加不好接受。除了地域,不同的职业对夏时制的态度也不同,商人比较喜欢夏令时,因为人们晚上逛街的时间会增加;电视台不喜欢夏令时,因为夏令时会降低收视率;高尔夫球场喜欢夏令时,因为人们会在球场停留更多的时间;农民不喜欢夏令时,因为造成干农活的时间少了

1 小时，还需要调整牲畜的喂食生物钟……

虽然不同的人对夏时制的态度不同，但对时间变更时的感受是相同的，就是不适应、不舒服。时间变更也很容易引起社会运作的混乱，常常会发生迟到、晚点等情况，也容易发生约定时间的偏差，例如跨国旅行时可能遇到抵达机场无人接机的尴尬。比起早 1 小时或者晚 1 小时，人们更不愿意接受时间变更时带来的不适与混乱。应该是由于这个原因，我国实行夏令时数年后就叫停了，现在大量国家也停止使用夏令时，即使在那些仍然实施夏时制的国家，对这个制度支持者的比例也已经显著降低。其实大家的态度也比较明确，就是"别折腾了"。我对继续实行夏时制不太乐观，当它的作用日趋下降而麻烦却无法克服时，或许它会逐渐消亡，但在某些国家，它可能会作为文化保留，毕竟这个制度已经推行了100 多年。

现在的格林尼治天文台

在 1884 年召开的国际子午线会议上，英国成功将它的计时体系推广到全世界，不过国际子午线会议也不是对它的全盘吸收，它的一个纪时原则就没有被采纳：英国以正午作为一天的开始，这可能与早期航海计时有关。这个设置之所以被弃用是因为本身不太合理，但骄傲的英国人仍旧沿用了很长时间。到了1925 年年初，GMT 终于作出了调整，在民用历法中设置 1924 年 12 月 31.5 日同时也是 1925 年 1 月 1.0 日，由此改成了与世界一致的午夜 0 点作为一日的起点。

20 世纪上半叶，城市化和电灯的广泛使用导致伦敦地区出现严重的大气污染和光污染，格林尼治天文台已经不再适合观星。英国政府在苏塞克斯郡找到了更理想的观星场所，格林尼治天文台在 1948 年进行了整体的搬迁。而天文台原址成为 1937 年成立的英国国家海事博物馆的一部分。这个博物馆是英国为了纪念自己的航海伟业而设立的，用于陈列对英国历史有重要意义的航海文物，展示其航海事业的发展及其带给这个国家的财富与荣耀。该博物馆包括4 部分：海事陈列馆、格林尼治皇家天文台、时间陈列馆和皇后之屋。其中天文台与时间陈列馆都与时间有关。在陈列的大量航海钟中，哈里森钟是最珍贵的珍藏。从图 6-10 的艾里中星仪延伸出去，有一条不太长的黄铜线，线的尽头是一个不锈钢模型，标注着"本初子午线"（见图 6-14），它告诉我们，就是这条线将地球划分为东西半球，地球上所有点的地理坐标，正是以这条线为参考测绘得到的。

图 6 - 14 格林尼治天文台外墙的时钟(左)和本初子午线(右,它是图 6 - 10 右图的延伸,也是地球东西半球的分界线)

随着英国国力的陨落,搬迁后的格林尼治天文台没有延续在计时领域的辉煌,在时间计量领域,英国已经被其他国家赶超。即使英国的国家时间标准也不再与天文台相关,而是由国家物理实验室(NPL)产生,虽然它仍然叫"格林尼治时间"。只有遗址上的陈列馆,还在诉说着昔日的荣耀与辉煌……

7 时与光——电磁时代的时间信号

上一章介绍了标准时间的建立和全世界时间的统一。将天文台产生的标准时间发布出去是其中非常关键的一环。前面已经介绍过一些方法，如搬运钟传递时间信号、时间球报时、鸣炮报时等，不过这些时间传递方法都比较麻烦，手动调节指针的精度也不会特别高。

随着工业社会的发展，对时间同步的需求越来越多，精度要求也越来越高，在这种情况下，原有的时间传递方法逐渐落伍。此时，一种新的传递时间信号方式出现了，那就是通过电报进行时间信号传递。这种新技术提供了报时便利性的同时，也显著提升了时间同步的精度，同时又促进了时间科学与时间计量的发展。在它的背后，是电磁学这门新学科的出现及它引起的一场新的工业革命，由此把对时间的认知与对计时精度的要求提高到一个前所未有的水平。

电磁学带来一个新时代

为了解释电磁学发展对计时的重要意义，我们有必要对电磁学的发展脉络作一个简单的回顾。物理学的研究表明，现实世界中各种物体间的相互作用绝大部分是通过电磁力实现的。人类很早就发现了一些电磁现象，像闪电、摩擦起电、磁石吸铁等。因为"磁"有实物磁铁对应，人类在早期对"磁"认识更充分。我国古人根据磁铁指示南北的特性发明了指南针并将其应用于航海，这是电磁学研究的第一个重大应用。16 世纪，剑桥大学的吉尔伯特曾经著《磁石》一书，收集整理了当时的电磁学知识，他还根据指南针的指向改变，发现了地球的磁极在不断变化的现象。相对于"磁"，人们对"电"的关注和研究要晚得多，这是因为没有天然的"带电体",电荷虽然可以（通过摩擦等方法）积累,但很容易耗散掉,无法得到稳定的"电"的实物。到了 18 世纪,人们终于开始逐步摸索到产生和驾驭"电"的方法。

电的存储与新认识

18 世纪的欧洲,牛顿已经建立力学体系,工业革命正在发生,人们对日新月异的新世界既充满兴趣又充满期待。大学里的学者对未知世界充满好奇并不断探索,他们的发现不仅令自己兴奋,而且吸引着大众的目光。当时的科学家常常像明星一样在一些学会或者公众面前演示自己的发现。在这些演示中,电击实验能够发光发声,还让实验的体验者感到刺激,因此非常具有演示效果。不过这些实验用到的电最初都是通过摩擦在现场产生的。1746 年,荷兰学者穆欣布洛克(Pieter van Musschenbroek)通过研究发现,在玻璃瓶上内壁和外壁都加上金属箔片,把摩擦产生的电荷与某一层箔片（通常是锡）连接时,就可以把电荷存储起来。当用导线连接内壁和外壁时,就会发生放电。可能是因为穆欣布洛克的名字太长,于是就以他做实验的地点——荷兰莱顿市命名了这个装置,称为"莱顿瓶"(见图 7 - 1)。莱顿瓶的原理非常简单,玻璃瓶的内外两层金属箔片隔着玻璃形成了一个电容,对其中一个锡箔充电时,电能就以电场的形式存储到两个箔片之间,这两个箔片用导线连接时就会放电。

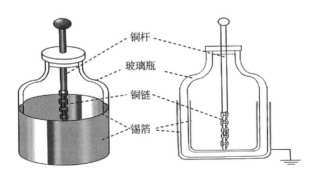

铜杆
玻璃瓶
铜链
锡箔

图 7 - 1　莱顿瓶的结构及其原理

莱顿瓶提供了存储电荷和电能的容器。它将电能的制备和使用分开,为电的研究提供了便利。同时,它可以反复充电,由此积累远多于单次摩擦起电产生的电荷,使电学实验的效果非常明显。有人做了利用莱顿瓶把手拉手的数百人同时电得跳起来的实验,场面相当震撼。除去这些噱头式的实验,莱顿瓶很快就对物理的发展产生了影响。(劝导法国人早睡早起的)美国人富兰克林因为莱顿瓶对电学产生了浓厚的兴趣,经过研究,他认为电是由电荷产生的,摩擦没有产生电荷只是集聚电荷。另外,根据放电与闪电现象的类比,他提出闪电就是电荷在天空中放电的观点。为了验证这个观点,富兰克林 1752 年 6 月在费城做了著名的"风筝"实验(见图 7 - 2)。他与儿子在一个雷雨天将一个丝绸做的风筝升上天空,雷电击中风筝时,电荷通过风筝线传导下来,使绑在风筝线上的钥匙发出电火花,他还将电荷导到莱顿瓶中,验证了闪电同样由电荷产生的猜想。富兰克林还根据这个实验提出了用金属杆导引闪电电荷,使建筑物避免雷击的思想,进而发明了避雷针。

图 7 - 2   100 美钞中的富兰克林头像(左)与富兰克林所做的风筝实验(右)

本杰明·富兰克林是美国草根奋斗成功的典型。他出生贫穷、勤奋好学又极其自律,最初只是印刷工,通过创办自己的印刷所起家,后来发行报纸、出版日历,成为一个成功的商人。他将许多宣扬美德的谚语印制在出版的日历"穷查理历书"上,对美国文化产生了重要影响。像"天天吃苹果,永远葆健康"(An apple a day, keep doctor away)就出自那本日历。除了电学研究,他还发明了新式火炉、可伸缩导尿管,测量洋流,研究北极光等。他参与了起草《独立宣言》、制宪会议等一系列美国重要历史事件,还在独立战争期间出使法国争取法国支持,为美国的独立做出重要贡献。他成为实业家、科学家、文学家、政治家、外交家,还是美国开国国父之一。他的头像还被印到 100 美金的正面(见图 7 - 2),成为美国的标志性符号。

"风筝实验"和避雷针的研究让他在欧洲科学界声名鹊起,英国皇家学会甚至在没有征求他本人意见的情况下就吸收其入会。美国在独立战争期间派他出使法国也是考虑了他在欧洲的巨大影响力。不过"风筝实验"的真实性一直存疑。由于闪电产生的电压极高,这使得"风筝实验"非常危险,即使在掌握了电磁学的全部原理和防护知识的今天，我们仍然无法保证这个实验的安全性，当时更有数位学者因为重复这个实验而丧命。因此有人怀疑当时富兰克林只是设想了这个实验，实际并没有做。

电荷有正负极性，这个不难发现，最早称为玻璃电和琥珀电。富兰克林则认为只有一种电荷，当它过多或者过少的时候表现出不同的极性。我们现在知道富兰克林的观点是对的，不过那个时代还无法判断这两种理论的孰是孰非。当时已知电荷同性相斥异性相吸，那么它们的相互作用力满足什么规律？对于这个问题，法国工程师和物理学家库仑给出了答案。

库仑定律

1736 年出生的库仑最早是土木工程师，他转向电学的研究也和航海有关。指南针在航海中起确定方向的重要作用，但当时指南针的指示会发生偏差，影响船只的航行。于是 1777 年法国科学院悬赏征集该问题的解决方案，库仑认为这种偏差是由于磁针与转轴间的摩擦力造成的，因此他提出了用细丝悬垂磁针的方案并开展研究，重点研究了细丝扭转时扭力和转角的关系。最终他不但解决了指南针的偏转偏差而且发明了扭秤。他也因为这项工作在 1782 年成为法国科学院院士。1785 年，他利用扭秤研究了同种电荷间的相互排斥力。利用如图 7-3 所示的实验，库仑得到同种电荷间的排斥力与它们距离的平方成反比的关系，这就是"库仑定律"，而这个实验就是著名的库仑扭秤实验。当然，这里说的库仑定律是带引号的，因为这部分只是测量了同种电荷间的排斥关系。异种电荷间因为是吸引关系，直接用图 7-3 的实验无法测量，后来库仑利用单摆装置证明了异种电荷间的吸引力同样满足距离平方反比关系，得到完整的库仑定律。这是第一个电学定量规律，由于这项工作，"库仑"成为电荷的单位。库仑后来还对磁力开展研究，发现磁力也和距离的平方成反比。

库仑扭秤实验方法同样意义重大，它提供了精密测力的方法。1797 年，卡文迪许利用扭秤（实际）测量了万有引力常数（见第 5 章），虽然扭秤不是卡文迪许首创，但是考虑万有引力比电荷间的作用力小 40 个数量级，因此卡文迪许的实验同样具有开创性意义。卡文迪许对扭秤做了许多改进，其中最大的改进是在细丝上固定了一个反射镜，它可以显著放大细丝的转动角度，由此可以测量极其微小的力。

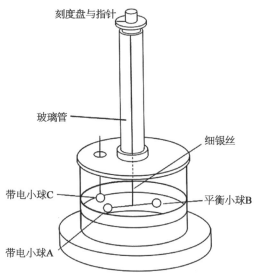

刻度盘与指针

玻璃管

细银丝

带电小球C

平衡小球B

带电小球A

图 7 - 3   库仑和他的扭秤实验。他在一个细丝下面悬挂一个细棒,细棒的两端各加一个小球,使细棒平衡,让其中一个小球带电,用第 3 个带同样电荷的小球接近平衡棒上的带电小球,测量两个带电小球间的距离和平衡棒的扭转角度,就可以得到它们的距离和排斥力的关系

伏打与电池

上述工作的研究对象还是静电,意大利物理学家伏打把电学的研究又推进了一步,而这一步是从一项看似不相关的研究开始的。1786 年,意大利动物学家伽瓦尼在解剖青蛙时,发现刀尖触碰蛙腿时,蛙腿会痉挛并出现电火花。他认为这是动物身上带电造成的,称为"动物电"。伏打进一步研究了这个现象,他发现不同材料接触时可以产生电压。比如锌片和铜片接触或者浸在导电的盐水中,铜片就会相对锌片有正电压,这样就构成了一组电极,两者间就会产生电流。1800 年,伏打将这样的电极用导体串联起来,构成了一组大电极,而正负电极间的电压是所有小电极电压之和。这个装置称为"伏打电堆"(见图 7 - 4)。它就是电池的原型,现在的干电池仍然采用类似的结构,仍然用锌皮作为电池的负极(外壳),不过正极用石墨棒代替了铜板,而它们间的盐水用糊状氯化铵代替。

虽然伽瓦尼对青蛙带"动物电"的结论不正确,但自然界的确存在带电的动物。

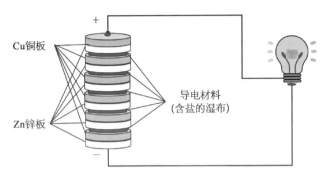

图 7-4 "伏打电堆"的原理和结构

其中最著名的是南美洲亚马孙河流域的电鳗,它的放电能够产生 300~800 V 的电压,不但小鱼小虾会立刻殒命,就是鳄鱼、河马也难堪一击。

伏打的发明很快在欧洲引起轰动,当他 1801 年在法兰西科学院演示"伏打电堆"实验时,连大名鼎鼎的拿破仑都去观看。当时电能的用途还非常有限,伏打当时利用他的"电堆"做的应该是电解产生了氢气和氧气的电化学实验。拿破仑因此奖赏给伏打一个伯爵的爵位和一大笔奖金,使当时已经 55 岁的老伏打接下来衣食无虞。而科学界则用伏打(Volta)命名了电压的单位(伏特 Volt)。

有了"伏打电堆",人类就掌握了连续输出的电能,使得"电"从自然现象转化为可以驾驭的工具。"伏打电堆"成为当时最时髦也是最先进的科学装置,欧洲的许多大学都搭建了大规模的"伏打电堆",希望利用它做出重大科学发现,它有点像 20 世纪的加速器,是当时科学发现的利器。"伏打电堆"也没有辜负这种期许,它的确产生了一系列科学发现,其中最大的成就是通过一系列电化学实验发现了大量的新元素,其中相当一部分由英国化学家戴维完成。

电与磁

18—19 世纪的电学发展高潮迭起。伏打的发现为电学实验提供了电源,它虽然非常重要,但也只是为这场科学革命的到来准备了条件。若想揭示电学的全貌,必须认识电与磁的关系,电与磁正如一枚硬币的两面,两者密不可分。发现电磁之间存在联系的是丹麦物理学家奥斯特。他在 1820 年 4 月的一个实验中,偶然发现导线中通入电流会造成附近的磁针发生偏转。奥斯特敏锐地意识到这个现象背后蕴藏着重要的物理规律,经过大量的实验摸索后,他终于发现了电流能够产生磁场的现象(见图7-5)。这个结果被整理成论文《论磁针的电流冲击实验》在1820年7月发表。

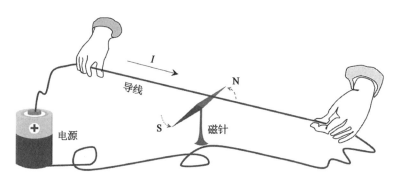

图7-5   奥斯特的电流偏转磁针实验

奥斯特发现电流的磁效应看似偶然,背后却包含着必然性。他坚信电与磁之间有着某种关联,并尝试设计各种实验进行检验,虽然那些实验都没有成功,但他头脑已经为这个发现做好了准备,所以他能够抓住实验中看似偶然的现象,探知其背后的规律。这项工作使得"奥斯特"也成了一个电学单位——磁场强度。奥斯特还有其他的重要工作,包括最早提炼出金属铝等。

奥斯特的发现真正揭开了电学研究的大幕。在奥斯特发现电流的磁效应以前,电学的进展缓慢而分散。而在电流的磁效应发现后的几个月,电学就取得了一系列突破。法国物理学家安培在同一年发现了判断电流方向与磁场关系的右手定则(见图7-6),他还研究了两根电流导线间相互作用力,发现了安培定律;

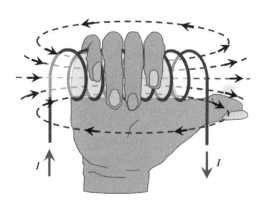

图7-6   安培右手定则,它揭示了磁场与电流的关系

1821年德国物理学家施威格发明电流计;法国科学家阿拉果发明了电磁铁;1825年德国物理学家欧姆发现了电阻中电流I与电压V的正比例关系$(V/I = R)$,即欧姆定律;等等。这说明当时在欧洲,已经有很多科学家在关注这个领域,只是没有突破口,因此一旦奥斯特找到突破口,他们可以在短时间取得一系列发现和突破。同时,大家都在思考一个问题:既然

电流能产生磁场,磁场为什么不能产生电流呢?但大自然一向不会慷慨地让人一次揭示它的所有秘密,它将这个秘密小心翼翼地隐藏起来,等待有足够天分又足够努力的人揭开包裹这个规律的重重面纱,这个人就是法拉第。

法拉第 1791 年出生于英国的一个铁匠家庭。由于家庭贫困,他 13 岁就辍学去印书馆里当学徒。那里大量的印刷书籍为他提供了阅读的便利,他如饥似渴地阅读这些书籍,并对科学研究产生了浓厚的兴趣。由于印书馆里的书籍只能翻阅,法拉第养成了详细记笔记的习惯。这个习惯贯穿了他的终生,是他后世能取得那么多伟大成就的极其重要的一个素质,因为翔实的实验记录也是实验物理学家所必须具备的品质。1812 年,他有机会去聆听英国著名化学家戴维的科学讲演。讲演深深地折服了法拉第,他意识到这才是他所向往的人生,于是他写信向戴维推荐自己,并寄去了他记录的讲演笔记。戴维被这记录翔实、思路条理清晰、字迹优美的笔记所打动,他也从笔记中看到了法拉第的才华,于是他回信对法拉第给予鼓励。不久,当戴维需要一个打杂助手的时候,他向法拉第递过了橄榄枝,法拉第愉快地接受了邀请,他在 1813 年成为戴维的助手。

戴维是英国著名化学家,他少年成名,在 24 岁(1802 年)就当上了教授,翌年又成为英国皇家学会会员。伏打发明电堆后,戴维意识到它对化学研究的重要价值,于是将伏打电堆引入到化学领域。利用电堆,戴维从熔融态的盐中电解出金属钾、钠(1807 年)、镁、钙、锶、钡(1808 年)等金属。而他的贡献还包括发现了硼、氯、碘元素及大量的化合物,他遇到法拉第的那段时期也是其学术生涯非常高产的一段时间。

除了卓越的科学成就,戴维还是一个杰出的演说家,他关于科学知识的演讲总能引起轰动。戴维后来还担任了英国皇家学会实验室主任和学会会长等职,他创办了定期的科学沙龙和科学研讨会等活动,扩大了科学的影响力,促进了科学的发展。

1813 年,戴维游历欧洲,法拉第作为助手陪同。由于两人当时地位悬殊,法拉第还需要应付科研以外的各种杂事,据说戴维的夫人甚至将法拉第当仆人使唤。即使这样,法拉第也非常开心。这是一次非常珍贵的经历,戴维与许多著名科学家交流使法拉第眼界大开,而戴维在游历过程中还做出了一项重要的发现——发现了与氯元素性质类似的碘,这 18 个月的游历极大地促进了法拉第的成长。1815 年法拉第随戴维回到英国,开始了独立的实验研究,他先进行了一

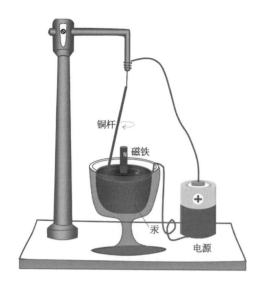

铜杆

N 磁铁

汞

电源

图 7-7　法拉第让导线转起来的电磁旋转实验

些化学研究并取得了一些成果。奥斯特 1820 年发现电流的磁效应后,戴维收到一篇介绍电学研究的约稿,他把这项工作交给了法拉第。法拉第立刻对电磁实验产生了浓厚的兴趣,他重复了奥斯特的实验,同时不禁想到一个问题:奥斯特实验只是让磁针转动一个角度,有没有可能让它连续不断转动。到了 9 月份,他终于设计了一个成功的实验。如图 7-7 所示,将磁铁放置在一个液体汞中,在汞的上方垂入一根一端可以自由运动的铜丝,将铜丝的另一端和液态汞分别连接电堆的两端。通电后,法拉第看到了铜丝绕着磁铁连续转动。这是世界上第一台将电能转化为机械运动的装置——电动机。

　　由于当时戴维在外地,而电学领域发展非常迅速,法拉第担心别人也做出同样的实验并抢先发表,于是他在没有汇报戴维的情况下发表了这个结果。这导致了戴维的不快,同时他也对法拉第的才华和成就产生了显而易见的妒忌。接下来,他不但让法拉第转入到远离电磁学的其他研究领域,而且在 1824 年法拉第评选皇家学会会员时投了唯一的反对票。戴维虽然少年成名但也英年早逝,他在 51 岁(1829 年)就去世了。他虽然对法拉第夹杂了负面的情感,但他应该是最了解法拉第的人,别人在他临终前问他一生最伟大的发现是什么,他说发现了法拉第。要知道,当时的法拉第还没有做出那些对后世影响巨大的电学发现。

　　戴维去世后,法拉第重新将研究重心转到电学方面。他在 1831 年通过实验发现了电磁感应定律,他的一个实验如图 7-8 所示,将一个线圈与电流计相连,另一个线圈通上电流,当通电流的激励线圈插入或者拔出感应线圈时,电流计的指针就会变化,显示有电流流过。但这样的电流只能瞬时产生,线圈的相对位置固定后就不会有电流了。这其实揭示了一个重要的性质,只有变化的磁场才能产生电流,或者说导线在磁场中运动的时候才能有电流。这也是电磁感应现象难以被发现的困难所在。

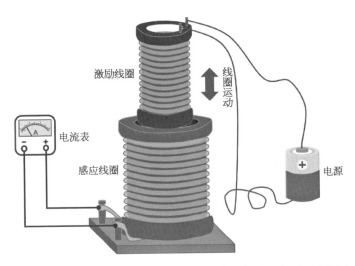

图7‐8　法拉第的电磁感应实验之一,只有当激励线圈上下运动,感应线圈才会有电流

　　法拉第后来发明了圆盘发动机,让一个导电圆盘在磁场中转动,圆盘的中心和边缘分别与导线连接,由此构成了第一台发电机。除此之外,他发现了电解定律、电荷守恒定律、磁光旋转效应等,这些都促进了对电与磁各种特性的理解。他还发现电荷只会聚集在导体表面的现象,根据这个现象,他将自己关在一个金属笼子("法拉第笼")中,对笼子施加高压电荷时,他本人毫发无损。

　　用实验探索了电与磁的这么多效应,法拉第也在思考着"电与磁的本质究竟是什么,它们如何相互作用"这些问题。为此,他提出了"磁力线"和"电力线"的概念。这是非常直观同时也非常深刻的概念,电磁场由此有了一个形象的图形描述,这种方法一直沿用至今,图7‐6中的磁场就是用磁力线描述的。它还可以用实验展示,例如我们可以用磁铁周围铁屑模拟出磁力线。这种简单直观的表述方法还可以和库仑定律联系起来。如果将"电磁线"的数目看作总的电磁场通量,"电磁线"的密度表示场的强度。在"电磁线"不会消失或产生的前提下,"电磁线"的密度随离开源的距离的平方变化,因此电磁力按照离开源的距离的平方衰减。在现代的物理学概念中,"电磁线"实际就是场强 E,"电场线"在空间闭合面的积分对应的物理量是通量 Φ,万有引力定律或者库仑定律用数学公式表示为

$$\Phi = \oint E \mathrm{d}s = 常数$$

　　对于万有引力, Φ 正比于闭合面包围的质量;对于电场力, Φ 正比于闭合面

包围的电荷。在我们所处的 3 维世界中,总的通量不变的前提下,因为表面积随距离的平方增加,库仑定律与万有引力定律所描述的场的强度自然随距离的平方减小。这个思想最早由高斯给出,称为高斯定理。

法拉第后来又完成了许多重要的实验工作,他发现了电磁的一系列物理学规律,但无法将它们升华到理论的高度。法拉第在年纪渐长后患了健忘症,他于 1858 年退休,1867 年去世。不少人认为早年基础教育的缺失导致法拉第数学比较差,因此无法得到数学表述的电磁学定律。法拉第不擅长数学固然是事实,但我不相信法拉第早年接受良好的数学教育就能总结出电磁学公式,因为那是一项挑战人类智商与创造力的工作,由麦克斯韦(见图 7 - 9)这样的天才完成才是它的宿命。

图 7 - 9   法拉第(左)与麦克斯韦(右)

麦克斯韦方程

麦克斯韦出生于 1831 年,他从小就显露出数学天分,15 岁就发表数学论文。他在剑桥攻读数学物理学学位期间,对法拉第提出的力线产生了兴趣,在 1855 年写了论文《论法拉第的力线》,尝试将力线用数学语言概括。这正是法拉第所期望的,即有人将他发现的力线和电磁学规律上升到理论的高度,因此当他看到麦克斯韦的工作后,就主动联系麦克斯韦进行交流,并把希望寄托在这位年轻的物理学后起之秀身上。麦克斯韦没有辜负这份期许,通过对电磁学的研究,他在 1864 年发表了《电磁场的动力学理论》。在这篇论文中，他用场的理论解释电与磁的相互作用与转化，将整个电磁学规律总结为一组方程。后人对其进行了化简，将它的微分形式改写为 4 个简洁、对称的数学方程：

$$\begin{cases} \nabla \cdot \vec{E} = \dfrac{\rho}{\epsilon_0} \\[2mm] \nabla \times \vec{E} = -\dfrac{\partial \vec{B}}{\partial t} \\[2mm] \nabla \cdot \vec{B} = 0 \\[2mm] \nabla \times \vec{B} = \mu_0 \vec{J} + \mu_0\,\epsilon_0\,\dfrac{\partial \vec{E}}{\partial t} \end{cases}$$

这就是著名的麦克斯韦方程。这是一个我们在本书中没有办法仔细讨论，但又不得不写在这里的方程组，因为它不仅可以解释当时已知的电磁场现象，而且预言了当时还未知的电磁规律，其中最著名的就是预言了电磁场能够振荡传播，呈现出光的性质，并且以光速传播。光速与电磁学规律间的这种直接联系预示着物理学发展将迎来一个新的阶段。麦克斯韦是电磁学的集大成者，他为接下来的电力时代提供了理论基础，另一方面他也拉开了以相对论为代表的物理学革命的序幕。

麦克斯韦方程深刻而复杂，即使在大学的普通物理中也不会讲授，只有物理学或者电磁学相关专业才会学到。其表述的简洁性是因为它用到了"∇"算符，它是由哈密顿引入的一个矢量微分算符，读作 Nabla，运算法则为 $\nabla = \dfrac{\partial}{\partial x}\hat{x} + \dfrac{\partial}{\partial y}\hat{y} + \dfrac{\partial}{\partial z}\hat{z}$，它计算的是矢量或标量在三维空间的变化，虽然形式上比较简单，但实际运算比较复杂。事实上，在没有使用这个算符以前，"麦克斯韦方程"是非常复杂的，麦克斯韦用 20 个变量，20 个联立方程表示，当时只有少数人能看懂。1880 年，英国物理学家赫维赛德（Heaviside）将麦克斯韦方程改写为目前的形式，这才促成了麦克斯韦方程的推广。

麦克斯韦是牛顿之后的又一位物理学天才，除了赫赫有名的麦克斯韦方程，他还在热力学、天文学领域做出了一系列重要工作，例如他研究了气体分子的速度分布，现在被称为"麦克斯韦分布"；他还研究了土星环。1871 年，他负责筹建了剑桥大学的第一所物理学实验室——卡文迪许实验室,并在 1874 年成为第一任主任。该实验室在 20 世纪做出了一系列卓越的学术成果,诞生了 29 位诺贝尔奖得主,一度被誉为"诺贝尔物理学奖的摇篮"。麦克斯韦于 1879 年因胃癌去世,年仅 48 岁。

麦克斯韦的电磁学理论相当深奥,物理学界花了相当长的时间才逐渐理解。在刚开始的时候,它并不为人所接受。当时大多数科学家更相信电磁力是一种超距作用,也就是说,这种力是瞬间传递的,不需要时间,就像牛顿对万有引力的描述那样。只有赫维赛德等少数人相信并认真研究麦克斯韦相关理论。在德国,亥姆霍兹等人也非常重视麦克斯韦理论,他建议他的学生赫兹开展电磁场的实验研究,最终赫兹于 1888 年完成产生和接收电磁波的实验,证实了麦克斯韦关于电磁波的预言。

赫兹与电磁波实验

赫兹的实验装置如图 7 - 10 所示,他的发射装置是一个由感应线圈和两个大金属球组成的感应电路,大金属球又通过导线各连接一个小金属球,这两个小球相距 7.5 mm。他在实验中,先利用电源对感应线圈通电,然后关闭电源,此时储存在感应线圈中的能量就会在电路中振荡,两个大金属球上的电荷变化导致两个小金属球之间的相对电压不断变化,当电压足够大时,小球间的空气被击穿,发生放电,并且发出电磁波。赫兹通过观察火花判断发出了电磁波(实际上,只要这种振荡存在,就会辐射电磁波,不过放电时的辐射是最强的)。赫兹的电磁接收装置比较简单,就是一个带豁口的圆环,豁口处是两个距离很近的金属小球,该圆环接收到足够强的电磁波时,豁口处两个小球之间会发生放电,赫兹通过这个现象判断是否接收到电磁波。

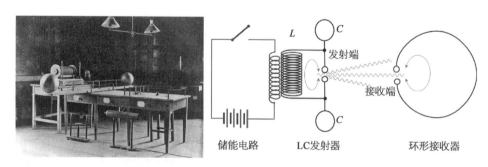

图 7 - 10　赫兹产生电磁波的实验装置(左)以及产生和接收电磁波的实验原理(右)

由于放电信号非常弱,赫兹需要将整个实验室的光全部挡起来,形成暗室才能观察接收环的放电。他最终观察到了预期的放电发光,从而证明了电磁波的发射与接收。不过他的工作并未止步于此,他调节了接收环的角度,发现接收环面与电磁波发射场的方向垂直时,放电信号最明显,也就是接收信号最大,这就证明了电磁波振荡方向与传播方向垂直的横波属性。另外他还在发射器对面墙上钉了一块 4 m×2 m 的锌板,用它反射电磁波,然后用探测环测量发射电磁波与反射电磁波形成的干涉驻波场,根据振荡最大值(波腹,放电最强)和振荡最小值(波节,几乎没有放电)的距离计算了电磁波的波长 λ。又因为发射端振荡电路的频率 f 已知,这就可以计算电磁波的传播速度 $v = \lambda f$。实验测得 v 就是光速。

通过专门的设计,赫兹产生了约 80 MHz 的电磁波信号,这个信号对应的波长约 3.875 m,对应驻波场波节和波腹的距离约为 0.97 m,这是一个在实验室比较容易测量的距离。

至此,赫兹不但证明了麦克斯韦预言的电磁波的存在,而且证明了他预言的电磁波的另外两个性质:横波和传播速度为光速。他的实验是对麦克斯韦理论一锤定音式的证明,从此这个理论被普遍接受。不仅如此,赫兹实验本身是另外一项影响深远的技术——无线电的开端。不过赫兹当时并没有意识到这一点,当被人问及他的实验有什么应用价值时,他说"我认为我发现的电磁波没有任何应用"。这个故事一般用于说明技术的巨大潜力,即使它的发明人也往往意识不到它的价值。这是对赫兹一个比较负面的评价。不过我们也可以从另一个角度理解,就是做科学研究的时候,没有必要一定深挖"巨大的应用价值",只要觉得有意义和重要就应该研究,至于是否有价值,让其他人挖掘好了。

赫兹除了电磁波的实验,还在光电效应等方面做出了重要工作,不过这位物理学天才在 1894 年就因病去世,年仅 37 岁。后世为了纪念他,以他的名字命名了频率的单位,用"Hz"表示,它表示 1 s 内信号的周期数目,从量纲上讲,它是时间的倒数。近代以来,使用和处理的信号频率越来越高,为了避免使用小数,这些信号通常都用"Hz"描述,因此"Hz"成为最常用的单位,甚至超过时间单位"秒"。在本书接下来的章节中,我们也将频繁用到"Hz"。可以说,赫兹虽然英年早逝,但他的名字却作为频率的单位存在于世界的每一个角落。

电报与时间远程播报

电与磁虽然相互关联，两者的差别还是很大的，18 世纪以来的科学进步主要发生在电学领域。与之对应的，是电在应用方面的飞速发展。究其原因，主要是"电"具有传输的特性，我们就可以通过导体将电信号作为信息或者能量进行传递，这为它的应用带来极大的便利。传输电信号比传输电力更容易实现，因此它最先应用到信息传递领域，那就是电报。

电报与编码

信息的价值不言而喻，这使得当人们发现"电"可以在导体中传输后，自然想到能不能用它进行信息的远程传输。1753 年，一个英国人提出了利用静电传输信号的想法，他设想拉 26 根电线分别表示 26 个字母，传输信号的时候，按照信号单词的字母，依次在对应电线的发射端施加静电，在接收端连接小纸片，根据纸片张开的顺序转译出单词，实现信号的传递。这个设想最终没有实现。真正投入使用的电报技术是由英国人惠斯通和库克发明的指针式电报，他们发明了由 5 个磁针组成的电报机，通过同时控制这 5 个磁针的偏转方向，根据这些磁针排列组合传输 20 个字母和 10 个数字，实现信息的传输。他们在 1837 年获得了英国专利并将其应用于铁路公司，这是当时对信息远程传递需求最迫切的行业。在 1839 年，英国大西铁路公司配置了这样一套电报系统，用于两个车站间的通信。电报的发明有其必然性，同一时期在俄国和美国也诞生了类似的发明。美国人摩尔斯发明的电报在 1837 年获得了美国的专利，摩尔斯采用了对字母与数字进行编码的方式传递信号，这种方法更加科学有效，它后来成为电报传输的标准方法，一直沿用至今。

莫尔斯电码用电信号的短长组合进行编码。短、长信号分别表示为"•"和"——"，具体的编码方式如图 7 - 11 所示。这其实是将字母和数字用二进制表示，二进制后来成为信息处理的基础，我们不得不佩服莫尔斯电码的前瞻性和先进性。由于莫尔斯电码科学合理，它不仅应用于电报信号的传输，而且成为国际海事通信的标准编码。现在的通信也是通过这种二进制编码实现的，不过由于芯片完成了数字信号的编码解码功能，用户只要直接发送和接收信息就可以了，不必关心如何编码。

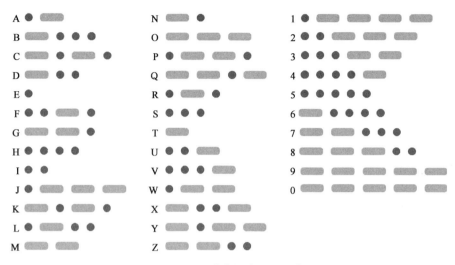

图 7 - 11　摩尔斯密码对照表

　　电报技术一问世就快速普及,欧洲大陆、英国都很快建立起自己的电报网络,到 1851 年,法国与英国之间在英吉利海峡铺设了第一条海底电缆,将英国和欧洲大陆联系起来。此时,美国作为新型工业国家也赶了上来,他们在 1844 年铺设了从华盛顿到巴尔的摩的第一条电缆,到 1861 年的南北战争期间已经建立庞大的电报网络,有人评论说南北战争北方之所以获胜,火车的运送和电报的信号传递起了决定性作用。1854 年,英国商人菲尔德雄心勃勃地成立公司铺设横跨大西洋的电缆。这条电缆在 1858 年铺设成功,但是它仅仅工作了数天就断掉了。经历无数次挫折与打击后,菲尔德终于在 1866 年铺设完成可靠实用的大西洋电缆,实现了欧洲大陆与美洲大陆的信息联通。这成为 19 世纪人类征服大自然、迈向工业文明的一件标志性事件。

　　电报的作用是传输信息,而时间是最重要的信息。以火车运输为代表的许多工业领域要求将所有的时钟统一到标准时间上,早期通过搬运钟的远程比对是一种非常麻烦的时钟校准方法。电报可以实现“瞬时”的信号远程传递,效率和便利性远超搬运钟比对,因此电报技术发展起来以后,利用电波传递时间信号成为必然的选择。英国在 1852 年建立了电磁时间传递系统。他们利用查尔斯·谢泼德发明的一套电磁控制的主从钟系统,将格林尼治天文台产生的时间信号传递到英国各地,而传递时间的线路就是英国铁路系统的电报线路,考虑当时铁路系统对时间同步性需求最为迫切,所以铁路在提供电报线路的同时,也受

图 7-12   格林尼治天文台外墙的标准时钟,其中标注了谢泼德是本套装置的专利人(图中的钟表面上的 SHEPHERD PATENTEE)

益于这套时钟同步系统。英国运行这套系统的时候,最开始每天(10 点和 13 点)两次报时,到后来改为每小时报时 1 次,这使得英国国内的时钟具有非常高的同步性。它完全满足当时整个社会对时间的精度要求,直到后来无线电技术的出现。这套系统至今还留在格林尼治天文台,如图 7-12 所示。

无线电

电磁学为电信号的传输提供了多种技术途径,除了有线电报,还可以进行无线电传输。意大利人马可尼了解到赫兹的实验后,立志将其实用化。在克服了一系列技术困难后,他在 1895 年发明了实用的无线电发射与接收装置。为了让该发明产生更大的效益,他将这项技术带到英国并在 1896 年获得了英国专利,随后成立公司推销该技术。为了证明该技术的有效性,他在 1899 年和 1901 年分别进行了无线电信号穿过英吉利海峡和跨越大西洋的实验,都取得了成功。马可尼将无线电装置出售给船舶公司,1909年,一艘名叫"共和国号"的轮船因为碰撞沉没,由于它及时发出了无线电求救信号,使得落水者得到了及时的救助,整个海难只有 6 人遇难或失踪。这个事件凸显了无线电技术巨大的应用价值,它不仅给马可尼带来商业的成功,也为他赢得了荣誉,他在当年获得了诺贝尔物理学奖。

马可尼规定了"CQD"作为船只遇难的求救信号,这是在当时欧洲铁路无线电通信的呼号前缀"CQ"后边加上一个字母"D",不过海员们则将其解释为"Come quick,danger"。在 1906 年第二届国际无线电会议决定用"SOS"替代"CQD"作为求救信号,其理由是无线电发报采用的莫尔斯电码中,"SOS"是"···———···"这种 3 短 3 长 3 短的编码,非常容易拍发和识别。这个后来成为世界通用的求救信号,后来,有人将 SOS 附会为"Save Our Ship"

或者"Save Our Soul"的缩写。

马可尼在英国获得无线电专利后,又去申请美国专利,在这里他受到了特斯拉的挑战,后者在 1897 年已经获得了美国的无线电专利。此时的美国,虽然在科学上还比较落后,但在技术领域已经表现出新晋大国欣欣向荣的上升势头,在电力革命到来的时代,美国诞生了发明电话的贝尔(1876 年),发明电灯、电影、留声机等的爱迪生等一批影响世界的发明家和实业家,使得美国站到电力革命的潮头。爱迪生与特斯拉是美国技术革命的突出代表,两人的斗争成了那个时代的标志性事件,至今仍让人津津乐道。爱迪生是土生土长的美国人,他一生完成了 1 000 多项发明,许多发明影响世界,被誉为"发明大王",他创立的爱迪生电力照明公司是通用电气公司的前身。而特斯拉是塞尔维亚移民,他是一位极富想象力的天才,发明了交流电机、高频电流等技术,研究了人造闪电、X 射线等。他的一些设想甚至超越了那个时代,例如预言了雷达、无线电力传输等技术。特斯拉与爱迪生有剪不断理还乱的关系,他曾经加入爱迪生的公司,离开后成立了与爱迪生竞争的公司。他在电力的技术与发展路线等许多领域都与爱迪生有竞争,后世证明特斯拉常常站在正确的一方,但在当时,爱迪生的巨大影响力导致特斯拉的技术无法推广。其中最著名的是爱迪生的直流电与特斯拉的交流电之争,最终交流电技术获得了胜利,但在当时,交流电受到爱迪生不遗余力的诋毁。

回到无线电专利,特斯拉的初衷是希望发明无线的电力传输技术,为了实现这一点,他在 1893 研制成功无线电信号发射与接收方法,演示了无线电通信实验,这项技术在 1897 年获得了美国专利。如果这项专利存在,马可尼是拿不到美国专利的,不过等到 1904 年马可尼申请专利时,美国专利局撤销了特斯拉的专利授权,将专利转授给了马可尼。据说爱迪生在其中发挥了作用。当然马可尼的无线电技术更实用、更有效,他对无线电的贡献也明显比爱好广泛的特斯拉大得多。然而,历史的发展充满了曲折和戏剧性,到了 1943 年,美国最高法院作出裁决,将无线电的专利重新颁给了已经去世的特斯拉。但这个裁决背后同样有说不出口的动机——这样一来,二战中的美国政府就不必向马可尼公司付专利费了。

无线电技术的发展并没有随着无线电波的实现而终结,基于无线电技术又诞生了广播、雷达等领域,这些技术都需要对电信号的时间信息进行测量,对时间的计量提出了更严苛的要求,促进了计时科学与技术的发展。不过在介绍这些技术之前,我们需要把技术的发展先放一放,回到与时间有关的科学问题上来。

时间的箭头

"时间是什么",这是一个哲学的终极问题,也是最基本的科学问题。在科学诞生以前的远古时代,东西方的哲学家们也在讨论这个问题,相信古代的普通人也对这个问题充满好奇,不过只有哲人们的思考被记录了下来。到了近代,"时间是什么"同样是物理学家无法回避的问题,因为对物质世界的描述一定包含时间,所以牛顿才会在《原理》的开篇设定了绝对时空观。在近代科学的早期,人们普遍接受了牛顿的绝对时空观。随着科学的发展,对时间的认识也在深化,时空观也发生了变化。

时间的一个重要性质就是它具有方向性。"百川东到海,何时复西归?"我们都知道时间是不可逆的,但是是什么物理规律导致了时间单向流逝? 过去无法给出理论解释。因为描述物体运动的牛顿力学规律都是可逆的,这其中一定存在未知的物理规律。

热与熵

当以蒸汽机为代表的工业革命爆发时,提高蒸汽机效率成了一个具有重要实用价值的研究课题,瓦特的主要贡献就是提高了蒸汽机的效率从而将其实用化。后来,法国工程师卡诺将其凝练为一个科学问题加以研究。他把蒸汽机这种靠热力做功的机械称为热机,它的工作原理用"加热-膨胀做功-降温-压缩"4个步骤的循环过程描述。根据推导和计算,他得到了结论:在这个理想模型中,做功的能量全部来自热能,热机的高低温温差越大,热机效率越高。他的研究为热机的发展指明了方向,后世的内燃机就是基于这种原理研制的,油品燃烧可以获得远超水蒸气的高温,因此具有更高的效率。除了应用价值,卡诺的研究也具有重要的科学意义,它开启了一门新的物理学学科——热力学。不过当时几乎没有人了解和重视卡诺的工作,他于 1832 年死于一场霍乱,年仅 36 岁。

1850 年前后,英国科学家威廉·汤姆逊和德国科学家克劳修斯差不多同时发现了卡诺的工作,并在它的基础上进行了进一步研究,由此分别给出了热力学第二定律。两人的表述略有不同,可以将其描述为:热量做功的过程一定伴随着能量耗散,不能把热全部转化为功。这是一个比较容易理解的表述。克劳修斯在 1865 年给出了更简洁更普适,但不太容易理解的描述,他引入一个叫"熵"的状态函数,将热力学第二定律表示为"孤立系统的演化总是熵增加的过程"。这种表述称为"熵增加原理"。

热力学是第一次工业革命后发展起来的物理学科,它以 3 个基本定律作为基础,第一定律是能量守恒定律,它是在德国物理学家焦耳的热功当量实验基础上总结而成的;第二定律是上面介绍的熵增加定律;第三定律是绝对零度(—273.17 ℃)无法达到。热力学有比较强的工业应用背景,当时(甚至现在),许多人都梦想制造一种机器,不需要能源就可以源源不断地提供动力。热力学的研究表明不但源源不断输出功率的"永动机"造不出来,就连不消耗能量、能够将能量 100% 转化的机器也造不出来。

"熵"有明确的数学表达式,它的宏观表达式是系统内能与温度的比值,不过用文字解释不太直观,一般可以解释为表示系统内部混乱程度的物理量,熵越大,系统内部越混乱。因此熵增加原理的物理意义就是孤立系统一定会越来越混乱。由于一个孤立系统的熵是随时间单增的,我们就可以通过观察该系统两个时刻的熵判断两个时刻的先后,这样,熵增加的方向性就给出了物质世界的不可逆演化方向,也就是使时间具有了单向性。

熵增加原理与我们的许多常识一致,比如糖放到水里总是会越来越均匀地混合,而不会出现糖和水分离的情况;如果我们不收拾,房间总是变得越来越乱。不过另一方面,也存在大量有悖于熵增加的现象,像同时代达尔文提出的进化论就表明世界沿着越来越有序的方向发展。对这类现象的解释是"熵增加原理"仅适用于孤立系统,我们的世界与环境有物质和能量的交换,并且这样的交换是吸收"负熵"的过程,由此导致越来越有序。比如太阳照射到地球的阳光就是负熵,地球上的生物通过直接或者间接的方式吸收阳光,获得负熵形成了有序的个体,而这是以太阳通过热核反应变得越来越无序为代价的。

克劳修斯(见图 7 - 13)把整个宇宙看作一个孤立系统,他认为根据熵增加原理,宇宙将演化到最混乱的熵为极大值的状态,没有生命,处处平衡,这种学说称为"热寂说"。关于这个观点,后世有许多学说对其加以驳斥,比如说,考虑引力的作用,宇宙的演化一定不会走向处处平均。另外,宇宙大爆炸学说告诉我们,宇宙是不断膨胀的,宇宙的这种演化规律使得熵不可能达到极大值,就像在一个膨胀的气球面上滴了一滴墨水,虽然墨水的面积在不断扩大,但气球膨胀的面积扩张更快,使得墨水在气球上的相对面积可能是减小的。不过也有理论表明,即使在引力场下,熵增原理仍然起作用;如果宇宙一直膨胀下去,最终仍会趋于"热寂"。

图 7‑13　克劳修斯(左)、开尔文(中)与玻尔兹曼(右)

　　熵的概念被拓展到生物学、信息学等领域。奥地利物理学家薛定谔把人类的新陈代谢看作与外界进行物质能量交换、获取负熵的过程,他说"一个生命有机体……只能通过不断地从环境中获取负熵来避免这种状态(死亡)并维持生存"。1948 年,香农将熵引入信息论,用于表征信息编码的最大极限,它成为信息论最重要的一个概念。到了今天,熵不仅大量出现在科学文献中,还被引入社会人文学科领域,甚至成为网红词,许多鸡汤文号召个人远离自己的平衡态,通过自律等方法吸收负熵,以此对抗自身的熵增加,成就更好的自己。

玻尔兹曼方程

　　热力学给出了时间的箭头,但没有给出原因。在研究热力学时,它的三大定律是不证自明的,就像欧几里得的 5 个公设或者牛顿力学三大定律那样。而它们与牛顿力学的可逆性又存在显而易见的不一致,其背后更深层的物理机制是什么? 这个问题困扰着当时的物理界,奥地利物理学家玻尔兹曼对此给出了解释。他基于麦克斯韦的气体动力学理论,用统计的方法分析大量气体分子的动力学过程,从概率的角度解释了时间的方向问题。比如图 7‑14 的情况,在一个容器中放入 A,B 两种气体,先用挡板隔开,两种气体分别在挡板两边,去掉挡板后,两种气体将充分混合,处于平均分布的平衡态。玻尔兹曼解释说,两种气体之所以处于平衡态,是因为这种态比其他态(例如没有挡板仍然保持 A,B 气体分离的状态)的概率大得多,以至于其他态几乎不可能存在。

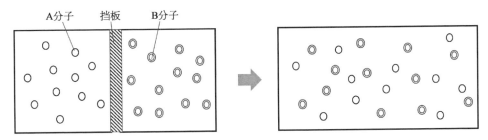

图 7 - 14　两种气体混合前后的分布变化。以图中 11 个 A 分子和 12 个 B 分子为例,假如它们处于容器中的每个区域的概率相等,则去掉挡板后,A 分子在容器左半边、B 分子在容器右半边的概率为 $(1/2)^{23} \approx 1.25 \times 10^{-7}$,实际原子或分子数目要多得多,去掉挡板还能回到左图的分布几乎是不可能的

玻尔兹曼用气体分子的概率统计理论,推出了几乎所有的热力学公式,建立了一门新的物理学学科——统计力学。他最精彩的工作是得到了理想气体的宏观参数熵 S 与微观状态数 Ω 的表达式:

$$S = k_B \ln \Omega$$

这个公式称为玻尔兹曼关系,是物理学最著名、最重要的公式之一,玻尔兹曼去世后,这个公式刻在了他的墓碑上。公式中的比例系数 $k_B \approx 1.381E - 23\,\mathrm{J/K}$ 称为玻尔兹曼常数,是物理学最重要最基本的物理常数之一。

玻尔兹曼的理论虽然可以很好地解释气体热力学规律,但他的理论并没有马上被接受,相反,该理论受到了许多科学家的质疑和反对。因为在当时,"原子说"还只是一个假说,许多科学家并不接受,他们也不认可他的学说,一些学者长期与玻尔兹曼争论。这种支持者甚少、反对者甚多的窘境使玻尔兹曼充满孤独感和挫折感,加之疾病带来的身体折磨,导致他最终于 1906 年自杀。玻尔兹曼倒在了革命胜利的前夜,数年后,"原子说"就因为爱因斯坦、普朗克等人的工作被广泛承认,随后对原子的研究掀起了物理学的又一场革命。

相对时间

把视线转回到电磁学。麦克斯韦方程最神奇之处就是预言了电磁波,不过当时的科学界认为,波只有在介质中才能传播,麦克斯韦提出电磁波在以太中传播。我们知道,"以太"这个词是亚里士多德创造的,指的是月球以上、容纳天体运行的空间的填充物质。后世的科学发展中,"以太"成为一种神奇的存在,当研究宇宙遇到难题时,往往有人用以太解释。笛卡儿曾经用以太旋涡解释天体的运动。光学的发展过程中一直伴随着"粒子说"和"波动说"的竞争,而"波动说"始终要面对的一个问题就是"它是通过什么介质传播的",于是从惠更斯开始,就用"光是在以太中传播的波"解释光的本质。不过此时的以太已经和亚里士多德给出的概念不同,它不再居于遥远的月球之上,而是散布在我们的周围,是光波传输必不可少的介质。等到麦克斯韦研究电磁学理论时,他也沿用了以太的概念,认为他所预言的电磁波是在以太中传播,并且光也是电磁波。所以当赫兹证明电磁波的存在时,人们认为这不仅是麦克斯韦理论的胜利,而且也是以太存在的明证。

迈克耳孙实验

如果以太模型成立,它就必须具有性质:对于光或电磁波,它表现出刚性固体的性质,电磁场可以以横波振荡传播,就好像声音在金属中传播那样;而对于实物,它又表现出稀薄无黏滞流体的性质,实物可以在其中自由运动,不受任何阻力。以太这些矛盾的性质让人疑惑,于是美国物理学家迈克耳孙在 1887 年设计实验进行验证。迈克耳孙的基本想法为:地球运动的时候,它也在以太中穿行,在地球上测量的光速应该是光在以太中的速度与地球速度的矢量和,测量地球上不同方向的光速就可以验证以太的存在。但是光速为 $c \approx 3 \times 10^8$ m/s,而地球的速度约为 $v \approx 3 \times 10^4$ m/s,只有对光速的测量精度远超 10^{-4},才能把这个万分之一的光速变化测量出来。当时还没有技术能够达到这样的精度,迈克耳孙设计了很巧妙的实验,创造了这样的技术。

迈克耳孙实验的原理如图 7-15 所示,光源发出的光,通过一个半透半反玻璃板分成两束,透射光和反射光传播一段距离后,分别被两个反射镜反射,两束光返回到玻璃板之后,重新合束。由于光是波动信号,合束后得到的是两束光波的干涉信号,观察干涉信号的变化,就可以知道两束光传播的相对时延是否改变。如果用透镜收集干涉信号并在它的焦点处放置成像屏,就会在成像屏上得到环状的干涉条纹,利用这个条纹无法读出两束光波的时延差,但是如果时延差发生变化,条纹就会移动,相对时延只要变化光波的一个周期($\sim 10^{-15}$ s),条纹就会发生一次周期性变化,因此这是一种对时延变化非常非常灵敏的测试方法。

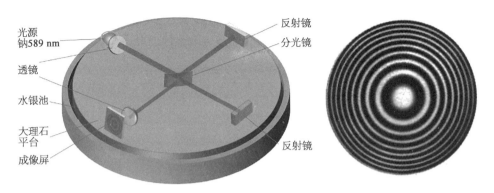

图 7–15　迈克耳孙干涉实验(左)与干涉条纹(右)

　　具体到测量以太的实验中,如果两个反射镜到分束器的距离都是 l,透射和反射方向一个与地球运动方向平行,另一个与运动方向垂直。则平行方向的光传播时间为 $\dfrac{l}{c+v}+\dfrac{l}{c-v}=\dfrac{2l}{c}\dfrac{1}{1-v^2/c^2}$,而在垂直方向,需要光波略微向地球运动方向偏一点,使光速与以太速度的矢量之和沿垂直方向,根据矢量计算可得,此时垂直方向的光速为 $\sqrt{1-v^2/c^2}\,c$,传播时间为 $\dfrac{2l}{c}\dfrac{1}{\sqrt{1-v^2/c^2}}$。迈克耳孙采用钠光灯进行实验(波长为 589 nm,周期 2.96 fs),它的测量灵敏度完全可以满足实验的精度要求。如果能测量这两个方向的时延,就可以直接比较两个光速的大小。迈克耳孙干涉装置测量的不是时延而是时延的变化,因此迈克耳孙设计了旋转的实验平台。他把所有的装置固定在一个大理石平台上,然后将大理石平台漂浮在水银上。实验时,开始让一束光与地球运动方向平行,另外一束光与之垂直,然后缓慢 90°旋转大理石平台,旋转时连续观察干涉条纹的变化。如果以太的模型是正确的,就可以明显观察到干涉条纹的变化,对应的时间变化为 $2\dfrac{2l}{c}\dfrac{v^2/c^2}{1-v^2/c^2}$,但实际情况是干涉条纹完全没有变。

　　上述实验全称是迈克耳孙-莫雷实验,是迈克耳孙与美国化学家莫雷在克利夫兰合作完成的,在此之前,迈克耳孙已经进行了类似实验,但是由于信噪比太差,信号完全淹没在噪声里,所以才重新进行了实验。由于迈克耳孙不但设计了实验,而且实验中做出了主要作用,因此科学家通常认为这是迈克耳孙的独立成果,莫雷只是帮助改进了装置。1907 年,迈克耳孙因此获得诺贝尔物理学奖。

迈克耳孙实验可以将长度测量的精度提高到光波波长级,是最经典的物理实验之一。这种装置后来被发展成仪器,称为迈克耳孙干涉仪,可以实现最精确的长度测量。目前世界上最高精度的长度测量装置是激光干涉引力测量装置(LIGO,见图 7 - 16),它就是基于迈克耳孙干涉仪搭建的,它的两臂长度达到 4 km,它对长度变化的测量精度达到 10^{-19} m。2016 年,美国的科学家在 2 套 LIGO 装置上发现了引力波。其团队负责人因此获得 2017 年诺贝尔物理学奖,这距离迈克耳孙获奖正好相差 110 年。

图 7 - 16   激光干涉引力测量装置(LIGO)

迈克耳孙实验说明以太模型出了问题。许多科学家给出修正的理论解释这个现象,其中最接近真理的是荷兰物理学家洛伦兹。洛伦兹的解释也非常简单,他认为之所以时延不变,是因为地球运动的时候,沿运动方向的长度被压缩了,至于压缩的比例,只要凑上面的数据就可以计算得到:如果以速度 v 运动,则沿该运动方向长度被压缩为原来的 $\sqrt{1 - v^2/c^2}$。 他根据这个原理在 1904 年建立了坐标变换关系:

$$\begin{cases} x' = (x - vt) / \sqrt{1 - v^2/c^2} \\ y' = y \\ z' = z \\ t' = (t - vx/c^2) / \sqrt{1 - v^2/c^2} \end{cases}$$

这个变换称为洛伦兹变换,它是从现有坐标系 (x, y, z, t) 变换到相对该坐标系在 x 方向以速度 v 运动的坐标系 (x', y', z', t') 时满足的变换规律。如果把 v/c 设为 0,该坐标变换就变为我们日常所看到的变换形式,就是 y, z, t 都保持不变,只有 x' 变为 $x-vt$,这个变换称为伽利略变换,伽利略变换是洛伦兹变换在 $v/c \approx 0$ 下的近似。

洛伦兹在科学方面最主要的贡献是研究了运动电荷在磁场中受到的力,这个力现在称为洛伦兹力,他在用麦克斯韦方程分析电荷受力情况时,发现如果按照伽利略变换,不同坐标系下观察电荷的受力情况就会不同,由此他提出了洛伦兹变换。洛伦兹是公认的物理学大师和领袖,还是当时的物理学盛会——索尔维会议的定期主席。他的学生塞曼发现了原子谱线在磁场中的频移现象(塞曼效应),因此他与洛伦兹获得了 1902 年的诺贝尔奖。看来培养好学生还是很有必要的。

洛伦兹变换中已经包含了狭义相对论的基本要素——光速是不变的,而时间是相对的,与坐标有关。但是洛伦兹并没有射出临门一脚建立相对论,众所周知,这项工作是由爱因斯坦完成的。至于原因,洛伦兹后来曾经不无遗憾地说:"我失败的主要原因是我死守一个观念:只有变量 t 才是真正的时间,而我的当地时间 t' 仅能作为辅助的数学量。"

爱因斯坦、相对论、时空弯曲

爱因斯坦 1879 年出生于德国乌尔姆的一个犹太家庭,他在童年时期表现出"笨小孩"的特征,不但说话明显晚于平均年龄,而且学习成绩也不好。不过如果他对某些事感兴趣,就会表现出异乎寻常的专注。他曾经在两件事上花费了大量时间:其一是磁铁与指南针;其二是小提琴,后者成为他毕生的爱好。爱因斯坦从 10 岁左右开始,在其舅舅的引导下逐渐对数学产生了兴趣,他在 12 岁得到一本欧几里得著的几何学,浓厚的兴趣使他完全自学了其中的内容。到了高中,爱因斯坦已经成绩相当不错了,数学则更好一些。由于他总是沉浸在自己的世界中,他和老师的关系并不融洽。高中时期,爱因斯坦移居瑞士并考取了瑞士联邦理工学院。他后来以一个说得过去的成绩毕业,不过老师们对他的印象并不太好,后来对相对论的推广做出很大贡献的数学家闵可夫斯基就因为爱因斯坦上课时常常趴着,称他是"一支懒狗",他当时一定因为思考问题而走神。爱因斯坦思考时的这种专注是他的特质,他的工作基本是其个人完成的,很少有合作者。他的传记作家称这种特质为"孤持(apartness)",含义是"与他人保持距离、单独、孤立",杨振宁先生就很赞同这个评价。

1900 年爱因斯坦大学毕业,但他的工作一直没有着落,直到 1902 年才在瑞士伯尔尼专利局谋得一个(审查专利)技术员的职位。这是一个相对清闲的工作,安顿下来的爱因斯坦得以继续他的思考。思想火花最终在 1905 年迸发,爱因斯坦在这一年发表了 5 篇重要论文,这几篇论文改变了科学。其中《论动体的电动力学》和讨论质能方程的文章开创了相对论;光电效应的文章对量子力学具有开创性意义;悬浮粒子在液体中运动的文章研究了布朗运动,有力地证明了原子学说;另外一篇是测量分子大小的文章,爱因斯坦最初没有发表,而是用它申请到了博士学位。由于爱因斯坦这几篇文章在物理学的多个分支都是极其重要的贡献,因此 1905 年被称为"爱因斯坦奇迹年",也有人称为"物理学奇迹年"。

我们聚焦相对论。爱因斯坦设立了两条基本公理:第一条是所有的物理规律在惯性系中是普适的;第二条是光速不变原理。从这两条公理出发,爱因斯坦不仅得到了洛伦兹变换,而且得到了一系列物理学规律,其中包括著名的 $E = m c^2$ 质能方程。在这套理论中,最让人难以理解的就是相对时间,即不同惯性系下的时间不同,与这两个惯性系的相对速度有关。这个原理其实已经包含在洛伦兹变换中,但在洛伦兹眼里,"t 才是真正的时间,而 t' 仅是辅助的数学量"。而爱因斯坦告诉大家,两个时间都是真实的,如果在这两个惯性系各放置一台时钟,过一段时间比对,就会发现它们的读数是不同的。

对于这个问题,有一个更通俗的解释就是"双生子佯谬"。就是说在地球上找了一对双胞胎检验相对论,让其中一个一直待在地球上,另外一个乘坐宇宙飞船以接近光速的速度去太空旅行,若干年后旅行者回来,发现他待在地球的兄弟比自己的年龄大了许多。这件事情虽然不可思议,但已经被大量实验证明,当然不是真的找了两个双胞胎,而是用两台原子钟进行了实验,让一台一直待在地面上,另一台搭载在飞机上,飞行一段时间再和地面的原子钟进行比较,实验发现飞行原子钟的时间变慢。

爱因斯坦的论文不容易让人理解,但还是有人发现到它的价值和重要性,其中就包括闵可夫斯基。看到论文后,闵可夫斯基不但对这个他当年非常嫌弃的学生刮目相看,而且给出更容易理解的相对论表述方法,就是利用四维

(x,y,z,ict) 空间表示,这个后来被称为"闵可夫斯基时空"。闵氏时空中,两点的距离 s 表示为

$$s^2 = \Delta x^2 + \Delta y^2 + \Delta z^2 - c^2\Delta t^2 = r^2 - c^2\Delta t^2, \quad r = \sqrt{\Delta x^2 + \Delta y^2 + \Delta z^2}$$

式中 r 是两点在欧氏空间的距离。上式的物理意义可以简单解释为:在相对论中,讨论两个事件的距离,不但要考虑它们的空间距离,而且要考虑时间距离。由此我们能够得到一个光锥,光锥面对应 $r=c\Delta t$,如图 7-17 所示。这个光锥把时空分为 2 部分,在光锥内的事件是可以通过光束传递信息,能够认知的,而光锥以外的事件则无法认知。

闵氏时空理论促进了狭义相对论的推广,对爱因斯坦后来发展广义相对论也很有启发意义。1905 年的工作虽然让爱因斯坦小有名气,但尚未被普遍接受。1909 年,他因为博士导师的推荐,离开伯尔尼专利局回到母校担任副教授,其后又几经辗转,成为德国洪堡大学教授。在这期间,他将

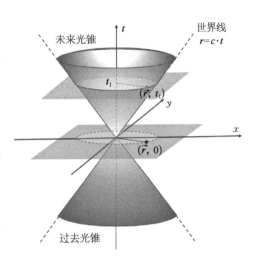

图 7-17 由闵氏时空构造的光锥,在光锥内的事件是可以认知的,而光锥以外的事件则无法认知。比如在 0 时刻,$\vec{r}$ 位置发生了一个事件,观测点无法认知,只有经过 $t_1 = |\vec{r}|/c$ 时刻以后,$\vec{r}$ 的信息可以传递到观测点,它在 0 时刻发生的事件才可能被认知

主要精力放在相对论的继续研究上。狭义相对论研究的是物理规律在不同惯性系间的变换,这是一个很强的约束条件,比如狭义相对论无法研究一台时钟相对一个惯性系加速运动时的变换。而真实世界因为存在引力场,并不满足惯性系条件。爱因斯坦在 1911 年提出了光在引力场中的弯曲,在 1915 年提出了广义相对论,广义相对论解决了非惯性系与引力场的问题。

惯性坐标系指的是没有加速度的坐标系,比如匀速行驶的火车和铁路旁边的观察者就是两个惯性系。而如果火车加速,它就不再是一个惯性系。火车上的人感受到向后的力,路边的观察者则看到火车速度不断变化。

前面已经介绍了,"质量"这个物理量是牛顿在建立力学体系中引入的。他

在牛顿第二定律和万有引力定律中都是直接引入这个概念的,认为这两个概念之间只是存在一个比例关系,他让两者直接相等,让比例系数包含在万有引力常数 G 中。这是一个非常基础又非常重要的假设,不过一般易被人忽略。爱因斯坦对这个假设进行推广,提出引力和惯性力在局域是不可分辨的,称其为"等效原理"。以此为基础,他得到了用弯曲的黎曼几何描述的引力场方程,在这个方程中,物质分布造成了时空的弯曲(见图 7 - 18)。如果把时空看作二维的网,时空中存在物质时,就会压弯网格的这个区域,使这个区域网的表面积增加,其他物体通过这个区域时,运动轨迹就会向弯曲的方向倾斜,天体运行时受到的引力可以看作它们在这种弯曲时空的运动。

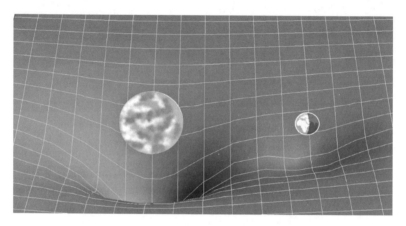

图 7 - 18   在广义相对论中,太阳对地球的吸引力可以看作太阳质量造成的时空弯曲,地球在这样弯曲空间中的运动轨迹就是椭圆

用时空弯曲描述引力场后,广义相对论预言了许多和牛顿力学不同的物理现象,利用这些现象可以判断广义相对论的正确性。其中最著名的有水星进动、光线弯曲、光谱引力红移等。其中水星进动指水星在其轨道上有超过牛顿力学预言的进动,这个在当时已经被天文观测所证明,爱因斯坦用广义相对论很好地解释了这个现象,并且计算值(每百年 43″)也与观测结果一致。

光线弯曲最容易让人理解。它的原理如图 7 - 19 所示:既然引力场引起了时空的弯曲,那么光线穿过引力场时也会发生弯曲。但是由于光速太快,光线弯曲的效果非常微弱,需要足够强的引力场才可能看到,太阳系中最强的引力场在太阳表面附近,但是太阳的光线太强了,需要在日食的时候,观察此时正好处于太阳背面的恒星是否发生了角度偏转来进行验证。光线弯曲的原理虽然简单,它的验证实验却是一波三折。1914 年,有德国科学家愿意在某次日食发生时验证他的实验,当时的最佳观测位置在俄罗斯,于是德国人带着观测器材浩浩荡荡出发了。由于恰逢一战爆发,德国人到了俄罗斯被当作间谍关了起来,据说一直关到一战结束。俄罗斯后来释放了队伍中的一个美国人,他又因为那天乌云密布也没有完成观测。事实上,当时爱因斯坦计算有误,如果完成这次观测,可能会证明他的理论有误,所以这次失败对他未必完全是坏事。

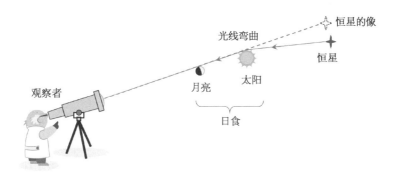

图 7 - 19　测量光线弯曲的原理

英国天文学家和物理学家爱丁顿是广义相对论的拥趸,他迫切希望通过光线弯曲实验验证广义相对论。因此一战刚刚结束,他就在英国天文学家戴森的帮助下游说英国政府进行验证光线弯曲实验,他们派两支由天文学家组成的科考团队远赴西非和巴西观测 1919 年 5 月 29 日的一次日食,爱丁顿在 11 月 6 日完成数据整理并向英国皇家学会汇报了观测结果:西非和巴西的测试结果分别为偏折 $1.61''$ 和 $1.98''$,这与爱因斯坦预言的 $1.74''$ 一致,因此实验证明广义相对论是正确的。爱丁顿的实验结果在英国皇家学会引起轰动,当时的学会会长、电子的发现者汤姆逊评价说"这是自从牛顿发表万有引力定律以来,与之有关的最大发现"。相对论给我们刻画了一个全新的时空观,是对牛顿绝对时空观的重大修正。它虽然和我们的日常认识相悖,但它是正确的。经过这些科学家的解读,爱因斯坦(见图 7 - 20)和相对论从那一刻起名满天下。

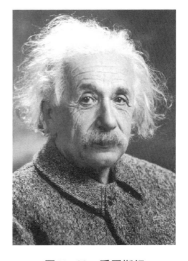

图 7 - 20　爱因斯坦

　　爱因斯坦从此成为有影响力的公众人物,不仅科学家,连普通民众都争相求见。当他出国旅行的时候,外国的元首或王室也往往抽出时间接见交流。大众因为不懂相对论而对爱因斯坦产生好奇。爱因斯坦曾经称赞卓别林说:"世上人人都能看懂你的电影《摩登时代》,你会是个伟人的。"而卓别林回复道:"我更加钦佩你。'相对论'世上没人能懂,但你已是一个伟人了。"爱因斯坦自始至终都是科学家,但他也利用自己的名人身份做了一些社会工作。正是他给罗斯福总统的信促使美国政府下决心研制原子弹,另外他的积极呼吁也为以色列的建国做出了贡献,以至于以色列政府一度希望他出任第二任总统。因为呼吁制造原子弹使爱因斯坦受到了一些争议,不过他一直是反战人士,也没有参与原子弹的研制。

　　广义相对论还有一个原子光谱学的预言,即引力场中原子的能级会发生移动,称为引力红移。验证这个预言的时间要略晚一些。这个现象最早于1925年在天文学的光谱上得到证实,等到原子钟技术发展起来以后,它成为非常容易观察的效应,可以通过观察原子钟的能级跃迁直接得到。在地表附近,引力红移可以看作与海拔高度成正比,比例系数为 10^{-16} m^{-1},就是说每升高 1 m,原子钟运行的相对速度就会加快 1×10^{-16}。它是先进原子钟必须修正的误差。目前最先进的原子钟已经可以观测到毫米量级海拔变化对钟运行速度的影响。

　　由于不满德国法西斯的政策,爱因斯坦于1932年移居美国并在普林斯顿大学工作,直至去世。爱因斯坦后来致力于构建把电磁力也统一起来的大统一理论,不过没有成功。他在统计力学、量子力学、宇宙学等方面做出了重要工作,比如玻色-爱因斯坦统计与玻色-爱因斯坦凝聚、预言引力波等。他用相对论研究宇宙的时候,得到宇宙膨胀的结论,但在爱因斯坦的世界观中,宇宙应该是稳定的,因此他加入一个系数把宇宙修正成稳定的模型。后来的宇宙学研究和天文观测表明,他的那个修正是多余和错误的,宇宙的确在膨胀。爱因斯坦认为虽然时空是相对的,但世界应该是确定的,有确定的因果关系。他秉持"上帝是不扔骰子的"的信仰,也就是说宇宙中没有随机过程,如果给我们全部的初始条件,我们可以解出宇宙接下来整个的运行状态,这与玻尔为代表哥本哈根学派对量子力学的解释是相悖的,玻尔等人认为随机性与不确定原理是客观存在的。这个争论后来通过一个"EPR 悖论"实验进行验证,证明了玻尔是正确的,不过围绕这个物理问题的争议还在继续。

　　爱因斯坦于 1955 年去世,终年 76 岁。为了防止被神话和膜拜,爱因斯坦没有留下墓碑,他的骨灰被撒到一个秘密之处。由于没有完成大统一的理论,相信爱因斯坦是留有遗憾离开的,但整个世界已经因他而改变,而他思想的涟漪在未来仍然将会激荡回响。他是公认的 20 世纪最伟大的科学家,许多人认为其比肩牛顿。直到今天,他极富辨识度的头像仍然出现在世界的各个角落,作为对世界认识最深刻的睿者为人们所敬仰,这应该是世界上最著名的人像。

　　最后对本章做一个小结:电磁学以来的科学发展让我们重新认识这个世界,不变的只有光速,其他都是相对的。在这个世界中,时间和空间关联,不同位置的时钟速度通常不同,这为世界范围内的计时提出了挑战。

8 计量之歌——时间与国际单位制

当时间与电、光信号联系起来，与光速、空间关联后，它对于社会运行的意义就不再仅仅是协调世界同步运转，而是成为信息、测绘、科研等领域不可或缺的关键参量，对它的计量也随之发生变化。过去，时间由天文台给出，现在，大多数国家通过计量机构产生时间。而全球的统一时间则由国际计量局（BIPM）管理。本章将介绍时间如何从仅仅与天文关联，走向与计量关联并成为计量的核心。时间和计量的关系就像主角和其家庭的关系，如果我们想介绍这个主角，则有必要介绍它的家庭背景。

"计量是指实现单位统一、量值准确可靠的活动。在计量过程中，认为所使用量具和仪器是标准的……"这是"计量"的一种科学定义，我们不打算解释这种科学而严谨的定义，而是给一个简单的解释，计量就是评估某个物体的多少，为了做到这一点，需要先给出标准单位，然后数一数这个物体中有多少个这样的标准单位，对应的数目加上单位就是计量。一般情况下，还需要给出测量的准确性（误差）是多少。这就构成了计量的 3 个基本要素：标准单位、数量、误差。这三点中，前两点在计量诞生之日就非常明确，而第三点"误差"则是等到科学技术发展起来后才给出了严格的定义。

中国古代的计量

我国古代称计量为度量衡，对应古代最主要的 3 种计量量——长度、体积、重量。计量产生的时间没有定论，它一定诞生在人类文明的最初阶段。当原始人以群居的方式、通过分工协作共同生活时，必须对各种物资的多少进行定量描述。比如，他们外出巡查或者狩猎的时候，需要交流距离的远近；收获猎物或者农作物时,需要根据重量或体积进行分配;需要预留一定数量的种子给一定面积的耕地以满足来年的播种……总之,计量是一个群体或者社会运行的必要条件,从人类社会诞生之日起就是如此。

度、量、衡

长度是最早需要计量的量。计量首先是确定标准单位,对于长度而言,最容易想到和最容易实现的就是利用人自身的长度特征进行计数。我国最早的长度单位有寸、尺、咫、寻等(见图 8-1),这些都与人的身体有关,比如"寸"指的是手掌的底部到腕口动脉处的距离,因此中医也称腕口处为"寸口",是把脉最重要的位置。"尺"指的是人的脚踝到膝部的距离。"咫"是手掌的长度,而"寻"是两臂伸展时的长度。"寸"和"尺"虽然给出了定义,但是使用起来不太方便,古人后来又从人的手部找到近似的长度,"寸"用中指的中间关节长度替代,而"尺"则成为手掌撑开时的最大距离,也就是大拇指指尖到中指或小指指尖的最大距离。有了这样的改进后,测量长度就方便了许多,"布指知寸,布手知尺,舒肘知寻"。在这些测量中,使用最频繁的可能就是"布手知尺","度"的原意就是用手掌测量长度(尺),引申为泛指的长度测量。直到现在,它作为一种粗略的测量方法仍在使用,并且有一个专门的单位"拃(zhǎ)"(见图 8-1)。

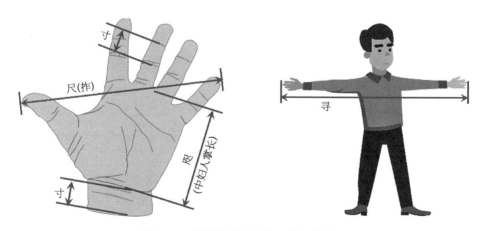

图 8-1 根据人体部位建立的长度单位

这种以人的身体部位作为标准单位测量长度的方法虽然方便,但是会遇到一个显而易见的问题,就是标准长度与个体的大小有关,不同的身高、不同的手掌大小都会影响测量结果。人类形成社会后，商品流通、土地丈量、税收计算等社会活动都需要对各种物品进行频繁的测量，并且需要测量的物理量也不再仅仅是长度，还包括了体积和重量。这就要求建立客观、统一的计量标准，实物量具可以满足这些要求。夏商周各朝统治者均建立了自己的实物量具，这是他们国家治理的前提，这些量具必须大小统一，在《尚书·虞典》中就有"同律度量衡"之说。不过根据记载，这些量具只是在一定范围内使用，当时并没有统一的全国标准，不但各诸侯国有自己的"公量"，而且一些重要的权臣家里还有自己的"家量"。春秋末期时期的"田氏代齐"事件从一个侧面反映了这种情况。

"田氏代齐"指齐国的田姓权臣通过争取民心等手段最终篡权，取代姜姓成为齐侯的典故。田氏争取民心的一个重要手段就是改变自家的量器让百姓受益。当时齐国的量器有升、豆、区、釜、钟，倍率关系为4，4，4，10，田氏将自家量器的倍率关系改为4，5，5，10。他贷给百姓的粮食采用"家量"，1钟有1 000升，而百姓偿还的时候采用齐国的"公量"，这样1钟只需要还640升就可以了。田氏利用这种"大斗出小斗进"的办法俘获民心，最终取姜氏而代之。等到夺权后，他将自己的"家量"设定为"公量"，也就不会再出现"大斗出小斗进"的情况了。

我国古代的体积单位有升、斗、斛等，升、斗的古汉字如图8-2所示，它们都是勺子的形象，说明它们都是容器，这些容器没有具体的用途，是专门用来测量体积的。从这些文字出现的年代看，这些标准容器起码商代已经出现了。在古代，体积的量具称为"嘉量"。我国古代的称重称为"衡"，"衡"最初是牛车前面的横木，因为它必须放平，而用秤杆称量重物时也必须保持秤杆水平，所以将其引申为称重。重量的单位有斤、两、石等，它们不是重量的专用字，而是从某些特定用途的工具假借过来的，比如"斤"是一种斧子，"两"的本意是"一分为二"。测量重量的工具称为"衡器"，最早的衡器是等臂的，与现在天平称重的原理相同，后来有了不等臂衡器，它是杆秤的雏形。天平需要配置一套砝码才能称量，而杆秤只需要一个秤砣就可以了。在古代，秤杆为"衡"、秤砣为"权"，"权衡"的最初之意就是调节秤砣的位置让秤杆平衡（见图8-3）。现在出土的量器和衡器可以一直追溯到战国时期，主要由青铜或铁铸造而成。

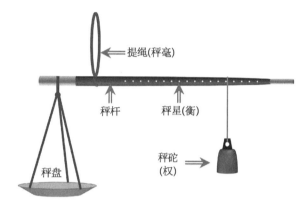

图 8-2 "丈"、"尺"、"寸"、"升"、"斗"的篆书，尺是侧卧的人旁边加一指事标记，表示的脚踝到膝部的距离，寸是手腕下面加一横，表示寸口的位置，丈为十尺之意。也就是寸的长度。而升和斗都是一个带柄的勺子的形状

图 8-3 杆秤的结构

从造字的角度可以直接看出度量衡单位的起源。度的单位尺、寸都和人有关，说明长度的测量最早来源于人用手或者其他部位去比划；量的单位升、斗都是类似勺子的象形字，说明称量液体或者颗粒粉末时，直接读取勺子等容器更方便；而衡的单位斤、石等是从具体的实物指代过来的，说明对重量的衡量最早是通过与常用的重物比较产生的。

有一个与重量单位密切相关的事物——金属货币。不仅金银这些贵金属的价值用重量衡量。作为流通货币的铜钱也是根据固定的重量铸造的，货币的重量部分体现了它的价值。古代统治者都对铜钱的成色（各金属的比例）和重量有严格的规定。春秋战国到秦代的铜钱多是半两，到汉代统一为五铢，唐朝对铜钱又进行了一次改革，重量改为 2.4 铢，也就是 0.1 两，并铸上"年号＋通宝"的字样。这种铜钱的重量也成为一个新的重量单位"钱"（0.1 两）。这种货币样式一直沿用到清朝。因为货币和重量单位都是由官方法定的，所以金属货币在社会上也作为砝码使用，货币单位也就是成了重量单位，例如"铢"、"钱"（0.1 两）等。虽然古代有这些规定，但它们在实际操作时常常打折，统治者为了盘剥百

姓,常常在"钱"的铸造上缺斤短两,在一个王朝的末期尤其严重。

　　度量衡标准单位的选择有一定的随意性,但它们一旦确立就不能变动,因为度量衡是一个政权公信力的体现。在古代,一个朝代若想奋发向上有所作为,往往会对度量衡进行改革,颁布统一的度量衡标准,确保社会交易的公平,保证社会有序运行。例如商鞅在秦国进行变法的时候,就建立起一套严格的度量衡体系,它为秦国走向富强并最终统一全国做出了重要贡献。史称"夫商君为秦孝公……平权衡,正度量,调轻重……成秦国之业"。商鞅变法时铸造的一个嘉量"商鞅方升"(见图8-4)留存至今,成为我国的国宝文物。

图8-4　商鞅方升(左)与秦铜权(右),这些基准在秦统一度量衡中发挥了重要作用

　　商鞅方升现存于上海博物馆,是一个带柄的方形容器,可以与"升"的象形文字对应。它的器壁的三面及底部均刻有铭文,说明该量器是公元前344年,商鞅任大良造时颁发的量器,并称秦始皇统一全国后,以此为标准实现全国体积计量的统一。商鞅方升的铭文记述秦制的一升为16又1/5立方寸,根据它的实际尺寸可知其容积为202.15 cm³,对应秦制的1寸约为2.32 cm。

　　等到秦始皇从军事上统一全国以后,他又统一了货币、度量衡和文字,这为文化上建立大一统的中国做出了贡献,其意义远大于军事上的统一。在这三项统一大业中,度量衡的统一更困难一些,因为货币和文字通过规章制度颁布全国就可以推行,而度量衡则需要制造统一的标准具,然后下发到各地。运送的成本、磨损的成本都比较高。秦汉时期的学者尝试去建立一种天然的实物标准,用它直接产生度量衡的标准单位。这种"用最普遍的实物产生度量衡"的思想是度量衡的普适规律,后世法国大革命时期的计量改革、现代的计量体系的建立均遵循了这个思路,但我国提前了 1 800 年。到了西汉末期,刘歆等人建立了一套这样的标准体系,后世的度量衡基本沿用或者参考了这套标准。

刘歆与度量衡改革

根据《汉书·律历志》的记载,刘歆建立的度量衡体系利用了两种实物参考。一种是五谷之一的"黍"。取中等个头的"黍"横向排列,它的宽度作为长度单位,10 颗的宽度是寸。以此为基准,建立十进制的分、寸、尺、丈、引的长度计量体系,称为"五度"。取 1 200 颗中等个头的"黍",它的体积对应体积单位"龠(yuè)",它的重量对应半两。对于体积单位,2 龠为 1 合,合以上都是十进制,依次是升、斗、斛。对于重量单位,两以下还有铢,一铢对应 100 颗"黍"的重量,24铢为 1 两,16 两为 1 斤,30 斤为 1 钧。4 钧为 1 石。龠、合、升、斗、斛称为"五量",铢、两、斤、钧、石这 5 个计量单位称为"五权"。五度、五量、五权构成了整个度量衡体系,如图 8-5 所示。

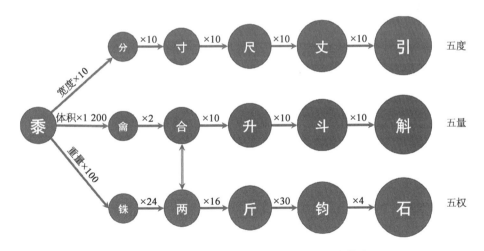

图 8-5　刘歆度量衡改革确定的基本单位及换算关系

在这个制度下,1 尺对应 23 cm 左右,因此古语中的身高 8 尺对应现在的1.8 m 左右,是高个子,但也不是特别夸张。

上面介绍的是古代的主要单位,除了这些单位,还有一些辅助单位,例如古代的长度单位除了"五度",更小的有"分"以下十进制的"厘"、"毫"等,更大的则还有"步"和"里"。"步"就是迈步的距离,在不同时期,步与尺、步与里的换算关系不同,有 6 尺或 6 尺 4 寸为 1 步,300 步或 360 为 1 里等关系。"步"和"里"都与脚有关,用于土地、地理等的测量,"里"是我国古代长距离的标准单位,我国古代的地理距离都是用"里"标记的。

度和量的单位换算基本采用十进制,而衡的进制要复杂一些,依次是 24,16,30,4。如果翻看古籍(《汉书·律历志》),它会告诉你这样的设定含有深刻的含义,24 与节气对应,16 与八卦有关,并且是四时与四象之积,等等。这些含义应该是后来附会上去的,更可能的原因应该是这些单位及其比例关系在当时已经普遍使用了,度量衡改革只是延续了这个比例关系。铢、两、斤之间的换算关系采用 24,16 这种能够多次被 2 整除的数,应该与最初采用天平称重有关。因为用天平测量时,无论是砝码的配置还是称量的方便性,二进制是最合理的。

这种度量衡的设计巧妙合理:首先,"黍"是五谷之一,是古代最重要的一种作物,在以"社稷"代表国家的农耕社会,以"黍"作为计量的实物标准具有象征意义;其次,"黍"广泛种植,这使得度量衡很容易在全国各地复现;第三,该方法很容易流传后世,具有传承性。

当然,这种度量衡设计并不是真的让人直接用"黍"去测量长度、体积或重量,而是给出制作标准量具的方法。实际的操作是朝廷根据该方法制作标准量具,然后将这些量具下发到全国使用。有了这种制作方法,使我国的度量衡 2 000 年来基本保持一致。清朝康熙年间,用"黍"定标制作了铜制的标准尺,拿这种铜尺与古尺相比,两者的长度相差无几。

刘歆建立度量衡制度的另外一种实物参考是"龠"。龠是一种古代的吹奏乐器,由远古的吹火管发展而来。在古代,奏乐是最重要的一种礼仪,比如孔子就将礼和乐放到了同等重要的位置,他在评价周代封建制度崩溃时,就用了"礼崩乐坏"之词。古人认为奏乐中最基本的"五音"代表着天道,而龠能够吹奏出古代五音中的"黄钟"之音,对应宫、商、角、徵、羽中的宫调,因此在乐器中具有重要地位。这种管乐的音频与它的长度和直径都有关系,由于"龠"的音律一定,它的长度和体积应该也是固定的。刘歆的度量衡改革也将龠的长度作为了"度"的基本单位,对应为 9 寸,而龠的体积就是上面所述的体积单位"龠"。这种设定与上面用"黍"给出的标准是一致的。

刘歆是中国历史上的一个奇人。他是西汉宗室,著名学者刘向之子。他年少进入宦途与王莽成为同事,两人建立起亲密的关系。他帮助王莽篡汉建立新朝,并在新朝成立后成为王莽的国师。后来二人关系破裂,刘歆图谋杀莽未果,事泄自杀。刘歆是一位亚里士多德式的通天彻地的大学者,他整理收集了大量经典古籍,但又大量篡改这些古籍,使得后世对由他经手的古籍都要辨识真伪。刘歆修改了"五德说",为王莽篡位提供理论依据,据说刘邦的"斩白蛇说"也是从他那里传出来的。刘歆进行了历法改革,创立了三统历;进行了度量衡改革,建立了一整套计量系统(图8-6为非常有创意的新莽时期的卡尺和嘉量);他还在礼仪制度方面做了许多创新,包括王莽篡权的形式,成为后世篡位的模板。刘歆和王莽颁布的一整套规章制度颇有创新性,以至于有人怀疑这哥俩是从后世穿越回去的。著《汉书》的班固只是一个文人,对历法等不太了解,所以他的《律历志》等基本照搬了刘歆的著述,使得刘歆创立的制度贴上正统的外衣,流传后世。不过由于刘歆不太光彩的个人履历,他的历史地位并不高。

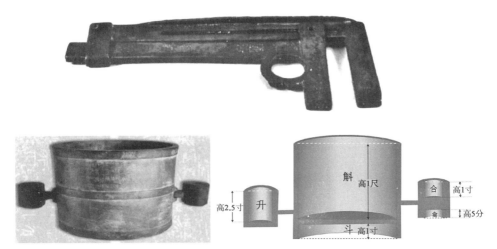

图8-6 令人称奇的新莽时期的度量衡。上图是新莽铜卡尺,与现代的游标卡尺基本相同,现存 **3** 件,分别收藏于国家博物馆、北京艺术博物馆和扬州博物馆。下图是新莽铜嘉量,它是一个圆柱加两耳的形状,可以同时给出龠、合、升、斗、斛五个标准测量单位,并且五种嘉量的深度又分别对应标准长度。现存于台北故宫博物院

用"龠"定标长度和体积也包含科学内核。它的基本原理可以用固体力学的理论解释:一旦固体的形状和尺寸确定,它就有一个固有的振动频率,体积越大频率越低,敲击或吹奏声音越低沉;体积越小频率越高,敲击或吹奏声音越尖锐。所有的乐器都是通过改变体积或内部空腔的大小演奏不同的声音,但将音律与长度和体积的单位建立对应关系,刘歆应该是第一人。现代电子学领域有一种重要的元件——晶振,它就是通过控制晶体的尺寸产生所需的振荡频率,这与用"龠"定标长

度和体积的原理相同。其更本质的思想是"利用频率确定长度",这与现在的长度单位"米"的产生方法一致,"米"是通过测量确定频率的光波波长产生的。

上面讨论了这种方法的合理性,但它实际的效果如何却无从知晓,因为"龠"已经失传了。虽然编钟也可以产生"黄钟"之音,但管乐吹奏的"宫调"是什么声音,它的声波频率是多少,如何计量? 这些已经无从知晓。从原理上讲,只有"龠"的声音频率很准,才能得到准确的长度或者体积,但从常识上讲,我国古代在音乐方面一直不太擅长。所以如果这个方法可行,必须假设我国更远古的祖先其实很懂音律。但这种情况并不是没有可能,因为"乐"是中国夏商周时期最重要的礼仪,那个时期"龠"有标准的规制,而当时的贵族阶层很熟悉"龠声"也是合理的解释。到了后世,"乐"在整个礼仪体系中的地位不断下降,"同律度量衡"中的"律"也变得无法考证,这种设定度量衡的方式也就只见诸文字,很难实践了。后世连"龠"都已经失传,对于它产生度量衡的精度也就无从查证了。

20世纪60年代在河南省舞阳县贾湖村发现了距今9 000～7 500年的新石器时代遗址,称为贾湖遗址。这个遗址出土了由30余支鹤骨钻孔的管型吹奏乐器,称为"贾湖骨笛"。有专家考证认为这个就是失传的古代重要乐器"龠",并将这些乐器文物称为"贾湖骨龠",不过这个肯定不是刘歆用于计量的"龠"。

用龠做参考的度量衡虽然被后世废弃,但是以黍为参考的度量衡却保留了下来。这种有客观标准的制度有一个好处,就是统治者无法通过不断改变度量衡加重劳动人民的负担。但到了南北朝时期情况发生了改变,由于北朝是少数民族建立的政权,他们自上而下对中国古代的律历不太了解,度量衡的设定也就变得比较随意。一般来讲,加大量具会加重剥削,因此北方的量具尺寸不断增加。南朝由于继承了中华正统,它的量具尺寸基本沿袭了汉朝设立的标准。这使得两边的度量衡出现较大偏差,有"南人适北,视升为斗"之说。等到隋朝统一政权以后,由于是北方统一全国,他们不可能恢复南朝推行的汉制,于是创立了"大小度量衡"并行的制度,这种制度后来被唐朝继承,一直沿用到清朝。唐朝考虑铢的单位太小,它与两的24进制换算也不方便,就将铜钱的重量改为0.1两,"钱"也逐渐代替"铢"成为最小的重量单位。宋代以后,商业活动逐渐活跃起来,一些行业也建立了自己的度量规范,例如布匹行业的"布帛尺"、建筑行业的"营造尺",天文仪器、礼仪等方面则沿袭古制的"天文尺",这些单位虽然不统一,但它们之间有固定的换算关系,后世也一直沿用。

到了民国时期,我国开始逐渐接受公制,为了计量的方便,清朝和民国在传统单位与公制单位之间建立起简单的换算关系,1 m 为 3 尺,1 公升为 1 L,1 kg 为 2 斤。我国在新中国成立后又将斤和两的换算关系改为 1 斤＝10 两。公制有显而易见的好处,但是传统的力量同样非常强大,这些传统的单位在许多地方仍在沿用,例如斤、两仍然是我们的日常生活中最通用的重量单位。

其他文明早期的度量衡

世界各国古代的度量衡千差万别,但建立这套测量体系的思路和逻辑却相差不大。长度是所有计量的基础,以身体部位作为长度测量工具几乎是所有古文明的共识,在埃及和两河流域都出现了以手肘作为单位的长度测量方法,称为"肘尺",对应外肘到伸直的中指指尖距离,长度在 45～55 cm 之间。为了解决不同的人身体部位长度不同的问题,古埃及人以法老手肘的长度作为标准,称为"皇家肘",以这个长度制作成肘尺在全国推广(见图 8 - 7)。两河流域也出土了类似肘尺的长度标准。除了肘尺,西方也用手指或手掌的长度、宽度,脚掌的长度等作为长度标准并建立相应的换算关系。从古罗马开始,脚掌长度成为重要的长度单位,直接用足(foot)表示,不过它的产生方法略有不同,有些是国王的脚(比如英国、法国),有些是测量一群人的平均脚长(比如德国)。法国在 19 世纪有歌谣唱到"共和国的尺寸推翻了国王的脚",说的就是计量改革用新的标准长度代替了国王的脚长。对于更长的单位,西方同样用"步"来衡量,他们将迈一

图 8 - 7　古埃及人用法老手肘的长度作为标准,称为"肘尺"

步和迈两步区分开来(对应英文单词 step 和 pace),用两步作为长度单位步,对应 5 足,还用运动场一周的距离或者马在一段时间跑出的距离给出更大的长度单位。在古罗马,1 000 步有专门的单位"mille",这是英里的原型。这种以 1 000 作为倍率的计量方法在现代仍然被广泛使用。

　　根据考古发现,埃及不同时代的肘尺长度不同,应该是对应不同的法老,它是法老王权的一种显示。肘尺是古埃及最通用的长度单位,金字塔就是按照对应法老的肘尺进行修建的,比如胡夫金字塔的底边长 232 m,对应是 500 肘尺,可知胡夫的肘尺为 46.4 cm。不知每次法老交替时修改肘尺会带给古埃及多大的混乱。不过从这里也可以看出东西方对王权的态度:在古埃及等国,王权被神化,法老就是神,因此他的身体部位也是神圣的;而在我国,皇权是老天赋予的,皇帝只是上天委派的最高级别的公务员——天子,干得不好甚至可能被炒,这就没有了上述的神圣性,所以我们国家一直是世俗的社会。

　　体积和重量的测量在古代西方同样重要。对于体积,它们采用了两种标准,将测量固态与液体分开,称为"干容积"和"湿容积"。而对于重量,它们采用天平进行测量。由于环地中海是商业文明,并且主要通过称重衡量商品的数目,所以天平在西方社会具有重要的象征意义。在希腊神话中,正义女神就是左手持天平,右手持剑的形象(见图 8 - 8),她用天平主持公道,用剑维持正义,为了让天平更加公平,她还常常把自己的眼睛蒙起来。这个标志后来在西方成为法律的标志。我国古代也有类似的标志,像故宫广场的嘉量,衙门门口常立了一个斗,均有秉公执法之意。西方用天平代表法律,说明西方的商业行为以称重为主,主要通过法庭解决纠纷,我国选用量器象征公平,则说明我国农耕社会的交换以量体积为主,主要通过

图 8 - 8　西方的正义女神像,左手拿天平象征着公平(摄于德国法兰克福罗马广场)

政府解决纠纷。

我们知道,阿基米德发现了杠杆的原理,因此西方发明不等臂的杆秤也应该是自然而然的,事实上,在古罗马时期也的确发明过杆秤,不过可能是精度问题,后来废弃了。我们国家的杆秤也曾面临这个问题,后来宋代的宦官刘承珪发明了一种称为"戥(děng)子"的杆秤,可以实现一厘(约 30 mg)的测重精度。

西方一些计量单位后来失传了,如第 2 章曾经介绍埃拉托色尼测量地球周长的情况,他实际测得的结果是 25 万斯塔德,由于这个单位已经失传,我们并不知道它究竟是多少,精度有多高。只是根据他宣称的两地距离为 5 000 斯塔德,而地球周长是它的 50 倍,由此判断他的测量是精确的。由于度量衡标准单位的设定具有随意性,而欧洲当时邦国林立,它们的度量衡也非常混乱,直到法国大革命。

度量衡与时间

从上面的介绍可知,在古代,度量衡和时间都需要进行测量,但两者之间几乎完全没有关系。比较时间和度量衡的标准单位可以看出其中的差别。时间的单位是天然的,日夜更替和四季变化产生的标准时间单位"日"和"年"不以人的意志为转移,一个社会只能是认识并顺应这种周期性变化。因此,时间单位是普适的和神圣的,只能测量不能设定。而度量衡是为了在一个社会内部建立统一的标准而进行的约定,这样的标准是人造的,就可以任意设定。度量衡同样追求天然的、恒定不变的量作为基本单位。设定度量衡单位的时候都在寻求普适的参考物,像我们古代用"黍"作参考,但候选的参考非常多,没有哪种优势特别明显。这就造成不同的文明、不同的地区、不同的时代,它们的度量衡千差万别。度量衡和时间还有另外一个差别,实物的标尺、量具、砝码只需要在用的时候拿出来,不用的时候束之高阁就可以了,而时间不行,必须连续计量。时间和度量衡的这些明显差别,使得在古代它们是两套不同的体系,由不同的机构负责。

天然的时间单位仅限于年、月、日。对时间的进一步细分,就面临度量衡类似的问题了。前面已经介绍了,将一天分割成 12 时辰或者 24 小时看似是普遍规律,实际它是将一年划分为 12 个月的延续。并且这种分割不是一种必然的选择,像我国古代就用"百刻制"划分一日(见第 3 章)。西方"日"以下的时间单位——时、分、秒可以追溯到古巴比伦时期,但它们在古代仅仅是一个概念,并没有实际意义。欧洲早期的时间划分也比较混乱,在不同的记载中"分"的拉丁文"minutum"分别表示 1 小时的 1/15,1/10 或者 1 天的 1/60,还有另外一个词"ostentum"表示 1 小时的 1/60。到了 14 世纪中期,时、分、秒才有了确定的 60 进制关系,不过当时既无法在技术上实现精确的"分"和"秒",也没有场景需要对时间如此细分。直到近代,细分时间才变得重要起来。

对用"分"和"秒"计时的需求最早来自科学实验。当伽利略进行最早的物理实验——重物下落和单摆实验时,就需要"秒"甚至"亚秒"量级的时间分辨率,而这在当时还是空白。伽利略用自己的方法解决了这个难题。可以说,从实验物理学诞生之日起,它就与精密计时密不可分。社会层面的时间细分是随着工业革命的发展而发展的,可以从分针和秒针的出现时间看出。17 世纪晚期,钟表的表盘上出现了分针,而秒针则出现在 18 世纪。从那时起,社会进入争分夺秒的时代。时间的计量逐步远离了天文观测,走向人造计时,计时逐渐被纳入了计量的体系中,它的计量方法也逐渐接近度量衡。

但时间毕竟是特殊的物理量,对它的计量也一直是与众不同的。我们需要钟表连续运行才能得到某个时刻的时间,时钟一定有误差,它快一点或者慢一点都随着计时的增加累积出足够大的偏差,所以必须进行不断校准。同时,时间和天文学仍然保持了非常紧密的关系,它不仅是历史的传承,而且是技术发展的需求,观星定位就是两者紧密联系的明证。这些特点使得计时在计量体系中始终处于非常特殊的地位。

法国大革命与计量改革

近代的欧洲是世界发展的火车头,地理大发现等不仅导致欧洲财富的大量积累,也促进了社会的深刻变革。其中的一个标准性事件就是 1789 年的法国大革命,它对世界历史产生了深远影响。大革命前的法国处于封建王权统治下,当时法国各地的计量标准由各领地的领主自行设定,非常混乱。以长度为例,不但不同领地的长度单位各不相同,领地内部不同行业之间的长度也不统一。当时的法国从发展资本主义的角度渴望建立统一的计量标准,而启蒙思想的熏陶为法国的计量改革标准加入了更多的理性思考。大革命成为计量改革的契机,当法国推翻封建王权后,新成立的革命政府——国民公会立即着手进行计量改革,并将其作为社会变革的重要组成部分。

计量改革

　　1790 年 5 月 8 日,法国国民公会宣布进行计量改革并委托法国科学院负责此事,法国科学院随即成立了专门的计量委员会具体实施。委员会的成员包括了拉格朗日、拉普拉斯、拉瓦锡、孔多塞等科学家,其中拉格朗日是委员会主席。革命的法国希望建立一套摆脱王权、浸润科学与理性、普适的计量体系,建立“自然的、普遍的、恒定的、可以随时核验的新的单位”。用孔多塞的话讲,就是“始终为了所有人民”。这项改革从开始就举世瞩目,第三任美国总统杰斐逊在 1785—1789 年担任美国驻法公使,他本想参与这次计量改革,但因为被任命为美国国务卿需要回国而作罢。

　　经过委员会的充分讨论,拟定的计量改革内容如下:

　　采用十进制的计量单位换算。

　　以通过巴黎的 1/4 经线长度(地球 1/4 周长)的一千万分之一(1/10 000 000)作为长度的基本单位米,由它导出面积和体积单位。

　　以密度最大时(4 ℃)1 dm^3 纯水的质量定义 1 kg。

　　十进制的计时体系(见第 2 章)。

　　十进制的角度换算关系,圆周 400°,每度 100′,每分 100″。

　　……

　　下面对这些改革进行解释。

　　十进制。十进制是通用的计数方法。我们有 10 根手指,而手指是天然的计数工具,十进制最初应该是由此产生的。但是,用两个手掌计数毕竟更麻烦一些,如果用单手掌的五进制计数岂不更方便? 这是因为五进制不满足计数的另外一个要求,就是进制数不能太小,否则,数字表示需要大量的位数,也不利于计数。可能是由于上述这些原因,各古代文明都采用了十进制,其中以古印度发明的阿拉伯数字最为便利,成为是世界通用的计数方法。我国的整数采用个、十、百、千、万,小数采用分、厘、毫也全部采用了十进制。

　　我们日常接触的计数,除了阿拉伯数字和汉字计数,也偶尔会见到罗马数字,它是古罗马的计数方法,欧洲在传入阿拉伯数字前一直采用该方法,它用 7 个字母Ⅰ,Ⅴ,Ⅹ,L,C,D,M 依次表示 1,5,10,50,100,500,1 000。用加法或减法计算得到表述的数字,例如 365 就表示为 CCCLXV。这种方法在表示大数时非常不便,现在已经基本弃用,但是在西方人认为非常重要的某些正式场合还会见到,例如会议的届数、文件的卷数、某些钟表的表盘上等。

在过去的计量领域,十进制并不普遍。比如我国古代的体积和重量单位就不完全是十进制。法国的近邻,当时领先世界的英国主要采用了十二进制进行单位换算。因此计量委员会的许多人也建议采用十二进制,理由是十二进制可以被 2,3,4,6 整除,更方便分割,但拉格朗日认为十进制优点更多,委员会经过充分辩论,最终接受了这个方案。我们现在当然会认为这是一个英明的决定,但这可能是因为我们习惯于这种用法。该方案真正的优点在于当时计数已经是十进制,采用该方案就将计量与计数统一起来。这样我们书写数目和单位换算都非常方便。作为数学家的拉格朗日应该基于计数的方便性推行这项改革。

长度。计量委员会在建立新的长度单位时有几点考虑:① 标准单位应该参考不变的客观实物,称为"自然标准";② 选取合适的长度作为标准,制作的标尺方便使用;③ 新标准与原有标准比较接近。后两点决定了标准长度单位应该是 0.5 m(1 肘尺)到一个人身高(1.7 m 左右)。为了满足第 1 点,当时拟定了两个方案:一个就是过巴黎经线的方案,另外一个是标准秒摆的长度。最终委员会选择了前者,就是测绘从北极穿过巴黎到赤道的经线弧长,以该弧长的千万分之一作为基本单位"米",然后将该长度制成标准具"原器",再利用该"原器"制作标尺发放到全国,应用于长度测量。该标准定义在地球这个客观实物上,它满足"自然的、普遍的、恒定的、可以随时核验的"这些要求。

在此次计量改革中,长度是整个计量的基础,体积和质量都由此导出,因此法国人将长度单位命名为"metre",它是拉丁文"测量"的意思。长度的标准不再是某个帝王的身体部位,而是物理世界的恒定不变量,这体现了法国启蒙运动秉持的用科学与理性替代宗教与王权的理念,体现了法国计量改革的革命性。"metre"后来成为世界通用的长度单位。我国引进时,最早将"metre"翻译为"公尺",后来直接音译为"米"。考虑我国古代用"黍"产生度量衡,现在用另一种农作物"米"命名长度单位,显示了我国在长度计量方面的某种传承。

现行的长度单位除了公制体系,在海洋上还有一个通用单位"海里"。海里和米原理相同,都是根据地球的尺寸给出长度。"米"是子午线长度的 4 000 万分之一,而海里则是地球表面"1′"角度对应的弧长,它近似为地球圆周的

1/21 600。这个 21 600 是 360°与 60′/(°)的乘积。这个与观星定位有关,因为观星得到的就是角度,海里将角度与航海的距离直接联系起来,对于航海测距非常方便。虽然现在的航海已经不再用观星定位,但用海里标度航海距离一直沿用至今。由于地球不是严格的球形,而是两极略扁赤道略鼓,所以不同位置的海里长度略有不同,平均 1 海里约为 1 852 m。

在计量改革中,面积和体积都是由长度导出,而面积和体积的主要单位则沿用旧计量体系的单位,例如 1 dm³ 定义为"litre",我国引入时以相近的体积单位对照,翻译为"公升",后来因为原有的"升"已废用,因此直接称其为"升"。

质量。根据拉瓦锡等人的建议,质量的单位用水产生。水是一种最常见的物质,是生命之源,也是最容易提纯的物质之一,采用蒸馏的方法就可以得到纯度非常高的水。水还有许多独特的性质,它在化学上的地位尤其重要,大量的化学反应是在水溶液中完成的。拉瓦锡作为当时最优秀的化学家,非常熟悉水的性质,因此提出用水定义质量,将 1 L 水的质量定义为质量的标准单位 1 kg。这就是为什么水的密度正好 1 kg/L 的原因。定义"质量"并不是水在计量上的首次应用,早在 18 世纪前叶,德国人华伦海特和瑞典人摄尔修斯就分别利用水建立了温度标准单位,它们是现代华氏温度和摄氏温度的前身,可能是由于水的冷暖更容易感知吧。

质量单位由体积单位"1 L"导出,体积又需要溯源到长度单位。由于当时尚未完成经度测量,无法给出长度单位,因此无法直接给出质量单位。为了加快改革进度,拉瓦锡等人决定先测量旧长度单位下的密度,等新的长度单位确定后,通过换算产生新的质量标准。这项工作当然由拉瓦锡完成,因为水在不同温度下密度略有变化,在 4 ℃下密度最大,因此拉瓦锡精确测定了纯水在 4 ℃时的密度。考虑未来的千克原器和千克标准由铂和铜制作,拉瓦锡还精确测量了铂和铜的密度和热膨胀系数,为将来制作"原器"做好准备。

质量计量有一个比较奇怪的现象,就是它的单位是千克 kilogramme。正常情况下,标准单位不应该带 kilo-(千)这样有表示倍率的前缀。也就是说,如果根据标准单位的要求,应该用"克"作为标准单位,或者用"克"表示目前千克的质量。以"千克"作为质量单位,是因为拉瓦锡称量化学药品在"克"的量级,他最初以"克"作为标准单位,但在委员会讨论的时候,其他人认为"千克"更常用,于是以"千克"作为了标准单位,不过名称没有修改。

"千克"引入中国后,翻译成"千克"或者"公斤"。在我们的日常生活中,应用更广泛的是"斤",与公制统一以前,1斤约为600 g,统一后1斤对应0.5 kg,也即500 g。在我国的港澳台地区,仍然使用约600 g/斤的换算关系。"斤"在我国的普遍使用说明了重量单位在社会运行中的强大惯性。在我国的新疆地区,由于本来"斤"就没有广泛使用,目前采用"公斤"作为计量单位。

计时与角度。法国的计时改革包括采用十进制计时、去掉与古罗马有关的各个月份的名称、废除星期等,已经在第2章进行了介绍。由于计时的强大惯性,这个改革没有成功。

圆周角度的改革是将360°的圆周角改为400°,并且度、分、秒之间采用100进制,其实也是变相的十进制改革。如果我们联系前面的"米"定义为经线的4 000万分之一,就会发现在新的定义使角度和经线长度直接关联,$1''$的经线长度对应10 m,类似"海里"的定义,这会给大地测绘带来便利。但这也是一项极其浩大的改革,所有涉及角度的书籍、图纸、运算等都要修改,所有的几何书籍都要改写,但法国人真的下决心去做了。不过准备工作还没有完成,就到了拿破仑时期,由于这项改革受到了非常多的反对,拿破仑于1804年废弃了这项改革,恢复360°的圆周角和60进制的度、分、秒关系。

圆周角度改革的一项重要工作就是重新编撰三角函数表和对数表,这对天文、航海、大地测绘等都会产生重要影响。计量委员会委托数学家普罗尼负责这项工作,这是一项极其繁杂艰巨的任务,他成立了近百人的团队,将计算按步骤进行分工,采用差分等办法,花费数年才完成这项工作。相关数据出版时有17卷之巨,但因为圆周改革没有成功,所以被束之高阁。他的计算方法后来引起英国人巴贝奇的重视,巴贝奇在此基础上发明了差分机,差分机是计算机的雏形,但由于当时技术和经费的限制,巴贝奇提出的蒸汽动力差分机最终没有实现。

法国关于时间和角度的计量改革都没有成功,是因为这两个物理量的计量在古代就建立起统一的标准,由此形成了强大的惯性。对这样的单位进行改革将非常困难。设想一下如果现在长度单位略有变化,将带来怎样的混乱:不但所有的尺子都要更换,所有的图纸也都要修改。法国成功实施的计量改革都是从混乱走向统一的改革,而那些已经有了统一的标准,试图用另外一套体系替换的改革最终都走向了失败。

法国在大革命时期伴随度量衡改革的还有一系列变革,例如币制改革,由法郎替代里弗成为标准货币。他们还推行了另外一项制度,就是右行制,这是另外一个改变世界的规范。因为过去贵族都是沿道路左边行走,法国提出改为沿右边行走,颇有点"一定要和过去反着来"的味道。但他们的这个改革获得了成功,目前世界上多数国家都是右行。这个改革可以成功,可能和当时还没有建立道路行走规范有关,如果现在修改规范,恐怕就不会成功。

计量改革的推行

计量改革关键的是生成长度单位"米"。根据计量委员会的设想,先用已有的初测结果给出一个临时"米",利用这个临时"米"在全国先行推广新的计量体系,等到测绘经线得到标准"米",再进行替换,完成计量改革。这花费了数年的时间,其中的关键是测量经过巴黎的 1/4 经线的长度。测量整段 1/4 经线长度比较困难,因此孔多塞等人建议测量敦刻尔克到巴塞罗那约 9.5° 夹角的经线长度,通过换算得到 1/4 经线长度,由于这段经线沿北纬 45° 基本对称,可以降低地球椭球结构的影响。即使这样,测绘难度仍然很大,由巴黎天文台的资深科学家德朗布尔和梅尚负责,到 1798 年才最终完成。当时法国在国内革命的同时还在与欧洲大陆的君主制国家作战,他们的测绘工作历尽艰辛,还曾被当作间谍抓了起来。虽然如此,比起在计量委员会的一些同事,他们已经算很幸运了。

法国大革命既是一个充满激情的时代,也是一个混乱与草菅人命的时代,在这个时代推行的改革也注定不会一帆风顺。法国爆发革命时,最初试图建立类似英国的君主立宪国家,但革命引起了欧洲大陆其他君主国家的恐慌,于是这些国家联合出兵干涉。在这个关头,国王选择暗中叛国通敌,于是法国人民在 1792 年再次革命,彻底推翻王权成立了共和国,并将国王路易十六送上断头台。这个时期,法国人民狂热的革命激情被点燃,制定了很多非常激进的政策,也大量杀戮异己,计量改革也不免受到波及。1793 年 8 月,法国科学院遭到解散,"因为一个明智的政府中不应存在任何寄生机构,科学院的扶手椅也应被掀翻"。9 月,政府决定逮捕所有出生在敌国的人,意大利出生的拉格朗日赫然在列。经由拉瓦锡等人的奔走相告,拉格朗日才最终得以幸免。拉瓦锡虽然保护了拉格朗日,但是却未能保护自己,他先是于当年 12 月被开除出计量委员会,又于年底被捕,次年被送上断头台。计量委员会的另一位重要成员孔多塞也于 1794 年被捕并死于狱中。

大革命前后是法国科学的黄金时期，路易十四在 17 世纪末创立的法国科学院在此时结出硕果，一批影响科学发展的科学家涌现出来，拉格朗日和拉瓦锡就是其中的杰出代表。

拉格朗日 1736 年出生于（当时还是撒丁王国的）意大利都灵。父亲本是法国军官，后因经商导致家道中落。拉格朗日后来认为这个家门不幸却是自己的幸运，正是这个变故导致他走上研究数学的道路。法国的许多数学家都是牛顿的信徒，拉格朗日也不例外，他阅读哈雷介绍牛顿的论文后对牛顿力学产生了浓厚的兴趣。牛顿在《原理》第三卷前言写到"现在我要演示世界体系的框架"，拉格朗日感慨道：虽然牛顿确实是杰出的天才，但是我们必须承认他也是最幸运的人：人类只有一次机会去建立世界的体系。拉格朗日虽然崇拜牛顿，但是他处理问题的方法与牛顿大相径庭。前面曾介绍过，牛顿应该受《几何原本》的影响，所以《原理》中用了大量的几何作图解决力学问题。而拉格朗日对这种方法缺乏兴趣，他创立了完全用数学分析解决力学问题的方法——分析力学。当他的著述《分析力学》发表时，他曾经不无骄傲地说：这本书里没有一张图。

拉格朗日的主要贡献在数学分析领域，凭借强大的数学工具，他在物理学和天文学方面也做出了杰出的贡献。现代物理中一个非常重要的概念——拉格朗日点就是他在研究天体运动时发现的（欧拉发现了 3 个，拉格朗日发现了剩余 2 个）。拉格朗日在 19 岁就当上了教授，1766 年，他受德皇腓特烈的邀请担任普鲁士科学院的数学部主任，他在那里工作了 20 年。德皇 1786 年去世后，他又应法王路易十六的邀请到巴黎工作。由于这些经历，他在法国大革命时受到了冲击，不过最终幸免。在接下来的岁月中，他在法国获得了崇高的地位，拿破仑对他格外尊重。他的教学和科研得以延续，直到 1813 年去世。拉格朗日等人为法国建立起深厚的数学和力学研究传统，一直延续至今。

与拉格朗日相对平静的一生不同，拉瓦锡的一生充满传奇，也令人唏嘘。拉瓦锡出生于 1743 年，是巴黎一个富有律师的儿子。家人本来给他设计了子承父业的律师之路，但对自然科学的热爱使他最终走上科研的道路。他在 25 岁就因为解决巴黎的街道照明、对石膏的研究等工作当选法国科学院院士。同一年（1768 年），他通过向包税局捐款（50 万法郎）成了一名包税官。那时法国的税收是由包税局完成的,包税官在当时是一个肥缺。拉瓦锡从父母和姨母那里继承了一大笔财富,本身就非常富有。他当包税官应该是出于"即使有金山银山,也会坐吃山空,与其如此不如找个正当职业"的考虑。但这个决定酿成了他后来的人生悲剧,因为法国统治阶级对劳动人民的横征暴敛是由包税局执行的,包税官自然招人痛恨,当革命来临的时候,他们就成为被革命的对象。

1771年,拉瓦锡迎娶了包税官同事的14岁女儿玛丽,他的父亲为他购买了贵族头衔作为礼物。在那个时期,他开始研究燃烧。当时主流的学说是燃素说,拉瓦锡通过细致的实验加上敏锐的洞察力,认识到燃烧的本质是化学反应。他发现并命名了氧气,论证了氧气在燃烧中的重要作用。拉瓦锡极具化学天赋,他自行购置和制作了大量的精巧实验仪器,这使他可以完成精确的定量实验,另外他把所有的实验都密闭在容器中完成,隔绝了环境的干扰。这些先进的实验思想和实验技能导致拉瓦锡做出了一系列重大发现,他揭示了燃烧的本质,发现了化学反应中的质量守恒定律,发展了英国科学家波义耳的"元素说",发现了氢、氧元素并对已知的33种元素归类,合作制定了化学命名法,他的实验精巧而合理,成为后世化学实验标准……1789年,拉瓦锡出版了《化学基础论》,该书系统介绍了他的研究工作,通过氧化反应和质量守恒搭建了化学大厦的框架。这本书是最经典的化学著作之一,拉瓦锡也因此被后世誉为"现代化学之父"。

此时的拉瓦锡应该是满足的。他功成名就,生活富足,不菲的收入可以支撑起他的化学研究,并且这还得到了夫人的大力支持。玛丽已经由初嫁时那个少不更事的少女变成了他得力助手,不但能帮助他进行实验记录,而且利用她通晓多国语言、精通画画的特长,为他翻译英文文献,为他的书籍绘制插图,对拉瓦锡的科研提供了实质的帮助。也是在1789年,拉瓦锡夫妇斥巨资(7 000里弗)邀请玛丽的绘画老师,法国著名画家大卫为他们伉俪作画,如图8-9所示。这幅画后来成为拉瓦锡的标准形象出现在大量的化学书籍中,不过为了凸显拉瓦锡做实验的专注,常常将其夫人剪裁掉。就在此时,革命的浪潮已经开始涌动,最终将拉瓦锡平静的生活彻底掀翻。

大革命初期,拉瓦锡获得了足够的尊重,他入选计量委员会并在其中发挥了重要作用。等到巴黎人民二次革命,把路易十六送上断头台以后,情况就不同了。一切与帝制有关的东西都遭到了唾弃,拉瓦锡贵族和包税官的双重身份不

图 8‑9   拉瓦锡和夫人的肖像画,雅克·路易·大卫于 1789 年绘制完成,拉瓦锡支付了 7 000 里弗,法国大革命时期男女教师的平均年薪分别为 1 200 里弗和 1 000 里弗,由此可以大概了解这幅画的价值

可避免地受到波及,更为要命的是他得罪了当时的革命红人让‑保尔·马拉。马拉本是一名医生,他也向往科学,本想在科学上做一番成就,但的确水平不够,当他把研究火焰的论文投递到法国科学院时,受到了拉瓦锡的批评,认为其毫无价值。马拉后来弃医从政,革命时期成为雅各宾派的重要领袖。雅各宾派掌权后,他在推行激进改革的同时,也伺机疯狂报复当年得罪他的人。他罗织罪行、煽动民众攻击作为包税官的拉瓦锡。马拉还没有完成报复就遇刺身亡,但拉瓦锡还是因此被捕,和他一起被捕的还有另外 27 个包税官。这个消息震动了法国科学界,人们奔走相告请求赦免,但都被激进的雅各宾政府拨回,他们还说了一句名言:"共和国不需要学者,只需要为国家而采取的正义行动!"拉瓦锡等人于1794 年 5 月 8 日被送上断头台。这一天,拉格朗日沉痛地说:"他们可以眨眼间

就砍下拉瓦锡的头颅,但那样的头脑再过一百年也长不出来了。"

　　共和国当然是需要学者的。在一些学者惨遭屠戮、科学院被解散的同时,另外一些幸运的学者成为国家领袖,他们推进了科学技术在法国的普及。同样在1794 年,巴黎高等师范学院和巴黎综合理工学院先后成立,它们成为培养法国科技人才、教师、工程师的摇篮,这些大学后来发展成享誉世界的一流学府。因此,法国大革命对科学技术具有两面性,总的来讲,应该是进步的作用更大一些。接下来到了拿破仑统治时期,法国社会稳定下来,拿破仑又特别重视科学和教育,法国迎来一段飞速发展的时期。

　　1798 年,德朗布尔和梅尚完成测绘后带着数据结果回到巴黎,他们受到热烈欢迎。法国外交部长邀请许多国家的科学家聚会巴黎,共襄颁布标准"米"的盛典。这次会议公布了"米"与古尺的比例关系,由此宣布新的长度单位"米"的诞生。法国议会依据这个结果下令制作长度为 1 m、横截面为 3.5 mm×25 mm的铂棒,作为"米原器"存放于法国档案馆,称为"档案米"(见图 8 - 10)。同时,法国大量制作铜制的标准米尺下发到各地,在全国推行。

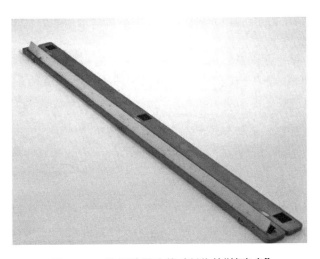

图 8 - 10　法国计量改革时制作的"档案米"

　　至此,法国历时 10 年终于建立起新的计量体系,新体系随之在全国轰轰烈烈地推行,图 8 - 11 是反映当时推行计量改革的一幅版画,推行这套体系比建立这套体系花费了更长的时间。科学界为新的计量标准欢呼,军队和工业部门率先使用了新的标准,但当时的市民和农民阶层因为感受不到这种变化带来的好处,所以反应冷淡甚至相当抵触。等到拿破仑的执政府统治时期,考虑实际的实施难度,他做了一定程度的退缩,他在1800年颁布法令,让新旧两种计量体系同时使用,但是学校只教授新计量体系,计量改革在法国就这样缓慢推广。到1837年,法国议会最终颁布法令,以法律的形式将新的计量体系确立为国家法定计量标准。但直到20世纪初,这套系统才真正在包括最偏远地方的全法国境内普及。

图8-11   法国的计量改革,由当时世界上最杰出的科学家参与完成(《自由与毁灭》图38)

需要说明的是,法国的计量改革并没有完全实现他们所追求的理性目标,而是把这些目标神圣化了。比如,一旦制作出"原器",它们就与最初的定义脱钩了,不再满足"自然"的要求,即使"核验"出现偏差也不会修改。但这是在当时技术条件下的最佳选择。对"自然、普遍、恒定、可以随时核验"的追求体现在计量标准的复杂建立过程中,像它大费周折进行的"标准米"的测量,这很大程度上是人为制造的困难。

实际上,法国如此大动干戈产生的"标准米"仍然是有瑕疵的。梅尚回到巴黎不久,就发现自己的一段测量有误。这令他极其内疚,为了弥补这个过失,他打算重新测量这段经线以修正误差,不幸死于途中。根据后来的测试结果,梅尚的这次失误导致1/4经线的长度比实际值少了2 km,也就是说"标准米"比预期的值少了0.2 mm,但这个误差后来也没有修正,而是将错就错使用下去了。比较我们古代用"黍"或者"龠"产生长度标准,"米"的经线方案由于测绘的困难导致建立过程太过复杂而出错。是否还有更好的方法,既满足法国先贤提出的"自然、普遍、恒定、可以核验"的要求,又简单易行? 这个问题只能留待后世解决。

米制公约

完成计量改革的法国随即进入拿破仑横扫欧洲的鼎盛时期,按照"自然、普遍、恒定"思想创立的计量单位也被拿破仑用铁蹄远播到欧洲各地。拿破仑以前的欧洲虽然有名义上的几个国家,实际上是城邦林立的贵族割据,度量衡极其混乱。拿破仑战争唤醒了各国的民族意识,在国家统一的进程中,度量衡的统一成了必要条件,拿破仑带去的度量衡成为最好的选择。虽然拿破仑的统治后来被各国推翻,但他带去的度量衡被普遍接受,各国的度量衡都统一到法国建立的计量体系中。在 19 世纪接下来的时间里,国家的统一加之工业革命的传播,欧洲进入快速发展期。从比利时开始,法国、德国、奥匈帝国、意大利等先后实现了工业化,欧洲各国的交流和贸易也日趋密切,并且在航运、电报、邮政等需要交流协调的领域出现了国际性的组织。这也促进了度量衡在欧洲的统一。

因为在商业贸易中发挥着非常重要的作用,度量衡本身也建立起国际组织,法国作为计量改革的首创国,当仁不让地肩负起组织者的责任,法国人也愿意干这个。拿破仑三世在 1869 年建立了国际科学委员会并邀请各国参加,在次年成立了国际米制委员会。该委员会发现 1799 年制作的"档案米"已经产生变形,难以复现"米",于是在 1872 年决定制作新的米原器。

1875 年 5 月 20 日,法、德、俄、美等 20 国在巴黎开会,缔结了《米制公约》,其中 17 个国家在该公约上签字,英国、希腊和荷兰虽然参会,但没有签字。该公约确立了在国际上建立以公制单位为基础的统一单位制,规定了实现统一单位的具体措施,例如建立专门的机构——国际计量局(BIPM,见图 8-12)、成立专门的委员会——国际计量委员会(CIPM),定期召开会议——国际计量大会(CGPM)等。其中国际

图 8-12　国际计量局 BIPM 的标志

计量局是常设机构,与国际单位制有关的日常运作都由它执行。

　　《米制公约》签订后,国际计量委员会落实相关事宜,包括制作米原器和千克原器,两种原器都采用90%铂和10%铱的合金制作,这种合金性能非常稳定,米原器制作了31只,千克原器制作了两批共43只。国际计量局对这些原器进行了测试,分别选出一只最接近"档案米"(No.6)和"档案千克"(KIII)的原器报送1889年召开的第一届国际计量大会,大会决定将这两个原器分别作为"国际米原器"和"国际千克原器",它们是米和千克的最终标准。这两件原器被妥善保存于国际计量局的地下室中。其余的原器一部分备用,另一部分被分发到公约各成员国,成为这些国家的国家标准。

　　如图8-13所示,米原器根据"档案米"的长度制作。与"档案米"相比,除了材料不同,截面也由长条形变成了近似X形。考虑直接做成1 m的长度原器制作和使用都不太方便,因此米原器的长度取为1 020 m,在原器的两端分别刻宽度为6~8 μm的划线,在0℃下,两条划线的间距就是1 m。千克原器则被制作成高度和直径均为39 mm的圆柱,这是表面积最小的圆柱体,以此将外界的影响降到最低。国际千克原器的英文缩写为IPK,有时也称为"大K"。

图8-13　米原器(左)与国际千克原器(右)

　　由于原器是计量的最终溯源基准,它们极其贵重。在《米制公约》(见图8-14)中就规定:只有拿到国际计量委员会主席、国际计量局局长、法国档案局主任3个人的3把钥匙,才能开启国际原器存放处的大门。各国通常会有两只或以上的原器,这些原器每隔一段时间要送回国际计量局溯源,校准的时间间隔通常是

20 年。按照规定,原器只能单独运送,不能让任意两件乘同一趟交通工具。

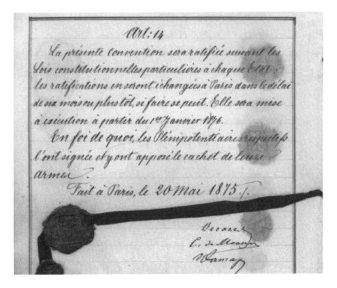

图 8‑14 米制公约的文件

这套单位制也称之"米‑千克‑秒(MKS)单位制"。在公约中,时间单位"秒"采用天文秒定义,它是平太阳日的 1/86 400,由天文观测给出。时间的计量非常特殊,不光要定义标准单位,还需要约定共同的纪时起点以建立时标、划分时区以产生地方时间,这些工作由 1884 年召开的《国际子午线会议》完成(见第 6 章)。

英制单位

现在,公制单位已经在全世界普遍使用,但另一种单位制也偶尔会见到,就是英制单位,比如各种显示设备的大小,通常用"寸"表示,实际就是英寸,1 英寸＝2.54 cm。英制单位是英国发展起来的计量体系,曾经在英国及其殖民地通行。目前英国已经衰落,但美国仍然是世界最先进的国家,由于美国仍然采用英制,英制通过美国的标准、商品或者设计对世界产生影响。

英制单位是在古罗马度量衡的基础上发展起来的。基本单位足(foot)源于古罗马,我国后来翻译为"英尺"。"英寸"也是源于古罗马,对应拇指关节长度,是 1 足的 1/12,英文单词用"inch"表示,就是"1/12"的意思。作为古罗马帝国的边陲,英国受帝国的影响力相对较弱,它们在沿用罗马度量衡的同时,也发展了自己的一些特色计量单位,比如长度单位码(yard)、液体单位加仑(gallon)、固态

（农作物）体积单位蒲式耳（bushel）、重量单位磅（pound），等等。这些都是英制的常见单位，在国际交往中也经常会遇到。

到了13世纪，英国国王与贵族的博弈导致了《大宪章》的诞生。这部奠定近现代英国基础的文献规定了国王与贵族的权利和义务，也规定了在英国国内建立统一的度量衡事宜（第35条）。其中，长度和重量的单位是利用大麦产生的，类似我国古代用"黍"建立度量衡。从那以后，英国就开始在全国推行新的度量衡，但是这套标准本身就非常混乱，例如不同行业的称重单位"磅"各不相同，有5种之多。到了17世纪，为了结束这种混乱局面，伊丽莎白一世对度量衡进行了简化，像"磅"只保留了2种，一种日常使用，另一种仅用作称量贵金属和货币。英国还铸造了一磅重的白银作为货币，这就是"英镑"的来历，重量单位和货币单位也由此联系起来。"1磅"有300多克，这使得"英镑"的币值很大，也不方便携带，于是英国又颁发了更小的货币单位先令（1/20英镑）和便士（1/240英镑）。英国从17世纪开始成为世界海洋的霸主，开始了快速的殖民扩张，改革后的度量衡也推广到海外的各个殖民地。

英国这种以白银作为标准货币的银本位制度一直持续18世纪。牛顿当英国造币厂厂长期间，对货币与金属进行调研与分析，认为英国应该以黄金作为标准货币。由此他进行了货币改革，将货币与黄金挂钩。他根据当时的黄金价值，规定每盎司黄金价格为3英镑17先令10.5便士。经过牛顿的货币改革，英国由银本位变成了金本位，并且货币的英镑与重量的英镑脱离了直接的换算关系。这种金本位制度后来在欧美普及，直到一战。

英国较早就统一了度量衡，并且没有爆发法国那种天翻地覆的革命，这使得它的计量体系可以一直沿用。法国进行的计量改革使英国受到了触动，与改革后的法国相比，英国当时的计量体系就显得相形见绌了。于是在法国推行改革30年后的1824年，英国也颁布《度量衡法》进行计量改革。最简单的改革方案就是采用法国的计量体系，但当时英国号称世界老大，又与法国一向不对付，所以这样的方案是想都不会想。虽然如此，英国的改革还是大量借鉴了法国的方案，基本思想同样是建立"自然、普遍、恒定、可以核验"的标准。根据《度量衡法》，英国计量体系的基本单位是长度单位"码"和质量单位"磅"。"码"的定义是"格林尼治纬度的海平面上，秒摆的摆长为39.01393英寸，1码=36英寸"，"磅"的定义为"30英寸汞柱大气压、62 ℉下，1立方英寸的水质量为252.458格令，

1 磅＝7 000 格令"。容积单位建立在质量单位的基础上："同样条件下,10 磅水的体积为 1 加仑"。

《度量衡法》的英文名称是《Weights and Measures Act》,直译过来就是"重量与测量的法规"。在介绍法国的改革时已经讲过,"测量"这里指的是长度及相关的面积、体积等的计量;而质量用称重的方法实现,因此"测重"就是质量的测量。这也导致过去用重量单位描述力,比如力用多少磅,我国古代也用"石"衡量力的大小。即使现在,称重仍然是测量质量的主要方式。"重量与测量"在古代代表了所有的计量活动,这与我国用"度量衡"代表测量一致。

可以看出,英国计量改革的思路和法国基本一致,其中质量单位的定义方法都是用了固定体积的水的质量,与法国完全相同,而长度的定义则采用法国弃用的摆长方案。用 1 s 周期的摆长定义"米"本来是一个非常有竞争力的方案,但它与重力加速度 g 有关,而不同地点的 g 并不相同。因此在这个定义中,需要给出测量地点。在法国讨论该方案时,为了体现计量的普适性,孔多塞等人建议选取北纬 45°这样一个平均的纬度测量,但有人认为这是对南半球国家的歧视,因此废弃了该方案。英国人则直接采用"格林尼治纬度",体现了他们的民族自豪感,或者说英国人的傲慢。英国计量改革没有涉及时间,说明他们对自己的计时系统比较满意,并且事实上当时法国也已经废弃了计时改革。

英国计量改革的另一个特点是它不像法国那么激进,只是对过去的计量体系的小修。他们用换算的方法将已有的度量衡单位过渡到新的单位制。由于度量衡的换算都包含小数,所以换算起来有些麻烦。虽然如此,但它对社会冲击比较小,因而阻力也比较小,容易推进。英国采用这样的方法还与它的发展阶段有关,法国进行改革时,工业化尚未进行,而英国计量改革时,它的工业革命已经进行了半个多世纪,如果此时进行长度和质量这些计量基准的大幅调整,代价和阻力都将极其巨大,这也使得英国不得不采用这种渐进式的改革方案。后世的计量单位重新定义也遵循了这个原则。

英国人称这套系统为"帝国单位制"(Imperial Units),希望这套系统在"日不落帝国"范围内推行,进而在全世界推广。但这套体系开局就不利,英国铸造完成"码原器"和"磅原器"不久,就因为它们的存放地——威斯敏斯特宫发生大火,导致这两件原器被损毁。这就使得整个计量体系失去了基准,相当于计量的大厦失去了基石，英国政府只能按照复制品重新制作，又花费很长时间后才开始在其帝国版图内推行。

虽然英国社会对公制持普遍的抵制态度，不过科学领域却是另外一番景象。可能是因为十进制更便于计算和数据处理，也可能是为了更方便地与欧洲大陆的科学家交流，包括麦克斯韦和开尔文在内的大量科学家都采用公制，这就减少科学交流的藩篱。他们建立了厘米-克-秒（CGS）单位制，并将其广泛应用于电磁学领域。英国科学发展协会也曾提出将其作为国际标准，不过这种在科学实验领域非常合适的"实验室单位制"应用到商业领域就显得单位太小了，因此最终米-千克-秒成为国际标准。

英国参与了缔结《米制公约》，但没有签字。会后在国内也引入了公制，不过没有强制执行，而是两种单位制并存。由于计量体系的强大惯性，英国实际还是沿用了英制。到了 20 世纪，英国的各殖民地纷纷独立，他们也纷纷摒弃了英制改用了公制。到了 1959 年，6 个盎格鲁撒克逊人统治的国家——英、美、加、澳大利亚、新西兰和南非签署了类似《米制公约》的合约，建立"码"和"磅"的国际标准，试图维持英制的国际地位。但是这个合约签订后不久，除了美、英，其他国家都陆续转向公制单位。等到欧洲在 1965 年成立欧共体后，英国为了和欧洲接轨，真正开始推行公制。现在英国国内完全使用英制的只有高速公路系统，在英国的城市中，公共场合、大型超市和连锁商店大部分采用公制，部分商品即使标有英制也会标注公制。不过一些城市集市和偏远地区，英制的磅和品脱等仍在广泛使用。

但凡事都不是一帆风顺的，英国始终存在坚持英制的声音。背后是骄傲的英国人坚持自己还是融入欧洲两种路线之争，那些主张脱欧的人与英制的追随者有相当的重叠性。到 2020 年，英国脱离了欧盟，英制派又重新活跃起来，2021 年英国首相鲍里斯开始推行一项恢复英制的计划，允许商家可以在标签上只标注英制，这为英国未来的单位制走向又增加了变数。现在的主要国家中，除了美国和英国，还有一个国家部分采用英制，就是加拿大。不过它采用英制的原因与英国不同，加拿大由于与美国经济交往太过密切，为了适应美国，它的某些计量单位也标注或采用英制。

美国与英制

美国最早是英国殖民地，在独立以前使用英制单位。独立后的美国有多次机会改用公制，但由于种种原因都失之交臂。

第一次是建国初期。独立伊始的美国就想建立自己的度量衡,尤其以杰斐逊最为积极,他甚至想参与法国的计量改革。法国计量委员会给出"临时米"后,杰斐逊恳请他的朋友,法国植物学家约瑟夫·登贝带两件原器复制件到美国。登贝于1794年4月乘船赴美,但因为路上遇到了风暴而在加勒比海被海盗俘获,登贝不久就去世了。那两件原器后来被海盗卖掉,虽然最终辗转落入美国人的手中,但他们并没有意识到它们的重要性,也没有让杰斐逊见到。这件事说明了前面提到的"不要将原器用同一趟交通工具运送"的必要性。

一些人认为这群海盗改变了美国的计量历史。情况应该不是那样,因为如果这件事真的非常重要,杰斐逊完全可以请求法国再次运送。并且杰斐逊后来也没有全力推行过度量衡改革,即使他连任两届总统。事实上,根据记载,杰斐逊期望的改革也不是推行公制,而是利用实物建立十进制的英制单位,例如参考45°纬度测出的摆长建立长度基准,10英寸=1英尺等,但他并没有实践。可能的原因是:当时美国虽然有不同的州,但他们原来都是英国殖民地,都采用英国的度量衡,事实上计量是统一的。因此各个州对计量改革其实是抵触的,而各个州的州权又比较大,使得杰斐逊期望的改革遇到较大阻力,最终搁置下来。

美国公制改革的第二次机会是1875年《米制公约》的签订。美国一直对公制持欢迎的态度,1866年通过了允许使用公制的法律,1875年作为创始国缔结了《米制公约》。按照公约的约定,接下来就应该在国内推行公制了。事实上,美国也的确颁布了这样的法律,但仍然没有成功。主要有两个原因:首先是美国工业的快速发展,英制计量已经渗透到工业领域的方方面面,计量改革要付出很大的代价,这使得改革困难重重。其次,美国的高速发展给美国人带来了种族优越感,由此发展成"美国特例论",他们把采用英制看作是"美国特例论"的一种体现。于是有一帮人宣扬英制的优越性,诋毁公制。这样的言论在美国很有市场,使得公制的推广在舆论上也处于下风。

美国在公制改革方面始终是两种力量在博弈。一方面,美国始终有推动公制的力量,包括贝尔、爱迪生等人都强烈建议改用公制,科学、医学、高科技等行业领域也采用了公制单位;另一方面反对公制的势力也非常强大,例如工会担心公制改革会使有些工人因为无法适应而失业,并且使企业更容易搬离美国,等等。美国在1975年、1988年又分别就公制改革进行立法,但均没有成功。

这使得美国成为世界上唯一采用英制的国家。由于需要与世界密切沟通,美国的一些领域、一些大型跨国公司采用了公制或者公制英制混合使用。另一方面,由于美国的超强国力,它通过制定商业标准等手段使某些领域的计量在全球范围都采用英制标准,例如信用卡、显示器等的尺寸。

当美国与世界其他国家交流时,英制往往会带来单位换算的诸多不便。而我们去美国出差、旅游、留学也会感觉非常不适。在工程、商务等领域则更加麻烦。比如美国的科研设备大量采用美制螺钉,我们购买使用时,常常会在安装、调试中出现意想不到的问题。尽管科研人员和工程师等人非常小心,有时还是会因为遗漏单位换算而出错。有两件换算失误造成的著名事件。其一是1983年,一架加拿大航空公司的飞机在执行飞行任务时,由于燃料检测探头故障导致无法自动加油,机长于是建议手工加油。工作人员把加2万kg的燃油当成加2万磅,使得飞机飞到一半就没油了。所幸机长沉着应对,在没有动力的情况下,飞机滑翔17分钟,安全降落在50 km以外的一个废弃军用机场。这个事件称之为"基米尼滑翔机"事件(见图8-15)。另一件事发生在美国航空航天局(NASA),

图8-15 "基米尼滑翔机"降落的废弃机场实际已经改成赛车场,飞机滑翔降落时,赛车比赛刚刚结束,观众尚未退场。飞机降落机头轻微着火,赛车手拿灭火器冲过去将其扑灭。这个传奇后来被拍成电影,并制作成《空中浩劫》的一集,本图为它的海报

1999 年,由于 NASA 将英制的"磅力"当作公制的"牛顿",导致它们发射到火星的"火星气候探测者"因为轨道高度不足而坠毁,3 亿美元被打水漂。

类似的事件不胜枚举。虽然如此,美国并没有重新尝试推行公制,因为计量的惯性实在太大了。并且计量标准是综合国力的体现,因为美国强大,所以别的国家只能适应它。可能得等到美国衰落的时候,它才会在国际交往中接受公制。但在民众的普通生活中,英制一定会保持下去,就像现在的英国,就像我国仍在沿用"斤"。

国际单位制

前面介绍了时间、长度和重量的计量,在人类历史发展的很长时间,只要测量这些量就可以了。科学发展和工业化以后,诞生了一些新的物理量,其中的一些,比如力、功、压强等一些力学量,可以通过长度、质量、时间表示,这样,整个力学体系的单位都可以用米-千克-秒单位制导出。另外一些量,例如温度、各种电学量等,无法纳入这套体系中,国际计量委员会就定义了一些新的标准单位,与千克、米、秒一起构建起国际单位制,这是全世界计量的基础。

最先研究的计量单位是温度,温度是表征物体冷热程度的物理量,是人类最常识的认知之一,但是对温度进行定量研究同样是近代的事。伽利略曾经根据气体的热胀冷缩性质进行过不太成功的温度定标实验。他用一个充满气体的大容器和一段细管道连接,细管道与液体连接,气体的热膨胀将导致液体柱长度的变化,他用液体柱的长度表征温度。早期的温度计基本是根据这种热膨胀原理制作的,但是有几点改进,首先是将气体替换为液体,系统状态更加稳定;其次是采用了密闭结构,消除了大气压的影响。至于液体,则采用(染色的)酒精和汞,这两种液体的热膨胀系数比较大并且线性,测量范围也比较广,分别为$-113\sim$ 78 ℃ 和$-39\sim357$ ℃,可以覆盖日常的使用范围。这两种温度计到现在还在广泛使用,直到最近,由于水银温度计的玻璃外壳容易碎裂,导致有毒的汞泄露,这种体温计正在被逐渐淘汰。

有了测量温度的材料,还需要给出温度的参考点和单位标准才能给出温度值,对于温度的定标最早是由德国人华伦海特在 1714 年完成的。他制作了水银温度计,然后选取两个温度点,一个是当时能够制备的最冷温度——氯化铵溶液的熔点,另外一个是人的体温,他开始把这段温度范围分成 24 份,低温点为

0 ℉,高温点为 24 ℉。这个温度间隔太宽了,他又将每一个间隔 4 等分,于是体温成了 96 ℉。这套温度标准后来被称为华氏温度,用"℉"表示。英国当时的科技发展对温度计量有迫切要求,因此这套温标很快被英国采用并普及,华伦海特也因此当选为英国皇家学会会员。但这套系统的两个温度参考点,无论是氯化铵盐溶液的还是人的体温,都是相对模糊的温度,因此精度不可能很高。1742年,瑞典人摄尔修斯提出了另外一种温度计量方案,将一个标准大气压下水的熔点和沸点设定了两个参考点,将两个参考点之间的温度差 100 等分,由此建立了摄氏温度,用"℃"表示。摄尔修斯将水的沸点设定为 0 ℃,100 ℃ 对应水的熔点。据说因为瑞典的温度经常低于水的熔点,摄尔修斯不希望出现负温度,因此这样设定。华氏温度以当时最冷的盐溶液作为 0 ℉,也是基于类似的考虑。

摄尔修斯建立摄氏温标不久,另一位瑞典科学家林奈就将其反转过来,即 0 ℃ 和 100 ℃ 分别对应水的熔点和沸点,摄氏温标就成为目前的形式。这套温标由于更加科学和合理,很快在欧洲各国普及,当然除了英国。英国由于已经普遍采用了华氏温标,修改起来有难度,另外也是自尊心作祟,所以他们没有改用摄氏度,而是吸收摄氏度的科学内核改革了华氏度,他们也改用水的冰点和沸点标定温度,不过将其设定在接近原来华氏度的 32 ℉ 和 212 ℉,两者相差180 ℉。与其他英式单位类似,英国现在基本弃用华氏度,但美国仍在普遍使用。

热力学发展起来以后,对温度有了更深刻的认识。温度与热平衡密切相关,两个物体接触,如果它们的温度相等,就不会传递热量,也就是说处于热平衡状态,一个物体的内部也是如此,这个朴实的规律是热力学的基础。英国科学家开尔文经过对热机的研究,发现存在绝对的温度最低点,与具体的测量方法无关。这样可以建立一套更客观的温标,称为热力学温标或者绝对温标。绝对温标只是把温度 0 点设定到最低的温度点,温度的间隔与已有的摄氏温度对应,绝对温度的单位为"开尔文",表示为"K"。摄氏温度的 0 点对应 273.16 K,也就是说 $T(K) = 273.16 + T(℃)$。绝对温标后来成为温度的国际标准。热力学还告诉我们,0 K 是不能达到的(热力学第三定律)。0 K 虽然无法达到,但是可以无限接近,利用激光冷却技术,已经将气体分子冷却到 10^{-10} K 的温度。这个温度下的气体呈现出许多新奇的量子效应。

热平衡的物理规律称为热力学第零定律,描述为:若两个热力学系统均与第三个系统处于热平衡状态,此两个系统也必互相处于热平衡。温度就是表征热平衡的物理量。这个规律也是测温的基础,温度计的探头贴到被测物体上,达到热平衡,温度计的探头就与被测物有相同的温度。

温度单位虽然建立很早,但它并不是最早进入国际计量体系的单位。电学单位更早引入,这是由于19世纪的电力革命导致无论在科研领域还是工业领域都在对电学量进行频繁的测量,并在电与力、电力做功等方面进行换算。科学家建立了与“厘米-克-秒”对应的电学单位制,这套系统应用到整个电力领域,称为“国际制”。这套单位制与国际上通用的“米-千克-秒”单位制不一致,造成电学领域与其他行业交往时的不便利,于是国际电工委员会在1935年改用与“米-千克-秒”一致的电学单位,这套单位制在1946年被国际计量委员会所采纳。随后,国际计量大会在1954年引入了电流、温度、发光强度的基本单位安培、开尔文、坎德拉,1960年又将这套单位制命名为国际单位制(SI),1971年又引入了表征物质的量的基本单位——摩尔,构成了目前SI的7个基本单位。

电流是最基本的电学量之一,“安培”最初的定义为“使硝酸银溶液中每秒析出0.001 118 000克银的电流。”这就将电流单位与质量单位建立了联系,通过精确测量质量实现对电流的精确测量。当然,这种质量测量方法操作起来并不方便,所以后来“安培”的定义也被不断改进。

以这7个基本单位为基础,国际单位制建立起计量体系,如图8-16所示。在这个体系中,这7个基本单位与其他物理单位通过物理规律建立关联。例如速度是长度与时间之比,它的单位就是m/s,实际的计量中,“m/s”的“m”必须通过SI定义的“米”计量,“s”必须通过SI定义的“秒”计量。基于图8-16的体系,计量实现了它的目的:在全世界范围对某个物理量的大小进行测量时,大家用的单位相同,方法相同,因此得到的读数也是一定相同。

这7个基本单位是整个计量体系的基石,对其他相关物理量的测量精度一定不会超过这7个标准单位本身的精度。从1960年SI建立以来,科学技术取得了一系列进展,其中有很大一部分与精密测量有关,多次发生标准单位的定义限制测量精度的事,这就倒推计量体系不断变革,基本单位的定义也被多次修改。

计量还需要具有实际操作性。在图8-17背后,是国际计量局建立的一整

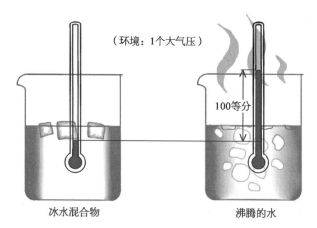

图 8‑16　摄氏温度的定义,分别将纯水的冰水混合物和沸水
的温度定义为 0 ℃ 和 100 ℃,然后将间隔 100 等分
得到。由于气压的影响,定义环境为 1 个大气压

图 8‑17　以 7 个标准单位为基础建立的整个计量体系(此图有误,弧度和立体角原来称为辅
助单位,现在已并入导出单位)

套测量与评估的方法和规范。"计量"涵盖的范围实在太大了,光靠国际计量局无法完成这项工作,它需要与各行各业的国际组织合作,拟定相关产业的计量规范,各国也会建立自己的具体计量法规。这套具体而完整的计量体系规范着我们所有的计量行为。我们平时使用的各种秤、尺、表等计量工具,实际都是通过国家计量机构认证的。科学研究或工业生产中用到的各种检测仪器像电压表、示波器等,都要定期到国家或地方的计量机构进行校验,如上海地区的仪器一般会送到上海计量院(见图 8 - 18)进行检验,根据这些机构出具的证书在规定的时间范围使用。在我们的日常生活中,这个规范无处不在,以至于我们忽视了它的存在。

图 8 - 18　上海市计量测试技术研究院,它是我国的二级计量机构,为上海地区的仪器提供检定服务,它的计量基准溯源到我们国家的最高基准——中国计量院。中国计量院又通过向国际计量局溯源,与国际标准保持一致

9 计时：从宏大到细微——原子与原子时

在前面的介绍中，我们知道工业时代的特征是机械，是各种转子、齿轮的转动，用每分钟转动的圈数衡量，最快也就每分钟上千转左右。工业时代的时间也是由机械时钟给出的。等到电力时代到来的时候，电信号成为信息和能量的载体。由于电信号的传输与变化非常快，远小于机械时钟可以计量的"秒"，这使得时间计量发生了显著变化。计量的对象变成了电信号，而计量的重点变成了毫秒、微秒、纳秒等越来越短的信号。无线电、雷达等技术的发展也对计时精度提出了更高的要求，准确度约 10^{-8} 的天文时已经无法满足。

电力时代召唤电子时钟。科学技术的发展也响应了这个召唤，时间的计量由此迎来变革。在这场变革中，首先是电信号的振荡代替了机械转动摆动成为计时的标准，其次是从 19 世纪末开始，原子分子物理、光谱学、量子力学等一批新型学科发展起来，由此诞生了新的计时工具——原子钟。它的出现，使计时精度比机械时钟整整提高了 10 个数量级（$10^{-18} \sim 10^{-19}$），这一系列的科学发展和技术变革改变了世界。

与时间有关的新参数

时间、频率与频标

与蒸汽革命时工程师发挥了主要作用不同，电学革命是从科学家的发现开始的，电学单位也是由科学家建立的。电信号的周期开始用"秒"表示，但它的值太小了，需要表示为很小的小数，使用起来不太方便，因此"频率"被引入进来，单位是赫兹（Hz），它的物理意义是"信号 1 秒内的周期数"。它与时间只是倒数关系（即 $T \cdot f = 1$，这里 T 指的是周期）。在电学领域，频率是描述电信号特征的最主要参数，因此我们一般称连续振荡的电信号为"频率信号"。比如说"5 MHz信号"指的是一个频率为 5 MHz 的连续谐波电信号。而"时间信号"指的是诸如"北京时间 2022 年 1 月 1 日 12:34:56"的时标。这里"北京时间"就是时标，它是我国的法定授时单位——国家授时中心产生的协调世界时 UTC（NTSC）（相关内容见第 10 章）。

与"时标"对应的"频标"，它是频率标准 frequency standard 的缩写。原子钟的基本功能是产生一个频率固定的电信号，只有这种功能的原子钟就叫"频标"。"频标"和"钟"的区别是"钟"有时间的显示，可以"纪时"；而"频标"只是输出频率信号，相当于钟的振荡器部分，大多数原子钟是"频标"。在本书中，我们不需要做严格的区分，多数情况下都直接称为"原子钟"。

误差与不确定度

我们还需要先介绍一下如何评估时钟的性能。前面曾用漂移或者每天的误差（第 4 章图 4-17）讨论机械时钟的精度演化，那是一种简化的评价方法，到了近现代，时钟性能的误差评估有了更严格的科学理论。

"误差"是计量最重要的要素之一。计量学有一句名言"没有给出不确定度的测量没有任何意义"。是啊，如果我们不知道测量有多准，我们怎么能知道测量的值是对还是错。关于误差，有一个最常用的例子，就是打靶。我们射击都是瞄准靶心，但每一次都有偏移。多次射击就会得到图 9-1 的 4 种情况。我们把射击的平均值接近靶心称为"准"，不同次射击相互之间一致称为"稳"，情况 1 是稳而不准；情况 2 是又准又稳；情况 3 是准而不稳；情况 4 是不准又不稳。我们希望实现情况 2 而避免出现情况 4，对于情况 1，则需要修正偏差，而对于情况 3，需要大量的射击才能得到中心值。

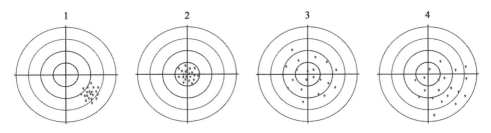

图 9-1 以打靶表示的误差特征

在误差评估中，"准"指的是准确度，而"稳"指的是稳定度。进行真实的测量时，靶标和靶心往往是未知的。因此"稳"是容易评估的，就是统计多次打靶得到的这些枪眼的分布，这种方法叫 A 类评估，得到分布的范围（线宽）称为 A 类不确定度，写为 μ_A。要知道这些枪眼离开靶心的距离和方向，就需要分析计算各种偏移量，修正所有的偏差，把图 9-1 的靶标画上去，这种方法叫 B 类评估。比如打靶就需要考虑抛物运动导致的子弹重力下落，刮风对子弹的影响等，计算这些偏差的误差，得到 B 类不确定度，写成 σ_B 或者 μ_B。这两个不确定度是误差评估的主要指标，它们在早期的文献中称为统计误差或系统误差，从 20 世纪 80 年代起，国际计量局改为用 μ_A 或 μ_B 表示，这是一种更严谨的说法。

上面是误差评估的通用方法，时间信号还有它一些特殊的情况。对于一台钟，如果它走得慢了一些，比如平均每天慢 1 s，虽然短时间看很好，但如果不修正这个偏差，它会一天天慢下去，1 年后将达到 6 分钟。在这种情况下，我们不能说它平均慢了几秒，因为，这个平均值会随着时间的增加而增加。还有更复杂的情况，例如越走越快或者越走越慢。如果还是用打靶类比，就是我们端着枪射击的时候，手越来越累，枪管越来越低，使得子弹孔也越来越低……为了评估这些情况，在时钟和时频信号的研究中，发展了一种叫"阿兰方差"的数据处理方法，它统计的是相邻时间间隔的变化量。以上面的"平均每天慢 1 s"为例，就是统计每天的变化相对 1 s 的起伏。由此得到的 μ_A 称为不稳定度，一般也直接称为稳定度，它与测量数据的平均时间 τ 有关，写为 $\sigma(\tau)$。而将 μ_B 直接称为不确定度。稳定度 $\sigma(\tau)$ 和不确定度 μ_B 是评价原子钟的最主要指标。

电子学技术与频率

原子钟的诞生离不开电子学技术的发展，它既为原子钟提供了技术储备，又为原子钟的使用提供了应用场景。马可尼等人开发的无线电技术使得信息传递更加便捷，到 20 世纪初，无线电主要有 3 个方面的应用：① 无线电台——在航运、勘探、抢险、军事等领域发挥不可替代的作用；② 广播电台——成为向大众传递各种信息最重要的传播途径，最早是收音机，然后是电视，现在更高清的电视节目很多又改成了有线传播；③ 雷达——通过电磁波的反射探测未知目标或者隐蔽目标，广泛应用于军用和民用领域。这几项技术应用都是现代社会所不可或缺的，去掉任何一种技术的世界都不可想象。

　　无线电的基本原理是先产生电磁波,然后把各种信息编码加载到电磁波上,再通过天线将编码后的电磁波信号发射出去。接收端则接收电磁波信号并进行解码将信息恢复。在整套系统中,电磁波的参数和性能是技术关键,只有电磁波才能在自由空间穿梭,跨越山川大洋,实现远距离传递信息。电磁波的频率是电磁波信号最重要的指标,不同频率的电磁波传输特性不同,应用场景也不同,广域的电磁波范围如图 9-2 所示,它涵盖射频、微波、太赫兹波、光频与高能射线波段等广阔范围。无线电只是占据了其中的很小部分(30 kHz～300 GHz)。在这个范围,电磁波又可以划分为长波、中波、短波、微波等。它们的性质不同,用途也相差很大,比如波长为 1～10 km 的长波可以绕过障碍物,传播非常远的距离,但指向性差;而雷达就需要厘米到毫米量级的微波,才能把目标飞行器的特征辨析出来。无线电不同波段的特征与应用的简单概括如表 9-1 所示。

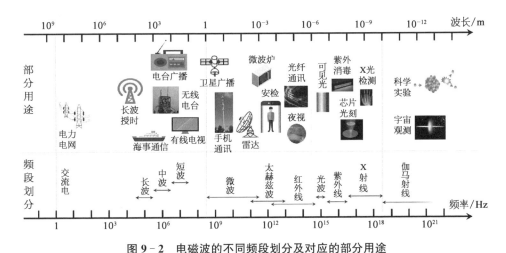

图 9-2　电磁波的不同频段划分及对应的部分用途

表 9-1　无线电的不同波段及它们的特征(现在的划分标准,早期波段没有这么宽)

名称	频段/Hz	波段/m	特　征	技术与应用
长波	30～300 k	1 k～10 k	波长很长,传输距离很远,稳定性好	天线等装置庞大,远洋通信,军事用途等
中波	300 k～3 M	100～1 k	地面及电离层吸收较强,传播距离较近	技术实现比较简单,用于本地无线电广播等

名称	频段/Hz	波段/m	特　征	技 术 与 应 用
短波	3～30 M	10～100	靠电离层反射可以实现远距离传播	全球范围的无线电台、无线电广播等
微波	0.3～300 G	0.001～1	波长短，方向性好，容易与分子原子共振	利用直线传播性质研制各种雷达；利用高频性质实现大容量通信；与物质相互作用；等等

　　电子器件在无线电技术中发挥着非常重要的作用，它是伴着无线电技术发展起来的。马可尼研究无线电报时，没有任何电子器件，他只能通过简单的电容-电感(LC)振荡电路发射和接收电磁波信号，他的检波装置是一些金属屑，这些金属屑接收到电磁波信号时会因为极化而改变电阻。在无线电技术实用化的过程中，马可尼本人发明了地线，他的顾问——英国物理学家和工程师弗莱明发明了真空二极管。而后又出现了真空三极管、四级管等器件，有了这些元件，就可以搭建复杂的电路实现各种功能。这些真空管都是庞然大物，有些有小臂粗细，但它们在电子学发展早期发挥了非常大的作用，世界上第一台电子计算机也是利用这些器件搭成的(1946 年)。到了 20 世纪 50 年代，它们逐步被体积和功耗更小、功能更强大的半导体元器件所取代。

　　真空二极管是基于"爱迪生效应"工作的器件，该效应是爱迪生在研究灯泡时发现的。他尝试在灯泡中再加入一个电极看能否提高灯泡的寿命，结果没有达到期望的结果却发现有少量电流从这个电极流过，如图 9-3 所示。爱迪生认为没有什么价值，但还是以"电检流器"申请了专利。他向弗莱明介绍这个工作后，弗莱明立刻对此产生了浓厚兴趣，经过研究，他发现这是由于灯丝在加热的状态下，向电极发出电子产生的。由于只有灯丝能发射电子，电流只能单向流动。根据这个特性，他于 1904 年发明了"真空二极管"。

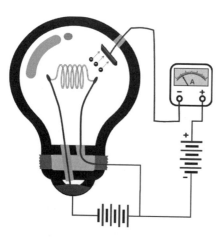

图 9-3　爱迪生效应的原理

这是人类发明的第一个电子器件,它在马可尼的跨洋信号传递中发挥了关键作用。

爱迪生由于个人的经历,非常喜欢实验尝试而对理论比较抵触。特斯拉曾经评价他"……用的方法非常低效,常常事倍功半……他如果知道一些起码的理论和计算方法,就能省掉90%的力气。他无视初等教育和数学知识,完全信任发明家的直觉和建立在经验上的感觉……"爱迪生试验了1 000多种灯丝材料的事实可以佐证这个观点。这不得不说是爱迪生的一个短板,虽然如此,但他实在太勤奋了,正是这种勤能补拙的特质,使他完成如此多的发明。"爱迪生效应"也是他误打误撞的产物,这是没有什么物理学基础的爱迪生对物理学的贡献,当然也是唯一的贡献。

有趣的是,美国人德·福雷斯特在1907年如法炮制了爱迪生的想法,在真空管中又加入了一个电极,由此发明了更加有用的真空三极管。二极管让电流定向流动,而三极管则可以放大电流,它们是电路的最基本器件,所有复杂的电路都是由这些器件搭建起来的。后来,人们在真空管中加入了更多的电极,不过这些电极只是为了解决特定问题或者改善电路性能,不再具有开创性意义。

从20世纪30年代开始,微波波段取得了一系列技术突破,磁控管、速调管等微波器件发展起来,使得分米、厘米微波的高功率发射和灵敏接收成为可能,导致了雷达的诞生。到二战期间,交战双方都配置了大量雷达,这些雷达起到了监视、监听敌方动态的作用,在许多战场左右了战局,雷达技术也在战争期间飞速发展。美国战后评价雷达是影响二战结局的3个最关键技术之一。在现代战争中,雷达作为侦测敌方目标的最主要手段变得更加重要,如现在隐形飞机就是围绕雷达的侦测与反侦测在博弈,它同样会决定未来战争的结局。

晶体振荡器

在无线电技术飞速发展的同时,20世纪初还发展了一项重要技术,就是晶体振荡器,简称晶振。晶振是利用压电效应产生电磁振荡信号的一种器件。1880年,法国的雅克·居里和皮埃尔·居里兄弟发现在石英或电气石等晶体的某个方向上施加压力时,就会产生电压;反过来,电压也会使这些晶体在对应方向发生伸缩,这就是压电效应,如图9-4左图所示。1915年,皮埃尔·居里的博士,法国物理学家朗之万在研究声呐时,将压电效应与机械振荡结合起来,使用石英板产生声波信号作为声呐的信号源,这是晶振的雏形。英国的凯迪教授在1921年研制成功真正的石英晶体振荡器并申请了专利。

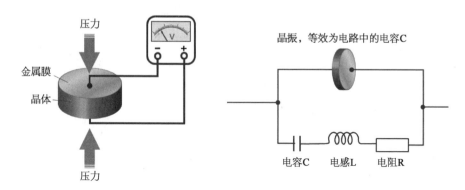

图 9 - 4   石英晶振产生频率信号的原理

晶振除了利用压电效应,还利用了晶体的另外一个性质,就是它作为一个刚体有固有的振动频率。当它受外力的时候,会以这个频率振动。比如我们去敲一个铜钟,它会发出特定的声音,与我们的敲击方式无关。压电效应相当于提供了一个"电锤子",在晶体上施加电压时,晶体就会因为受力而振动,它的周期就是晶体的振动周期。这个振荡又导致晶体表面电压的周期性变化,通过图 9 - 4 右图所示的电路将这个电压信号提取出来,并对信号反馈放大,就可以让这个振动维持下去,电路中则得到连续的谐波信号,这就是晶振的工作原理。从这个原理可以看出,电信号中最基本的频率信号实际仍然是由机械振荡产生的。不过这个频率比钟表的机械运动高得多,根据力学规律,越小的固体振荡频率越高,所以晶振都非常小。即使这样,晶振产生的频率仍然比电子学希望得到的频率低,一般要通过倍频的方法产生更高的频率。

石英晶振是当时性能最优异的频率信号发生器。它发明不久,就在广播电台找到了应用。电台通过调制一个频率信号发布广播,每个广播电台都会分配一个固定的频率,不同电台之间频率间隔为 10 kHz,收音机通过接收不同的频率选择不同的广播。最初的广播电台采用调谐电路产生频率信号,电路元件发热会造成频率的漂移(3~4 kHz),这使得不同电台之间经常发生串扰。用晶振替代调谐电路使电台频率信号变得非常稳定,解决了信号串扰的问题。到了1920 年代末,晶振不仅被广播电台普遍采用,而且应用到无线电的全部领域。它的用途在二战中进一步扩大,成为通信和雷达领域不可或缺的器件。这导致晶振原材料的天然水晶变得供不应求，这种情况在战后进一步加剧，贝尔实验室在 1950 年适时开发出价廉的人造水晶生长工艺，解决了天然水晶严重短缺的问题，使石英晶振大范围普及。现在用到的晶振基本都采用了人造水晶，还有一部分特殊用途的晶振是用其他晶体制作的。

我们在第 1 章就讲过，时钟由振荡器、计数器、显示器组成，其中振荡器是关键，决定了时钟的性能。晶振作为当时最稳定的振荡器，自然会应用于时钟。贝尔实验室在 1928 年开发出第一台以石英晶振作为振荡器的时钟（见图 9 - 5）。这种石英钟性能指标非常稳定，相对过去的机械钟具有了代差的优势。它刚刚问世，性能指标就超过了当时的天文时或者最好的机械钟。从 1934 年开始，德国科学家拿 3 台石英钟与恒星日进行了 1 年多的比对，发现这 3 台钟与恒星日有相同的偏差，而它们之间的偏差非常小。因此他们得到结论：3 台钟与恒星日的偏差是天文时的偏差，是地球角速度的扰动造成的，石英钟具有比天文钟更优异的性能。

图 9 - 5 国际上第一台带显示的石英钟（左，现在收藏于瑞士拉绍德封
国际制表博物馆）与世界第一台氨分子频标及它的发明人
（右，左为 Condon，右为 Lyons）

除了性能方面的优势，石英钟还有一个优点，就是它产生和处理的都是电信号。这就正好契合了电子学需求，为时频信号的使用、传输、发布提供了极大的

便利。不过石英钟也有一个不足：它无法成为一个真正的频率基准。首先，它的频率与尺寸有关，而对晶体切割尺寸一定是有误差的。其次，晶体的共振频率和很多因素有关，比如切割时的应力、晶体内部的生长缺陷等，这些导致晶振的频率随时间不断变化。晶振用漂移率或者老化率表征这种变化，但是这个值本身是不断变化的。20 世纪 30 年代最好的石英晶振的漂移率约为每天 10^{-8}（对应每天 1 ms），现代的晶振则可以实现每年 10^{-8} 的漂移率。这个指标对于大多数应用是绰绰有余的，但它无法满足时间计量的要求，因为它的频率信号不恒定，因此晶振不是频率标准，它需要用一个标准的频率信号校准，原子钟的出现解决了这个问题。

从"原子论"到原子内部

原子钟的思想来源已久。牛顿的三棱镜分光实验在 19 世纪中叶发展成一门独立的学科——光谱学，科学家发现不同的元素具有非常稳定的特征谱线。麦克斯韦在 1873 年，开尔文在 1879 年分别提出了用某些原子特定谱线的波长和频率分别作为长度和时间标准的建议。不过这在当时只能是一个设想，不但缺乏利用它们产生基本单位的技术手段，就连这些谱线的产生机理也尚不清楚。

麦克斯韦对基本单位的设想非常具有前瞻性，他认为"如果我们希望获得绝对永久的长度、时间和质量标准，我们不能从我们星球的尺寸、运动或质量寻找定义，而必须将其建立在不朽的、不变的并且完全相同的分子的波长、振动周期和绝对质量之上"。后来，基本单位就是按照这样的方式产生的。不过他的设想当时没法实现，因为太超前，超越了那个时代。

原子与元素周期表

"物质由不可再分的原子构成"这个哲学思想可以上溯到古希腊的德谟克利特，而原子论的科学探索则始于英国化学家道尔顿。道尔顿在 18 世纪末研究化学反应时，为了解释反应中不同物质的重量比例总是相等这个现象，提出物质由原子构成的理论，并给出了不同物质的原子量。这个理论成功解释了大量化学反应，因此很快被化学界所接受，在 19 世纪成为化学的基础。法国化学家盖·吕萨克还发现了气体化学实验有固定的体积比例，意大利物理学家阿伏伽德罗为了解释这个现象,提出了"相同温度和相同压强条件下,相同体积中的任何气体包含的分子数目相等"假说。这个假说后来也被证实,现在称为阿伏伽德罗定律。化学家们以此为基础,通过研究气体分子等反应,建立起"化学价"的概念。例如 2 份体积氢气和 1 份体积氧气反应,说明是 1 个氧原子与 2 个氢原子结合,说明氧原子的化学价是氢原子的 2 倍。

后来,人们根据分子的宏观质量和微观原子量,引入新的单位"摩尔"(mol)描述分子数目。$1\ \text{mol} \approx 6.02 \times 10^{23}$,表示 $12\ \text{g}$ ^{12}C 同位素中包含的碳原子数,并称 $1\ \text{mol}$ 的数值为阿伏伽德罗常数(N_A)。阿氏常数是连接宏观物质与微观粒子的桥梁,虽然是一个无量纲的数,但在物理、化学等领域都具有极其重要的应用。"摩尔"在 1971 年被引入国际单位制,成为 7 个基本单位之一。2018 年计量改革时,摩尔不再用^{12}C定义,而是直接定义为常数,$N_A = 6.022\,140\,76 \times 10^{23}$。

电学的发展导致了电化学的诞生,戴维等人利用溶液或熔盐的电解反应发现了更多的元素(第 7 章)。这些元素有些性质接近,有些性质相差很大,可以进行归类。俄国化学家门捷列夫在 1869 年根据当时已知的 63 种元素的原子量和性质进行排序,由此创立了元素周期表。在这份表格中,门捷列夫不但指出某些元素原子量的错误,而且预言了多种元素,并为它们预留了空位,这些预言后来都得到了证实,目前已经发现或者人工合成了 118 种元素(见图 9 - 6)。元素周期表概括了所有元素的排列规律和物理、化学性质,它是理解世界物质构成的最基本原理之一。元素周期表成为一种科学的图腾,它被制作成各种各样的挂图悬挂在世界的每一个角落。

被化学家普遍接受的"原子论"在物理学家中却引起了争议,玻尔兹曼因为"原子论"而受到攻击,甚至导致了这位天才物理学家自杀。究其原因,可能与两门学科的研究特点有关。化学本来就是从经验中总结规律,他们更容易接受假说,只要它能够正确解释现象;而物理学一直以探究世界的本质为目的,"原子论"是对物质世界本质的一个解释,这是一个哲学的基本问题,与哲学不同的是,物理学需要实验证据,一个理论如果没有直观的证据做支撑,往往会被物理学家怀疑和攻击。直到布朗运动和其他实验给出原子的直接证据,"原子论"才最终被物理学家普遍接受。其中"布朗运动"的理论解释是由爱因斯坦完成的,它用液体分子与微粒的碰撞完美地解释了悬浮在液体中的花粉微粒的无规则运动(见图 9 - 7),利用力学原理证明了原子的存在。这是爱因斯坦 1905 年的 5 篇最重要论文之一。

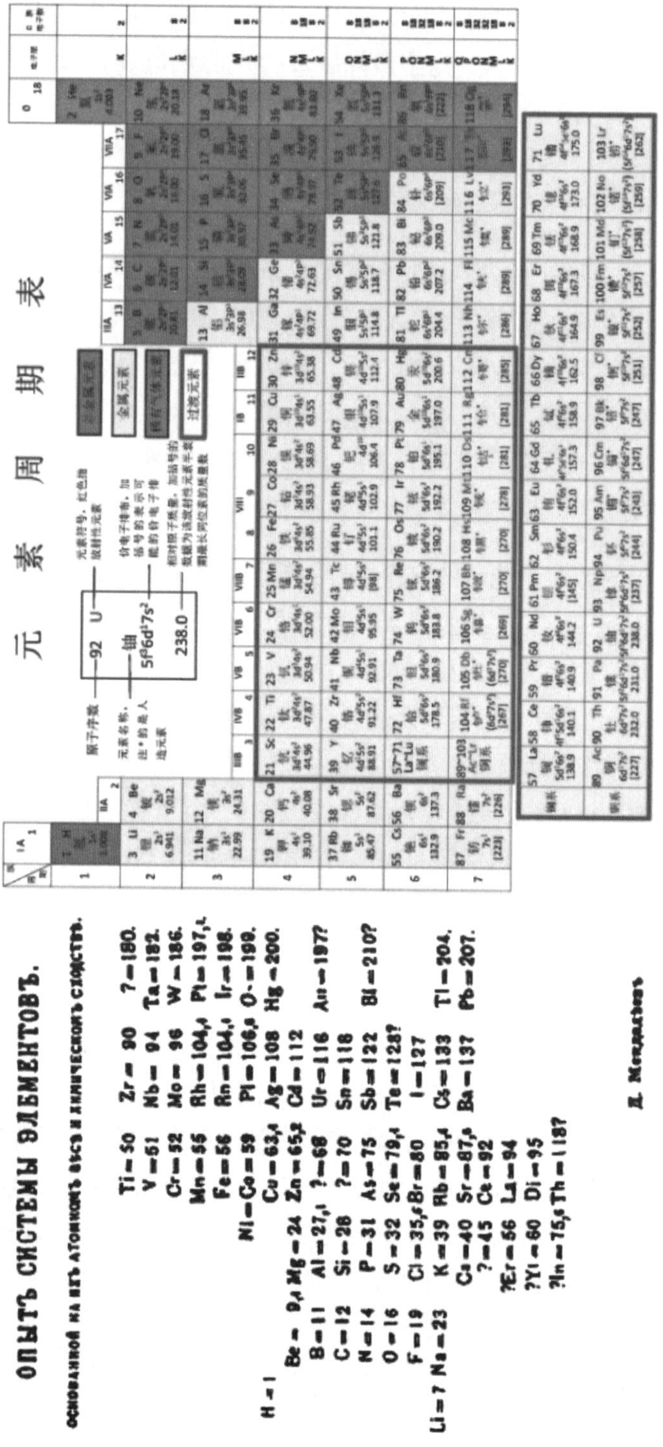

图 9 - 6　门捷列夫创立的元素周期表（左）与目前的元素周期表（右）

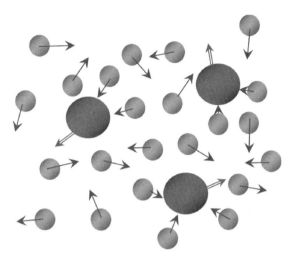

图 9-7 布朗运动的微观解释,液体分子对悬浮微粒
的不均匀碰撞,导致了微粒的无规则运动,
微粒越小,越不平衡,微粒运动速度越快,并
且微粒运动的距离和时间的平方根成正比

原子的内部结构

原子是化学世界的最小极限。道尔顿的"原子论"认为原子是单一、独立、不
可分割的。真实的世界并非如此,电学中包含了打开原子内部世界的钥匙,但发
现这把钥匙并不容易。1835 年,法拉第在研究低压气体的导电性时发现了辉光
放电的现象(见图 9-8)。它的实验现象如图 9-8 所示,在一个真空管里面装上
两个电极,当电极两端施加足够高的高压时,真空管就会发光。德国物理学家普
吕克发现它是一种阴极射线,这种射线穿过低压气体就会产生加热、发光等现
象。对于这种射线的本质,英国和德国科学家各执一词,英国人认为是带电粒
子,德国人认为是以太波。最终英国人的猜想被实验证实——英国物理学汤姆

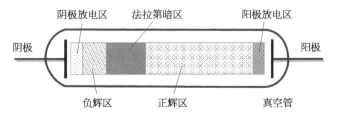

图 9-8 法拉第的辉光放电实验观察到的现象

逊发现这种射线在磁场中会发生偏转,由此得出这是带负电粒子束的结论,汤姆逊将这种粒子命名为"电子"(1897 年)。他根据电子在磁场下的旋转,发现它的电荷质量比(e/m 荷质比)是氢离子荷质比的约 2 000 倍。后来,美国科学家密立根又用悬浮油滴实验测量了电子的电荷。

阴极射线之争是英、德两国科学家的一场大辩论,为了验证各自的观点,他们都花费了大量人力物力开展实验研究,虽然最后以汤姆逊的胜利结束。但这场科学争论实际没有输家,他们在实验研究中开发的许多实用技术,像阴极射线管、光谱灯、CRT 显示器等,后来都得到了广泛应用。

电子的发现将人类的认识延伸到原子的内部。但电子显然不是原子的全部。人们也自然会问:原子内部除了电子还有什么,原子的结构是怎么样的?

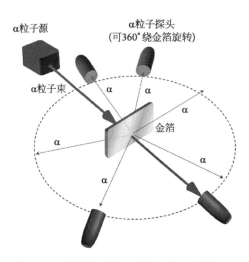

图 9-9   **卢瑟福 α 粒子轰击金箔实验的原理**

汤姆逊提出了一个模型:正电荷和原子的质量均匀分布在球形原子的内部,而负电荷以电子的形式存在于原子内部的一些环面上。人们根据这个模型的形状将其称为"汤姆逊枣糕模型"。他的学生卢瑟福于 1911 年对这个模型进行了实验验证,该实验的原理如图 9-9 所示,用一束准直的 α 粒子束轰击微米厚度的金箔,让一个接收器绕金箔旋转,观察金箔对 α 粒子的散射。由于 α 粒子是比较重的粒子(高速运动的氦原子核)。根据汤姆逊模型,α 粒子穿过金箔以后,应该基本沿原方向传播,即使有少部分粒子发生散射,散射角也非常小,就好像子弹穿过纸板那样。在卢瑟福的实验中,穿过金箔的大部分 α 粒子都沿原方向传播,少数粒子发生了偏转,但不像预期的只有小角度偏转,而是任意散射角度都能散射,甚至可以达到 180°。卢瑟福根据散射角度和散射率的关系,计算出原子的质量集中在 $10^{-15} \sim 10^{-14}$ m 的范围内,比原子的直径($\sim 10^{-10}$ m)小约 5 个数量级,由此卢瑟福得到原子核+电子的原子模型。为了进一步研究原子核的结构,卢瑟福又完成了 α 粒子轰击氮核的实验。通过这个实验,他发现了质子,为了解释原子核内部原子量与质子数不一致的现象，他预言了原子核中除了质子，还有一种不带电的原子量为 1 的粒子——中子。

这样，卢瑟福就给出了新的原子模型：原子核由质子和中子构成，集中在原子中心，而电子分布在原子的外部空间，围绕原子核运动。这个模型非常像太阳系的结构，但它有一个问题，如果电子是由于库仑力围绕原子核做圆周运动，它就会引起原子周围的电场变化，就会向空间辐射电磁波，这会造成电子动能的损失，导致电子的轨道越来越低，直至撞到原子核上。因此这是一个不稳定的模型，为什么真实的原子是稳定的？这个矛盾意味着原子尺度包含新的未知物理规律，而已有的规律并不适用，这个新的规律就是量子力学。

汤姆逊和卢瑟福（见图 9-10）先后担任英国剑桥大学卡文迪许实验室的主任，他们领导卡文迪许的时期是该实验室的一段黄金时期。在量子力学建立发展的那段时间，卡文迪许实验室做出了一系列重要工作，有 10 余人因为量子力学的相关研究获得诺贝尔奖。对量子力学有重要贡献的许多科学家，包括玻尔等人，都曾在卡文迪许实验室深造。卢瑟福本人因为发现 α 射线实际是氦离子而获得 1908 年诺贝尔化学奖，他对此耿耿于怀，因为他认为物理学奖比化学奖重要得多。

图 9-10 汤姆逊(左)和卢瑟福(右)师生俩在交谈

量子力学是 20 世纪物理学两项最重大进展之一（另一项是相对论）。不像相对论几乎是靠爱因斯坦一己之力完成的，量子力学的大厦是依靠普朗克、爱因斯坦、玻尔、海森堡、薛定谔等一大批科学家共同搭建的，时间跨度经历了从 19 世纪末到 20 世纪中叶的数十年。之所以这样，一方面是因为微观世界本身非常复杂，像原子是包含原子核和几个甚至几十个电子的复杂体系，而质子、中子、电子之下还有更基本的粒子。另一方面，则是因为微观的很多物理规律与宏观世界的常识相悖，理解起来很不容易。

量子论与原子能级跃迁

在量子力学的描述中,原本认为是波的光也是粒子,称为"光子";而原本的粒子,像电子、质子、中子,甚至原子本身也是波,具有波的属性,例如干涉、衍射等。也就是说,所有的粒子都具有波动性和粒子性双重属性。这是微观粒子的普适性质,称为"波粒二象性"。光的粒子性表现在光有最小的能量单位 E,它与频率 ν 满足 $E = h\nu$ 的固定关系,这里 h 是常数,称为普朗克常数,因为普朗克最早给出了这个关系。而对于像原子、质子、电子这些一般意义上的粒子,它们也具有波长 λ,满足 $\lambda = h/mv$,v 是粒子运动速度。这个波长称为德布罗意波长,因为法国物理学家德布罗意最早预言了"波粒二象性"并给出了这个公式。

普朗克常数 h 是最基本的物理常数之一,它通过能量将电磁波与质量联系起来,同时也将频率和质量联系起来。过去,h 通过测量得到,2018 年的计量改革将普朗克常数定义为 $h = 6.626\,070\,15 \times 10^{-34}\,\mathrm{kg \cdot m^2 \cdot s^{-1}}$,根据该参数导出质量单位。

有了"波粒二象性"就可以解释原子模型了:当电子被原子核束缚形成原子的时候,电子不再是"一个",而是变成了"一团",是有一定分布的"波包",电子以"波包"的形式对称地"瘫"在原子核的周围,这样就不会辐射能量(见图 9-11)。在这样的图像下,我们不能用位置和动量描述电子的状态,而改用波函数 $|\psi(t)\rangle$ 描述,它在数学上满足:

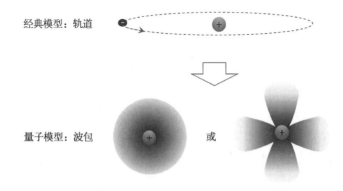

经典模型:轨道

量子模型:波包   或

图 9-11 氢原子的微观量子图像,电子的运动不再是经典的轨道,而变成了量子的波包

$$i\hbar\frac{\partial}{\partial t}\mid\psi(t)\rangle=H\mid\psi(t)\rangle$$

这个方程称为薛定谔方程，它的求解比较复杂，我们只要知道它描述微观量子世界的规律就可以了。通过推导这个方程，就可以得到原子中电子的分布规律：电子只能待在某些特定的状态或者它们的叠加态上，这些状态有固定的能量，故通常称为"能态"或者"能级"。电子处于这些能态时，它的"波包"按照特定的规律分布，典型的图像如图9-12所示，它是不同能态的氢原子对应的电子波包。

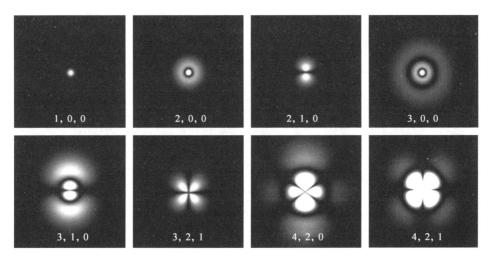

图9-12   一组氢原子的波包强度图。图中的数字表示不同的能态，这是量子力学通用表示方法

一个原子系统也可以处于几种能态的混合状态，但是一旦对该系统进行测量，它就会坍缩到其中的一个状态。比如有 $\mid1\rangle$ 和 $\mid2\rangle$ 两个状态，系统可以处于 $\mid\psi\rangle=0.6\mid1\rangle+0.8\mid2\rangle$，如果我们对这个系统进行探测，我们就会发现它或者处于 $\mid1\rangle$ 态，或者处于 $\mid2\rangle$ 态。若想了解这个分布，就需要测量足够多处于这种状态的原子，发现有36%的原子处于 $\mid1\rangle$ 态，64%的原子处于 $\mid2\rangle$ 态（概率与系数是平方关系），根据这个概率才能得到真实的波函数 $\mid\psi\rangle$。这是微观粒子的另一个重要性质。

对于这种现象，奥地利物理学家薛定谔假想了一个更形象的实验加以说明：在一个封闭的盒子中装入一只猫和一些放射性物质，如图9-13所示。而如果放射性物质发生衰变,它就会触发一个毒气瓶放出毒气,将猫杀死。这种放射性物质处在衰变是否发生的叠加态,这就导致猫也就处于"生"和"死"的叠加态,除非我们打开盒子观察。薛定谔就是用这样一只既生又死的猫解释了微观世界的奇异之处。这个假想实验非常著名,人们常用"薛定谔猫"指代这个量子性质。

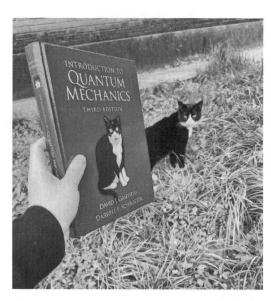

图9-13 "薛定谔猫"实验(左),这个假想实验如此著名,以至于这本量子力学的书以一只猫作为封面(右)

　　大多数原子都有多个电子,量子力学告诉我们,这些电子是分层排布的,第1层可以排布2个电子,第2层、第3层可以排布8个电子……电子总是从低到高排布,而原子的性质主要取决于最外层电子数。这就解释了元素周期表中的原子性质为什么周期性变化。原子最外层电子的能态,又会受到各种因素的影响,例如磁场、电场、电子的自旋、原子核等,这些因素导致原子的能态发生分裂,从图9-14的氢原子能态结构可以看到这一点。对于原子系统,电子自旋导致的分裂称为精细结构,精细分裂在光波波段;而原子核自旋产生的分裂称为超精细分裂,超精细分裂在微波波段,微波钟就工作在这个波段。

　　原子可以从一个能态 E_1 跃迁到另外一个能态 E_2,由于这些能态的能量不同,因此跃迁伴随着吸收或者放出光子的过程,光子的能量就对应两个能级的能量差 $E_{Photo} = E_2 - E_1$。又因为光子能量与频率之间满足普朗克公式 $E_{Photo} = h\nu_0$,因此能级跃迁具有固定的跃迁频率 ν_0。这就是原子具有固定谱线的原因,也是

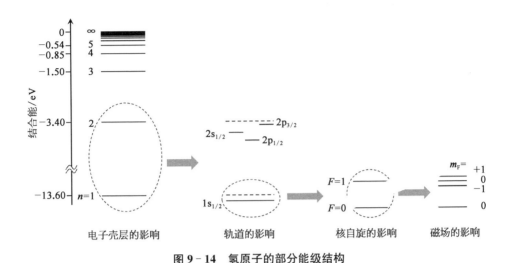

图 9-14 氢原子的部分能级结构

原子可以做原子钟的理论基础。真实的情况是光子去激励原子,如果光子频率 ν 与 ν_0 一致,原子会发生跃迁;反之,原子不会与光子作用,如图 9-15 所示。

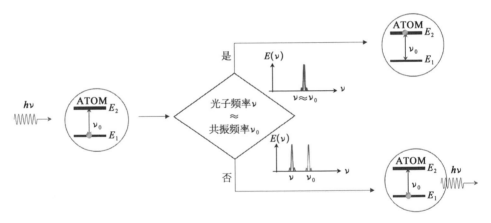

图 9-15 原子与光子发生作用的原理。一个原子只能吸收(或放出)一个光子发生跃迁,并且只有当光子频率 ν 非常接近原子的跃迁频率 ν_0 时 $(\nu \approx \nu_0)$,光子才会被吸收,跃迁才会发生

量子力学不仅给出了原子的内部结构,而且给出了微观世界的许多奇妙性质。例如测不准关系,我们无法同时精确测量一个粒子的位置和动量;全同性原理,同种粒子完全相同,不可分辨;泡利不相容原理,某些粒子(电子等自旋为半整数的粒子,称为费米子)在一个能态上只能有一个,同种粒子不能处于同一能态;随机过程是真实存在的……其中全同性原理是微观粒子可用于计量的基础。一些性质可以

上升到哲学层面,涉及对物质世界本质的认识。由于不认可某些量子解释,爱因斯坦由量子力学的开创者成为量子力学某些原理的反对者,他与量子力学的旗手——玻尔进行了长期争论。例如他认为世界是确定的,不存在玻尔等人提出的"量子世界存在随机性"的观点,说出了一句名言"上帝是不扔骰子的"。后来有人设计了专门的实验检验这两种观点,最终证明玻尔是正确的。英国天文与物理学家霍金认为宇宙中普遍存在随机性,因此上帝不但玩骰子,而且是十足的赌徒。随机过程是不可逆的,这就从微观量子力学的角度给出单向流逝的时间方向。

在那个物理学迎来爆发性发展的时代,比利时实业家索尔维恰逢其时地资助举办国际会议,称为"索尔维会议"。索尔维会议从 1911 年开始,以后每 3 年举办一次(有时因为战争而中断)。在量子力学发展的黄金时期,该会议成为科学家思想交流与碰撞的重要平台,为量子力学的发展起到重要的促进作用。爱因斯坦和玻尔等人在会议上激烈辩论,成为后世津津乐道的经典。其中 1927 年因为大师云集,成为历史上最著名的一次科学盛会,如图 9-16 所示。

图 9-16　1927 年第五届索尔维会议的合影,照片中包括了普朗克、爱因斯坦、玻尔等众多著名科学大师,这些人在 20 世纪改写了物理学,因此这张照片号称"人类之光"。许多物理学家甚至将其装饰悬挂起来,以表达后辈对当年那个物理学大师群体的崇敬

原子能级与原子钟

上面简单介绍了原子的相关知识，接下来我们介绍原子钟。前面介绍了法国的计量改革，他们建立的计量基准并不完全满足"自然、普遍、恒定、可以随时核验"的初衷。这是因为当时的基准单位只能定义在宏观物体上，而在宏观世界没有两个相同的物体，因此无法找到普遍而恒定的实物。但微观世界却正好相反，同种微观粒子，没有两个是不同的。因此以原子为代表的微观粒子具有天然的计量优越性，一旦从技术上实现了对原子的操控与检测，利用原子的特征参数产生标准单位也就成为必然选择。但原子实在太小了，信息提取太困难了，这就对相关技术提出了非常高的要求。

20 世纪 30 年代以后，特别是到了二战时期，电子学技术在军用、民用领域都取得了长足的发展，其微波波段已经与原子的一些微波跃迁重叠，这就使得利用原子的特征谱线产生频率信号成为可能。至于信号提取困难的问题，可以通过提取大量原子的信息实现。最早引入的频率信号是氨分子在 24 GHz 处的一条谱线，美国国家标准局 NBS（NIST 的前身）还研制了一台氨分子钟，这是第一台以分子谱线为基准的频标。不过氨分子谱线受温度、气压等的影响较大，谱线比较宽且不太稳定，因此这台分子钟的稳定度只有 1×10^{-7} 左右，指标没有超过当时最好的晶振，这个方案后来被弃用。

真正实用的原子钟方案是由美国物理学家哥伦比亚大学的拉比（I. I. Rabi）提出的，他在原子分子光谱领域做出了杰出的工作，并在 1945 年提出了铯（Cs）原子束能级跃迁的原子钟方案。但这个方案在技术上还存在一定的缺陷，就是谱线太宽，如果采用这样的结构，原子钟的指标不会太好。他的学生拉姆齐（Ramsey）在 1949 年发明了分离振荡场的方法，补齐了这块短板。从此以后，原子钟进入快速发展的时期。英国的艾森（Essen）在英国国家物理实验室 NPL 研制了世界上第一台可靠运行的铯束原子钟（见图 9 - 17）。该钟就是基于分离振荡场的技术实现的，它的准确度达到 1×10^{-9}，超过当时最好的天文计时或者机械钟。美国和欧洲的许多计量机构与 NPL 差不多同时开展了原子钟的研制，不久也陆续研制成功。随后，原子钟很快就在世界各大计量机构普及，而原子钟的准确度也不断提高（每 10 年提高约 1 个数量级）。拉比和 Ramsey 因为相关工作分别获得了 1944 年和 1989 年的诺贝尔物理学奖。

图 9‑17   艾森(右)和帕瑞(Parry 左)与世界上第一台原子钟

原子钟是时间计量划时代的进步,计时从此由宏观方法转换成微观方法,时间信号的频率越来越高,精度有了跨越式的提升。它的发展契合了这个时代电子学、信息技术发展对时间计量的要求,因此原子钟得到了广泛的应用。就像过去不同的场合有不同的机械钟那样,不同的应用场景需要不同的原子钟,有各国计量机构为了追求最高准确度研制的不计体积功耗的大型原子钟;也有对体积功耗有苛求的微型原子钟、可以搬运的原子钟、穿戴式原子钟、特殊用途的原子钟(例如星载钟)等。原子钟优异性能和广泛应用导致了时间单位"秒"的重新定义(1967 年)和国际原子时 TAI 的建立,从此时间的计量进入了原子时时代。

原子钟的基本原理

前面已经介绍,时钟的核心器件是振荡器。天文时的振荡器是地球的公转和自转;机械时钟是单摆或者振子;对于原子钟,则由晶体振荡器产生电磁波频率信号,这种时钟之所以叫"原子钟"而不是"晶振钟",是因为这个信号要不断地通过原子跃迁进行校准,使信号的性能指标体现原子的特征。

原子钟的基本原理可以用图 9‑18 简单表示:选择特定原子的特定能级跃迁 $E_1 \leftrightarrow E_2$ 作为原子钟的频率参考,称为"钟跃迁"。晶振产生的微波信号通过

倍频等手段将频率 ν_{LO} 转换到原子的共振频率 ν_0，满足 $\nu_{LO} \times n \approx \nu_0$。将原子制备到该跃迁的初态 E_1 态后，与倍频后的微波信号 $n\nu_{LO}$ 作用。在理想情况下 $n\nu_{LO} = \nu_0$，该信号会使得原子发生跃迁。实际的情况是晶振的频率有漂移，使得 $n\nu_{LO}$ 和 ν_0 略有偏移 $n\nu_{LO} - \nu_0 = \delta$，这就会造成原子没有完全跃迁，通过探测作用后原子在 E_1，E_2 的分布得到跃迁概率 $P(\delta)$，根据 $P(\delta)$ 相对理想值 $P(0)$ 的变化可以知道偏移 δ 的大小。控制晶振修正这个偏移 δ，这样就将晶振的频率锁定，锁定后的 ν_{LO} 频率输出就是原子钟信号。

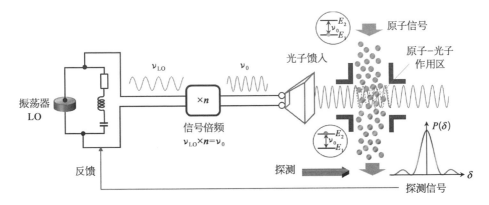

图 9-18　原子钟的原理，以原子束为例

从图 9-18 可以看出，原子钟包括了 3 个部分，振荡器、倍频器和原子的鉴频系统。其中的关键就是原子-光子相互作用，它使得晶振具有了原子跃迁的性能指标。为了进一步解释这个过程，我们给出一个不太严格、但是比较形象的图像。将原子内部的能级跃迁看作是一个振荡器，当外部的光子与原子作用时，可以看作内-外两个振荡信号进行比较，如图 9-19 所示。相互作用后，这两个信号的偏差就会表现在能级跃迁的差异上，通过探测跃迁就可以将偏差提取出来。这个图像虽然简单，但包含了原子钟的许多性质，比如说，如果要获得高性能原子钟，首先要求微波信号必须要非常好，也就是要有好的晶振；其次，两个信号比对的周期数越多，偏差越明显，有两种方法，一个是比对频率 ν_0 尽可能高，另外一个是比对时间 τ 尽可能长，这是改进原子钟的两个最主要努力方向。

ν_0 由原子的种类和能级决定。每一种原子都有无穷多个能级跃迁，但钟跃迁要少得多，因为它们需要满足很多条件，例如能级的寿命很长、线宽很窄，对环境不敏感等。传统的原子钟主要有 3 种：铯钟、铷钟、氢钟。它们都在元素周期表的第一主族（碱金属），其共同特点是最外层只有一个电子，能级结构简单；选

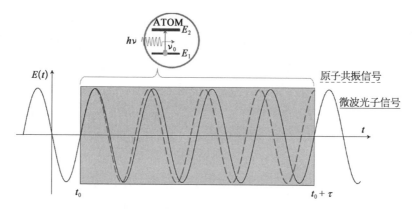

图 9-19   用振荡信号表示的原子-光子作用图

取的钟跃迁都对磁场、电场、气压、原子运动等这些环境参数不敏感。除了这些原子,其他一些碱土金属原子、离子或者副族元素粒子的特殊跃迁也能作为钟跃迁。前面讲了,ν_0 越大,原子钟性能越好。微波钟的频率 ν_0 约在 10^9 Hz,而光频在 10^{15} Hz 量级,因此光钟相对微波有明显的优势。不过在过去,光频的使用有难以逾越的技术壁垒,近年来,新技术突破这些限制,最终实现了原子光钟。

原子-光子有两种作用方式:其一是原子与一个光子脉冲作用,称为拉比(Rabi)振荡;其二是原子与两个有一定时间间隔的光子脉冲序列作用,称为 Ramsey 干涉,如图 9-20 所示。图 9-20 的下图对应它们的跃迁概率 $P(\delta)$ 曲

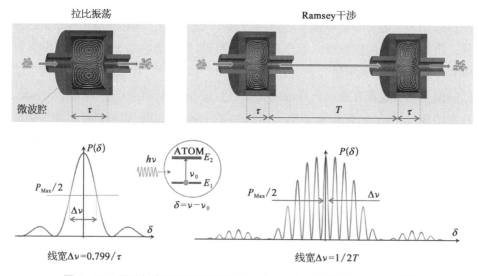

图 9-20   原子与电磁场的两种作用方式——Rabi 振荡和 Ramsey 干涉

线。$P(\delta)$ 谱线的线宽 $\Delta\nu$ 越窄，它就越容易分辨 δ 的变化，就能够获得更高性能的原子钟。对于拉比振荡，$\Delta\nu$ 和原子-光子作用时间 τ 成反比（$\Delta\nu = 0.799/\tau$），可以看出，"τ 越大，原子钟性能越好"。然而，实际的原子钟受各种条件的限制，τ 不可能任意延长，于是就有了 Ramsey 干涉的改进。Ramsey 干涉的线宽 $\Delta\nu$ 与作用时间 τ 基本无关，只是与两次作用之间的时间间隔 T 成反比（$\Delta\nu = 1/2T$），并且即使在 $\tau = T$ 的条件下，Ramsey 干涉仍然更窄，这是 Ramsey 作用相对拉比振荡的优势。Ramsey 干涉的飞行时间 T 同样会受各种限制，但总的来讲，比较容易实现 $T \gg \tau$，因此 Ramsey 型的原子钟往往指标更好。目前性能最好的原子钟，一般采用 Ramsey 干涉。

最基本的原子钟是只输出频率信号的"频标"。它们只输出电子学领域通用的 5, 10, 100 MHz 频率信号。功能齐全的原子钟会在标准频率信号基础上，增加一些频率计数模块，并在某个时刻与标准时间进行校准，就可以产生秒脉冲和时标信号，如图 9-21 所示。

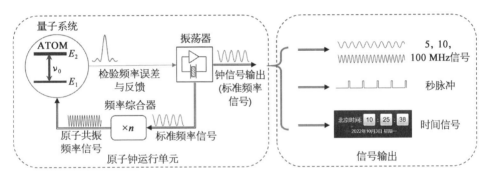

图 9-21 功能齐全的原子钟运行与输出

铯束原子钟

铯束原子钟是最典型的原子钟，图 9-17 所示的世界上第一台原子钟就属于这一类，它是不确定度最高的传统原子钟。国际计量大会在 1967 年根据这种原子钟将时间单位"秒"定义在铯原子的基态 $|3,0\rangle \leftrightarrow |4,0\rangle$ 超精细跃迁上，并且一直沿用至今。其频率为 $\nu_0 = 9\,192\,631\,770$ Hz。

铯束原子钟的结构如图 9-22 所示。加热铯源产生铯原子束，然后用磁场偏转的方法选出 $|3,0\rangle$ 的初态原子（也可用光束选态），这些原子穿过一个 U 形微波腔，与腔中的微波作用，实现 Ramsey 干涉。然后用磁场偏转的办法测量两

个能级的原子数,以此计算跃迁概率 P。 根据 P 的值计算频率偏差 δ,对振荡器进行反馈锁定。

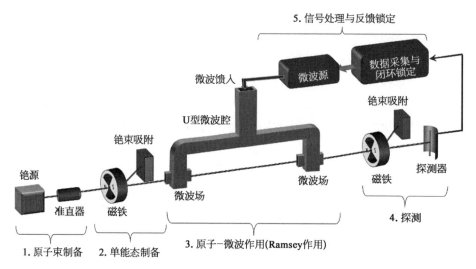

图 9-22   铯束喷泉钟的原理,它可以和图 9-17 的实物相对应

铯束钟的特色是让原子以束流的形式与微波作用,此时原子只受重力的影响,不需要外场托举或者囚禁原子,这使得环境噪声对原子的影响非常小,所以铯束钟是不确定度最高的传统原子钟。与之对照的是其他类型的原子钟,它们的原子或粒子介质或者被束缚在玻璃泡中或者被囚禁在离子阱中,这些囚禁方式都会影响原子钟的稳定度和不确定度。它们的不确定度较差,但某些方面指标突出,例如具有体积小、功耗低、对工作环境要求低或者可靠性好等优点。不同类型的原子钟有不同的应用场景,像泡式铷钟就广泛应用于星载、舰载等许多领域(见图 9-23)。

在喷泉钟出现以前,铯束钟一直是不确定度最高的原子钟,"原子秒"就是通过铯束钟复现的。到 20 世纪 80 年代末,一些计量机构自研的铯束钟精度在 10^{-14} 量级,最好的是德国国家物理局 PTB 的两台铯束钟,精度在 1×10^{-14} 左右(分别为 8×10^{-15} 和 1.2×10^{-14}),商业铯束钟的不确定度达到 1×10^{-13} 左右,是广泛使用的小型基准钟。

主动原子钟

上面介绍的原子钟初态都处于下能级 E_1,需要吸收光子跃迁到上能级 E_2,

图 9‒23　常用的两种原子钟：泡式铷钟(左)，它是小型原子钟的代表，
　　　　　导航卫星上也在使用；主动氢钟(右)是最常用的高稳定度原
　　　　　子钟，体积一般略小于 0.5 m³

通过探测原子的跃迁概率 $P(\delta)$ 锁定晶振。除此之外，原子钟还有另外一种工作模式，如图 9‒24 所示：原子初始处于上能级 E_2 态，原子-光子作用会放出一个与激励光子同相位的光子并跃迁到 E_1，得到 2 个光子，实现微波信号的放大。当微波信号放大足够强时，放大的信号可以在微波腔里形成自激振荡。这个技术称为 maser，它是"微波的受激发射放大"英文字头缩写，1954—1955 年，Townes 在美国、Basov 和 Prokhorov 在苏联分别实现了这项技术，他们也因为这项工作获得 1964 年诺贝尔物理学奖。

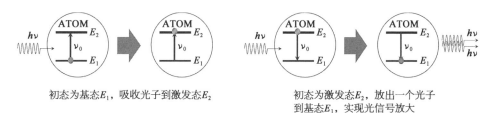

初态为基态E_1，吸收光子到激发态E_2　　　　初态为激发态E_2，放出一个光子
　　　　　　　　　　　　　　　　　　　　　　　　到基态E_1，实现光信号放大

图 9‒24　原子在不同初态下，与微波作用导致的两种结果

氢钟就是利用这个原理工作的，可以产生自激振荡的氢钟称为主动氢钟，可以放大但不能自激振荡的氢钟称为被动氢钟。不同于其他原子钟探测原子信号，氢钟通过探测作用后微波信号锁定振荡器。由于微波在主动氢钟中连续振荡，信号具有很好的相位连续性，因此氢钟的中短期稳定度性能非常优异，它在

现代时频体系中仍然广泛应用。

1958 年 Schawlow 和 Townes 又将该技术应用到光频波段,得到了激光。激光的英文单词 laser 是"光的受激发射放大"英文字头的缩写。激光是钱学森钱老的翻译,非常形象,比台湾等地的翻译"镭射"要好得多。而 maser 没有找钱老翻译,直接音译成"脉泽",这个水平就差很多了。激光是改变了世界的另一项发明,目前广泛应用于生产生活的方方面面。

原子钟的研究过程中诞生或衍生了许多新的技术。首先就是 Ramsey 干涉,除此之外,微波的受激发射放大、固体微波放大器、激光、离子阱等,这些成果后来都获得了诺贝尔奖。另外一些技术,像光泵浦、腔内喷涂聚四氟乙烯等长链分子以延长相干时间、填充缓存气体以降低多普勒频移等,不仅显著改善了原子钟的性能,而且在精密测量的许多领域,例如测磁、测重、陀螺仪等领域广泛应用。

激光冷却与喷泉原子钟

对于 Ramsey 型原子钟,原子穿过微波场的时间越长,性能越优异。热原子束流类似子弹,它们的速度在 100 m/s 的量级,在装置长度为 1 m 左右时,原子飞行时间在 10 ms 左右。如果我们将原子慢慢抛出去,速度在 1 m/s 的量级,飞行时间就可以延长到约 1 s。不过这会带来一个问题,如果仍然采用水平抛射,重力会导致原子沿抛物线运动,无法直线穿越微波场。为了解决这个问题,我们可以将装置竖起来,让原子像喷泉那样沿竖直方向抛上去再落下来。这样,原子两次穿过同一条路径,不但装置的高度可以减半,而且用一个微波场就可以实现Ramsey 作用。这个天才的想法被称为"原子喷泉",是由拉比的另一个学生Zacharias 在 1953 年提出的。他还在麻省理工学院搭建了 1 个装置进行实验,但没有成功。这是因为原子真实的运动并不像一粒子弹,而是像一团散弹,它们在运动的同时不断扩散,扩散速度与温度有关,室温下铯原子的扩散速度在10 m/s的量级。从 1 个小孔发出的一小团原子,在 1 s 后变成直径在 10 m 左右的一大团,根本无法收集测量。

从 20 世纪 70 年代末开始,科学家发展了一种新的技术——激光冷却。它利用激光场对气体原子进行操控,抽走原子热运动的能量,使原子冷却下来,目前该技术已经可将原子冷却到亚纳开(10^{-10} K)量级。它是目前进行量子操控的最有效手段之一,利用它实现了爱因斯坦预期的玻色-爱因斯坦凝聚,进行了物质波干涉、涡旋、超流等实验,还可以研究分子形成的动力学、模拟黑洞等众多物理现象,它是目前探索许多重要物理学规律的利器。它也具有重要的应用价值,广泛应用于原子钟、量子计算与量子模拟、原子干涉仪、陀螺仪、各种精密测量实验等领域。

激光冷却的原理非常简单,就是让原子吸收一个光子 hk_1,放出一个光子 hk_2,使放出的光子比吸收的光子动量大,$hk_2 = hk_1 + h\Delta k$,动量变化 $h\Delta k$ 与原子的运动方向相反,由此使原子减速。经过不断循环,就可以降低原子的热运动速度,从而降低原子温度(见图 9-25)。为了达到冷却的目的,需要利用多普勒效应、磁场、光场等调控手段使原子的能级跃迁发生移动,使得放出光子比吸收光子的能量高,并且使"吸收光子-放出光子"形成一个循环过程。真实的冷却过程比较复杂,需要不同阶段采用不同的冷却方法才能得到很低的温度。

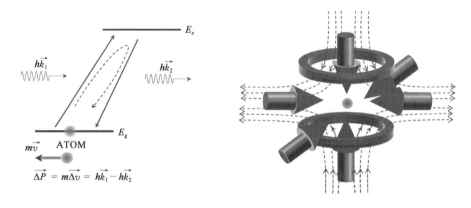

图 9-25   激光冷却基本原理(左)和磁光阱囚禁原子结构

为了研究冷原子的性质,还需要通过净磁场、射频场或者光场将原子囚禁起来。利用磁场梯度和光场形成的磁光阱既可以抓原子又可以囚禁冷原子,是最常用的冷原子制备方法。不过由于磁场会造成原子能级的移动,因此在光钟等精密测量领域,更多地采用光势阱,就是让激光对射,形成驻波场将原子囚禁在波节(或者波腹)处,这样的结构称为光晶格,它可以实现每个阱中只有一个原子,是研究原子操控的一个重要手段。

激光冷却可以解决原子喷泉遇到的热扩散问题(冷却到 $1\,\mu K$ 左右的原子飞行 $0.5\,s$,只会扩散到 $1\,cm$ 左右),而该技术最容易冷却的介质又正好是碱金属原子,这与原子钟的工作介质重叠,因此该技术很容易应用于原子喷泉钟。斯坦福大学朱棣文小组在 1989 年最先完成了实验演示,1991 年巴黎天文台研制了真正实用的喷泉钟。

　　喷泉钟的基本原理如图 9‑26 所示,利用激光冷却的方法制备冷原子,并将这些冷原子沿竖直方向上抛;它们在上抛过程中通过选态过程被制备到原子钟的能级(如图 9‑24 的 E_1 能级);然后通过上抛‑下落的抛物运动两次通过微波腔,与微波场实现 Ramsey 干涉;下落原子落入探测区,分别探测两个能级上的原子,由此计算出跃迁概率 P;根据 P 计算频率偏差 δ 并对振荡器进行反馈,实现频率锁定。

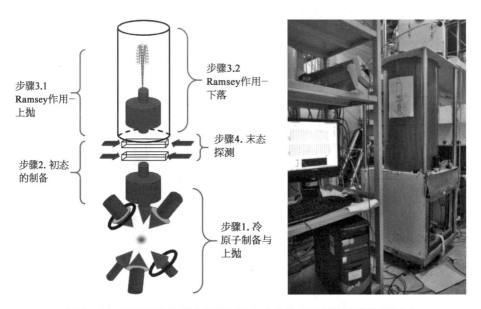

图 9‑26　原子喷泉的基本原理(左)与本人单位研制的喷泉装置(右)

　　原子喷泉钟相对铯束钟是技术上的一次飞跃。它的谱线线宽约为 1 Hz,稳定度达到 10^{-14} 量级,长期稳定度在 10^{-17} 量级,不确定度在 2×10^{-16} 左右,这些指标都比铯束钟高了约 2 个数量级。现在的"原子秒"就是由铯喷泉钟给出的。在性能指标提升的同时,喷泉钟也是全世界逐步普及,不过喷泉钟的技术比较复杂,研制难度较高,造价也比较高,因此它只在世界上最重要的计量机构实现。这些喷泉钟在各国的计量体系中发挥着复现"秒"定义的作用,其中的 19 台喷泉钟经过了国际计量局的认证,用于产生国际通用的时间基准——国际原子时 TAI 的单位"秒"。国际上还有一些计量机构是将喷泉钟作为高稳定原子钟使用,其中包括了美国的海军天文台 USNO 和俄罗斯的全俄无线电物理与计量研究所 VNIIFTRI,这两个机构都研制了大量喷泉钟(6 台和 4 台),它们组成钟组,分别为 GPS 和 GLONASS 全球导航定位系统提供高精度时频信号。

由于喷泉钟性能指标非常优异,石英晶振无法将喷泉钟的稳定度指标完全发挥出来,需要使用更高性能的振荡器。早期用一种工作在液氦温度下($\sim 4\,\mathrm{K}$)的低温蓝宝石振荡器,现在多采用了一种"光生微波"的技术,将高稳定度光频信号下转换到微波频段。这些振荡器的秒稳定度在 10^{-15} 量级,比最好的石英晶振高了约 2 个数量级。

喷泉钟有铯 133 和铷 87 两种工作介质。铷 87 有一些性能和技术上的优势,这种喷泉钟的出现,使得国际计量局 BIPM 在 2003 年将它的钟跃迁作为二级"秒定义"。当光钟发展起来后,BIPM 又引入一些光频跃迁作为二级"秒定义"。也就是说,用这些原子钟也能产生"原子秒",但因为秒定义只能有一个(铯 133),所以它们只能是二级基准,它们与基准秒定义冲突时,还是以基准秒定义为准。

喷泉钟的作用时间 $T \approx 0.5\,\mathrm{s}$,对应的上抛高度约为 30 cm,考虑 T 与上抛高度 H 的平方根成正比,即 $T \propto \sqrt{H}$,T 每增加到 2 倍 H 就将增加 4 倍,代价太大而改进有限。因此,综合考虑性能和研制的便利性,喷泉钟基本都采用 $T \approx 0.5\,\mathrm{s}$ 的作用时间,对应喷泉钟的高度在 2 m 左右,这代表了地面微波钟的最高水平。

光　钟

原子钟的频率 ν_0 越高,越容易实现更高的性能。光频比微波钟使用的 $1 \sim 10\,\mathrm{GHz}$ 的频段高了 $4 \sim 5$ 个数量级,因此从理论上讲,光钟比微波钟有明显的优势。在麦克斯韦预言原子钟的时候,他选取的就是光频谱线。从原子钟诞生之日起,人们就追求光频波段的原子钟。不过,横亘在光频和原子钟之间有大量的技术难题,例如,"如何将光频频率传递到微波波段"就是一道难以逾越的障碍。因为时间的定义、时频信号的应用主要集中在微波波段,只有将频率传递到这个波段,我们才能用它产生"原子秒"和时间。光的频率测量也是通过测量光的波长和光速得到($\nu = c/\lambda$),这是一种间接的方法,它的精度本身就受限于长度测量,用这种方法无法实现高精度的频率标定与频率传递。

电子学领域一般通过倍频、混频等手段进行频率传递,但这仅限于频率相差不大的情况。微波波段与光频波段跨越 5 个数量级,两者间的频率传递是一个几乎不可能完成的工作,但德国人凭着他们的执拗和精益求精还是做到了。20
世纪90年代,德国PTB利用一栋楼的所有地下室搭建了一套极其复杂的频率
传递链路,建立了钙原子456 THz跃迁频率和铯原子9.2 GHz跃迁频率之间的
联系。这套极其复杂的系统虽然实现了频率传递,但它的复杂性吃掉了光频的指
标优势,这套装置对钙原子的频率测量精度最终只是达到了小于10^{-12}的水平。

到了20世纪末,光钟终于迎来了真正的突破,一系列新技术导致了光钟的
诞生。光钟同样由振荡器、频率综合器、原子系统组成,但每一个单元都与微波
钟的对应单元相去甚远。

振荡器。微波钟的振荡器是产生微波信号的晶振,光钟的振荡器是激光器,
产生超稳的激光信号。激光的短期稳定度是用线宽描述的,光钟要求激光的秒
稳定度在10^{-15}左右,也就是说激光在1 s的频率起伏要在1 Hz左右。这就需要
专门的技术压窄激光线宽。目前已经有多种方案可以实现这一点。以主流的超
稳腔锁定技术为例,它将激光锁定在一个超稳的光学谐振腔上,光学腔如图
9-27所示。这个腔用到如下技术:

(1)腔体由超低热膨胀系数($\sim 3 \times 10^{-9}$/K,它比殷钢小了近4个数量级)的
材质加工而成,可以降低温度噪声的影响。

(2)两个反射镜的反射率在6个9左右($\sim 99.999\,9\%$),对激光的频率变化
极其敏感,并且反射镜的镀膜材料和结构减小了热噪声等因素的影响。

(3)专门的机械结构设计以降低震动等的影响,优异的工作环境,包括放置
到真空中、高性能的防震、精确的温度控制等。

图9-27　超稳腔

......

通过一系列非常考究的技术，超稳腔（见图 9 - 27）实现了非常稳定的腔长和非常灵敏的光频敏感度。激光频率被锁定在这样的超稳腔上，通过精密的控制技术，激光实现了 10^{-15} 量级的稳定度，现在更进一步达到小系数的 10^{-16} 量级。

量子系统。超稳激光需要锁在原子能级上才具有固定的频率。光钟的候选介质包括了碱土金属锶的原子和离子，钙、钡离子，能级结构与之类似的汞、镱的原子和离子，第三主族的铝和铟的离子等。这些原子或者粒子有共同的特点，就是有非常窄的谱线，并且这些谱线对各种环境噪声不敏感，可以作为原子钟的信号。另外这些介质都可以进行激光冷却。

这些光钟可以根据粒子的特性分为两类：带电的离子光钟和电中性的原子光钟。这两种光钟基本原理比较类似：对粒子囚禁和冷却；将其制备到一个原子钟能级；用超窄线宽钟激光与粒子作用；探测作用后的粒子并锁定钟激光。但它们的结构相差巨大。离子光钟利用离子阱囚禁离子，而原子光钟则是将原子囚禁到光晶格中。它们的典型结构分别如图 9 - 28、图 9 - 29 所示。

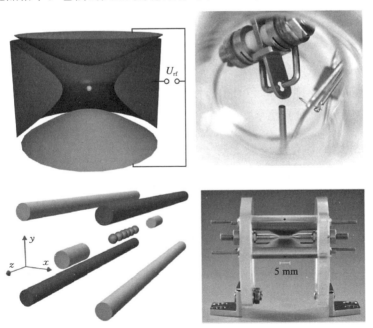

图 9 - 28　两种典型的离子阱的结构和实物，左图是双曲面形电四级阱，
　　　　　右图为线性四级阱

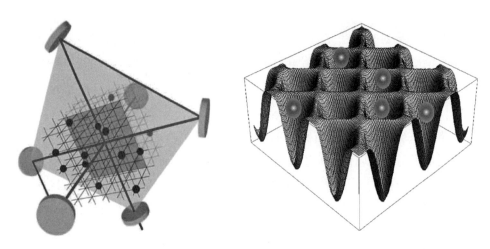

图9－29　用一束激光反射形成的光晶格(左)与光晶格囚禁原子的原理(右)

离子阱利用静电场或者射频场将离子囚禁,典型的结构如图9－28所示。当离子阱用于原子钟时,需要让离子阱中只有一个离子以消除离子间的电场作用,还需要对离子冷却。温度是大量粒子热运动的统计,为什么单个离子也有温度? 这是因为在离子阱中有多种运动模式,不同的模式具有不同的能量,离子在阱中运动的时候会占据不同的运动能态,激光冷却就是将原子抽运到运动的基态,消除高阶运动态的影响。

对射激光形成的驻波场因为具有波节和波腹的周期性结构,类似晶体的结构,因此称为"光晶格"。红移的光场将原子囚禁在波腹,蓝移的光场则将原子囚禁在波节处。光晶格钟要求每个晶格中不超过1个原子,如图9－29所示。

这两种光钟各有优缺点。离子阱可以囚禁离子数月或者更长时间,因此离子可以长期循环使用;原子光钟虽然每次都需要制备,但原子数比较多,所以信噪比好,因此稳定度更好。只要有外场介入就会引入噪声,离子光钟受到一种微运动产生影响,而原子光钟是光频移。在光钟发展的早期,光频移的影响非常显著。日本的 Katori 教授提出了一个方法解决了这个问题:找到某个波长的激光,该波长光场对原子钟的两个能级具有相同的频移,使得能级跃迁的频率保持不变,这就可以抵消光频移的影响,这个波长称为"魔幻波长"。

光频梳。超稳激光只是一个特定频率的光振荡器,需要建立这个频率信号与其他所需频率的转换关系,光钟才具有实用性。光钟的频率转换器是光频梳。

如图 9 - 30 所示，光频梳也称飞秒光梳，是一种周期性的脉冲激光，它的脉宽在 $10 \sim 100$ fs（1 fs＝10^{-15} s），重复频率 f_{rep} 一般在 100 MHz 量级。这种周期性的脉冲光信号从频谱上看，就是一系列等间隔的频率谱线 f_n，$n \in N$。通过将光频梳信号倍频，并选取倍频后的一个梳齿 $2f_n$ 与原来一个梳齿 f_{2n} 通过拍频锁定，锁定后的所有梳齿都建立了频率的关联，满足 $f_n = f_0 + nf_{rep}$ 的形式，其中 f_0 是某个可控的参考频率。光频梳锁定内部的梳齿后，将其中的一个梳齿锁到超稳激光上，这样每一个梳齿都具有与超稳激光相同的高不确定度、高稳定度指标。

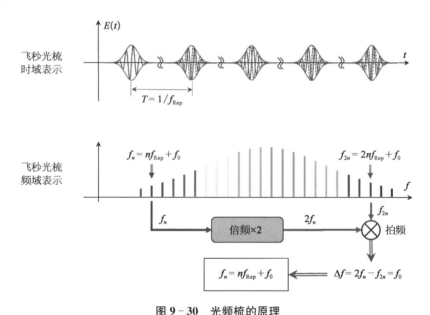

图 9 - 30　光频梳的原理

　　锁定后的光频梳就成为一把频率的标尺，对于任意光波，只要光频梳覆盖它的频段，就可以通过拍频的办法比较得到光波与某个梳齿的频率差，由于梳齿的频率已知，就可以得到这束激光的频率。利用光频梳自拍频的办法可以得到光频梳的重复频率 f_{rep}，这个频率信号与光频梳信号具有同样的不确定度和稳定度，这样就实现了光钟信号传递到微波波段的功能。

　　总之，科学家们经过不懈努力，开发了上述一系列技术，最终实现了光钟。目前光钟自己评估的不确定度在 $10^{-18} \sim 10^{-19}$，短期（秒）稳定度在 10^{-16}，而长期稳定度在 10^{-19} 甚至更低。这个已经远远好于目前微波钟给出的秒定义，它必将改变未来的时间计量。

高精度原子钟的现状与展望

　　铯束钟、喷泉钟、光钟代表了不同时期性能最高的原子钟,它们的准确度提升曲线如图 9-31 所示。可以看出,原子钟的准确度以每 10 年 1 个数量级的速度提高。这条看似平滑的曲线其实包含了原子钟发展的几次技术飞跃,包括从热原子铯束钟到冷原子喷泉钟、从微波钟到光钟等。光钟的不确定度已经在 1×10^{-18} 左右,目前还在不断提高中。我们相信图 9-31 的技术发展曲线在未来的一段时间内仍然有效,不过在更高的精度指标下,会有更多的噪声起作用,测量和控制这些噪声将变得越来越困难。因此每前进一步,都将面临前所未有的挑战,人类如何驾驭技术实现更高的精度? 让我们拭目以待。

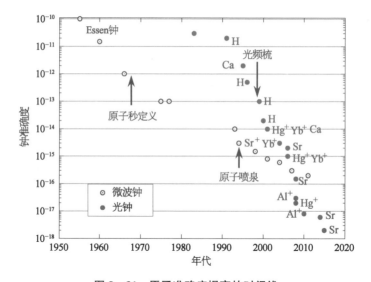

图 9-31　原子准确度提高的时间线

　　需要说明的是,图 9-31 给出的光钟准确度是评估出来的,并不是真实值。因为现在最高的频率标准是由铯喷泉钟给出的,不确定度在 2×10^{-16} 左右。这就决定了所有的频率信号从计量的角度讲,精度都不会好于 2×10^{-16}。若想实现光钟的准确度,需要国际计量局 BIPM 用光频跃迁重新定义“原子秒”,不过现在还有一些问题需要解决。

　　首先,光钟还处于发展阶段,并且目前有各种各样的工作介质,没有哪种有明显的优势,这就无法从中间选出最优的一种。而标准单位的定义是非常复杂的一件事,定义应该是长期有效而不是频繁修改。从这个角度讲,BIPM 不急于修改秒定义。

其次，定义"秒"是为了在全世界范围给出可用的时间单位，单独一两个实验室即使有精度非常高的光钟，也无法满足在全世界产生统一时间单位的要求，只有光钟在世界范围有一定程度的普及，重新定义才有价值。

最后，光钟由于技术复杂，运行率都不是特别高，光钟只有能够产生连续的原子秒，才有可能使时间进入到光频计量的时代。

由于以上的原因，秒定义仍然保留，在这个前提下，为了让光钟发挥作用，BIPM 从已经实现的光钟中，选出一部分推荐为二级秒定义。到 2021 年，二级秒定义的数目已经达到 12 种（其中 11 种为光频跃迁，另外一种是铷 87 微波跃迁）。这些光钟自己评估的不确定度虽然已经在 10^{-18} 量级，但受限于铯基准，它们的二级秒定义不确定度都没有超过 1.9×10^{-16}。与此同时，围绕光钟的频率测量正在继续，不同的光钟之间，不同实验室的光钟之间的比对实验正在进行（见图 9 - 32），这些工作将为未来改写"秒定义"，升级国际原子时系统提供技术参考。

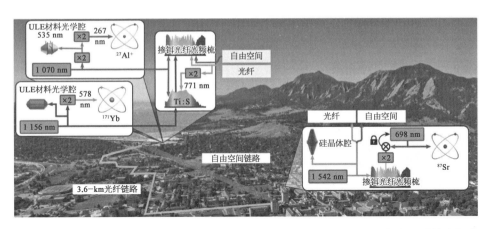

图 9 - 32　美国 JILA 与 NIST 进行的光钟比对实验，光纤和自由空间链路的比对精度都在 10^{-18} 量级

虽然光钟尚未实用化，科学家们已经在探索超越光钟的更高性能原子钟，这个方向有明确的目的，就是寻找更高的钟频率。目前有两种候选介质，一种是利用多个电子电离后形成的高离化态离子，另一种是利用核磁共振的核钟。这两种介质的能级都是在紫外甚至深紫外，能级的频率比光钟又提高了 1 个数量级以上。这些技术近年来也取得了一些突破，不过仍然面临非常艰巨的技术难题。从前面介绍可以看到，光钟相对于微波钟，所有的技术都是重新开发的，未来更高频率的原子钟也需要完成同样的技术构建。

未来原子钟发展还将面临其他问题,例如各地原子钟统一的精度能够达到多少。爱因斯坦广义相对论预言了引力红移对原子能级的影响,它与重力加速度 g 有关,在海平面附近,高度每升高 1 m,原子钟快约 $1×10^{-16}$ s。在原子钟出现以前,这个偏差甚至无法测量,所以拉比在提出原子钟方案的时候,他认为一个重要的科学价值就是测量引力红移。等到微波原子钟发展起来以后,这个物理效应不但很容易观察到,而且成为不得不修正的偏差,例如美国的 NIST 位于科罗拉多州的山区,它的海拔约 1600 m,NIST 的时钟就比海平面时钟快了约 $2×10^{-13}$ s,它比微波钟的精度高了约 3 个数量级,因此必须精确修正。到了光钟时代,不同地点的原子钟进行比对时,不但需要修正引力红移,还需要修正引力红移的周期性变化,例如地球潮汐导致的 10^{-17} 量级的频率起伏等。这使得在未来建立统一原子时的时候,需要非常精确地评估引力场及其变化的影响,它将成为限制全球时钟统一精度的一个重要因素。随着精度的提高,需要考虑的类似因素将越来越多。

美国 JILA 的叶军小组已经在同一个光晶格原子钟内部发现了毫米尺度的引力红移变化。引力红移对于全球时钟统一是一个不利条件,但它却给地球测绘带来新的思路,有望在引力场的大地测绘中发挥重要作用。

我国的原子钟发展

我国在新中国成立以后才真正建立了统一的时间。这是我国作为一个世界级大国作出的必然选择,也是工业化进程的必然要求。等到 20 世纪 50 年代出现原子钟技术后,由于通信、雷达、导航等军用、民用领域的需求,我国也开展了原子钟的研制和应用研究。老一辈科学家在非常困难的条件下,研制成功各种类型的原子钟,满足了我国时频体系建设和大量国防应用的需求。

本人的导师王育竹先生就是我国原子钟研究领域的典型代表。他在 20 世纪 60 年代从(前)苏联留学回国后就长期从事泡式铷原子钟的研究(见图 9-33),他带领团队先后完成几代高性能铷原子钟的研制,这些原子钟应用于远望号测量船、地面基站等众多单位。他们还利用这些可搬运的原子钟完成了地面观测站之间的时间同步、测量我国沿海电离层对电磁波的延时等一系列在国防领域具有重要意义的研究工作。国防科工委测量通信总体研究所曾在 1996 年专门致函肯定了他们在远望号测量船上的工作"自 1978 年至 1991 年铷原子钟正常运转了 13 年,7 次远航太平洋,为远程运载火箭、水下潜艇导弹发射和多次同步通信卫星发射的成功都做出了贡献……"

图 9‑33   王育竹先生与他研制的三代泡式铷原子钟

从 20 世纪 70 年代末开始,我国进入改革开放时期,相对和平的外部环境使得国防投入降低,有些仪器可以直接购买,国内原子钟的研究进入了相对停滞的一段时期。1991 年的海湾战争使我们认识到现代化战争的新态势和我国在军事现代化领域的巨大差距,而从 20 世纪 80 年代末西方开始实施的禁运使我国在原子钟领域只能走自主道路。从那时起,我国重新开始了对原子钟领域的投入和研究。不过当时我国的国力还无法进行大规模投入,而国际上原子钟又处于飞速发展时期,追赶先进水平比较困难。进入 21 世纪后,随着技术的积累和投入的增加,特别是像"北斗"卫星导航系统这些国家大型工程项目的牵引,我国的原子钟研究水平显著提升,在星载钟、喷泉钟、光钟这些新型原子钟领域都取得了重要研究进展。多个研究团队都实现了可以运行的喷泉钟,而研究光钟的团队更在 10 家以上。目前有些研究已经达到国际先进水平,有些距离世界最先进的技术还有一定的差距,我们的原子钟研究在国际时频计量领域具有了一定的影响力。像中国计量院的铯喷泉钟参与产生国际原子时 TAI。武汉数学物理研究所的 Ca^+ 离子钟、中国计量院的 Sr 原子钟、华东师范大学的 Yb 原子钟等参与二级秒定义的报数等。我国也诞生了像成都天奥电子这样一些专门生产和研制原子钟的企业,商用原子钟的性能指标逐渐接近世界先进水平,并在个别领域实现了领先。

在"北斗"导航系统立项伊始,我国曾经进口了一批星载钟,但那以后不久就被禁运了。我们国家的星载钟研究团队开展了自主研制的努力攻关,等到"北斗三号"建设的时候,主要星载钟全部实现了国产化,并实现了技术指标的赶超,这些原子钟为"北斗"系统的高精度导航做出了重要贡献。

而在原子钟研究的某些领域,我国已经实现了超越,其中一个典型例子是空间冷原子钟的研制。

空间冷原子钟

我们已经知道,原子与电磁场的作用时间越长,原子钟的性能就越好(见表9-2)。地面的原子钟由于受限于重力,无法获得太长的作用时间,原子喷泉已经差不多是极限了(约1 s)。若想消除重力的影响,就需要将原子钟搬到太空,那里微重力的环境将显著延长原子的作用时间(>10 s),获得更优异的性能指标。而从应用的角度讲,空间有大量的原子钟应用需求,比如全球导航系统卫星上的星载钟需要校准,国际原子时 TAI 需要通过空间传递时频信号进行比对,而探索宇宙起源等基本物理问题的许多实验也需要在空间放置原子钟。

表 9-2　不同原子钟性能指标的比较

原 子 钟	限　　制	作用时间/s	线宽/Hz	准确度/s
束型钟	热运动与原子束速度	$0.01 \sim 0.1$	$10 \sim 100$	$10^{-15} \sim 10^{-14}$
喷泉钟	引力	约 0.5	约 1	$10^{-16} \sim 10^{-15}$
空间冷原子钟	冷原子扩散	约 5	约 0.1	$10^{-17} \sim 10^{-16}$

这里讨论的空间钟,指的是代表最高水平、可以提供准确时频基准的高精度原子钟,而不是前面介绍的放置在导航卫星上的那种原子钟,那些星载原子钟体积和功耗都比较小,准确度一般都比较差,需要地面的原子钟进行定期校准。

空间原子钟既有性能指标的优势,又有重要的应用需求,因此科学家很自然会提出研制空间钟的计划。但研制空间原子钟并非易事,它的技术基础是激光冷却和原子喷泉钟，如果我们去从事激光冷却研究的实验室参观，就会发现这是一套非常复杂的实验装置，往往会摆满实验平台，想把这套装置搬上天必须进行大量的集成；航天级的器件必须特制并进行专门的筛选，冷原子实验还没有航天级器件；需要将地面多人操作的实验改为自动运行……这些都导致空间冷原子钟的研制成为一项非常困难的工作。重要但困难的事就是挑战，科学家一向不怕挑战，因此欧美各国提出了 3 种空间冷原子钟的方案（见图 9‑34）。

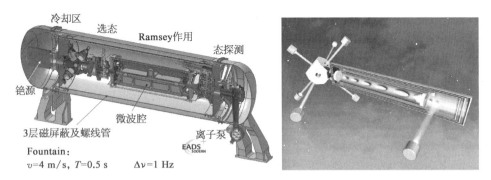

图 9‑34　两套空间冷原子钟方案，左图是法国巴黎天文台提出的右图是美国国家标准局等提出的，除此之外，美国耶鲁大学等还提出了另外一种铷钟的方案

　　空间实验还需要一个极其重要的必要条件，就是必须有空间实验平台，而他们正好有一个这样的条件——当时正在建造的国际空间站 ISS。这个平台可以完成各种搭载实验，欧美提出的 3 种方案都是以 ISS 作为平台。ISS 不可能同时上 3 个类似的载荷，公布 3 个方案说明各国科学家都想做这项工作，竞争非常激烈。在这几种方案中，图 9‑34 左图所示的巴黎天文台的 PHARAO 方案因为研究最早最深入，被最终保留了下来，并升级成 ACES（Atomic Clock Ensemble in space）计划。巴黎天文台为这台空间冷原子钟做了大量研究工作，包括研制原理样机、设计应用于航天的各种单元、进行抛物飞行微重力实验、地面实验验证等，还发表了相当多的论文……除了一件事没有做，就是把这套装置发射升空。

　　国际空间站 ISS 是由美国牵头、联合俄国、欧空局国家等搞的空间站项目，1994 年启动，1998 年起各实验舱陆续发射升空开始空间站的建设，2011 年建成。耗资 1 600 余亿美元，是人类到目前为止在太空建造的最大建筑。ISS 有宇航员长期驻留，是人类迈向太空的重要一步。ISS 承载着人类对宇宙的好奇与不断探索、寄托着人类在太空建造家园的追求、也包藏着人类的某些小心思——虽然我国表达了积极参与该项目的强烈愿望,但还是被美国小心翼翼地拒绝。目前国际空间站已经逐渐进入暮年。

本人去巴黎天文台访问的时候,曾经与相关研制人员交流,他们说空间冷原子钟最早的预期发射时间是 1997 年,但后来被不断延后了。这有很多原因,比如技术太过复杂,研制时间不断延期;国际间的合作往往长于争论,而短于决断;ISS 经费被各国削减导致的发射任务延后或取消;等等。使得这个被欧洲人寄予厚望的空间装置只能停留在地面和纸面(见图 9-35)。至今这个计划并没有取消,还在准备发射,"在未来的 3~5 年"。

图 9-35   国际空间站的图片

我国对空间冷原子钟的研究也起步比较早。王育竹小组在 20 世纪末就论证过一个场移式空间冷原子钟的方案。这个方案是采用原子不动微波场运动的办法,让微波腔像活塞一样做往复运动,实现类似原子喷泉的 Ramsey 干涉。从那以后,我国对空间钟开展了前期的预研和技术攻关,中国科学院上海光学精密机械研究所的喷泉钟研究就与之有关。到了 2005 年左右,我国的"载人航天工程"开始论证空间钟上天的可能性。这项研制任务在 2010 年真正立项,历时约6 年研制完成,于 2016 年 9 月 15 日随"天宫二号"空间实验室发射成功,成为世界上首台在轨运行的空间冷原子钟(见图 9-36)。

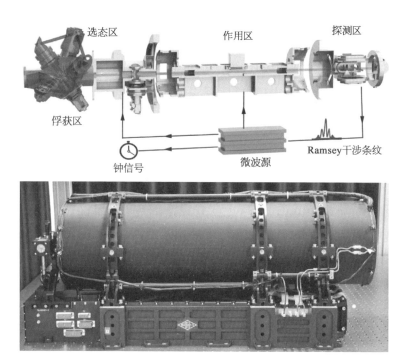

选态区　　作用区　　探测区

俘获区

Ramsey干涉条纹

钟信号　　微波源

图 9 - 36　我国研制的国际首台在轨运行空间冷原子钟的原理和实物

　　考虑技术难度，我国的空间钟没有采用最初设想的移动微波腔方案，而是采用了原子团穿越环形微波腔的方案。该方案借鉴了法国 PHARAO 空间钟，但也有我们自己的思考与创新，例如采用铷 87 原子，利用本人提出的折叠激光光路实现冷原子的冷却与操控等。该装置在"天宫二号"空间实验室完成了各项物理实验，取得了一系列国际首创的研究成果，推算的日稳定度达到 7×10^{-16}。2019 年 7 月 19 日，完成其历史使命的空间冷原子钟与天宫二号一起重返大气层，落入茫茫南太平洋。

　　空间冷原子钟实验标志着我国在空间冷原子研究领域和空间精密测量领域走到了国际的前列，在国际上产生了广泛的影响。这是我国科技进步的一个缩影。试想一下，我国从当年被国际空间站排除在外，到现在建立起自己的空间站，并且未来一段时间有望成为全世界唯一的空间站，这是多大一个进步。本人在这些年参加国际会议的时候，与国外的科学家交流，能切身感受到他们对我国科技投入的羡慕。空间冷原子钟实验还证明了另外一个问题：在制定科研计划的时候，好像只有我们国家是认真的，一般都会按时完成计划。当然这也会让西方精英层警觉。

在为我国的科技发展感到自豪的同时，我们还是需要正视我国与国际先进水平的巨大差距。从时频领域看，我国离最高精度的光钟还相差约 1 个数量级。而空间时频领域，也呈现出新的竞争态势。美国和欧洲都制定了空间钟的研制和应用计划，美国已经发射了一颗汞离子光钟的卫星，并且获得了优异的性能指标。而我国的空间站也正在建设中，包括了空间微波钟、空间光钟等的时频实验柜已经于 2022 年 10 月随空间站"梦天舱"发射升空，正在开展科学实验。除此之外，测量引力波等一些验证基本物理问题的空间实验也在推进，在这些实验中，高精度原子钟、高精度时频测量都发挥着核心作用。我国的原子钟与时频计量一定会迎来更大的发展，将会有越来越多的工作进入世界领先之列。

未来可期。

10 无处不在的计时

在这个时代,高精度计时渗透到我们生活的方方面面:全世界范围建立起高精度的时间同步网络;海量的信息实现了大容量快速交互;导航系统将空间定位到米、分米、厘米精度;通过测量最微乎其微的变化探索宇宙的本源……本章我们将介绍高精度计时在现代社会中的一些应用。

建立国际原子时的大厦

天文秒到原子秒

前面介绍了时间计量在近代的发展。国际子午线大会实现了全世界范围的时间统一,《米制公约》则设立了长度等单位的计量基准和计量方法。各个国家的计量机构根据这些规范建立起计量体系,以满足其国内社会运行和国际交往对计量的需求。其中的时标是通过"天文时+机械钟"的方法产生,就是格林尼治天文台创立的"中星仪-摆钟"系统(见第 6 章),以摆钟维持日常的报时,通过中星仪的天文观测校准机械钟,它本质上还是天文时标。

由于时间与天文学的这种渊源,最初的时间单位"秒"也是国际天文联合会 IAU 给出的。它们在 1935 年给出了用地球自转定义的"秒":

格林尼治子午线午夜开始的平太阳日的 1/86 400(24×60×60)。

这个时间定义称为 UT0,UT 是 Universal Time 的缩写,我们翻译为"世界时"。UT 是根据地球自转角度定义的、全世界通用的天文时标。

在 20 世纪,随着电子学的发展,时间有了更精确的计量方法,UT0 的精度已经不能满足时间计量的要求,而我们也有了足够多的观测手段精确测量地球自转的各种扰动。于是又产生了精度更高的 UT1 和 UT2，UT1 在 UT0 的基础上修正了地球极轴周期性晃动引起的误差，而 UT2 则是在 UT1 的基础上进一步消除了季节性波动的影响，UT2 的精度可以达到 10^{-8}，它代表了天文时可以达到的最高水平。这种 UT 时标需要频繁的天文观测，使用起来不太方便；同时，它的精度也不够高。

为了提高天文时的精度，在 1960 年，国际单位制将"秒"定义修改成"自历书时间 1900 年 1 月 0 日 12 时算起的回归年的 1/31 556 925.974 7"，这是国际天文联合会在 1952 年推荐的另一种"秒"定义，是对天文"秒"定义进行的一次补救。这个定义包含了日历的时间参考点，又和回归年绑定，因此这个"秒"定义称为"历书秒"。这个定义用回归年平均的办法消除地球自转扰动的影响，提高天文时的精度。我们无法根据定义复现"历书秒"的方法，因为我们无法回到过去的 1900 年。实际的复现方法还是通过天文观测，并利用美国天文学家西蒙·纽康给出的公式修正得到。

目前常用的时标有 3 类，以地球自转周期为基准的世界时 UT，以地球公转周期为基准的历书时 ET，以原子跃迁频率为基准的原子时 TA。这几种时标与时间的关系，相当于不同刻度的尺子与长度的关系，它们的单位刻度不完全一致，因此对同一时刻的读数也不完全相同。之所以有这么多时标，是由各种应用场景所决定的。例如世界时 UT 虽然精度不够高，但研究天文学非常便利，所以在天文学领域一直使用。

上面提到的 UT 和 ET 是都属于天文时标，而 UT 又分为 UT0，UT1，UT2 三种。大家一定好奇，为什么天文学家要给出这么多"秒"定义。这是因为他们在进行天文观测的时候，是站在地球观察者的角度记录数据，采用与地球转动绑定的时标处理观测数据非常方便。除了天文领域，与地球测绘相关的许多领域，例如航天、导弹轨道等，也面临相同的情况，因此 UT 时标在这些领域被广泛使用。

在这个时期，原子钟技术飞速发展起来，1955 年研制成功的第一台原子钟就表现出明显优于天文时间的准确度，而它的使用也比天文观测更加便利。从那时起，科学家就开始着手准备从天文纪时过渡到原子纪时。从 1955 开始，英国的 NPL 和美国的 USNO 历时 3 年多，联合测量了 ^{133}Cs 的跃迁频率与"历书秒"的关系，他们在 1958 年测得该频率为"9 192 631 770±10 Hz"，这个值后来用于定义"原子秒"。在 1967 年的国际计量大会上，"秒"从天文定义修订为原子定义：

"铯 133 原子基态的两个超精细能级间跃迁对应辐射的 9 192 631 770 个周期的持续时间"。

到了 20 世纪 70 年代,对于用这个秒定义产生时标增加了几个约束条件,包括：铯原子钟处于海拔为 0 的水平面上,处于 0 K 温度下(实际通过换算进行误差修正)。这个定义一直沿用至今。进入"原子时"时代后,时间计量的准确度以 10 年提高 1 个数量级的速度大幅度提升,目前由铯喷泉钟复现的原子"秒"的准确度在 2×10^{-16} 左右。以另一种更容易让人接受的解释,就是"1.7 亿年差 1 s"。

守时实验室与本地原子时标

时标自古就是服务性和权威性的统一。在"天文时"时代,世界各国通过国立的天文台进行法定时间的产生与发布。到了"原子时"时代,各国又都建立守时实验室以产生各国的法定时间。这些守时实验室有些就是原来的天文台,例如美国的海军天文台 USNO;有些则发生变化,典型的是英国,"天文时"由格林尼治天文台产生,而到了"原子时"时代,英国的法定时间由国家物理实验室 NPL 产生。由于时间信号非常重要,一些大国设有多个守时实验室,像美国就有 NIST 和 USNO 等,其中 NIST 提供民用时标,而 USNO 提供军用时标。我们国家的情况也类似,民用时间是由国家授时中心提供的,而军用时间则由北京卫星导航中心提供。

这些守时实验室一般会配置相当数量的不同种类原子钟,它们组成钟组连续运行,实现对时间的连续计量——守时。一些世界大国主流守时实验室的原子钟配置及规模如图 10 - 1 所示。USNO 的钟组规模最大,由 60 多台商业铯钟、30 多台主动氢钟、6 台铷喷泉钟组成。而我国的主要时频实验室,像国家授时中心 NTSC、中国计量院 NIM,也都具有 20 多台高性能原子钟的规模。之所以要配置这么多原子钟,有如下的原因：

首先,单台原子钟总会出故障,多台钟一起运行才能避免单台故障的影响,满足连续守时的要求。其次,不同类型的原子钟配合工作,可以取长补短,获得综合性能优异的时间信号。例如氢钟的中短期稳定度非常好,而铯钟的长稳好,它们配合运行,时间信号就综合了两者的优点。第三,对多台钟信号进行平均,可以获得更好的指标。总之,原子钟的性能及钟组的规模决定了一个守时实验室的能力和水平。

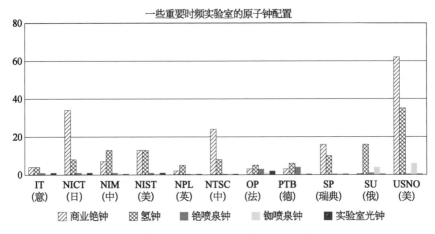

图 10 - 1 一些重要时频实验室的钟组组成和数量(2021)

各守时实验室建立起这些原子钟协同运行的架构,配合频率计数、算法处理等各种手段,产生自己的原子时标,标记为 TA(k),TA 表示原子时标,k 是各实验室的代称,比如美国 USNO 的原子时标就是 TA(USNO),我国国家授时中心(NTSC)的原子时标就是 TA(NTSC)。时频实验室将开始守时的那一刻设定为与协调世界时 UTC 同步。从那以后,就通过它们的本地钟组连续运行产生本地的 TA(k) 和 UTC(k),TA(k) 的使用场合不太多,我们日常使用的时标是协调世界时 UTC(k),它是 TA(k) 与天文时 UT1 协调得到的。

协调世界时 UTC 与闰秒

前面已经多次提到了协调世界时 UTC,这里对它进行解释。我们知道,原子钟产生原子时标 TA(k),如果完全以 TA(k) 纪时,它就会和 UT 时标逐渐岔开。为了把两者的误差控制在一定范围,各守时实验室根据国际计量局的约定对原子时标 TA(k) 进行"协调",协调后的时标就是协调世界时 UTC(k)。UTC(k) 与 TA(k) 之间相差一个整数秒,表示为 UTC(k)=TA(k)−N,通过改变 N,使 UTC 时间和 UT1 时间的误差要保持在 0.9 s 以内,即

$$| \text{UTC}(t) - \text{UT1}(t) | < 0.9 \text{ s}$$

这个规定设立于 1972 年年初,当时 $N=10$,从那以后,N 不断进行调整。虽然 UTC(t)−UT1(t) 短时间有起伏,但长时间是不断增加的,所以 N 是不断增加的,目前达到 37。N 不断增加有两个原因:① 原子时建立的时候,^{133}Cs 的

跃迁频率的测量值实际偏小了,使得 TA 时标比 UT1 时标略快;② 地球自转速度在慢慢减慢。N 的增加称为"闰秒",一般放在一年的 1 月 1 日或 7 月 1 日的 UTC 0 时,由于北京时间是东八时区时间,因此我国是在北京时间 8 时进行"闰秒",最近一次是 2017 年 1 月 1 日,在 2017 年 7 月 1 日 07:59:59 和 08:00:00 之间插入了 07:59:60,由此实现了"闰秒"。

为什么要对 TA(k)"协调"产生 UTC(k)? 有两方面的原因:第一,因为测绘、定位仍然是时标最重要的应用领域之一,从地表附近到近地空间的定位都以地球作为参照系(称为"地固坐标系"),这些应用中,UT1 是非常方便的时标。"闰秒"有助于保持 UTC 与 UT1 的一致性。第二,人类从文明诞生之日起,就以正午或者午夜作为计时的节点,如果直接采用 TA 时标,若干年以后(数万年或者更长时间),就可能出现原子时 12:00 对应早晨的情况,与人类的历史与习俗不符。这是制定"闰秒"规则的初衷,也是其支持者的主要观点。但另一方面,"闰秒"也不乏反对的声音。由于连续计时是导航、供电、通信等现代科技许多领域的基础,在这些领域需要非常复杂的操作才能消除"闰秒"的影响,代价很大。而上面提到"闰秒"带来的优势——测绘、定位等便利性其实并没有那么大,技术上解决起来也相对容易。至于文化习俗的问题,我们也不需要为后人考虑那么长远。总之,目前围绕"闰秒"的争议很大,这种规则未来可能会做出调整。

最近,大型互联网公司也加入反对闰秒行列,因为闰秒可能导致这些公司的服务器拓机,程序员们对这个不定期出现的时间变更非常头疼,因此包括谷歌、亚马逊、Meta 和微软等公司联合起来,与 NIST 和国际计量局 BIPM 协商,希望废除闰秒。

国际原子时 TAI

守时实验室产生各自的原子时标 TA(k),而在世界范围内,国际计量局 BIPM 把分布在全世界有 80 多个实验室的近 500 台原子钟信号收集起来,产生共同的原子时标——国际原子时 TAI,再通过"闰秒"产生 UTC,它们是全世界时标的最高标准。这是一套非常复杂的体系,我们可以简单解释如下:BIPM 在全世界范围建立时标的比对网络,各守时实验室的原子钟在这个网络中进行比对,把原子钟的误差和时标的偏差上报 BIPM。BIPM 根据这些原子钟的信号先通过加权平均的办法产生一种自由原子时标 EAL,再通过 BIPM 在全世界认证的 30 多台基准钟修正 EAL,由此产生了 TAI。同时,BIPM 根据地球自转的天文观测设定"闰秒",产生 UTC,如图 10-2 所示。

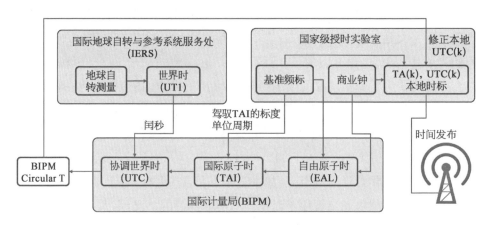

图 10-2　时标信号的产生和国际原子时 TAI 的建立

不同于守时实验室将原子钟集中起来运行,BIPM 主要通过一种"共视比对"技术收集全世界范围的原子钟数据,计算产生国际原子时有两种方法,一种是守时实验室接收全球导航卫星 GNSS 的时间信号,然后将 GNSS 时标分别与各台原子钟的信号进行比较,记录误差;另外一种是卫星双向技术,通过向地球同步轨道卫星双向发射与接收时频信号实现比对。全世界参与产生 TAI 的实验室和它们的比对方法如图 10-3 所示,图中的圆点对应 GNSS 比对,三角点对应卫星双向比对,后一种的技术难度和代价更大,但比对的精度也更高一些。

共视比对方法难以获得实时的比对数据,只能得到后处理的结果。BIPM 每个月会发布一个"Circular T"的时间月报,对各个实验室的时间信号进行评估,根据 BIPM 的规范,UTC(k) 和 UTC 的偏离应该保持在 100 ns 以内,如果一些水平比较差的守时实验室超出这个范围,就需要对 UTC(k) 进行修正,以此实现全世界范围 UTC 时标的统一(<100 ns)。国际主要实验室的守时精度要比这个高得多,像美国 USNO 的时标相对 TAI 和 UTC 的误差在 2 ns 左右,它们在 TAI 体系中的权重在 25%～30% 之间。我国的国家授时中心和中国计量院相对误差在 5 ns 以内,权重均在 5% 左右。

由于 UTC(k) 由各国的守时实验室产生,不同的 UTC(k) 之间一定会有偏差。比如,北京时间 UTC(NTSC) 由国家授时中心产生,它虽然是东八时区时

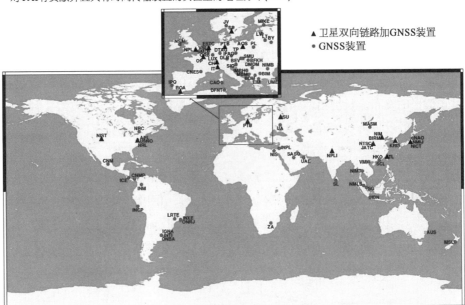

对TAI有贡献并且具有时间传输装置的实验室的地理分布(2020)

▲ 卫星双向链路加GNSS装置
● GNSS装置

图 10-3　在 2020 年参与产生 TAI 的世界各地守时实验室和他们所采用的技术

间,但与 UTC,以及英国时间[目前是 UTC(NPL)]并不是相差整整 8 小时,而是除了 8 小时的整数时间,还相差几十纳秒的小数时间,并且 UTC 和 UTC(NPL)也有数十纳秒的差。这个小数的偏差就是因为不同实验室独立守时产生的,UTC(k)与 UTC 的一致性体现了一个国家的守时能力。

　　BIPM 就通过这样一套非常复杂的系统建立世界范围的统一时标 TAI 和 UTC。这套系统满足了目前的应用需求,但也处在变革的前夜。时频领域的各种单元技术,包括光钟、光纤时频比对等,已经远超目前时标的精度,假以时日,这些技术一定会在全世界范围普及。这将带来 TAI 体系的重新架构及 TAI 精度的显著提升,同时,它也将面临一系列挑战,需要修正越来越多过去可以忽略的各种偏差。

传播精确的时间

　　在原子时体系中,时间信号的发布同样非常重要。只有将高精度时间信号传递到用户端,精确的时间信号才能发挥它的价值,只有将时间信号跨越大洲大洋,实现守时实验室之间、国家之间的比对,才能实现全世界范围的时间统一。

在原子时建立的早期,采用一种长波授时的方法传送时间信号。该方法采用频率非常低(3~100 kHz)、波长非常长(3~100 km)的电磁波加载信息进行时频信号的发布。长波沿两条路径传播,一种是贴着地面传播(地波),一种是通过电离层的反射传播(天波),如图 10-4 所示。这种电磁波受地形影响非常小,可以实现数千公里的远距离传输,一个国家有一个基站就几乎能够覆盖整个国土范围。因此长波台一般建在一个国家的中部,像美国在科罗拉多州的柯林斯堡(WWVV 信号)、德国在法兰克福(DCF77 信号)、俄国在莫斯科(RBU 信号)、我国在商丘(BPC 信号)等都建有长波台。它除了授时,还可以实现对船舶、潜艇等进行定位,对国家安全和军事应用都具有非常重要的意义。

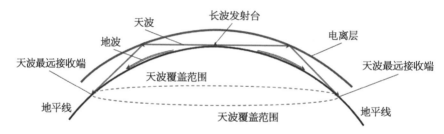

图 10-4　长波授时的覆盖范围原理。长波可以沿地波和天波两条路径传播,电离层对水平方向天波的反射决定了天波的最远传播距离,也就是长波台的覆盖范围,一般可以达到上千公里

长波授时以载波发布频率信号,通过对载波进行二进制编码发布时标信号。例如,德国的 DCF77 长波授时采用图 10-5 所示的编码,它以 77.5 kHz 的频率发布频率信息,并且以秒信号为基本单位,1 分钟为周期发布时间信号,每个周期包含 59 bit(比特)的二进制时间信息(最后 1 s 没有编码)。其他长波授时与之类似,只是信号的编码方法和原理略有不同。

长波授时的精度可以达到微秒量级,导航卫星等更高精度的授时方法出现后,长波授时逐渐被取代,虽然如此,它并没有消失,因为它有一个非常突出的优点,就是具有极强的战时生存能力和抗干扰能力。将来其他授时方法受到干扰或者被破坏后,它仍然可以使用。因此长波授时具有重要的战备价值,即使到了现在,它仍然是世界各大国不断研究的课题。

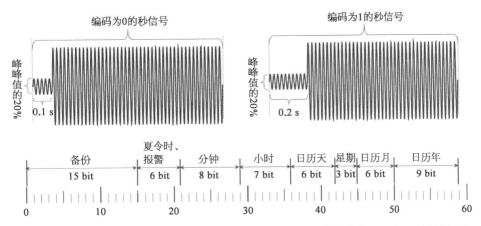

图 10 - 5   一种长波信号报时的编码方法,通过 0.1 s 或 0.2 s 的衰减表示 0 或 1,然后用 1 分钟的 **59 bit** 信息,划分出不同的比特位数,分别表示分、时、天、星期、月、年,除了这些信息,还在前端预留一些比特数,表示是否是夏令时及未来用于报警等

全球导航卫星系统 GNSS 授时

前面介绍了过去航海的定位方法——通过观察恒星的仰角配合测量时间确定观测位置的经度、纬度。20 世纪的科学和技术发展为导航定位提供了新的手段,其原理还是基于最基本的几何定位方法,不过将测量角度改为了测距。这一切源于"光速不变原理"将时间和空间联系起来,在具备了精确测量时间差的技术手段后,可以将测距问题转化为测时问题,由此产生了我们耳熟能详的全球导航卫星系统 GNSS。目前全世界有 4 套 GNSS,包括美国的 GPS、俄国的 GLONASS,欧洲的伽利略系统和我国的北斗系统。其中美国的 GPS 系统建立最早,功能最为强大,应用最广泛。大多数人几乎每天都在用 GNSS 的定位功能,但对于它与授时的关系,大家可能不太了解。事实上,GNSS 与授时有着极其紧密的联系。本书将以 GPS 为例,配合其他导航系统进行介绍。

GNSS 是"全球导航卫星系统"的英文缩写,而 GPS 是"全球定位系统"的英文缩写。它们的含义完全相同,指的都是利用卫星进行定位(position)、导航(Navigation)、授时(Timing)的系统,只不过由于 GPS 已经成为美国全球定位系统的专用词,为了区别,把卫星导航系统的统称写为 GNSS。

导航卫星定位的原理非常简单。如图 10 - 6 所示,如果知道空间 3 点的坐

标 $P_1(x_1, y_1, z_1)$，$P_2(x_2, y_2, z_2)$，$P_3(x_3, y_3, z_3)$，并且知道需要定位的位置 P 点到这 3 点的距离 L_1，L_2，L_3，就可以通过联立方程组将 P 点的坐标 $P(x, y, z)$ 求解出来。这样，定位问题就转化为测距问题，而距离可以通过测量电波信号的传播时间计算得到。例如，如果 P 点在 t 时刻收到 P_1 点在 t_1 发出的信息，就可以利用 $L_1 = c(t - t_1)$ 计算得到 P 到 P_1 的距离。若想把时间差测准，这 4 个位置的时间必须精确同步。P 点的用户端一般不满足这个要求，这就需要引入第 4 个坐标参考点 $P_4(x_4, y_4, z_4)$，通过 4 个参考点联立方程满足：

$$
\begin{cases}
(x - x_1)^2 + (y - y_1)^2 + (z - z_1)^2 = c^2(t - t_1)^2 \\
(x - x_2)^2 + (y - y_2)^2 + (z - z_2)^2 = c^2(t - t_2)^2 \\
(x - x_3)^2 + (y - y_3)^2 + (z - z_3)^2 = c^2(t - t_3)^2 \\
(x - x_4)^2 + (y - y_4)^2 + (z - z_4)^2 = c^2(t - t_4)^2
\end{cases}
$$

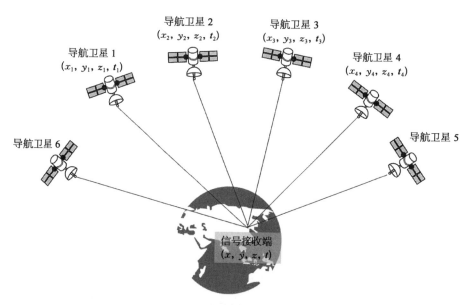

图 10 - 6　GNSS 的导航定位原理

这样，4 组方程 4 个未知数，可以将 P 点的时空信息 $P(x, y, z, t)$ 全部求解出来，这就是导航卫星定位与授时的原理。也就是说，如果可以接收到 4 颗卫星的位置信息和时间信息，就可以实现定位。实际接收的卫星数一般远多于 4 颗，真实的定位运算是求解超定方程，可以评估误差，获得更高的定位精度。

上述原理并不要求一定采用卫星，美国最早的导航定位方案称为 Loran - C，

就是通过地面基站发射无线电完成的。由于地面基站发布的无线电很容易受到
遮挡而无法接收,而卫星在太空发射信号,可以避免地形对信号的遮挡。因此从
20 世纪 70 年代开始,美国开始研制 GPS 系统,利用卫星进行定位导航。

为了满足全球范围无死角定位的要求,GPS 系统设计了 24 颗卫星组成的
系统。这些卫星分布在 6 个与赤道成 55°夹角的轨道面上,每个轨道面平均分布
4 颗卫星。一些主要的参数及运行机制如下:

(1) GPS 卫星的轨道周期对应半个恒星日,为 11 小时 58 分,可以利用遥远
的恒星对卫星定位,其轨道高度为 26 562 km,属于中轨卫星(MEO)。轨道近似
圆形(偏心率<0.02),这样引力场、卫星速度近似不变,不必不断修正引力红移
等的影响。

(2) GPS 卫星上配备 2~4 台原子钟,并且不断发布这些钟产生的时间信
号,当这些卫星经过地面控制站时,地面站对它们进行校准。

(3) 大量地面站点,包括 1 个主控站、数个注入站、全球范围的大量监测站,
这些站点将导航卫星的时间统一到 USNO 发布的"GPS 时"上,同时监测卫星轨
道、信号传播中的各种偏差,并把相关数据注入每个卫星以便修正相关误差。

(4) 每颗 GPS 卫星以 L1(1.575 42 GHz),L2(1.227 6 GHz),L5(1.174 65 GHz)3
个广播频率连续分布它的卫星编号、时间、位置等信息,用于用户的定位与授时。

……

24 颗卫星是 GPS 在全球范围内导航的基本要求,实际的卫星数要更多一
些,目前达到 30 颗左右,多余的卫星起到备份的作用,另外提高了导航定位的精
度。如果我们接收 GPS 信号,一般可以搜到 10 颗左右卫星的信号。这可以保
证接收信号的稳定可靠,并且获得更高的定位精度。

GPS 时与 UTC(USNO)由同一套原子钟体系产生,不过 GPS 时不进行闰
秒,因为闰秒会给导航系统带来较大的混乱。GPS 时建立于 1980 年 1 月 6 日 0
时,它与 UTC(USNO)在那一刻保持一致,而随着 UTC(USNO)不断闰秒,两者
产生了整数秒的差距,目前相差 19 s。

GPS 系统可以分为 3 部分,卫星系统、地面监控系统和用户端。比起庞大
复杂的前两者,用户端已经集成为非常小巧便捷的芯片,它不但是几乎所有交通
工具的标准配置,而且还被安装在手机、电脑、手表等几乎所有的电子设备上,成
为我们日常生活中不可或缺的技术。

GPS 全球卫星组网搭建的时期,正是苏联解体、美国进入一家独大的鼎盛时期,GPS 成为彰显其国力强盛和技术领先的突出代表。1991 年的海湾战争、1999 年的轰炸南联盟、2003 年的伊拉克战争,美军都取得了摧枯拉朽般的胜利,展示了信息化战争的新模式。GPS 在其中发挥了核心作用,是指挥军事力量集结调动,实现武器精确打击的基础。GPS 在早期分为民码和军码,通过加入噪声有意将民码的定位精度调低数十米,而军码的定位精度可以达到数米。即使这样,民码也具有极其重要的价值,船舶、飞机、车辆等都装配了 GPS 接收机进行定位与导航。我国在那个年代也用 GPS 民码做一些军事应用,因此美国也会做一些试探,比如我国要进行卫星或者火箭发射的时间节点,美国就会以设备检修等名义关闭相关区域的 GPS 信号,流露出"小心眼"的本性。而 1993 年发生的"银河号事件"则将它的霸权主义行径暴露无遗。

1993 年 7 月,我国"银河号"货轮(见图 10 - 7)在驶往中东途中,被美国指责载有可制造化学武器的违禁物资,美方悍然践踏公海航行自由原则,提出登船搜查这一无理要求。经过一番激烈交锋,"银河号"后来停靠沙特达曼港附近,由中方和沙特代表共同进行检查,美国则派专家作为沙特的技术顾问参与,最终查无实据。这是我国值得牢记的一段屈辱往事,与我国当时的国力有限,特别是海洋力量不足有关。另外,船舶导航受制于人也是一个重要原因。当美国的飞机和

图 10 - 7   全速前进的"银河号"货轮

军舰试图迫近"银河号"时,"银河号"通过全速前进的办法阻止它们靠近,这时美国关闭了相关海域的 GPS,"银河号"失去导航,前进失去方向,只能停泊下来。这个事件对我国研制自主的导航系统起到了推动作用。

"银河号事件"彰显了定位导航授时对一个国家主权的重要意义,如果这些技术不能自主,不但战争时期受制于人,和平时期也会受人凌辱。因此发展自主的 GNSS 系统是世界大国的共识。俄罗斯在美苏争霸时期就开展了 GLONASS 的研制,在 1994 年前后曾经一度基本完成了星座的发射,但由于俄罗斯在电子学方面技术不过关,使得卫星寿命很短,而苏联解体导致的国力衰落又限制了新卫星的补充,到 2000 年前后 GLONASS 只剩下了个位数的卫星。等到俄罗斯经济有所改善后,他们又缓慢发射了新的导航卫星,在 2016 年完成最终的搭建,目前 GLONASS 也维持了约 30 颗卫星的规模。

欧洲与美国虽然是盟友,但按照欧洲对美国的一贯认识,也知道必须摆脱在定位导航方面对美国的依赖,不过以欧洲各国的国力,他们不可能靠单个国家建立 GNSS,于是欧盟在 1999 年提出了建立伽利略全球导航系统的规划。这个规划有一些特点:① 充满了理想主义,欧盟提出伽利略系统是全民用的高精度 GNSS;② 技术比较先进,伽利略系统设计的精度高于 GPS;③ 论证多而执行力差,经常扯皮,不断延期;④ 缺钱;⑤ 受到美国的打压。美国采用放开民码精度(2000 年)等办法希望欧洲废弃伽利略系统。欧洲人为了"将全球定位系统的开关掌握在手中",还是坚持要自己搞。在伽利略系统经费短缺的时候,中国伸出援手,愿意出资 2.3 亿欧元参与到系统的研制中,获得系统 20% 的所有权和 100% 的使用权。这种双赢的合作又犯了美国的禁忌,于是美国再次站出来进行强力阻挠,这次欧洲听从了美国的指挥棒,迫使我国最终退出了伽利略系统。从那以后,我国全力发展自己的北斗全球导航系统,而伽利略系统发展则一直不顺利,中间还发生过数次非常大的故障。直到 2021 年年底,才发射最后两颗卫星,实现 28 颗卫星的组网与全球定位服务。

我国从 20 世纪 90 年代初就认识到研制自主导航系统的必要性和重要性,在 1994 年前后开始开发北斗一号系统,它通过 2 个地球同步轨道卫星加若干地面基站,实现国土范围的定位功能。这套系统在 2000 年建成,不过精度比较低,并且接收系统复杂,需要主动向卫星发射信号才能定位,使用不便。在参与研制伽利略系统的大门被关闭后,我国决心研制自己的全球导航系统,于是有了北斗二号和北斗三号项目,从 2004 年开始,我国稳扎稳打逐步推进,解决了一系列技术难题(例如上一章提到的星载钟研制),到 2020 年 6 月完成最后的组网,实现导航定位的全球覆盖,如图 10-8 所示。目前在轨卫星 33 颗,可以实现亚太地区 5 m,全球 10 m 的定位精度。

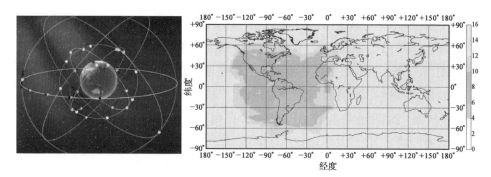

图 10-8　北斗导航系统的星座(左)与目前全球北斗卫星的接收情况(右)。可以看出,在全球的绝大部分地区都可以接收 10 颗以上的卫星信号,在美洲周边信号略少一些,最少也能保证 6 颗以上

　　北斗导航系统的建成,不仅保障了我国的国防安全,并且在关系国计民生的许多重要领域都产生了重要的经济价值。广泛应用于交通运输、水文地质勘测、农林牧渔、通信等诸多领域。一些看似与导航关系不大的领域也有它的应用场景,例如我国的新疆地区种植了大量棉花,过去采摘棉花还必须依靠人力完成,是一项非常繁重的工作。其主要原因是棉花在播种的时候,不能保证沿一条直线种植,位置变化较大,无法进行机械采摘。利用北斗导航系统定位,可以对棉花精确播种,满足了机械采摘的要求,使工作效率显著提高。再比如我国进行国庆阅兵的时候,各阵列之间的"米秒不差"也是通过北斗系统的定位定时功能实现的。

　　导航系统的架构有其内在的规律,因此四大导航系统的参数比较接近,其中的一些主要参数如表 10-1 所示。卫星的相关参数,包括卫星轨道、通信频段等,属于太空资源,一旦被占用,其他用户就不能使用。因此在卫星发射前需要向国际电信联盟组织申请和报备,最早申请并使用的拥有独占权。由于 GPS 建设最早,它占据了最好的资源,GLONASS 还有一定的选择余地。等到伽利略与北斗建立的时候,可供选择的资源已经比较少了,大家都看中了 E1,E2,E5b 等几个通信频段。我国于 2007 年率先发射卫星占据了相关频段,这使得早已按照该频段设计的伽利略系统难以为继。后来欧洲一直与我国谈判,我国也做出一些妥协,采取共用这些频段的办法帮助了欧洲。

表 10 - 1 全球导航卫星系统的主要参数

GNSS	GPS	GLONASS	伽利略系统	北斗系统
轨道、星座	6 轨×4 星/轨	3 轨×8 星/轨	3 轨×8 星/轨	3 轨×8 星/轨 +5GEO+3IGSO
偏心率	<0.02	<0.01	<0.003	0
轨道高度/km	26 562	25 470	29 600	27 870
轨道赤道夹角	55°	65°	56°	55°
周期/恒星日	1/2	≈8/17	10/17	≈7/13
原子钟	铯钟+铷钟	铯钟+铷钟	主动氢钟+铷钟	主动氢钟+铷钟
地面系统	1 个主控站+16 个全球监测站	1 个主控站+18 个俄罗斯境内监测站	2 个主控站+> 20 个全球监测站	1 个主控站＋32 个中国境内监测站

除了争取通信资源,北斗系统的建设还曾面临其他一些难题。例如 GNSS 需要在全球范围建立相当数量的地面基站对导航卫星进行监测和数据注入,美国和欧洲都可以找到大量的海外基地供其使用,俄国可以利用其广阔国土在一定程度解决这个问题,我国则没有这些条件。所以在北斗系统的建设中,我国一方面与一些友好国家谈判建立基站,另一方面发展了星间链路技术,通过卫星间的测距、时间比对、数据传输等实现过去由基站完成的功能。这是技术上的创新,可以实现更好的时间同步性。北斗系统上还有一些其他的特色技术,包括增加地球同步轨道卫星(GEO)和同步倾斜轨道卫星(IGSO)提高了亚太地区的定位和授时精度,具备短报文功能实现全球范围的简单信息通信等。

这几套 GNSS 系统都对民用开放,目前的许多民用设备能够同时接收这几套系统的信息,通过信息融合实现米级甚至亚米级的定位精度。不过技术发展已经对定位提出了更高的要求,例如自动驾驶要求识别不同的车道,个人出行要求区分不同的店铺、车位、上下不同楼层等。这对导航定位既是挑战又是机遇,未来新的经济业态可能从中应运而生。这是和平时期的景象,定位导航从来就有战争的应用背景,因此也必须考虑战时的场景,一旦爆发战争,GNSS 将面临被干扰或者被摧毁的局面,因此各大国也都在研究当敌方采用拒止技术使 GNSS 无法使用时的定位导航方法。

共视比对与时频信号传递

GNSS 本质上是一套授时系统,其他功能都是该系统的外延。全世界的时钟利用 GNSS 的这个功能实现了时频信号的"共视比对"。其基本原理是让全世界的时频实验室接收导航卫星的时间信号,然后与本地时间 UTC(k) 进行比较,得到本地时标与 GNSS 时的误差 UTC(k) - GNSS $time$,将误差数据公布并上报国际计量局 BIPM,并由 BIPM 计算产生 TAI 和 UTC。

守时实验室采用专用的卫星信号接收机进行数据的接收与处理。它与导航芯片原理和功能相同,但接收信号的精度更高、功能更强大。GNSS 卫星发布的时间和位置信息实际有一定误差,世界各地的监控站监测这些卫星,得到这些误差值,并将相关信息定期上传到相关网站(对于 GPS,是 USNO 的网站),世界各地的守时实验室用后处理的方法下载这些信息,并对原有的比对结果进行修正,得到更精确的比对偏差。这种方法称为精密单点定位 PPP,它可以将时频信号的传输与比对误差降低到皮秒量级(秒信号的误差在 10^{-12} 量级)。

虽然 GNSS 已经具有如此强大的功能,但它仍然是整个时频体系中制约时频信号精度的短板。导航卫星的时频比对精度比最好的微波钟还差了 $1 \sim 2$ 个数量级,与光钟相比差距更大,这使得原子钟的性能无法发挥,于是一些新的时频传递技术应运而生。其中比较成熟的是卫星双向共视技术,它是让两个守时实验室同时向一颗同步轨道卫星发射与接收时频信号,这种比对方式可以基本消除信号传输时的噪声,使得比对的短期精度大大提高(秒信号的误差在小系数 10^{-12} 量级)。不过由于它是地面基站与单一的卫星通信,容易受云层、大气等的影响而中断,所以运行率不高,长时间的比对精度与 GNSS 相近。从图 10 - 3 可以看出,国际上许多守时实验室都配置了卫星双向系统。这套系统需要专门的(直径数米)大口径天线,还需要租赁同步卫星,是一套复杂而昂贵的系统。

光纤时频传递则代表了一种更先进的技术。该方法通过光纤把信号从发射端传递到接收端,再回传给发射端进行比对,从而可以测量传输噪声并进行修正,实现时频信号的高精度传输。它的秒稳定度控制在 10^{-15} 以下,长期稳定度

在 10^{-20} 甚至更低。如此优异的指标使光纤时频传递具有非常广阔的应用前景。未来可以和光钟配合,显著提升时频计量的精度。国际上已经完成了一些实验验证,比如欧洲通过租赁通信光纤进行了法、德、意等国的喷泉钟、光钟比对。欧洲与我国的专用光纤时频网络也在规划与建设中。

在传输方面,时间和频率信号有比较大的差别,上述相对稳定度主要指频率信号,时间信号由于要精确补偿时延,实现起来要困难一些。比如信号传播 0.3 mm 所用的时间就是 1 ps,如果时间精度要求 1 ps,我们需要把时间生成点的位置精度控制在 0.3 mm 以内。

除了光纤传递,还有一些其他的时频传递与授时的方法,比如利用激光在地面、星地或者星间传递时频信号。该技术可以实现接近光纤传输的性能指标,但会受大气、云层等因素的影响。它更适合星间时频信号的传递,也可以通过一些高原的观测站,进行星地间的时频信号传输。我国也在进行相关的布局,在德令哈、喀什、丽江、海南等地都建立了观测站。

总之,在原子钟性能指标不断提高的同时,时频传递与授时技术也在发生着日新月异的变化,新的技术不断涌现,技术指标不断提高。高精度时间同步将陆地、海洋、天空更紧密地联系在一起,实现了"时"与"空"在更高精度的统一。由于这种时空的统一,我们可以借助两万公里之遥的 GNSS 卫星分辨我们迈出的一踮步。但这并没有让我们满足,自主导航、自动驾驶等对定位提出厘米甚至毫米量级的要求,这些需求正带动时频传递与授时技术进一步发展。在不远的将来,一些新的技术或许也会参与到高精度定位导航中,例如低轨"星链"技术就是一个非常有潜力的技术。

构建计量的基石

2018 年 11 月 16 日的法国巴黎,见证了诸多重大历史事件的凡尔赛宫又迎来了历史性的时刻,这一天,来自国际计量委员会(CIPM)53 个成员国的代表在这里投票表决,通过了国际单位制 SI 中基本单位千克、安培、开尔文和摩尔的重新定义,这标志着主要 IS 标准单位(除光通量以外)脱离了实物定义,进入量子时代,实现了法国大革命时提出的度量衡改革目的——"建立自然的、普遍的、恒定的、可以随时核验的新的单位"。这场影响深远的变革使得时间在整个计量体系中的作用进一步增强。

国际单位制建立时,时间采用天文"秒"定义,长度和质量单位虽然都是通过测量实物产生的,但它们都采用"原器"作为最高的标准。这是因为在当时的条件下,实物原器是建立标准单位最方便、最具操作性的方法。不过实物原器也有一定的问题,就是精度不太高,比如"米原器"的精度只有 $0.1~\mu m$,这使得长度的测量精度只能达到 1×10^{-7} m。而长度测量可以实现的精度远超这个值,这就面临一个比较尴尬的局面,最终标准单位拖累了测量的精度。"原器"还面临另外一个问题,就是即使非常仔细地保存,它还是会发生不可预期的变化,这对计量的影响非常巨大。

在 20 世纪初,迈克耳孙等人根据麦克斯韦的建议,转向用微观粒子的谱线测量长度,他们测量了镉和汞元素一些发射谱线的波长,其结果的评估不确定度已经超过 10^{-7}。通过将波长溯源到"米原器",他们创建了"二级长度标准"。这种技术给出的长度单位精度明显高于"米原器",也具有可操作性。不过即便如此,又过了数十年,1960 年召开的第 11 届国际计量大会才将"米"的定义改为"^{86}Kr同位素的 $5d_5 \rightarrow 2p_{10}$ 跃迁辐射在真空中波长的 1 650 763.73 倍",它的误差为 4×10^{-9} m,比"米原器"提高约 1 个半数量级。

这个历时数十年改写的定义将长度单位"米"绑定在微观粒子的谱线上,使长度计量进入量子时代,是一次巨大的进步。不过它生不逢时,那一年激光出现了,人们通过激光获得比光谱灯窄得多的谱线,也就是说,"米"定义刚刚颁布,它的指标就已经落伍了。这给长度单位的定义提出了难题,因为即使把"米"重新定义到某个激光波长上,难保没过多久,又会出现谱线更窄的激光,而基本单位是整个计量体系的基础,不可能变来变去。为了摆脱这种窘境,需要给出新的"米"定义方法。

计量看似是一个技术问题,背后却蕴藏着物理规律,计量规则的设定必须符合自然法则。物理学的规律告诉我们,看似独立的物质世界实际是相互关联的。如果没有关联,一定是我们没有发现而不是它不存在。这种关联性一般可以通过(**恒定的**)物理常数建立关系式。比如,看似相互独立的时间与空间,它们通过光速 c 这个基本物理常数建立联系,表示为 $c=L/t$。由于 c 是恒定值,我们不可能同时定义长度、时间、光速 c,一定是定义其中的两个,推导出另外一个。前面介绍的计量方法,都是定义长度与时间,然后测定光速。这样的测定方法有两个不足,首先,光速测量受限于精度较差的长度测量;其次,光速 c 需要不断测量不断修正,作为最基本的物理常数,它的修正会导致一系列其他常数的变化。

根据误差的相关理论,如果用 $c=L/t$ 测量光速,测量的不确定度可以表示为 $\dfrac{\sigma_c^2}{c^2}=\dfrac{\sigma_L^2}{L^2}+\dfrac{\sigma_t^2}{t^2}$,由于时间的相对不确定度 $\sigma_t/t(\sim 10^{-13}$ @1980 年) 比长度的不确定度 $\sigma_L/L(\sim 10^{-10}$ @1980 年) 高 2 个数量级以上,所以光速的测量不确定度 σ_c/c 完全由 σ_L/L 决定。对于许多与光速相关的基本物理实验,这个精度是不够的。

为了解决上述问题,国际计量委员会 CIPM 在 1983 年召开的第 17 届国际计量大会 CGPM 上将"米"定义修改为"光在 1/299 792 458 s 的时间间隔内在真空中传播的路径长度"。这个定义实际是将光速公式 $c=L/t$ 中的时间 t 和光速 c 作为已知量,利用这两个参数导出长度 L。 这样做的好处有:光速 c 成为恒定值 $c=299\,792\,458$ m/s,与它的自然属性一致,并且免去了光速 c 测定值改变对其他参数的影响;将长度单位"米"与时间单位"秒"绑定,使得长度单位在理论上具备了与时间单位相同的不确定度。

在给出新的"米"定义的同时,CIPM 也给出了 3 种利用"米"定义测量长度的方法:① 利用光在真空中的传播时间测得距离,$L=c\times t$;② 通过电磁波的频率得到波长,$\lambda=c/\nu$,;③ CIPM 推了十几条原子、分子、离子的特征谱线并给出它们的不确定度,可以直接利用这些标准谱线进行长度的测量。可以任选这 3 种方法中的一种生成"米"。这为长度的计量提供了便利。

以"千克"为代表的其他基本单位的情况要复杂一些。"千克"是宏观的质量单位,我们很难在宏观层面找到"自然的、普遍的、恒定的"质量块,国际千克原器"大 K"虽然不是"自然的",但通过悉心保存很大程度上可以满足"恒定"的要求,通过它修订二级原器实现"千克"标准的传递,实现了"普遍性"。"大 K"的不确定度约为 10 μg,对应的相对不确定度为 1×10^{-8},这也就是质量测量的最高精度。质量是所有力学计量的基础,"千克"不仅影响质量的计量,而且对电学单位"安培"、数量单位"摩尔"都产生影响,如图 10-9 左图所示。这些物理量的测量精度也不可能超过 10^{-8}。 到了 2007 年,更严重的问题出现了,"大 K"被发现减小了 50 μg,对应偏差为 5×10^{-8},这已经远远超出它给出的不确定度。是否修正这个误差成为摆在全世界计量界的难题,使得质量单位的改革迫在眉睫。

"大 K"作为人类质量计量的基准,被国际计量局珍藏。自从 1889 年被确立为国际千克原器以来,"大 K"在其诞生的 120 余年间,一共仅仅被拿出来过 4 次,用来修订二级千克原器。2007 年,"大 K"在与众多其他千克原器的复制品比对时,发现它相对其他原器少了 50 μg。减少的 50 μg 究竟去哪里了,没有人知道。如果是受到污染,只会质量增加,因此有人怀疑是因为千克原器表面清理太干净造成的。比探究 50 μg 去向更重要的问题是我们如何解决这个难题,是按照"大 K"修正其他原器,还是放弃"大 K"作为"千克原器"的地位,承认它减少了 50 μg?无论采用哪种方式,都会对整个计量体系产生重大影响。

质量也可以给出量子定义。有两种主流思路,一种是将质量单位定义在原子上。麦克斯韦就提出过这样的建议。并且微观粒子的质量计量也达到了更高的精度,比如采用质谱仪测量离子质量的相对不确定度在 1×10^{-10} 甚至更低,比宏观质量单位的精度高了 2 个数量级以上。另一种利用光子的质能方程 $h\nu = mc^2$ 计量质量,只要确定普朗克常数 h,就可以通过 $m = h\nu / c^2$ 给出质量单位。但质量的量子计量面临一个难题,就是如何建立微观粒子质量与宏观质量的联系。这需要对巨量的($\sim N_A$)微观粒子进行精确计数,目前没有特别有效的方法,它是横亘在质量计量前面的一道鸿沟。这也是另一个标准单位"摩尔"面临的困境,因为"摩尔"就是建立微观粒子与宏观物体数量联系的物理量。

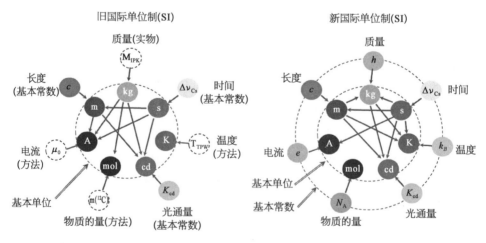

图 10-9　新旧国际单位制 SI 的基本单位间相互关系的比较

传说古印度的一位宰相发明了国际象棋,他的国王就询问要什么奖赏,宰相就要一些米粒,按照如下规则:在棋盘的第 1 格放 1 粒,第 2 个放 2 粒,第 3 格放 4 粒,以此类推,每增加 1 格,数目都加倍,直至放满 8×8 棋盘的 64 格。国王本来不以为然,但等到需要支付米粒的时候,才发现这是一个他根本无法满足的天文数字。它需要的米粒数为 $2^{64}-1$,约为 1.8×10^{19}。如果考虑 1 粒米约为 0.02 g,全世界 2022 年的水稻产量约为 8 亿吨,这个米粒数对应全世界数百年种植的水稻。这个数字代表古人可以想到的最大数目,古印度另一个游戏汉诺塔的数目正好也是 $2^{64}-1$(见第 11 章)。衡量微观粒子数的单位"摩尔"比这个数还高了 4 个半数量级。需要对如此庞大的数量计数就是质量计量的困难所在。

国际单位制中其他物理量也面临类似的困境,已有的定义是宏观定义,而对微观物理量的测量精度已经远超宏观定义,不过同样缺乏将微观测量转化为宏观计量的手段。不过从科技发展的趋势看,这些困难都有望克服。因此,国际计量委员会通过反复论证并与全世界的科学家协商,最终在 2018 年的第 26 届计量大会(CGPM)上通过决议,对质量、电流、温度、物质的量这几个单位进行重新定义。这次改革的基本原则是先定义基本物理常数,然后通过基本物理常数给出基本单位。与 7 个基本单位相关的基本常数如表 10-2 所示。

表 10-2 SI 改革定义的 7 个基本常数与对应的基本单位

基本物理常数	数　值	基本单位关系
铯 133 基态超精细跃迁频率 $\Delta\nu_{Cs}$	9 192 631 770 Hz	$Hz=s^{-1}$
光速 c	299 792 458 m/s	
普朗克常数 h	$6.626\,070\,15\times10^{-34}$ J·s	$J=kg\cdot m^2\cdot s^{-2}$
电子电荷 e	$1.602\,176\,634\times10^{-19}$ C	$C=A\cdot s$
玻尔兹曼常数 k_B	$1.380\,649\times10^{-23}$ J/K	$J=kg\cdot m^2\cdot s^{-2}$
阿伏伽德罗常数 N_A	$6.022\,140\,76\times10^{23}$ mol^{-1}	
发光效率 K_{cd}	$683\frac{lm}{W}@f=540\times10^{12}$ Hz	$lm=cd\cdot m^2\cdot m^{-2}=cd\cdot sr,$ $W=kg\cdot m^2\cdot s^{-3}$

　　这个改革相当于把"米"定义的修订方法推广到其他基本单位,就是通过确定基本常数,将阿伏伽德罗常数 N_A 以外的所有单位都联系起来。7 个基本单位不再独立,而是需要通过其中的一些单位导出另外一些单位,如图 10-9 和表10-2 所示。计量学的普遍原则是由精度高的单位导出精度低的单位,由于"秒"的精度最高,所以其他 5 个基本单位都由"秒"导出,这就赋予了精度最高的时间单位"秒"更基础的地位。如果说 7 个基本单位是整个计量的基石,那么"秒"就是基石中的基石。新的 SI 单位制从 2019 年 5 月 20 日起开始实行,因为《米制公约》在 1875 年的这一天签署,所以 5 月 20 日被称为"国际计量日",这与我国的年轻人赋予这一天的意义不太相同。

　　当然,这次改革只是为未来用量子方法复现所有基本单位提供了定义,它并没有给出实现量子计量的具体方法,在现有技术条件下,实践这些基本单位定义还有相当的难度,这将是为了精密计量努力的方向。

　　例如,目前复现"千克"主要的方法有基布尔天平法和硅球法(见图 10-10),这两种方法和质量定义还有差距。基布尔天平是用电磁力与重力比较进行标定,而硅球法是利用杂质含量仅为 7×10^{-9} 的 ^{28}Si 晶体磨制成球面度极其高的硅球,通过精确计算球中硅原子的数目,利用阿伏伽德罗常数复现"千克"定义。基布尔天平的应用更广泛一些,硅球主要是德国的科学家在推动。

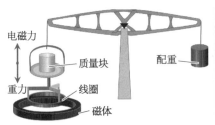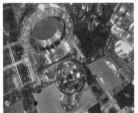

图 10-10　复现"千克"定义的两种方法,基布尔天平法(左图是它的原理,中图是 NIST 的装置)和硅球法(右图是德国 PTB 的硅球)

原子时的其他应用

　　计时技术的发展使得我们可以非常廉价地获得时间信息,现在几乎任意一个电子设备都显示时间,并且大多数可以通过导航卫星或者电信网络进行自动校准,因此我们对获得时间信息变得习以为常,以至于常常忽视它的存在。时间信号之所以无所不在,是因为对它的需求无所不在,下面继续介绍原子时的应用,重点是高精度计时的一些应用。

　　社会的发展与进步拓展了时间的应用领域,某些似乎和时间没有关系的领域也找到了时间的应用场景,虽然它们对时间的精度没有特别要求。例如,时效性是电子文档非常重要的一个特征,在知识产权保护、电子商务、电子政务等领域具有重要价值。为了赋予电子文档法定的时效性,目前发展了一种"时间戳"的技术(见图 10-11)。用户向相关机构提交申请后,这些机构为用户的各种电子文件、文档、图片等提供时间戳服务。这些文件的时间戳信息具有法律效应,当涉及商业和法律纠纷时,可以根据文档的时间信息保护创作者或者服务者的利益。例如作者可以通过时间戳证明自己是一些著作、图片、图纸或者程序代码等的首创者;而在电子商务领域,也可以通过时间戳证明账务的支付时间、流转时间等。物联网和区块链等新技术和新产业的发展为时间戳找到了新的用途,例如生鲜食品通过生产流通过程中加盖时间戳,保证了全链条的监控。

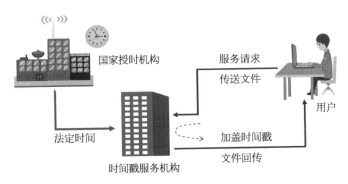

图 10-11　时间戳的产生原理

科研领域的高精度计时

　　进入 20 世纪后,通过偶然发现获得的科学进步已经越来越少,更多的发现是在理论预期的基础上通过专门设计的实验验证得到的。精密测量是这些实验必不可少的方法和手段,高精度时频信号往往又是精密测量的必要工具。因此高精度计时在科学研究中被普遍使用,下面举几个最有代表性的例子。

　　测时测距都要用到高精度计时。2011 年 9 月,欧洲核子中心发布了一个惊人的消息,他们发现了中微子运动的速度比光速快了约 0.002 5%。这个差距虽然很小,但它动摇了"所有物质传播速度不能超过光速"这一相对论基本假设,因此这个"超光速"实验引起了轰动。不过到了第二年 3 月,欧洲核子中心又传来消息:这个实验搞错了,由于中微子发射端和接收端的 GPS 时间同步没有做好,另外 GPS 信号与电脑的连接也出了问题,导致时延测量产生误差,才得到"超光速"的结果,实际没有超光速。

甚长基线干涉(VLBI)

天文望远镜是人类认识宇宙的利器。根据电磁波传播原理,望远镜的口径越大,它的角分辨率越高,越容易看见宇宙深处各种天体的细节。因此望远镜越做越大,其中的射电望远镜,像我国的"天眼"已经达到了 500 m 口径。不过口径的增加会带来造价和技术难度的显著增加,并且望远镜的口径不可能一直增加下去,为了突破望远镜口径对角分辨率的限制,天文学家发展了甚长基线干涉 VLBI 技术。

VLBI 的原理如图 10-12 所示,世界各地的望远镜同时接收信号并存储,并将这些存储的数据送到信息处理中心。处理中心按照信号的接收时间进行处理,补偿由于站点的位置和运动引起的多普勒频移和几何延迟等效应,使它们对某个观测角度发出的信号实现时间同步,然后将这些信号关联,就可以得到对应观测方向上的天体发出的射电信息。

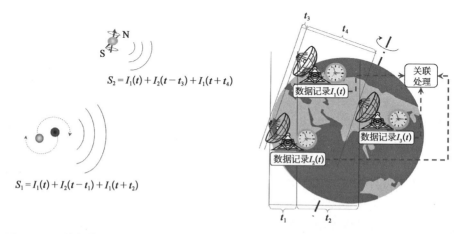

$S_2 = I_1(t) + I_2(t - t_3) + I_1(t + t_4)$

$S_1 = I_1(t) + I_2(t - t_1) + I_1(t + t_2)$

图 10-12 甚长基线干涉的原理。射电望远镜接收一定范围的信息,根据这些望远镜的地理坐标等,对特定方向的时延等进行修正,就能得到相关方向的信号 S_1,S_2

VLBI 的原理还可以进一步简单解释为：如果我们将两个望远镜接收的信号剔除相对时延，然后进行叠加，就可以放大信号并且抑制噪声，实现单台望远镜无法达到的信号分辨。这种方法把几个分立的望远镜通过信号相关，组合成一个巨型望远镜，该技术称为"合成孔径"，合成孔径雷达就是通过这个技术实现的，通过调节接收信号的时延，可以实现接收不同空间角度的信号。

VLBI 除了对射电望远镜有较高要求，时间的同步性也非常重要。只有实现时间信号的精确同步（一般同步到望远镜的焦点位置），才能进行有效的数据处理，实现信号关联。因此每个射电望远镜台站一般至少会配备一台高性能氢钟，同时需要将各地的氢钟精确同步，利用同步后的氢钟信号产生时标，对接收信号进行标定。

目前分布在全世界的数十台射电望远镜参与 VLBI 的实验研究，其中包括位于上海佘山的 65 m 口径的天马射电望远镜，如图 10 - 13 所示。这些望远镜可以等效为口径是地球直径（12 750 km）的射电望远镜，实现对遥远类星体等天体发出的微弱信号的探测。利用如此大口径的天线，可以将观测天体角度的分辨率达到微弧度秒的量级（约为圆周的 0.5×10^{-10}），使 VLBI 成为探索宇宙的利器。它还可以实现对地球在天球坐标系下的精确定位、卫星的精确定轨等功能。通过分析射电望远镜的相对相位，VLBI 还可用于地球物理学的研究，探测大气角动量、海洋潮汐或固体地球弹性响应等，例如我国和日本的科学家利用 VLBI 精确测定了日本岛板块向我国大陆靠近的速度。

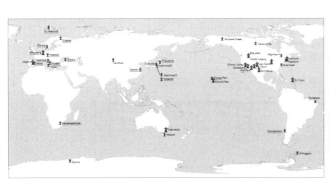

图 10 - 13　全世界 VLBI 的射电望远镜分布（左）和位于上海佘山的 65 m 直径望远镜（右）

引力波探测

爱因斯坦的相对论预言了许多实验现象，像前面介绍的光束偏转、水星进动、时钟变慢、引力红移等，这些现象后来陆续得到证实。也有一些预言，实验实现起来非常困难，引力波就是其中之一。引力波可以简单解释为：有质量的天体在空间形成引力场，当天体运动的时候，引力场也会随着改变，使得空间也像弹簧一样发生形变，并以光速传播出去，但这种变化信号极其微弱、周期又非常长，几乎无法测量。而当两个天体（例如黑洞）距离非常近时，它们在引力的作用下绕着共同的质心快速旋转，就会造成比较剧烈的引力场准周期变化，形成可以探测的引力波，如图 10 - 14 左图所示。辐射引力波的过程也是能量耗散的过

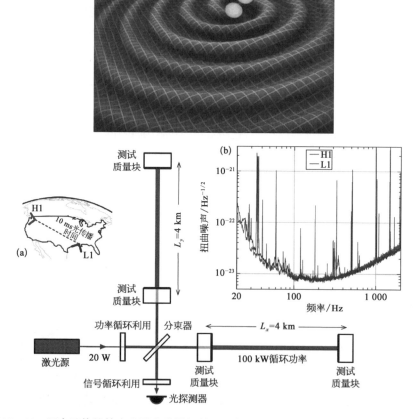

图 10 - 14   两个天体旋转产生引力波的辐射(左)与 LIGO 装置测量引力波的原理(右)美国有两套 LIGO 装置，一套在路易斯安那州，另一套在华盛顿州

程,两个天体通过相互作用耗散能量最终合并,因此引力波辐射一般是一个脉冲的过程。从物理现象上讲,验证引力波的实验就是要把引力波引起的空间形变测量出来。

引力波的理论模型并不难,但实验却非常困难,主要的难点是引力波引起的空间形变太小了,即使像黑洞合并这种比较明显的引力波事件,一般也只能造成 10^{-22} 量级的相对形变(见图 10 - 15)。如果以地球约 1.3 万 km 的直径计算,引力波引起的形变只有约 1.3×10^{-15} m,也就是差不多一个原子核的直径,要分辨如此小的长度精度是对人类技术的挑战。人类接受了这个挑战,美国率先建立起探测引力波的装置,称为 LIGO,是"激光干涉引力波观测台"的缩写。他们共搭建了两套,这样有助于消除单台装置的误测误报。这两套 LIGO 装置分别位于美国南部路易斯安那州的利文斯顿和西北部华盛顿州的汉福德,两套装置相差 3 002 km,两台装置有一定的夹角,这样的构型可以确定引力波源的方向。

LIGO 的基本原理如图 10 - 14 右图所示,它本质上就是一个迈克耳孙干涉仪,通过比较正交的两臂长度的相对变化,测量空间的形变。这与迈克耳孙当年测量以太的原理相同,不过测量精度不可同日而语。要实现 LIGO 测量引力波,要求相对长度测量精度达到 10^{-19} m 以下,LIGO 经过数十年的研究才达到了这个指标。其间他们只做了两件事,第一是不断提高装置的灵敏度;第二是把影响测量的各种噪声都抑制掉。这背后是精密测量技术的一系列突破。

到了 2015 年,不断改进的 LIGO 又经历了一次升级,装置升级后的测量精度终于达到了可以测量引力波的水平。在这之后不久的 9 月 14 日,两套装置上同时探测得到了一个引力波信号。经过周密计算和反复验证,得到这个信号是两个黑洞合并为一个黑洞产生的引力波,经过 1.3 亿年传递到了地球。这个实验立刻在全世界引起轰动,人类用可以实现的最精密测量手段,发现了期盼已久的引力波。这项研究在 2016 年年初发表,到 2017 年就拿到了诺贝尔物理学奖。

发现引力波固然是标志性事件,探测引力波后面的天体演化规律才是引力波研究的目的,LIGO 装置相当于引力波探测的一个探头,需要在地球上放置多个探头才能得到足够多的信息——类似甚长基线干涉的望远镜。因此在世界范围内,多个类似装置正在建设,如图 10 - 15 右图所示。有些装置,像意大利的 VIRGO 已经可以探测引力波。我国早期没有参与地面引力波的探测,最近也提出了类似的计划,未来会建成不少于两套的类似装置,参与全世界的地面引力波测试。

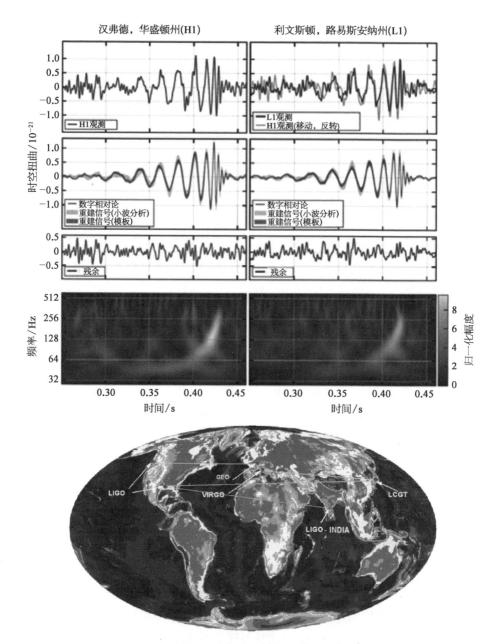

图 10-15 上图为两套 LIGO 装置接收的引力波信号。根据计算，这次引力波事件距离地球在 1.3 亿光年，是质量分别为 36 个太阳和 29 个太阳的两个黑洞合并为一个质量为 62 个太阳的黑洞，下图为全世界已有或者正在建设的引力波探测装置

在进行地面引力波探测的同时,空间探测引力波的计划也在展开,包括欧空局的 LISA 计划(见图 10-16)、我国中山大学的"天琴计划"与中科院的"太极计划"等。空间探测实验是用多颗卫星形成激光干涉装置,通过测量不同干涉臂之间的长度变化探测引力波引起的空间形变。卫星之间相距数十万到数百万公里,可以探测低频段(1~0.1 mHz)引力波,这是地面的装置无法完成的。这个频段的引力波包含了许多天体演化信息,例如,双中子星发出的连续引力波信号等。和地面的 LIGO 装置类似,精密测距是空间引力波探测的关键,通过探测激光的时延实现。由于卫星相距很远,空间的测距精度要求比地面装置略低,不过它面临其他一系列同样极具难度的技术挑战。我们期待空间引力波探测能够突破技术极限,获得重大科学成就。从研究计划看,或许我国可以率先实现。

 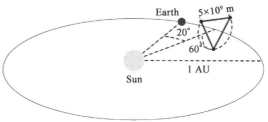

图 10-16 欧洲空间引力波探测 LISA 的原理

基本物理常数变化的检验

前面介绍了基本物理常数对物理学和计量的重要意义。从探究世界本源的角度讲,物理学还需要研究一个问题,就是这些基本物理常数真的是"常数"吗? 根据物理学相关理论,这个问题可以通过测量"精细结构常数 α 是否随时间变化"进行检验。

精细结构常数 α 是表征电磁相互作用强度的无量纲数,与其他物理常数的关系可以表示为

$$\alpha = \frac{1}{2\,\varepsilon_0}\,\frac{e^2}{hc} \approx 1/137.03\cdots$$

理论物理学的研究表明,α 是否随时间变化,是判断空间是否有更多的维度、宇宙是否会一直膨胀下去等的依据,对这些问题的检验可以解开宇宙的产生和演化的许多谜团。另外地球上的生物都是碳基生物,物理学理论认为宇宙中的碳是通过 3 个氦原子进行聚变反应产生的(He+He+He=C),而 α 是否随时

间变化对于这个核聚变反应是否成立也具有重要意义。

检验 α 是否变化有多种方法,其中最重要的一种就是探测光谱的相对变化。因为 α 影响原子能级,所以 α 的变化也会带来光谱的相对变化。利用光谱学检验 α 是否变化又分为两种方法,一种是探测遥远类星体发出的光谱,由于这些光线是数千万年、数亿年或者更长时间发出的,比较这些远古的光谱与地球上观察到的光谱,可以检验光谱是否发生改变。另外一种是比对两种原子钟的钟频率比值,看看这个比值是否发生变化。

这几种方法已经获得了较多的实验数据,结果表明,α 每年的变化率一定小于某个值(不同的实验精度不同,从 $10^{-17} \sim 10^{-13}$ 不等),至于它的变化是否为 0,还需要更精确的实验验证。这个实验中,更高精度的原子钟可以给出更高的测量精度。或许有一天我们真的可以测得它在变化;或许我们只是不断提高这个实验的精度,发现它的变化范围不断趋于 0。无论哪种结果,都将加深我们对宇宙的认识。

技术领域的高精度计时

高精度计时在关系国家安全和国计民生的许多高技术领域也有广泛的应用,它们或许没有像科学领域那样追求极致的更高精度,但往往对时间计量提出的系统性要求,涉及时间信号的产生、传递、比对等方方面面。全球卫星导航系统 GNSS 是其中最突出的代表。它本身就是一个独立的时间网络。它在主控站有自己的时间基准,在各个基点,包括地面站和卫星,都配备有原子钟,可以进行时间和位置的播报。全世界的原子钟就是通过接收 GNSS 的时间信号实现了比对。GNSS 的时间网络功能如此完备,以至于我们不得不把它放到时间计量本身去介绍。其他对时频信号有严重依赖关系的行业也建立了内部的时频网络,以满足使用的需要。

军事。 前面介绍的与计时有关的许多技术都与军事有关,例如战前对表、哈里森钟的发明等。到了近现代,这种关联性更加密切,例如雷达、GNSS 等,都具有深刻的军事应用背景。这是因为高精度计时最重要的几个领域,包括监测、定位、导航、授时等,对军事斗争尤其重要。正因为如此,世界各大国都建有独立于民用时频体系的军用时标。例如美国的军用时标是由海军天文台 USNO 给出的,它拥有全世界规模最大的钟组,是全球报时精度最高的机构。

对于军事应用而言,一方面要确保技术的有效性,另一方面又要为它的失效留有备份。和平时期可用的技术在战时可能被干扰或者摧毁。目前舰船、潜艇、飞机等的定位、导航主要由导航卫星提供,但为了提高可靠性、有效性和战时生存能力,一些其他的导航技术也在开发与发展中,包括长波授时、惯性导航、利用地磁场或者引力场导航等。这是计时在广域的应用。在局域战场的信息化战争中,高精度计时同样发挥极其重要的作用,合成孔径雷达等技术都需要时间的精确同步。在这种情况下,在战场区域布设时间同步网络,进行各站点间、各监控装备间的高精度时间同步成为克敌制胜的必要手段。

由于种种原因,我们无法对时频在军事领域的新技术一探究竟,但可以确认的是,军事领域一定会用到最先进的时频技术。在信息化的战场上,时频技术发挥着极其重要的作用。星链、预警机、无人机、无人舰船或潜艇、空天飞机、光纤链路等都有可能成为时频信号的载体,战区的局域高精度时间网络将成为影响战局的重要因素。

通信。现在人人都离不开手机,无论是大人小孩,无论在休息的时候,还是在旅途中,或者在排队等候的时候,或者……手机背后是互联互通的世界,人们通过手机获取信息、与人交流、寻找欢乐。人已经离不开手机,许多人会因为网络中断而暴躁不已。因此有一些漫画讽刺手机已经成为人的一个器官,或者人已经成为手机的附庸,围绕手机的喜怒哀乐是通信改变世界的一个缩影,在近几十年来,无线通信技术经历了2G、3G、4G、5G的技术飞跃,而我们的家庭网络也从网线变成了光纤,信息传输速率飞速的发展改变了我们的生活。

最早期的通信方法是我们前面介绍的有线电报,采用直流信号的通断传递信息。电磁波技术发展起来以后,以电磁波为载体,通过调制的方法传输信息逐渐成为主流的通信技术。载波频率越高,可传递信息越多。由于光波比微波频率高3个数量级以上,光纤采用光波传递信息,可以实现大容量的信息传递(100 Gbit/s量级)。目前通信网络的主干线采用光纤传输信息,然后把信息分发到各个基站,再由这些基站通过电磁波在一定范围传递。在此基础上,通过"频分复用"等技术,让不同波长、不同偏振的光波在一根光纤里传输,使得光纤的数据传输效率进一步提高。随着用户对信息传输要求的不断提高,光纤入户已经基本普及。

高精度计时在通信领域有非常重要的应用。信息以一种树状的结构传输,客户端将数据汇总到站点、站点汇总到支路、支路再汇总到干路进行异地的数据传输。到达指定的总站后,再通过逆向的信号分发过程,将一组组数据分发到像手机这样的终端。不同终端的数据采用交替编码的办法编织在一起同时传输,这样每个终端都不会感受到时延。通信领域制定了一系列协议,按照时间节点进行数据的各种操作,包括信息的编码、融合、传输、分发等。这样的架构下,需要全网的时钟严格同步才能完成上述操作。于是电信运营商在通信网络内建立起时间网络,时间网络的结构与通信网络一致,主站点配备最精准的时钟,分站点配备指标略差的时钟,并由主站点时钟校准,以此逐级传递下去。主站点的时钟通过导航卫星等实现与国家标准时间同步。

早期各站点间的时间同步是通过接收 GPS 信号实现的,曾经发生过北京地区(使用 CDMA 的)部分手机用户断网两个半小时的事件,就是因为当时无法接收 GPS 信号,使得各站点之间时钟信号无法同步造成的。

由于通信对时间的依赖性,电信企业和运营商一直是原子钟和高性能振荡器的主要客户。当数据编码和传输速率还不太高的时候,它们对时间精度要求不高,比较低端的原子钟就可以满足需求,并且大多数场景直接采用晶振就可以了。随着数据传输速率的不断增加,对时钟精度提出越来越高的要求,例如 5G 网络要求端到端的时间误差在 130 ns 以内,而重要节点的时间误差则要求在 5 ns 以内。因此,通信系统的重要站点需要接入高精度原子钟信号或者直接配备高性能原子钟,借助更高性能的原子钟和更精确的时间同步技术,有望实现更大容量的信号传输,让信息进一步联通,进一步改变我们的世界。

同时,通信技术也促进了计时及其应用的发展,比如我们的手机定位,除了接收导航卫星信号,也通过接收地面通信基站的信息辅助定位;而光纤时间同步网络也是基于通信光纤技术实现的。因此,通信技术的发展也将让时间的计量更加便捷、更加精准。

电力。电力是另一个在国土范围内有大规模网络的行业,不同于传输信息的通信网络,电力网络传输的是能量,而这个网络同样需要高精度计时。

我国民用电的电压标准是 220 V,50 Hz,这个 50 Hz 的频率就是由发电厂或发电站的时钟产生的。这个时钟本身要求不高,只要将频率信号控制在 50 ± 0.1 Hz 就可以了。但电力网络是一个多接口的网络,不但有各式各样的用户,而且有不同的供电站接入电力。如果一个供电站的交流电与电网的交流电相位不一致,供电站并网的时候就会产生较大的电流冲击,可能损毁电力设备引发事故。另外,即使两者并网时相位相同,如果他们各自的时钟不同,两个交流电信号就会逐渐积累相位差,同样会冲击电网中的设备,引起电力损耗并可能导致设备损毁,因此整个电网内部必须实现时间的统一。

　　我国由于电力资源主要分布在西部,而东部有最大的电力需求,因此我国的电力网络是国土范围的大网络。在远距离电力传输时,还需要尽可能降低传输线路的能耗。在传输线路电阻一定的情况下,用高压输电可以减小电流从而减小传输线路的损耗,电压越高损耗越低,因此电力传输的技术发展趋势就是用更高电压输电。我国的科研人员通过攻关,实现了世界领先的 1100 kV 特高压输电技术,不仅为我国的能源安全做出了贡献,而且作为我国的一张高科技名片出口到巴西等国家。

　　目前的电网称为智能电网,它的容量大、覆盖范围广、接口很多。例如,目前国家鼓励个人投资屋顶太阳能设备,并可以把多余的电量卖给国家电网。这使得电网成为非常复杂的系统。这样复杂的网络必须进行智能化管理,控制电力的分配和流向、同步交流电的相位并消除相位异常、进行电能计费、发现并记录电网异常……这些都需要统一的时标。为此,电网内部也建立起一整套计时体系。在主控机房利用原子钟产生时标并将它绑定在国家时间基准上,然后将时间信号分层下发,发送到各个基站。时间信号用于控制发电系统、变电系统等装置,实现网内的电力相位一致。时间信号也传送到网络控制,实现对电网运行状态等的监控与记录,并对异常状况作出处理,如图 10 - 17 所示。

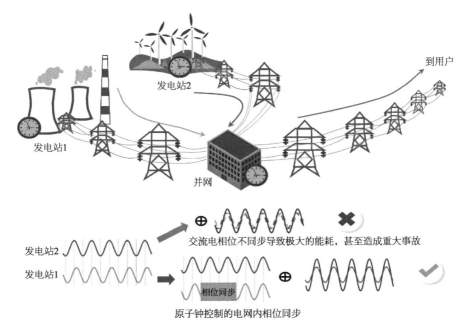

图 10 - 17　时钟系统在电网内的应用

总之,高精度计时是电力系统不可或缺的核心技术,它的功能首先是对交流电进行同步,其次是参与智能电网的信息化处理,随着电网复杂性和智能化的提升,高精度计时的作用将越来越大。

金融。 金融领域是高精度计时的又一个应用场景。金融领域的计时要求也很容易理解:不同货币之间的汇率、股票、期货、证券等的交易额都在不断变化,真实的交易发生时,必须给出明确的交易时间点,才能计算准确的交易金额。进行对外贸易时,还要确定付款时刻的汇率,选取不同的时间点将导致付款金额的变化。因此金融机构、交易所等地都接入高精度的时间信号,这个信号与国家的法定时间精确同步,以此作为时间坐标,完成无数的交易与财富转移。除此之外,大量的金融文书要确定发生的时间点,这个通过"时间戳"等方法实现。

图 10-18　上海证交所所在地——上海证券大厦,据说许多证券公司把服务器安放在它的地下室,目的就是减少金融信息的传递时间,对证券交易尽快做出反应

证券公司会采用最先进的技术将金融信息传递到自己的服务器。据说许多证券公司为了减少证券指令的传输时间会将服务器安放在证券交易所的地下室(见图 10-18)。当证券市场的各种曲线发生变化时,可以尽可能快地作出响应,获得更大的利益或者把损失降到最低。

上面只是列举了几个特例,事实上,高精度计时应用在社会生活中的方方面面。它是信息技术、定位导航技术等的核心,而这些技术都处于飞速发展中,在未来有望改变我们的生活。

11 不同尺度下的时间

前面几章介绍了越来越精确的计时带给世界的改变。这是时间科学与技术的主要发展方向，但这些并不是计时的全部内容，本章将讨论时间计量的其他一些领域，为我们这趟"时间里的故事"之旅画上一个句号。

计量过去

我们前面讲的时间计量，都可以归结为计量现在的时间。完整的时间包括3部分内容：过去、现在、未来。这3个词在不同的语境下包含不同的含义，在日常谈论中，它们一般指我们所处时间点前后几年到几十年的变迁；历史学家眼中的"过去、现在、未来"包含了人类有记录以来从几十年到数千年的发展；地质学家关心地球各阶段的演化；天文学家则在讨论恒星、星系及整个宇宙的诞生与结局……在时间的三部曲中，我们最了解的是"现在"。对于"未来"，由于它还没有真实发生，我们只能预测。而对于"过去"，虽然它真真切切发生了，但由于种种原因，我们遗失了它的许多信息，"过去"又是非常重要的，它不仅可以告诉我们"现在"是怎么来的，而且预示了"未来"的许多发展趋势。接下来，让我们看看"过去"的时间是如何计量的。

上面提到了4种"过去"，我们可以概括为个人史、文明史（历史）、地质史和宇宙史。人类的知识总是由近及远逐渐减小的，对"过去"的认识也是基本遵循这样的原则，我们最了解最熟悉的是个人的记忆；然后是有文字记载的历史，特别是近现代的历史；然后通过考古、地质勘探等手段逐渐了解人类文明的早期、地球生态的演化；通过观察和研究宇宙，揭示太阳系的形成，甚至把时间上溯到宇宙大爆炸的那个时刻。在历史的研究中，只有把事件放到它们发生的时间点才能发挥真正的价值。所以对于"历史"研究而言,"历"尚在"史"之前。文字写就的历史,往往开篇就会告诉我们时间,甚至有些历史直接就是按照时间顺序编撰的,对于这样的历史,我们一般不需要专门探究时间。而文字记载以前的历史研究,虽然我们可以发现许多证据,例如动植物的化石、人类活动的遗址等,但它们不会告诉你这些事件发生的时间,而是把这些信息小心翼翼地隐藏起来,需要我们通过技术手段将其挖掘出来。

　　有许多标记时间的方法,比如树木的年轮,一年四季的气候变化使树木的生长呈周期性变化,由此产生年轮,而年轮粗细、疏密等又受到当年气候(气温、雨量等)的影响,对大量古树木的年轮进行统计,可以得到连续的年轮序列。在欧洲树木繁茂的德国等地,利用这种方法建立的年份序列可以上溯到公元前8000

图 11 - 1　树木的年轮,它的疏密和深浅与它生长的那一年的气候有关,通过对大量树木的年轮进行统计,可以建立一套年轮纪年序列,利用这套序列,可以判断古代木制品文物的年份

年。利用这种方法对英国的一条木板小径进行考古,最终确定其建造的时间是公元前3807或公元前3806年的冬天,误差只有1年。这种方法虽然有效而精准,但使用的局限性也很大:首先需要在大量树木存在的地区,可以建立年轮时间序列;其次考古中必须有木制器件,可以清晰地显示足够多的年轮(见图11 - 1)。在大多数情况下,这两个条件很难满足,比如说,年轮是季节变化的烙印,适用于四季分明的温带,热带由于一年中气候变化不大,就没有明显年轮可供纪年。所以年轮纪年只能适用于一些特定的考古场合。

　　普适的测量古迹或古物时间的方法同样基于量子技术,它利用了一个量子效应——放射性元素的衰变。1896年,法国物理学家贝克勒尔在研究铀盐时,发现它们可以使不透光黑纸包裹的照片纸感光,他证明这是铀元素的特性,与铀盐的种类无关,并且这种射线可以使气体电离。贝克勒尔的研究引起了居里夫妇的重视,通过对这个问题的深入研究,他们发现这种特性不是铀元素特有的,而是一个普适的规律,钍元素中也有同样的现象,居里夫妇将其命名为"放射性",并利用放射性现象发现了的两种新元素——钋和镭。贝克勒尔和居里夫妇因为放射性的研究获得 1903 年诺贝尔物理学奖,居里夫人还因为发现镭元素获得 1911 年诺贝尔化学奖。

放射性的发现是物理学发展中的重要事件。它始于伦琴在 1895 年发现具有穿透性的 X 射线,贝克勒尔正是受到伦琴实验的鼓舞开始物质感光性的研究,从而发现了放射性。不过伦琴的 X 射线与贝克勒尔发现的放射性实际是完全不同的两种射线,X 射线是高频电磁波,放射性则是高能粒子。他们俩的发现都具有偶然性,居里夫妇展开的研究就具有很强的目的性了。

伦琴具有许多美好的品德,例如谦虚、不计较个人名利等,但他的物理学天分绝对不算很高,但就是这样一位物理学家,误打误撞撞开了物理学的一扇新门。他以此获得第一个诺贝尔物理学奖。因为担心耽误工作,他一度拒绝去瑞典领奖。如果他知道这个奖项成为后世许多顶尖物理学家的毕生追求,不知是否会在天国偷笑。不过话又说回来,伦琴的发现虽然具有偶然性,但其重要性是毋庸置疑的,如果我们询问第一届诺贝尔奖,恐怕大家只会记得物理学奖的伦琴了。

放射性的发现开启了物理学的一扇新大门。人们发现了原子发生放射衰变后会变成另外一种原子,由此打破了原子不可再分的认识;放射性产生的射线也成为解开原子内部结构之谜的钥匙,卢瑟福正是利用这种方法产生 α 射线并轰击金箔,发现了原子的结构及质子、中子,因此导致了原子物理学的诞生,并促成了量子力学、核物理等现代物理学学科的建立。放射性射线的轰击还导致许多新化学元素的诞生,因此它在化学领域也具有非常重要的应用。

放射性元素的衰变过程在时间上遵循指数规律,也就是说它的相对衰变速度一定,如果某种元素在 T 时间间隔有一半的原子发生衰变,则在接下来的 T 时间间隔,剩余一半原子中的一半又会发生衰变,依次类推,一直衰变下去,而 T 就是这种元素的半衰期。可以表示为

$$N(t) = N_0 \cdot (1/2)^{t/T}$$

比如氢的同位素氚的半衰期是 12 年,这就意味着每过 12 年,氚的数目就会减半。这就为我们提供一种测量时间间隔的方法:如果知道 N_0 和 T,只要测量 $N(t)$ 就可以知道 N_0 到 $N(t)$ 的时间 t。

　　它对应这样一个场景：如果制备了一些放射性样品，例如纯铀或者铀盐，由于铀会衰变为铅，过一段时间检测样品中铀和铅的比例，就可以知道样品的存放时间。这种方法称为"铀铅测年法"，后来它用于测得地球的年龄。

　　最广泛使用并为大家熟知的是碳14测年法。^{14}C是一种碳的放射性同位素，它是宇宙射线照射空气中的氮原子（^{14}N）产生的，^{14}C又会衰变为^{14}N，半衰期为5 730年。空气中的^{14}C同时存在产生和衰变过程，最终它们达到平衡，使得^{14}C在碳元素中的比例（^{14}C丰度）保持固定值。地球上的植物通过吸收空气中的二氧化碳使碳原子离开空气进入生态圈，成为构成地球上所有生命的基本元素。参与生态循环的生物体内保持与大气相同的^{14}C丰度，但当有机生命体灭亡后，这种循环终止，^{14}C不再摄入只是发生衰变反应，生物遗体内的^{14}C丰度就会按照半衰期降低。因此，如果古代遗迹中包含有机物，只要测量它们体内^{14}C的丰度，并与大气中^{14}C的丰度值进行比较，就可以测定遗迹的年代。

　　碳元素是地球上普遍存在的元素，它是形成有机物的分子链的骨架，因此地球上的生命体被称为"碳基生物"。古代的文明始于人类学会利用自然资源，他们用燃烧木材取暖、制作木制工具、储藏粮食和种子、利用植物纤维或动物毛皮取暖……这些活动都离不开碳，因此古代的文明遗迹中一定能找到碳元素，这就使得^{14}C测年法成为探测古文明遗迹的时间点，特别是确定史前文明的时间脉络的有效方法，在许多场合，它甚至是唯一的测年方法。该方法在探究生物的进化、地质测年中也发挥了重要作用。由于^{14}C测年法在考古研究领域的重要意义，它被誉为"考古学时钟"，而它的发明人，美国化学家威拉得·利比，也因为这项工作获得1960年诺贝尔化学奖（见图11-2）。

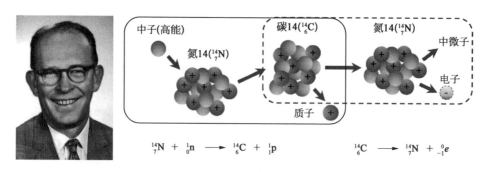

图11-2　^{14}C测年法的发明人，美国化学家威拉得·利比（左）和^{14}C测年法的两个核反应（右），实线框架部分为^{14}C的产生反应，虚线框架部分为^{14}C的β衰变反应

^{14}C在大气中的丰度只有1.2×10^{-12},遗迹中^{14}C的丰度比这个更低,需要通过精密测量的方法进行探测。现在用加速器质谱仪等手段可以又快又准地进行测量,从而推算出遗迹的年代。除了测量古迹年代,作为一种相对温和的放射性物质,^{14}C也被应用于一些疾病的诊断,因此^{14}C也被应用于医疗领域。

^{14}C测年法也有一些不足,这种测年法的精度也不是特别高。它假设大气中^{14}C的丰度保持不变,这一点并不完全成立。当火山喷发时,地下的二氧化碳喷射出来,会造成大气中^{14}C的丰度降低,因此必须修正大气中^{14}C丰度值的变化,才能测得较为准确的时间。另外,这种半衰期测年法有测量范围,只有接近半衰期T才能测得比较准,时间太长或者太短都会有较大误差,一般测量范围取为$0.1\,T\sim10\,T$之间。因此^{14}C测年法测量时间的范围在500~6万年之间,这个区间正好与人类文明诞生的时间段基本重叠,不能不说是考古学研究的幸运。

当时间超出500~6万年的范围,^{14}C测年法不再有效,此时就要寻找其他放射性同位素进行测年。自然界不乏放射性同位素,但类似^{14}C的并不多。可以测年的候选放射性同位素应该满足:在地球上普遍存在(这样才能成为普适的测年方法);具有空间上均匀、时间上恒定的背景丰度(这样才能通过测量放射性衰变标定时间)。这样放射性同位素只能在地球大气中寻找,最终可供选择的是几种惰性气体的同位素:氪81(^{81}Kr,T=23万年)、氪85(^{85}Kr,T=11年)和氩39(^{39}Ar,T=269年)。它们和^{14}C的情况类似,宇宙射线与衰变的共同作用使得它们的丰度在大气中基本保持恒定,当这些同位素与大气隔离后,它们按照各自的半衰期衰变,因此可以测年。这几种同位素的半衰期正好错开,使得它们与^{14}C组合起来,可以测定数年到数百万年约10^6的时间跨度,如图11-3所示。

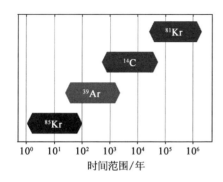

元素	生成机制	半衰期	同位素丰度
^{85}Kr	人工核裂变	11年	2×10^{-11}
^{81}Kr	宇宙射线	23万年	6×10^{-13}
^{39}Ar	宇宙射线	269年	8×10^{-16}

图11-3　^{81}Kr,^{39}Ar,^{85}Kr的相关信息、半衰期及它们的测年范围比较

利用惰性气体的放射性同位素测年的想法由瑞士学者在 20 世纪 60 年代提出,但一直没有在技术上实现。其主要原因是这些惰性气体无法像^{14}C那样制备成负离子态,也就无法用质谱仪等方法测量丰度。我国的学者卢征天在技术上突破了这个难题,他提出并实现了利用激光冷却的方法,用原子势阱测量这几种放射性同位素的丰度。他将这种方法称为"原子阱痕量分析"(见图 11 - 4),这项研究使他获得了 2000 年度的"美国青年科学家总统奖"。

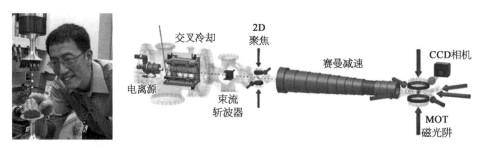

图 11 - 4   卢征天教授和他的"原子阱痕量分析"实验装置

卢征天教授中国科技大学少年班毕业,他在美国阿贡国家实验室完成了"原子阱痕量分析"的早期工作。2015 年,他全职回到母校中国科技大学,除了继续"原子阱痕量分析"的研究,还在开展通过测量镭元素的电偶极矩检验时空对称性等工作。

与碳元素参与生态循环不同,惰性气体元素不会发生化学反应,因此它们不参与生态圈的循环,但它们可以溶解到水中参与水循环,虽然水中浓度很低。所以惰性气体的放射性同位素测年法目前主要用于研究全球水资源的年龄。其主要的操作步骤是:将地下水或者地下的冰芯抽取上来;用脱气膜将溶解在水中的气体分离出来;对气体提纯,将氪或氩元素从气体样品中分离出来;用原子阱测量这几种放射性同位素的丰度。

卢教授曾经讲述过他们"骑着骆驼"去埃及金字塔附近取水的经历,他们将地下水抽取出来,对地下水脱气后,再将地下水回灌到地下。埃及当地人对这件事持满怀戒备的好奇态度,觉得会不会让自己的灵魂损失点什么。卢教授为了消除当地人的戒心,就通过给他们拍照片的办法表示友好,每个人都拍照。回到美国后,他把这些照片洗好寄给当地人。

"原子阱痕量分析"可以研究地球上水体的流动、演化,进而研究地球的气候、地质变迁等。比如研究数十万年同一时期的南极冰川与青藏高原的冰芯,可以了解当时的气候对全球影响的异同。探测地下水的年龄也具有重要意义,如果地下水的水源年代非常古老,我们就不能随便开采,因为它与外界水源不进行交换,属于不可再生资源,一旦开采就无法补充。另一方面,我们可以在古老水源的附近埋藏核废料,因为它与外界几乎没有物质交换,可以避免核废料泄露事件的发生……

总之,对于人类史前文明和地质年代的研究,放射性元素测年法是一个比较有效的方法,不过这些方法有一定的适用范围,需要根据特定的场景选择特定的方法。未来一定会出现新的方法,扩展时间测量的范围和精度,并将时间测量推广到更广泛的应用场景,而每一次这样的进步,都将带给我们对世界的全新认识。

生命之钟

计时并不是人类所独有的,更不是人类文明诞生以后才产生的。在自然界,每个生命体基于生存的本能,都在体内"安装"了一台或者多台天然的时钟——生物钟,由它操控生命体按照特定的时间规律作息。在这种"时钟"的操控下,有些生物昼伏夜出、有些生物春华秋实,构成了热闹而复杂的生态圈。

生物钟的存在很容易理解,生活在地球上的所有生物都会感受到 24 小时的昼夜变化和约 365.25 天的季节变化,他们若想生存就必须适应环境的这种周期性变化。但这种适应性只是对环境的响应,还是生物自身的主动控制调节,这是需要研究的问题。有意思的是,这个与时间相关的问题又是由一个天文学家开始研究的。

1729 年,法国天文学家德梅朗在进行天文观测之余,发现自家的含羞草叶子总是在白天张开,在晚上闭合。他想:这些叶子是不是由于太阳的照射而张开? 于是他把这盆含羞草搬到暗室中,把所有的光线都遮挡起来。他发现这盆含羞草继续按照日夜交替的规律张开、闭合。德梅朗又拿另外的几盆含羞草做实验,现象仍然如此(见图 11-5)。这是最早证明生物钟的实验,不过德梅朗完成这个实验后,仅仅发表了一篇 300 多字的短文就转向他的天文学本行去了,这项工作尘封了 200 多年后,才又被生物学家捡起来继续研究。

图 11 - 5   含羞草正常的现象(左)和德梅朗的含羞草实验(右),即使在黑暗的环境下,含羞草还是按照白天、黑夜交替变化的规律张开、闭合叶子

　　科学研究表明,生物体内普遍存在生物钟,含羞草叶子的张开与闭合只是一个典型例子。即使是简单的生物,比如浮游生物海藻也具有生物钟,它们白天浮在海面上获取能量,晚上则沉入海底。它们会预判天亮的时间,在天亮前的两小时上浮。与含羞草一样,即使在黑暗的环境中,海藻仍然按照近似 24 小时的周期上浮或者下沉,它们的时间点与自然环境的日夜变化一致。类似的例子不胜枚举,比如公鸡的凌晨鸣叫、老鼠的晚上活动、候鸟的季节迁徙、动物的冬眠等(见图 11 - 6)。即使考虑人类自身,我们也有切身的体会,比如我们在吃饭的时间饥饿感特别强,如果过了饭点,哪怕没有吃饭,饥饿感也会减轻。另外,如果大范围跨时区旅行,日夜颠倒的感觉会让人非常疲劳。通过以上这些现象,人们很容易认识到"生物钟"的存在,不过它的工作机理和它在生命体中的位置则经历了很长时间的探索过程。

图 11 - 6   雄鸡报晓是生物钟的典型事例

　　科学家研究了果蝇、仓鼠等动物及人自身的周期性变化规律,主要是最能体现生物钟作用的 24 小时的节律性。实验的方法是让动物或者测试人员处于与 24 小时周期性变化隔绝的环境中,检验身体的节律是否还维持在 24 小时。实验表明,人体生物钟的平均周期约为 24 小时 11 分,如果与环境隔绝,个体的身体节律的确逐渐偏离这个值,多数偏离不大,在 1~2 小时以内,不过少数个体会有较大偏离。这说明动物的生物钟实际还是需要按照环境不断进行修正的,由于眼睛接收了最多的外界信息,所以生物钟与视觉有较强的关联性。

　　人类对于自身生物钟的研究,有一个重要的目的,就是解决人的休息问题,使人休息时有充足的睡眠,工作时有充沛的精力。对于人的生物钟检验一般要在严格隔绝光线的地下室或者山洞中,让环境尽可能恒定、没有变化。这个要求说起来容易做起来难,曾经有一个辛辛苦苦准备的山洞实验因为老鼠的闯入而破功,因为老鼠的出现使受测人员推断出当时是晚上。通过克服重重困难,最终这个实验取得了成功,消除环境的影响后,有人的作息时间延长到了约 50 小时,而他以为只是过了 24 小时。

　　生命学家对生物钟的解释是:生物钟可能是一种化学反应钟,基因控制某些化学反应,使细胞核内一些物质的浓度发生变化,浓度又会影响基因的活性,由此形成了周期性的负反馈系统,它的周期就是约 24 小时。至于生物钟的位置,研究人员发现植物的生物钟分布在它的各个器官中,例如叶片、根茎等。动物的生物钟则位于大脑内,与视觉有非常紧密的关系。例如蜗牛等昆虫的生物钟位于眼底的神经元,而许多鸟类和爬行动物的生物钟位于脑垂体的松果体中,这些动物的松果体不但能感受到光线,而且可以分泌一种叫褪黑素的激素,它起到时钟控制器的作用,可以调节动物作息,让白天活动的动物在晚上感觉疲惫和轻微的寒冷,促使它们进入休眠状态,对夜间活动的动物却起相反的作用。对于哺乳动物,松果体功能略有退化,它们的生物钟位于视神经中枢的一段神经元上,不过生物钟对身体的控制仍然通过松果体分泌褪黑素实现。

　　生物钟是生命科学研究中非常重要的一个领域,近年来取得了一系列研究进展。科学家发现了生物钟的基因片段,这些基因通过控制生命体内的化学反应,使生命体发生节律性变化。美国的 3 位科学家因为发现生物钟的基因并揭示了"生物体昼夜节律的分子机制"获得 2017 年诺贝尔生理学或医学奖。这项研究的一个重要成果就是揭示了褪黑素的作用。由于褪黑素具有促进睡眠的功能，它被制成一种安眠药在市面上销售。褪黑素不仅起安眠药的作用，它的功能还包括保护细胞核 DNA，降低癌变风险等。

约 24 小时的节律性是生物钟最显著的特征，但生物钟对生命体的控制远远不止于 24 小时这个周期性。对于复杂的有机生命体而言，生物钟起到计时器的作用，它控制不同的器官或者组织在生命的不同阶段运作或者休眠，为生命体注入勃勃生机。一方面，生物钟使生命体在特定阶段完成生长、发育等生命历程；而让另外一些节律性如呼吸、心脏跳动等伴随生命的一生。心跳和呼吸等节律性生命体征保持相对均匀的周期性变化，才能使生命维持比较平稳的状态。另一方面，生命体始终与环境存在紧密的联系，摄取食物和能量，参与生存竞争，这就要求生物钟不能是严格精准的计时器，而是需要不断修正与调整，以便适应环境的变化。比如运动的时候呼吸和心率会加快；跨越时区的时候，花费几天就可以把时差调整过来，等等。生物钟充当生命体时间管家的作用，在生物钟的控制和管理下，各器官组织既可以有效运作又可以有效休息，一旦生物钟的管理出现问题，一些器官组织就会发生病变，导致肥胖、肿瘤、心血管病等症状。

生物钟控制生命体节律性行为的背后，是生物必须适应大自然周期性的客观规律，是生存竞争的结果。比如，由于夜间没有光照，不利于动物觅食，所以大多数动物会在夜间休息，这样可以减少能耗；但夜行动物正是利用夜间去捕食那些处于休息状态的动物。这种捕食与逃亡的竞赛将各种生物通过生物链连接起来，组成巨大的生态循环圈，推动生物不断进化。对于同种生物而言，生物钟像一个指挥棒，驱动它们同步起舞。它是数以百万计的角马在非洲大草原千里迁徙，是鱼类一生万里奔波洄游，是飞鸟清晨的啼鸣，是龟类蟹类乘着潮汐爬上夜幕下的海岸……虽然我们了解了生命的许多奥秘，但这可能只是冰山一角，还有更多的生命之谜需要我们揭开，生物钟作为协调生命体有机运作不可或缺的控制器，同样需要我们进一步探索。

近年来，以 DNA 测序为代表的分子生物学取得了飞速的发展，诞生了一种测量物种演化的方法"基因测年法"，它主要根据 DNA 中的基因突变标记时间。生物学的研究表明，自然界发生的 DNA 基因突变有比较固定的时间间隔，类似元素的半衰期。比较不同物种间的基因差异，就可以判断这两种物种是什么时候分离的,该方法还可以通过提取古生物化石中的 DNA 样本进行验证。这些工作为研究生物进化,特别是人类在地球上的扩散提供了强有力的工具。如利用基因测年法,通过标记数十个非常独特的人类基因在不同种族和古化石中的分布,考古学家和生物学家一起绘制了人类祖先从非洲一隅走向全世界的、波澜壮阔的时间图谱,使我们对史前人类发展的认识耳目一新。

时间里的人生

众所周知,人具有自然属性和社会属性,如果说生物钟塑造了人的自然属性,人的社会属性相当程度上是由人造时钟塑造的。计时的不断发展带给人类技术进步和社会发展。不过任何事物都具有两面性,人类在享受计时带来的生活便利的同时也越来越多地受到计时的约束。

计时从来都是需求牵引的。只要有人际交往,就必须对时间做某种约定,我们叙事的时候,时间、地点、人物是必不可少的三要素,并且时间居首。因此,虽然我们不知道最早的人类是怎么描述时间的,但有关时间的词语一定是最早产生的。在对早期的人类文明进行考古时,相当多的遗迹是为观象授时而建造的。在东西方的最早期文字记载中,留存着许多与时间有关的天象记载。这说明从人类社会的起源开始,计时就是非常重要的事。

许多故事都是以"很久很久以前"开头的,从这个开头中,我们并没有得到什么时间信息,但没有这样的开头,故事就进行不下去。这说明了对时间的描述已经根植到我们叙事的基因中。

一旦规定了时间,人类的活动就受到了时间的严格约束,因此有人说,时间对于人类是"暴政"。历法作为最早的时标,它起到约定时间的作用。至于历法本身是否准确,是否符合天象,反倒没有那么重要了(见第 2,3 章)。历法建立后,一个社会有了通用的时间规范,整个社会都需要按照历法给出的时间约定运行,帝王贵族概莫能免。比如《礼记》中就记载了天子、大臣等每年要完成哪些祭祀活动,西方古代的"好坏日子表"(见第 2 章)也起到约束人们一些言行的作用。历法具有协调社会同步运转的属性,它也就具备了礼仪的特征,例如所有的节庆,无论是官方的节假日还是私人的生日,都是根据历法的时间设定的。许多庆典不但约定日期,而且约定时刻,以示活动的神圣与肃穆。

节日完全是由历法规定的,虽然它应该来源于比历法诞生更早的祭祀活动。传统的节日虽然与天文有一定的关联,但历法起了主导作用,例如我们有时会遇到"十五的月亮十六圆"的情况,但我们从来都只过历法规定的"十五",而不过月亮更圆的"十六"。我国要在农历的春节进行各种庆典活动,为了庆祝新的一年的到来,还会在除夕守岁。春节和除夕之所以重要,也是历法告诉我们的,因为那一天、那个时刻,在历法上代表了一段时间的终结和另一段时间的开始。"年"本来是自然规律,历法把它转化为一种社会的约定,这种社会约定形成后,它比自然规律本身的影响要大得多。

计时有一个悖论:从某种意义上讲,人类发展的目的是摆脱对计时的限制,但每次努力都适得其反,我们被计时限制得越来越深。计时最重要的特征是表征与环境相关的周期性,人类进化到可以通过穿衣、住房基本消除四季冷热变化的影响时,却受到了历法的严格限制。等到工业社会来临的时候,煤气灯、电灯等消除了昼夜的明暗变化,工业生产也摆脱了日夜交替的限制,人类似乎实现了不受外界影响,自主安排作息的自由。但实际的结果是,计时从"日"分割到"时"、"刻"、"分"、"秒",人类被更细密的时间枷锁束缚。人类发展的初衷一定是希望用更短的时间完成必须的工作,留更多可以自己支配的时间。不过情况恰恰相反,人类留给自己可以支配的时间却越来越少。人类发明了各种工具去计量时间,并且使时间的计量更加便捷,结果就是时间对人约束越来越紧。因此手表对于个人而言,固然是工具;从某种意义上讲,也是枷锁。

工业社会改变了时间的内涵,个人的时间成为可以买卖的商品,个体的价值也只能通过自己的劳动时间体现。在这种模式下,个人成为机器化大生产中的一环,他们倒班劳作,让机器连续运转。他们通过重复性的劳动创造商品,也通过消费购买、使用、消耗其他商品,实现社会的全链条流通与运转。这个体系中的时间,不再有季节与日夜之分,而是工作与休息的重复,还可以用金钱买卖和衡量。工业社会对个人的要求也发生了改变。古往今来,守时都是一种美德,而这种美德从工业社会以来变得更加重要。时间观念成为衡量一个人的素质和能力的重要指标。它总是更青睐那些善于管理和利用时间的人、那些在工作上投入更多时间的人、那些把自有时间用在提升自己而不是松懈享乐并且可以坚持不懈这样做的人……个人为了成功,为了实现自身的价值,会自发地更严苛管理自己的时间,因此怀表或者手表这样的计时工具在普罗大众中迅速普及。图 11-7 是 19 世纪的一个钟表广告,它描绘了一个人拥有怀表后发生的变化,最终他成为一枚精确运行的"怀表",这在当时肯定是一种赞誉。但工业社会对人的这种要求与自然进化而来的人的天然属性并不一致,人对这种严苛按照时间运转的生活具有天然的抵触性,所以大多数人都或多或少地患有"拖延症"。个体经常性地与自己的拖延属性作斗争,社会上则充斥着指导这种斗争的"时间管理"方面的书籍。

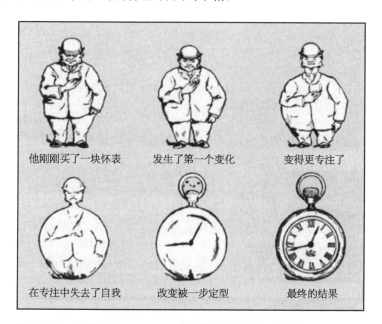

他刚刚买了一块怀表　　发生了第一个变化　　变得更专注了

在专注中失去了自我　　改变被一步定型　　最终的结果

图 11-7　这是美国 Waterbury 时钟公司(现在的天美时 Timex 公司)
在 1883 年做的一个广告,它的含义是一个人拥有怀表后变
得越来越守时,以致身体都发生了一系列的变化,最后完全
像这支怀表一样精确运行(《时间的悖论》,中信出版社)

在工业革命的大背景下,美国开国元勋富兰克林提出了"时间就是金钱"的口号,不过在此之前约 1 000 年,我国唐诗中也有类似的看法"一寸光阴一寸金"。两者字面意思非常接近,不过内涵却不完全相同。"时间就是金钱"是指利用时间创造更大价值,而"一寸光阴一寸金"则是指应该珍惜时间。

我们总是想方设法提升效率,这样做的一个主要初衷是懒惰,也就是留出更长的时间休息。试想一下,如果一个农业社会的人想到只要少数人种植就可以满足全部人口的吃饭问题时,他一定觉得其他人就可以躺平休息了;如果手工时代的人想象大机器自动化生成时,一定也认为那时的工人将非常休闲;而信息时代前的人想象一下手机电话互联互通的情形,也一定会憧憬由于减少传递信息的奔波带来多少生活的安逸……实际的情况恰恰相反，每一次技术进步实际都使我们更忙碌了，每一次提高便捷性的变革，在缩短了我们处理相关事件的时间的同时，都将我们驱赶到做其他更忙碌的事件中。

今天，我们更加忙碌了，在城市，特别是大城市更是如此。大城市的街头都是行色匆匆的身影，而在公共交通上则是一张张疲惫的面庞。每个人都面临着各种各样的压力，相当比例的生活压力与财富有关，而绝大部分工作的压力与时间有关。在这种情况下，时钟就像长绳，抽动每一个人像陀螺那样飞速旋转。在这种模式下，人的生活被时钟所主宰，而不是生物钟。当我们起床的时候，不是因为我们睡好了，而是闹钟告诉我们起床的时间到了；当我们去吃饭的时候，不是我真的觉得饿了，而是吃饭的时间到了；当我们要睡觉的时候，不是我们真的感觉困了，而是时间不早了……家用电器的发明使我们从琐碎的家务中摆脱出来，看似得到了休息的自由，实际情况并非如此，过去是电视，现在是手机占据了我们的大量休息时间。因为各种内容的诱惑，我们的休息时间也被大量占据，留给自己的时间越来越少，或许只有睡眠才能回到我们的生物状态，不过睡眠时间又会受到各种干扰。想想我们被闹铃吵醒时对它的厌恶吧，那是对社会的快节奏破坏我们生物规律的厌恶。

工业社会早期的劳动时间一度长达每天 16 小时，现在通行的每天 8 小时工作制是各方妥协的结果，但有时候，加班还是难免。我国这些年的发展离不开劳动者的辛勤劳动，其中的许多价值是加班创造的。在赶超世界最先进国家、实现民族伟大复兴的过程中也应该继续保持这种奋斗精神。不过在社会的评价体系中，加班与奋斗应该只是一种选择，而不应该成为鼓励或唾弃、好或坏、对或错的评判标准。因为适度的奋斗才有暇享受奋斗的成果，奋斗才能长久。就像过量的劳动会让人的身体透支那样，过量的奋斗也会透支整个社会的精力和动力，使以后的发展缺乏后劲。

社会的发展已经深刻地改变了我们。当社会时钟与生物钟冲突时，我们会遵循社会时钟的安排，而不是听从内心生物钟的召唤。长此下去，人类的某些生物功能可能会退化。现代人的生育意愿显著降低或许与此有关，如果这个是不可逆转的，会把人类带向何方……在未来的社会中，对个体除了有强制的劳动要求，应该也会有强制的休息要求。因为个体的生活和休息也需要去建设、去经营、去维护，只有这样，个体才会感受到完整的幸福感，才会具备完整的社会与自然属性，最终让社会健康地可持续发展。

社会对个人时间的影响还有很多，上面漫谈的只是其中的一小部分，其中包含着许多有趣而深刻的辩证关系与博弈,值得大家深入思考。

走向时间的尽头

让我们进一步拓展时间的尺度,谈谈"时间的过去与未来"这个更基本也更终极问题。

地球的年龄

关于时间的起点,各个国家的祖先都会流传一个解释,我国是盘古开天辟地,希腊神话认为是宙斯他爷爷创造的,而圣经中则说是上帝 7 天创造的,这些是神话的起点,但不是时间的起点,因为如果继续向前追究的话,就不免会问到盘古或者上帝是从哪里来的。在这些神话或者传说中,短的认为世界是数千年前创造的,长的则认为世界已经存在了数十万年甚至更长的时间。对于世界起源以前的世界,许多文化中都不约而同地采用了循环说,天道轮回的观念普遍存在于各个古文明中。由此构成了两个不同的时间观:线性时间和循环时间,这两种观念有着深刻的哲学意义,我们现在对时间的解释也没有离开这两个观念的窠臼。

数千年应该是由人类认知的局限所决定的,即使到了现在,我们能够连续认知的历史最远也就数千年,虽然近现代的考古让我们了解了更久远的历史,但都只是通过点状的发现去推理那个时期的社会面貌,是把离散的信息放到时间轴上拼接出来的历史发展脉络。

我国的盘古开天辟地、女娲补天等创世神话都是线性时间的观念,解释社会发展的"五行说"则是一种循环。我国古代也有循环和天道轮回的观念,但这个观念应该是汉朝以后通过佛教等从印度引进的。

古代文明也预测未来。根据循环论,世界会在某个时刻毁灭,然后重新开始。于是就有了"末世论"。"末世论"即使在现在也有市场,是一些邪教愚弄民众的常用方法。比较著名的是玛雅神话中的"2012 世界末日说",玛雅人认为世界以 5 000 多年的周期循环,到了 2012 的冬至,世界将进入新一轮循环,因此被人解读为这是世界末日,由于玛雅文明的神秘性和他们在天文观测方面的精确性,这个传说具有了世界范围的影响力,直到那天平安度过。相对而言,印度人对未来的预期就长远得多。传说印度的天神梵天创造世界后,在他的神庙中立了 3 个宝石柱子,在其中一个上面按照从大到小的顺序摆了 64 个中间穿孔的金盘。他要求僧侣昼夜不停移动金盘，直到把这 64 个金盘移动到另外 1 个柱子上，他要求金盘只能在 3 个柱子间移动，只能让小的摆在大的上面，这项工作完成之日就是世界毁灭之时。虽然结局不太美妙，但如果我们测算一下时间，发现没有什么可以担心的，以每秒移动一次计算，需要 5 000 多亿年才能完成，连宇宙都等不到那一天。这就是著名的"汉诺塔"，现在成为一种益智游戏，如图 11 - 8 所示。

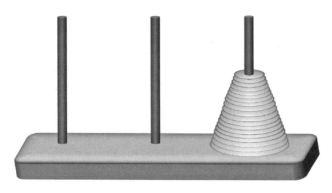

图 11 - 8   "汉诺塔"，古印度用游戏表示的时间，由此计算宇宙的寿命有 5 000 多亿年

对地球起源最扯淡的一种学说是由一位叫厄歇尔的爱尔兰主教在 1625 年做出的，他把史书上有时间记载的事件和圣经对照，再加入一点天文历法的推算，得出世界是公元前 4004 年 10 月 22 号下午 6 时由上帝创造的。这已经是非常滑稽的事，教会但凡清醒一点都应该低调调查一番，因为当时伽利略已经通过望远镜看到了更清晰的、与圣经描述不同的宇宙。但他们没有那样做，恰恰相反，他们认为这项工作使得《圣经》的"创世纪"叙事更有说服力，因此对这个"研究成果"大事宣扬，甚至还写进了英文版的《圣经》，使之成为西方世界人尽皆知的观点。现在介绍研究地球的起源时，这项"研究"也被赫然放入，不能不说是一种讽刺。

对史前知识的探索包括了考古学、古生物学、地质学等的研究。在古代，人们出于好奇、挖宝等原因也会对更久远的古墓等进行探究，例如在一个古巴比伦公主的墓葬中，曾经出土过石器时代的石斧；恺撒、曹操的部队都曾经发掘过古墓；古希腊哲学家色诺芬尼研究内陆高山的贝壳化石，认为那是海洋留下的，以此论证世界由水和土构成；而沈括在《梦溪笔谈》中也专门讨论了沧海桑田的变迁……不过这些研究都是点状的，没有形成系统的理论。从 17 世纪开始，随着牛顿力学为代表的自然科学逐渐建立，探索我们星球过去的学科也发展起来，到

19世纪形成了比较系统的知识体系,但当时无法给出地球演化的时间轴。在"半衰期测年法"诞生以前,科学家曾经想出其他测量时间的方法,包括但不限于下面几种:

(1) 海平面下降法。一位法国博物学家根据许多陆地有贝壳的现象,认为海平面不断下降,可以通过测量海平面下降的高度和速度测量地球的年龄。这个观点从原理上讲就是错误的,因为沧海桑田是地壳运动的结果,海平面基本没有变化。

(2) 盐分增加法。英国天文学家哈雷提出的设想,由一位爱尔兰地质学家在19世纪末进行测试。该方法认为海水的盐分是由河水冲刷岩石产生的,只要测量海水中盐分浓度及其变化,就可以推出地球的年龄。他推算出地球年龄为1.5亿年。这也是一个错误的模型,因为海水的盐分是多种效应综合作用的结果。

(3) 地球自转变慢法。英国地球物理学家小达尔文提出的猜想。小达尔文是《物种起源》的作者,英国博物学家达尔文的儿子。他认为月球本来是地球的一部分,后来由于某种原因(例如小星星碰撞)被地球甩出去了,甩出去后由于引力作用,地球越转越慢,月球的轨道越来越高,形成了我们现在看到的样子。通过对这个模型进行计算后,他认为地球的年龄至少在5 600万年。这个时间还是太短了,但用它解释月球起源可能是正确的。

(4) 地球降温法。这是英国物理学家开尔文提出的方法,他假定地球形成的时候是一团炽热的熔盐,随着时间的推移逐渐冷却下来,通过计算冷却速度与地球目前的温度得到地球的年龄,开尔文得到地球约2 000万年的年龄。后来美国地质学家又进行了一些修正,将预估的地球年龄延长到5 000余万年。开尔文的这个模型本身没有问题,地球的确经历了那样一个过程。不过由于地球的降温速度受到许多因素的影响,其中地球内部核反应对地球的温度起重要作用,但当时还不了解这种效应,这使得开尔文的计算出现很大的误差。开尔文也认识到这一点,所以他给出的估算误差为0.2亿~4亿年,只是他没有想到偏差比他预计的要大得多。

……

放射性测年法发展起来后,英、德、苏联的3位科学家不约而同地想到了用铀的半衰期测量地球的年龄。因为这种方法在测量地球年龄上有多个优点:首先是铀衰变为铅的半衰期非常长,在亿年量级,适合测量地球年龄;其次铀有^{238}U和^{235}U两种同位素衰变,它们的半衰期分别为44.7亿年和7.04亿年,分别产生铅的两种同位素^{206}Pb 和^{207}Pb,通过两个同位素与铅的天然同位素^{204}Pb 对照可以直接得到地球的年龄。这 3 位科学家分别采用这种方法测出了地球的年龄,有两位测得 30 亿年,一位测得 40 亿年。美国化学家帕特森对这个方法进行了更为深入细致的研究,他通过测量陨石、岩石、海底沉积物中的铅含量等方法,得到了地球初始的铅(^{204}Pb)含量,再通过精确的铅丰度测量,测得地球的年龄为 45.5±0.7 亿年。这是一个经得起考验的精确结果,其他科学家后来测量了从月球、火星、小行星等获得的样本,测试结果都和它一致。

帕特森研究该问题时遭遇一个困扰,就是整个地表的环境中含有大量的铅,使得无法有效测量样品中的含铅量。他花了 7 年时间才解决了这个问题,同时他也找到了地表中铅含量异常高的原因,发现这是由于燃油企业在汽油中添加 1 种四乙基铅的添加剂造成的。这种化合物可以防止汽油爆燃,使汽油燃烧稳定,但会造成巨大的环境污染,导致儿童的血铅含量明显超标。从此以后,帕特森与石油工业进行了旷日持久的斗争,到 20 世纪 90 年代,最终立法通过了禁止在燃油中添加铅的化合物。帕特森在测量地球年龄的同时也为治理环境污染做出了贡献。

太阳的命运

从地球的产生再向前上溯,不免会提出地球的来源和太阳系的产生时间这两个问题,这样就又回到了天文学。这两个问题应该也是孩提观天就会提出的问题,因此也有各种古代神话传说。伽利略发明天文望远镜后,人类观测宇宙的眼界大开,发现了各种各样的天体,像星云、星系、小行星、各种卫星等。可以通过观测这些不同阶段的各类天体对照解释太阳系的起源。德国哲学家康德在 18 世纪就提出了太阳系是由星云通过引力作用产生的"星云说",后来拉普拉斯又独立提出类似的假说并从数学和力学角度对这个假说进行了推算,形成了"康德-拉普拉斯星云说"。这个学说在 19 世纪受到了一系列挑战,因为纯粹靠引力无法解释天体的运行和演化。到了 20 世纪,相对论和原子物理学的发展,使人认识到核反应在宇宙演化中的巨大作用。而技术的进步也使得我们不但可以观测到天体发出可见光,而且可以测量天体的红外、紫外、X 光、射频等辐射。这使得我们能够观察到宇宙中恒星的孕育、诞生、发展、消亡过程,我们也从中看到了太阳系的过去、现在和将来的影子,为太阳系的演化给出了科学的解释。

对于太阳系的起源及行星的形成,除了"星云说",还有两个恒星碰撞的"碰撞说"、太阳俘获气体天体的"俘获说"。现在看来,"恒星源于星云"是宇宙中恒星产生的标准模型,不过另外两种假说也可能发生。

目前的科学发现告诉我们,太阳系是由一个盘状星云产生的,中心部分最先形成了太阳,星盘的周围部分随后形成了行星。太阳形成于 46 亿年前,略早于地球的形成。太阳正处于稳定的壮年时期,通过将氢燃烧成氦的核聚变反应发射光和热,核反应的原理如图 11 - 9 所示。等到 50 亿年以后,太阳内部的氢聚变反应将随着氢的不断消耗而无法维持,改为氦聚变反应,这将导致太阳的体积急剧膨胀,它将占据水星、金星、地球的轨道,吞噬这些行星,成为红巨星。等到氦也消耗殆尽,太阳将在引力下重新坍缩,变成了一颗暗淡的白矮星,太阳系也最终归于沉寂(见图 11 - 10)⋯⋯这就是太阳的命运,也是整个太阳系和地球的命运。

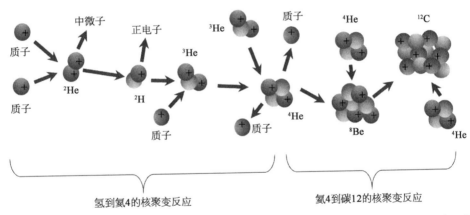

图 11 - 9　恒星内部两种最重要的核反应,恒星时期主要发生左部分的 ^{1}H 到 ^{4}He 的反应,到了恒星晚年,氢原子基本耗尽,则会发生 ^{4}He 到 ^{12}C 的反应

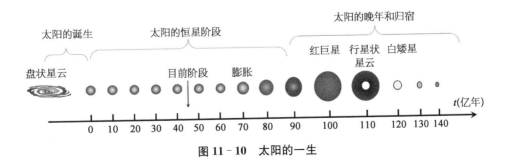

图 11 - 10　太阳的一生

人类走向何方

地球是人类的家园,当我们了解了地球会被太阳吞噬的最终命运后,不仅也会担心人类自身的命运:我们会在地球上灭绝,与地球一起毁灭,还是搬到新的星球?这些问题虽然非常遥远,但因为它是一个终极问题,所以让人津津乐道。要回答这些问题,需要先回答:地球是宇宙的唯一吗?人类文明是宇宙的唯一吗?星际旅行可以实现吗?……

孕育出生命的地球是宇宙的唯一吗?

我们现在还不知道生命起源的全部规律,但已经知道诞生生命的一些必要条件:首先,太阳系是有行星的系统,虽然宇宙中存在着无数的恒星,但具有行星的恒星要少得多;其次,行星必须具有大气和水;第三,行星必须处于恒星的一定距离范围,可以有液体水的存在;第四,行星必须具有磁场,磁场可以将带电的宇宙射线导引走,否则这些宇宙射线会对有机分子造成极大的破坏;第五,行星具有较大的卫星可能也是一个必要条件,像"地月系统"可以使地轴保持稳定,不会造成剧烈的环境变化……有了这些约束条件,宇宙中类似地球的行星少之又少。数目相对稀少是一个原因,观测非常困难则是另外一个更重要的原因,只要比较一下太阳和行星亮度就知道观测太阳系以外的行星有多难。直到20世纪90年代,利用当时最尖端的天文观测技术及更先进的间接测量方法,我们终于发现了一定数量的类日恒星系,也发现了一些类地行星,但这些行星是否有水、是否有生命尚不清楚。事实上,人类对我们最邻近的天体——月球、火星等的认识也非常有限,有人认为火星上可能有某些生命的要素——有机体,但目前还没有发现。

人类文明是宇宙的唯一吗?

这个问题是前一个问题的发展,因为诞生生命是诞生文明的必要条件。不过发现文明不一定比发现生命更加困难,因为我们默认的文明是可以在星际之间发送和接收信号的文明。虽然人类也向宇宙发送过信号,并且也发射过飞出太阳系的"旅行者"等航天器,但这些相对星际通信而言,还非常原始,因此这里讲的地外文明,默认是科技水平远超我们的文明。现实的情况是,到目前为止,我们还没有发现一种这样的文明。

　　虽然现实让人有些绝望,但这并不妨碍大量科幻作品中地外文明的存在,并且他们已经造访地球。对于我们观察不到,是因为他们隐藏起来不和我们联系,有下面几种可能的原因:更高阶的地外文明只是把地球看作一个天然的实验场,他们只是观测而不干扰地球文明的演化;外星人早已经存在,甚至已经在地球建立基地,他们因为某些不可告人的目的不愿示人,只与少数为他们保守秘密的人接触;人类本身就是从其他星球搬迁过来的,只是由于某些原因,我们的外星人祖先洗去了记忆,只是保留了认知的能力……另外一些人认为地外文明虽然存在,但星际通信和星间旅行存在技术上的天花板,因此宇宙中的文明之间无法交流。他们还认为一个星球的文明像世上万物那样也是有寿命的,它既然能诞生,也会消亡。这种可能性也是真实存在的,我们见识了这个星球上个体的生老病死、国家的兴起与灭亡、一种文明的繁荣与陨落,也见识了曾经遍布这个星球的大量物种的灭绝。因此我们的地球文明或许还没有等到地球毁灭的那一刻就会自我毁灭。不是吗?我们在将世界建设得更美好的同时,也在破坏着这个世界,人类自身的各种问题、对环境的破坏问题……更何况我们还研制出了毁灭自己的核武器。总之,人类真的有能力毁灭这个世界。我们希望人类能够有足够的智慧走得更远,这需要我们共同的努力。

　　对于文明的发展,有一个有意思的过滤器理论。它认为文明的发展不是线性的,而是阶跃式的,需要某些关键的突破,比如即使一个星球具备了产生生命的条件,能否诞生生命也不是必然的,而是需要一次偶然的突破;生命能否进化到产生智慧生物也是一次突破;智慧生物是否可以诞生科学则是另一次突破……每一步的突破都不是必然的,而是很多偶然因素作用的结果,就好像打游戏,只有找到下一关的关键钥匙才能升级,如果找不到,就会在这一级被淘汰。每一级的淘汰率都很高,这就使得宇宙中能够实现星际通信的文明少之又少,以至于到现在还没有发现。我们已经幸运地跨过了前面几级,但接下来是否能继续突破进入下一级,还是一个未知数。

人类能实现星际旅行,可以走得更远吗?

　　等到地球被太阳吞噬的时候,人类是建造巨型飞行器在宇宙流浪还是找到新的“地球”重新建立家园?这个问题反倒比较容易回答。因为虽然我们现在还不知道答案,但已经做了一些尝试,尝试迈向太空。其实遨游太空是人类与生俱来的梦想,古代的神话中就充斥着翱翔的梦想、居住在天庭的梦想、居住在月亮的梦想、摘星的梦想……近现代的科幻作品更将星际旅行和太空殖民视为轻而易举的事,超越光速也变得理所当然。这些作品虽然是披着科学外衣的神话,但也是人类最津津乐道的梦想,说明它离我们并不遥远。

20世纪中叶发展起来的火箭技术终于有能力将人或物送上太空。于是有了人造卫星,有了宇宙飞船、航天飞机,有了空间站。探索太空耗资巨大,但各大国还是义无反顾加入这场探索活动中,因为它孕育着未来的科学和技术突破。美国和苏联在冷战期间曾经开展了太空竞赛,其中苏联建立了能够长期运行的空间站,而美国登陆了月球。从那以后,太空旅行经历了一段比较平静的时期。不过现在,新一轮的竞赛已经开始,部分原因是我国的加入,部分原因是新的技术降低了太空旅行的门槛。接下来的一段时间,人类将重返月球,最先可能还是美国人,可能是中国人,可能还有其他人。人类迈向太空的下一步将是登陆火星,并在与地球环境接近的火星建立永久的基地。在我们大多数人的有生之年,我们会看到人类一步步迈向太空的步伐。

火星是太阳系中最接近地球的行星,自转周期和自转倾角都和地球比较接近,或许还存在少量的冰。但火星的环境比地球恶劣得多,没有液态水,没有发现生命迹象,只有以二氧化碳为主的稀薄大气,温差也比地球大得多。这样的环境可以作为人类太空移民的试验场,能够有这样的适应性,人类才可以走得更远。目前人类有多台探测器成功着陆火星,其中包括我国的"祝融号"火星车(见图11-11),这些探测器为我们带来更多的火星信息。登陆火星和在火星建立基地的计划也在拟定中。一些国家还在荒漠中建立封闭的基地,模拟将来在火星上如何生活。或许在我们的有生之年能看到登陆火星的那一天。

人类在航天领域还有一个让人欣喜的变化——航天不再仅仅是通过国家意志推进的、不计成本研发的最尖端科技,许多商业资本也投入进来从事太空发射和太空旅行的开发,典型的例子就是美国顶级富豪也在投资太空发射和太空探索。资本总是非常聪明,它们能够发现还隐藏在表象下的机会,资本对太空旅行的投入意味着技术的成熟和成本的可控,所以人类的太空旅游梦想应该可以在本世纪实现。我国的航天技术虽然在迎头赶上,但现在还是以国家行为为主。现在,我国也有一些科技企业迈进了航天的大门,不过与美国的商业化航天研究还有一定的差距,这或许是美国高科技的又一次华丽转身,这个赛事应该更热闹一些。

图 11 - 11　我国成功发射到火星的"天问一号"着陆器和"祝融号"火星车。它于 2021 年 5 月 22 日成功在火星着陆,在火星上工作了很长时间,远远超过了它的设计寿命

宇宙旅行中的计时

当我们要离开地球很长时间时,计时与定位这两件在地球上做起来非常确定的事,在太空就会变得不太容易。首先是计时,我们去太空旅行的时候一定会带上时钟,有可能还是最先进的原子钟,飞船上一定还是按照 24 小时的周期进行作息,那是地球刻在我们 DNA 中的印记。不过飞船上的时钟只是给出飞船上的时间,飞船上时间的流逝速度会与地面不同,并且可能会差出很远,甚至会出现爱因斯坦相对论预言的"双胞胎佯谬"(见第 7 章)。此时,在飞船上使用"地球时间"就会变得复杂而没有必要。飞船的速度、飞船经历的引力场都会导致飞船上的时钟与"地球时"的误差,而地球上的年、月、日、时也变得没有意义。在这种情况下,飞船上使用内部的原子钟就可以了,可当我们要进行星际定位,要与宇宙中其他站点或星球进行信息交流时,还是需要有一个约定的时标。一种可能的方案是观测脉冲星,用这种方法产生宇宙旅行通用的时标。

太阳最终的命运是坍缩为白矮星。比太阳大得多的恒星则会坍缩成中子星(8~20 倍的太阳质量),再大的恒星则会形成黑洞。中子星是引力将原子核挤压到一起形成的天体,它的半径只有几十公里,质量却比太阳还大,如果把地球压缩成中子星,它的直径只有 22 m 左右。

　　脉冲星是中子星的一种。恒星具有转动惯量,它坍缩的过程中转动惯量守恒,使得它形成中子星后,会以极高的转速转动,最快的中子星转动周期只有几毫秒。这就形成了一个极其稳定的转子,它的秒稳定度可以达到10^{-16}。恒星具有一定的极化磁场,坍缩成中子星的时候,磁场也会保留下来,磁极方向通常与转动轴方向有一个夹角(我们的地球就是这样),中子星转动的时候,磁场也会随之转动,向太空发射脉冲的射频信号,如图 11-12 所示。这种信号极其稳定,以至于人类第一次发现它的时候,一度怀疑这是地外文明向我们发出的召唤。当认清它的本质后,有许多人也希望利用这些信号产生地面的时钟信号。不过在地球上观察会受到很多限制,指标上也不会超过原子钟,在地球上它最多作为一个辅助的计时工具使用。但在太空旅行的时候,可以全天候无死角观测脉冲星信号,同时观测多个脉冲星的信号还可以实现非常高精度的天球定位,因此脉冲星可能是未来太空旅行中定位与计时的一个候选手段。

图 11-12　中子星发射脉冲信号的原理

宇宙的时间轴

　　展望了我们的星球、我们的星系及我们自身的未来,让我们把时间线进一步拉长,看看我们的宇宙。近代科学建立的时候,人们认为宇宙就是无限的空间和时间。虽然宇宙内部的天体存在产生与消亡的各种演化,但宇宙本身只是盛放这些天体的容器,是平衡和稳定的。甚至爱因斯坦发现时间的相对性(宇宙中没有统一的时间)后,仍然持有这样的观点。因此当他利用广义相对论得到不稳定的宇宙模型时,人为加入了一个宇宙常数项,以便获得"稳定宇宙"。有人对此不以为然,一位叫勒梅特的比利时神父兼天文爱好者就认为不应该引入这一项,他通过计算,得到了宇宙膨胀的结论,这个颇有些惊世骇俗的观点后来被实验证实。

宇宙膨胀可以简单解释为:由于万有引力的存在,宇宙中各个天体之间存在相互吸引,这种相互吸引会导致星系之间不断靠近与合并,最终使得整个宇宙坍缩为一点。之所以没有出现这种情况,是因为宇宙处于膨胀状态,膨胀的初速度克服了引力的作用,使宇宙保持了现在的状态。在这个模型下,宇宙膨胀的过程要克服引力做功,因此膨胀速度是不断减慢的,这就意味着宇宙早期的膨胀速度要快得多,由此产生了"宇宙大爆炸"的说法。这个词语本来是一位不相信宇宙膨胀的科学家对这个理论的嘲讽,意在说明"'砰'的一声爆炸,宇宙就诞生了"这种说法的荒谬。不过宇宙可能真的就是这样诞生的,而这个词语又非常形象,现在成为这个理论的标准名称。

20 世纪初,天文学家发现可以利用一种"造父变星"的天体标定恒星的距离,哈勃(见图 11 - 13)采用这种方法对大量恒星和星系的距离进行了系统的研究。在精确标定恒星和星云距离的基础上,他对这些星系的光谱进行了研究,发

图 11 - 13　哈勃和他在美国加州威尔逊天文台进行天文观测时采用的 200 英寸口径胡克天文望远镜,哈勃利用它进行了一系列天文观测,影响了天文学的发展,也通过它观测到了宇宙膨胀

现遥远的星系光谱都有红移，并且距离越远，红移越大。根据多普勒效应可知，光谱红移的天体一定在远离我们，红移越大意味着离去速度也越快。由此哈勃从天文观测的角度证明了宇宙膨胀。

哈勃根据宇宙膨胀的速率估算了宇宙的年龄，也就是倒推了宇宙从一点膨胀到目前大小的时间，他得到 20 亿年的宇宙年龄。这个值比当时已经测得的地球年龄都要小很多，显然有问题。后来有人发现哈勃在计算星系距离时引入了一个错误的数据，修正这个错误就可以解决地球年龄比宇宙年龄长的谬误。哈勃的这种方法仍然是现在计算宇宙年龄的主要方法，它给出了宇宙年龄的上限为 138 亿年。

现在"大爆炸"理论已经深入人心，但在刚刚提出来的时候，这个理论很少有人相信，即使像爱因斯坦那样的科学天才，也是花了好长时间才接受的。不过还是有一些头脑敏锐的科学家相信了这个理论。既然是"大爆炸"，那一定是极其剧烈的事件，这样的事件会不会有什么痕迹遗留下来，美籍物理学家伽莫夫等进行了计算，发现大爆炸会在整个宇宙中遗留微波辐射背景。到了 1964 年，这样的辐射真的被探测到了，这是"大爆炸"理论一个非常重要的实验证据，从此"大爆炸"理论获得了普遍接受和深入研究。该理论为时间设立了起点和上限，就是宇宙的寿命，不同的理论得到的数值略有不同，大概在 140 亿年左右。

时间也有下限，最短的时间是由量子力学根据不确度原理给出的，叫普朗克时间，约为 10^{-43} s，在这个时间间隔内，已知的物理学规律失效，它超越了现有的认知极限。

相比于宇宙起源的"大爆炸"模型已经获得公认，我们对宇宙未来的研究还有很多未知和争议。前面曾经介绍了热力学给出的"热寂说"（见第 7 章），这在膨胀的宇宙下可能不一定成立。而在"大爆炸"模型中，宇宙膨胀应该是不断减速的，并且由于引力的作用，它会在某个时刻从膨胀转变为收缩，直到回到"大爆炸"时的那个起点，然后再一轮循环……但宇宙学的观测表明，宇宙的膨胀不但没有减速，而且还在加速。科学家提出各种模型解释这个物理现象，包括宇宙中目前存在且无法直接观测到的暗物质和暗能量，存在第 5 种相互作用等。我们把上面的问题留给物理学家和天文学家，只假定宇宙继续这样膨胀下去的情况，如果那样，时间将一直延续下去。太阳系将在数十亿年以后陨落；再过几十亿年,银河系会与仙女座星系合并;等到数百亿年以后,由于宇宙的膨胀,我们周围的恒星加速远离我们,导致视野内的发光恒星越来越少,各个星系逐渐隐没在漆黑的夜空,到 1 000 亿年以后,离我们最近的室女座星系也从天际线消失……到了那个时候,在这个太阳系的遗址上,一切归于黑暗,太阳作为一颗暗淡的白矮星在缓慢等待质子衰变而解体的命运(见图 11 - 14)……

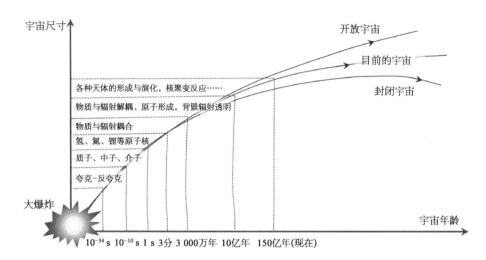

图 11 - 14 宇宙的演化

万年钟

人类在从科学上展望未来的同时,也努力在技术上制作可以在未来一直计时下去的时钟。

正如前面介绍的,人类文明诞生之初,就利用天然的或者人造的时钟去计量时间,由此发展了各种历法和时标。只要人类文明薪火相承,这种纪时就会赓续,并且精度越来越高。不过这是通过时钟的不断更迭实现的,每一台时钟都有寿命,都会损毁在历史的长河中,但一台台、一代代时钟的迭代保证了计时的连续。目前最古老的机械时钟应该是文艺复兴时期流传下来的,那些仍然可以运行的时钟都经历了多次修缮和大量零件的更换。像 160 多岁的大本钟,不但要精心保养,而且经历了多次大修才保证了如今的正常运行(见第 6 章)。能不能建造永恒的时钟? 答案一定是否定的。但人类正在尝试使用更久远的时钟——万年钟。

有一台漫长计时的"水钟"正在运行,就是"沥青滴漏实验"(见图11-15)。沥青是一种极其黏稠的液体,以至于我们常常将其当作固体。1927年,澳大利亚的帕内尔将沥青放置在一个漏斗中,观察它从漏斗中滴落。在至今近100年的实验过程中,只滴下去9滴沥青,并且有越滴越慢的趋势。这个被誉为最耗时的实验仍在继续,预计将持续百年或者更长时间。它可以看作一台简陋的"千年水钟"。

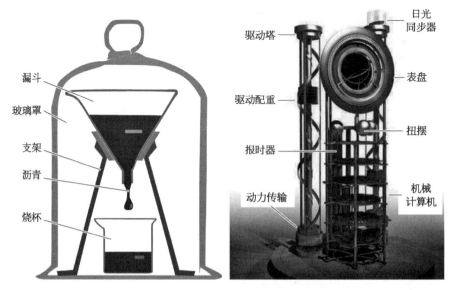

图 11-15　长时间计时的代表——沥青滴漏实验(左)与万年钟(右,3 号原型机)

万年钟最早是美国人提出的想法,后来获得了互联网大亨贝索斯的数千万美元资助,得以实施。万年钟的目标非常简单,就是做一台可以运行一万年以上的时钟。时间可以磨砺一切,"一万年"的时间对于宇宙可能不算什么,但足以摧毁大多数人造器物。为了运行一万年,万年钟进行了一系列专门的设计,例如采用最耐磨的不锈钢合金、陶瓷等材料;能量来自温度周期性变化产生的热胀冷缩;运转极其缓慢,1年走1格,100年报时一次;等等。它代表了人类对另一个技术极限的追求,那就是极致的耐久性。目前它已经完成3台原形钟的研制,最终将在美国得州的山洞中建造。再过些年,我们将一睹这个150余米庞大时钟的建成,至于它是否会按照预期运行下去,则需要我们的子孙的子孙的子孙……去验证。

从实用主义去思考万年钟是没有意义的。它更多的是一个象征,象征着人类从技术上对永恒时间的追求；它是人类留给未来、为后世竖立的一座纪念碑，每当世纪交替的时候、千年更迭的时候，人类可以通过聆听它的报时纪念岁月的流逝；在更久远的以后，当时间磨平我们的大多数印记后，我们的后人可以通过它了解我们这个时代的光阴、故事……它也意在提醒我们，展望遥远的未来，当下的一些事情可能就没有那么急迫。

以上，我们根据现代科学的理论，沿着时间的标尺，探索了宇宙、地球、和我们人类的过去和未来。在不同的时间尺度和时间坐标下，我们看到了不一样的世界。但这些图像一定是有偏差的，我们永远只能接近部分真相，不可能完全获得真相。人类对世界的认识过程一次次说明，世界不像看上去那么复杂，也不会像我们想象的那么简单，它有无尽的未知等待探索。而探索未知的过程一定离不开对时间的探索，时间背后隐藏着宇宙的奥秘，隐藏着破解技术难题的钥匙，也隐藏着人类文明的精彩。这种探索仍在继续。人类对永恒时间的探索也在延续。

参考文献

［1］Lippincott K. 时间的故事. 刘研,袁野,译. 北京：中央编译出版社,2012.

［2］丹·福尔克.时间的故事：一本从史前时代到遥远未来的时间史.严丽娟,译.海口：海南出版社,2019.

［3］张闻玉.古代天文历法讲座(中华传统文化名家讲座).桂林：广西师范大学出版社,2017.

［4］陈晓中,张淑莉.中国古代天文机构与天文教育.合肥：中国科学技术出版社,2008.

［5］史蒂芬·霍金.时间简史.许明贤,吴忠超,译.长沙：湖南科学技术出版社,2012.

［6］卜毓麟.追星——关于天文、历史、艺术与宗教的传奇.武汉：长江文艺出版社,2018.

［7］Audoin C, Guinot B. The measurement of time, time, frequency and the atomic clock. Cambridge University Press，1993.

［8］Anthony F Aveni. Empires of time — calendars, clocks, and cultures. University Press of Colorado，2002.

［9］Fritz Riehle. Frequency standards：basics and applications. WILEY-VCH Verlag GmbH Co. KGaA, Weinheim, 2004.

［10］刘易斯·芒福德.技术与文明.陈允明,王克仁,李华山,译.北京：中国建筑工业出版社,2009.

［11］Smith A G.时间的奥秘.刘颖,译.南京：江苏凤凰美术出版社,2015.

［12］Smith A G.地图的演变.刘颖,译.南京：江苏凤凰美术出版社,2015.

［13］吴国盛.时间的观念.北京：商务印书馆,2019.

［14］伯特兰·罗素.西方哲学史(上卷).何兆武,李约瑟,译.北京：商务印书馆，2012.

［15］W·C·丹皮尔.科学史.李珩,译.北京：商务印书馆,2010.

［16］埃里希·于波拉克.认识时间.王勋华,译.武汉：湖北教育出版社,2009.

［17］斯蒂芬·温伯格.给世界的答案.凌复华,彭婧珞,译.北京：中信出版社，2016.

［18］艾萨克·牛顿.自然哲学的数学原理.任海洋,译.重庆：重庆出版社,2015.

［19］Dennis D McCarthy, Kenneth Seidelmann P. Time — from earth rotation to atomic physics. WILEY-VCH Verlag GmbH Co. KGaA，Weinheim，2009.

［20］任杰.中国近代时间计量探索.中国台湾：花木兰文化出版社,2015.

［21］Jacques Vanier, Cipriana Tomescu. The quantum physics of atomic frequency standards, recent developments. CRC Press，Taylor & Francis Group，2015.

［22］阿尔伯特·爱因斯坦.我的世界观.方在庆,译.北京：中信出版社,2018.

［23］乔治·伽莫夫.从一到无穷大.刘小君,岳夏,译.北京：科学出版社,2002.

［24］李淼,王爽.给孩子讲相对论.长沙：湖南科技出版社,2008.

［25］彼得·柯文尼,罗杰·海菲尔德.时间之箭.江涛,向守平,译.长沙：湖南科学技术出版社,2017.

［26］彼得·麦克菲.自由与毁灭法国大革命 1789—1799.杨磊,译.北京：中信出版社,2019.

［27］卡洛·罗韦利.时间的秩序.杨光,译.长沙：湖南科技出版社,2009.

［28］菲利普·津巴多,约翰·博伊德.时间的悖论.张迪衡,译.北京：中信出版社,2018.

［29］毛春波.电信技术发展史.北京：清华大学出版社,2016.

［30］宋宁世.计量单位进化史.北京：人民邮电出版社,2021.

［31］李孝辉,窦忠.时间的故事.北京：人民邮电出版社,2012.

［32］约翰·钱伯斯,杰奎琳·米顿.太阳系简史.杨洁玲,译.北京：中信出版社，2018.

［33］Alexius J Hebra. The physics of metrology. Springer Wien New York，2010.

［34］Tony Jones. Splitting the second, the story of atomic time. IOP Publishing Ltd，2000.

［35］大卫·克里斯蒂安.时间地图 大历史，130 亿年前至今.晏可佳，段炼，房芸芳，姚蓓琴，译.北京：中信出版社，2017.

［36］卡尔·萨根.宇宙.虞北冥，译.上海：上海科学技术文献出版社，2021.

［37］卞毓麟.星星离我们有多远.武汉：长江文艺出版社，2017.

［38］西蒙·纽康.通俗天文学.金克木，译.北京：当代世界出版社，2006.

［39］爱德华·布鲁克-海钦.星空 5 500 年：人类探索神话、历史和宇宙的旅程.北京：北京联合出版社，2021.

［40］让-马克·博奈-比多.4 000 年中国天文史.李亮，译.北京：中信出版集团，2020.

［41］蒂尔·伦内伯格.我们为什么会觉得累.张丛阳，译.重庆：重庆大学出版社，2020.

［42］瓦妮莎·奥格尔.时间的全球史.郭科，章柳怡，孙伟，译.杭州：浙江大学出版社，2021.

［43］David S Landes. Revolution in time：clocks and the making of the modern world，Harvard University Press，2000.

［44］达娃·索贝尔.经度.肖明波，译.上海：上海人民出版社，2007.

［45］范主.时间战争.北京：中信出版社，2023.

后记——一点个人感悟

与大家一起漫步完这段时间与计时的探索之旅，作为本书的作者，本人感触颇多，在后记与大家做最后的分享。本人物理学专业毕业，一直从事原子钟的研究，由此对时间及其计量产生了兴趣。做了一些科普报告后，有了想把这部分内容整理成书的念头，因此当上海科学技术出版社的王体辉老师找到我的时候，我就毛遂自荐写一本有关时间的书，于是就有了这本《时间里的世界》。开始的时候，本人认为自己作为时频领域的专家，写这样一本书应该不太费劲，不过真正开始写作的时候，才感觉到实际需要了解的知识宽度比我已有的知识储备要大得多，实际的写作过程需要查阅各种文献、查找和印证各种观点，并对许多内容进行取舍。写作的过程是一个快乐而痛苦的过程。快乐，是因为写作的过程学习很多，收获很多；痛苦，是因为想把一些问题介绍清楚并不容易。像我本来对观星知之甚少，但撰写本书的时候，认识到它不仅对古代历法的诞生意义重大，而且是近代物理学的源头，而这方面的知识仅靠翻阅资料、坐而论道是不够的，所以我也在写作期间，经常性地仰望夜空的星座和恒星，并与书本对照，才能理解纸面背后的逻辑。

从我个人的体验看，如果大家对本书的内容感兴趣，建议不要仅仅阅读本书的内容，也去做一些实践。例如去观测星座，那种幕天席地的辽阔是纸面阅读所无法体会的。并且如果我们阅读一些古籍，了解古文背后的天文知识，会多一层理解，也会多一份阅读的愉悦感。比如《诗经》中就有大量的天文描写"绸缪束薪，三星在天。今夕何夕，见此良人……"如果我们知道三星是哪三星，在太空的位置与时间，就会对诗歌的境界多一层品味。

另外大家也可以买一些天文望远镜观星，不需要多高级，一定要手动，去尝试自己解决观测中遇到的问题,而不是想着不断升级设备。只有这样,才能体会到古人观星的困难,才能体会伽利略等近代学者发现新宇宙新视野的那份喜悦。

时间对我们的影响是多个维度、多个层次的。它是最基本的哲学命题、最前沿的科学探索、最实用的技术手段,也是我们最熟悉最津津乐道的话题。因此,有关时间的科普是一门显学,既有像《时间简史》这样畅销世界的名著,也有大量其他图书。本书试图以实用性的计时为牵引,从社会需求、科学基础、技术实现等角度介绍我们对时间的认知和应用的发展脉络,并比较完整地呈现这个脉络背后的逻辑链条。也就是说,在回答"怎么样"的同时,也力求解释"为什么会是这样"。另外,我们注意到西方的书籍,甚至我们自己的书籍,都对我国古代的计时有某种程度的忽视,本书用相当的笔墨介绍了我国古代观象授时的内容,并与西方的纪时进行了比较。这种比较非常有意思,可以看到时空观在文明发展中的历史必然性和各种文明的独特性。在本书的最后,我们再从天文历法的角度对古希腊文明和中华文明进行一些比较,算是本人写作本书的一点感悟。

古代西方文明的集大成者希腊文明主要继承了古两河流域文明和古埃及文明,虽然如此,它还是有自己的鲜明特点:另外两个文明都是农耕文明,而古希腊文明表现出非常明显的海洋文明和商业文明的特征。这个特点与它的地理特征有关。希腊处于两河流域文明的边缘,爱琴海上的岛屿作物品种单一,本身无法实现自给自足。但由于古希腊背靠其他先进文明,只要这些岛屿盛产某种特产,古希腊人就可以通过商业贸易的办法生存下来并且可能获利颇丰,这样它们可以在环爱琴海沿岸及各个岛屿上建立城邦社会,并扩展到意大利半岛沿岸。商业贸易和航海就成为古希腊社会赖以生存的基础。定位与导航是航海的首要技术,在没有地形凭借的茫茫大海上,满天繁星成为唯一的参考,特别是在航海没有指南针的情况下,观星定位就成为几乎唯一的选择。这造成了几个结果:

(1)由于大量的人口从事海上贸易,他们从航海的需求出发,必须掌握观星定位的方法,这就造成了天文观测定位技术的普及。

(2)无法完全通过口口相授普及这些技术,这就要求建立专门学院教授相关技能,并且这样的学校和学者受人尊重,希腊各个学院得以诞生可能就源于此。

(3)这个技术必须简单易学,这样才能进行普及与推广。但天文观象本身比较复杂,这就要求总结、归纳、推理,将抽象的天文观象转化为可操作的数学推理方法。古希腊的哲学、逻辑学、数学的诞生应该也与之有关。同时它也是测绘学非常发达的重要原因。

因此，古希腊的一些学者可以开宗立派，发展自己的学说。最初这些学院或学派应该都是基于实用主义建立的，由于这种实用主义背景，这些学派被大众所接受和供奉，并且具有影响力。这些学院传授的航海、测绘方法背后是科学的规则，古希腊学者在探索这些规律的过程中，实用主义的色彩逐渐变淡、消失。

对于测绘学的研究，古希腊还受到了埃及的影响。尼罗河每年的泛滥为古埃及人带来了肥沃的养分，对于滋养古埃及文明发挥了非常重要的作用，不过每次泛滥都会冲毁过去的土地界碑，在这种情况下，测绘和重新分配泛滥后的土地就成为古埃及人每年要完成的工作。由于土地的面积与奴隶主贵族的利益息息相关，因此大地测绘对于古埃及的统治阶层应该属于必修的通识性知识。航海需要用观天、测地等方法来进行定位，因此古希腊人继承和发展了测绘学，并把它提升到更加抽象的理论高度，于是就有了"几何学"。"几何"这个词语是明代徐光启（可能是从拉丁文"geometria"）音意结合翻译过来的，准确形象，不过也遗失了一些信息，就是它的词根背景，如果意译，它应该是大地（geo）测量（metria）的意思，由此可以看出它最初的应用背景。在古希腊，它逐渐发展成逻辑严谨的理论。古希腊哲学家，像泰勒斯、毕达哥拉斯等都对几何学理论做出了贡献。

几何学在古希腊的重视与普及，可以从柏拉图在雅典学院门口树立的"不懂几何学者禁止入内"的牌子明显看出。这里，不是雅典学院要教授几何学，而是具有几何学知识才能进入雅典学院学习，它从一个侧面证明了几何学在当时还是比较普及的。

古典几何学的高峰是欧几里得的《几何原本》。欧氏不仅搭建了几何学的大厦，而且创立了搭建知识体系的方法——公理化推导，这种方法本身的意义超越了几何学或者数学，是科学研究的一次飞跃，为后世的科学理论发展树立了标杆，牛顿的《原理》在写作和推导方面都模仿了《几何原本》。爱因斯坦对此给予高度评价"古代文明产生不了逻辑推理体系是正常的，古希腊能够产生逻辑推理方法才是奇迹"。古希腊的地理环境和文明特征是古代科学能够产生的重要原因，而这座大厦能够建立，离不开欧几里得的突出贡献，他是一个改变世界的科学伟人，他的出现具有偶然性，但诞生他的土壤是扎扎实实存在的。

在古代，起主导地位的还是大陆农耕文明，古希腊那个时代的科学成就无助于国家的强盛,所以古希腊很快被古罗马征服。

与古希腊的海洋文明不同,我国一直是农耕文明。可能是由于气候变化比地中海地区更加分明,从指导农耕生产的实用主义角度及"天人合一"的哲学世界观角度,都决定了我国是最重视观象授时的古文明之一。我国自古就设立专门的机构,由专门的人员拟定历法进行推算,并且通过连续的监测检验历法的有效性。历代的观象官员不断精研天文观象的方法,不断探索天体运行背后的规律,在这个领域涌现出一大批著名的学者,取得了一系列世界领先的天文成就。但我国的天文观测并没有将定位与测绘联系起来,这是因为我国是大陆文明,陆地上的定位主要通过分辨地理特征实现,从实用性的角度讲,观星只是一种确定方向和时间的辅助手段,这就造成民间不需要学习和普及天文观象并利用它进行测绘。从古人留下的诗词看,在我国古代的文人了解初步的天文知识。像苏轼的"徘徊斗牛之间"、"西北望,射天狼",说明他对星座有比较明确的认识,不过也仅此而已。这种基于通识和爱好的知识和西方基于应用的探究是不一样的。因此,我国虽然涌现出像郭守敬这样的杰出天文学家,但没有将天文观测向着天体运行规律的探究再进一步。

近代的大航海则是另外一个故事。我国具备了大航海的一切条件,并且事实上组织了强大的郑和船队游弋大洋,但最终把地理大发现的舞台交给了欧洲人。主要原因是我们没有类似"与中国贸易"的动机,不具备大航海时代那些西方冒险家的贪婪、野蛮、不择手段,不会通过屠戮与掠夺攫取财富。没有走出去的兴趣,也就没有迈出义无反顾走向未知的那一步。这些或许是那个著名"李约瑟之问"的部分原因。"尽管中国古代为人类技术发展做出了很多重要贡献,但是为什么科学和工业革命没有发生在中国?"不管出于什么原因,我们必须承认近代以来的一度落后。而我们对两种文明的比较,不是为我们的落后找借口,而是希望探索"我们能否在西方文明不但擅长,而且已经抢跑了数百年的科技赛道上实现赶超?"起码到目前为止,我们还没有完全做到这一点,不过我们可以作一些展望。

我们中华文明是典型的大陆农耕文明,放眼整个世界,它有着非常鲜明的特色,比如很早就建立起民族认同感和大一统的思想等。这些特色使得中华文明成为世界上唯一一个传承至今的古文明。这里特别讨论一个中华文明的特质,就是可以把一件事做到极致,完成其他文明认为不可能完成的工作:

比如许多文明最早都诞生了象形文字,但它们觉得使用不方便等原因,后来都改成了字母文字,因此西方的学者有了"字母文字更高级"的谬误,而我国将古老的象形文字坚持下来,成为方便实用的"汉字"。

比如世界所有古文明都诞生了陶器,但只有我国将它升级为瓷器,在古代社会的相当长时间,它是流行世界的硬通货。

比如历法,古文明的历法都源于对日、月的天文观测,由此诞生了阴历、阳历,不同的文明只选取了其中的一种,即使这样还会累积很大误差。而我国的历法是两者兼顾的阴阳历,并且始终与天文观测保持一致。

再比如我国的北面一直有北亚游牧民族,这些民族在古代一直有强悍的战斗力,即使远在万里之外欧洲也多次被征服,而近为毗邻的我国却可以长期御之。其中的一个诀窍就是修墙,可以一修一万多里,成为举世独一无二的万里长城。万里长城相当于中国的底裤,当我们强盛的时候,可以与游牧民族在大草原一争高下、"逐匈奴于漠北",羸弱的时候则可以躲在长城以内休养生息。万里长城保证了我们民族的生生不息。

类似的例子还有许多。从这些例子中我们可以概括为一点:我们民族是一个善于找到办法,善于解决别人无法克服的困难的民族。面对难题,我们可以找到比别人更好的方法,比别人做得更好。所以我们能够生生不息,并在历史的大多数时期保持领先。不过当我们解决了问题,别人则绕开问题找到捷径后,我们还是会落后,我国近代的困境很大程度上就是由于这种原因造成的。我们民族是直道上速度最快的民族,只是在近代的几个关键节点,被别人实现了弯道超车。现在,我们已经掌握了别人超越我们的知识,补齐了科学的短板,与其他国家又处于同一跑道上。凭借我国超强的解决问题能力,我们应该可以再次赶超,做到最好。这是我们这代人必须具备的信心。但这个过程一定不会一帆风顺,既需要我们向先进文明不断学习,也需要自己不断探索,找到我国在科学和技术领域为人类做出主要贡献的路。

回顾历史发展进程,人类从"认识时间"的好奇出发,从"计量时间"的需求出发,诞生了古代的历法、近代的牛顿力学以及相对论等全新的宇宙观。与时间相关的技术则与一个国家的技术发展水平和国力相关,例如古代最优异的时钟是我国的"苏颂钟"。在近代,英国的时频计量一直处于领先水平,直到二战前后转到美国。这些国家在时频领域的技术领先与称霸世界的时间高度吻合。因此我们相信对时间的研究水平是衡量国家科技水平和国力的一个小小标尺。在我国走向伟大民族复兴的过程中,时间计量也一定会走到世界前列。

这一切正在发生!

致谢及说明

本书的手绘图绝大部分由魏元格完成,图 8-1 由邓子岚手书,图 5-8、图 11-4 分别由杨山清老师、卢征天老师惠赠。格林威治天文台的相关图片由李晓林提供,当我就英国的度量衡制度向他请教时,他特意咨询了他在英国留学时的同事,带给我第一手的鲜活资料。刘金明、邓见辽、陆鸥阅读了本书并提出了许多宝贵的建议,在这里一并向他们表示感谢。特别感谢本书的责任编辑王体辉老师,她严格把关,纠正了本书的笔误,遇到各种问题,也积极沟通,想办法解决。

本人开始写作的时候,认识还主要局限于时间计量,特别是时间频率精密测量的各种技术,随着写作的进行,发现它的涵盖面非常大,于是查找资料充实了相关内容,也有幸认识了国内科学史、时间史等相关领域的一些学者。我常常发现自己知识拓展的边缘,正是这些学者研究的主要方向,通过向他们学习,我不仅对相关领域有了深入全面的了解,也纠正了自己的许多错误。如果这些错误留在书中将是多么令人汗颜的事!我也相信,既然有纠正的错误,一定还有没有纠正的错误,恳请各位读者批评指正。另外,各种书籍对同一事件的记述本身就有争议,像牛顿与胡克、莱布尼茨的争论,至今仍让人津津乐道,英国和法国也常常为近代一些发现的优先权相互口诛笔伐,这使得同一事件有不同观点,更何况在网络时代,许多文章为了"吸睛"往往夸大其词。我在写作的时候,尽量寻找这些事件的不同表述,在此基础上按照自己的认识进行描述,所以书中的内容有些可能带有我个人的色彩,这可能是无法避免的,偏颇之处也请读者谅解。

关于时间的知识非常有趣,这是我写作的动机,但到了写作过程中,我才认识到,它比我想象的还有趣。写作过程是痛苦而快乐的过程,我希望能把这份快乐传递给大家。我的这份希冀是否能够达到,各位读到这里的时候一定有了答案。